U0143058

“十四五”时期国家重点出版物出版专项规划项目

材料先进成型与加工技术丛书

申长雨　总主编

# 高分子材料模塑成型 3D 复印技术

杨卫民　王　建　张政和　著

科　学　出　版　社

北　京

## 内 容 简 介

本书为“材料先进成型与加工技术丛书”之一。本书著述了高分子材料模塑成型的先进制造技术，针对塑料、橡胶和高分子基复合材料模塑成型工艺，从基本原理、成型装备、工艺流程和制品质量控制等方面进行论述，结合高分子材料模塑成型智能化发展趋势，提出高分子材料 3D 复印新概念，介绍 3D 复印过程监测和智能控制技术研究成果，并且展望了高分子材料模塑成型智能化 3D 复印云制造技术的广阔前景。

本书取材于当前高分子材料先进制造领域的创新成果，注重理论与实践相结合，在篇章结构上兼顾了学术参考和工业应用两方面读者的兴趣，较为系统地反映了高分子材料模塑成型 3D 复印技术的核心要义，可供从事高分子材料成型加工的工程技术人员、研发人员、相关从业人员及在校师生阅读和参考。

**图书在版编目（CIP）数据**

高分子材料模塑成型 3D 复印技术 / 杨卫民，王建，张政和著. —北京：科学出版社，2024.6

（材料先进成型与加工技术丛书 / 申长雨总主编）

“十四五”时期国家重点出版物出版专项规划项目

国家出版基金项目

ISBN 978-7-03-078590-9

Ⅰ. ①高…　Ⅱ. ①杨…　②王…　③张…　Ⅲ. ①高分子材料－塑料模具－立体印刷－印刷术　Ⅳ. ①TB324

中国国家版本馆 CIP 数据核字（2024）第 106210 号

丛书策划：翁靖一

责任编辑：翁靖一　高　微 / 责任校对：杜子昂

责任印制：徐晓晨 / 封面设计：东方人华

科学出版社出版

北京东黄城根北街 16 号

邮政编码：100717

http://www.sciencep.com

北京中科印刷有限公司印刷

科学出版社发行　各地新华书店经销

*

2024 年 6 月第　一　版　开本：720 × 1000　1/16

2024 年 6 月第一次印刷　印张：23 1/4

字数：443 000

**定价：198.00 元**

（如有印装质量问题，我社负责调换）

# 材料先进成型与加工技术丛书

## 编 委 会

# 材料先进成型与加工技术丛书

## 总　　序

核心基础零部件（元器件）、先进基础工艺、关键基础材料和产业技术基础等四基工程是我国制造业新质生产力发展的主战场。材料先进成型与加工技术作为我国制造业技术创新的重要载体，正在推动着我国制造业生产方式、产品形态和产业组织的深刻变革，也是国民经济建设、国防现代化建设和人民生活质量提升的基础。

进入 21 世纪，材料先进成型加工技术备受各国关注，成为全球制造业竞争的核心，也是我国“制造强国”和实体经济发展的重要基石。特别是随着供给侧结构性改革的深入推进，我国的材料加工业正发生着历史性的变化。**是产业的规模越来越大**。目前，在世界 500 种主要工业产品中，我国有 40%以上产品的产量居世界第一，其中，高技术加工和制造业占规模以上工业增加值的比重达到 15%以上，在多个行业形成规模庞大、技术较为领先的生产实力。**二是涉及的领域越来越广**。近十年，材料加工在国家基础研究和原始创新、“深海、深空、深地、深蓝”等战略高技术、高端产业、民生科技等领域都占据着举足轻重的地位，推动光伏、新能源汽车、家电、智能手机、消费级无人机等重点产业跻身世界前列，通信设备、工程机械、高铁等一大批高端品牌走向世界。**三是创新的水平越来越高**。特别是嫦娥五号、天问一号、天宫空间站、长征五号、国和一号、华龙一号、C919 大飞机、歼-20、东风-17 等无不锻造着我国的材料加工业，刷新着创新的高度。

材料成型加工是一个“宏观成型”和“微观成性”的过程，是在多外场耦合作用下，材料多层次结构响应、演变、形成的物理或化学过程，同时也是人们对其进行有效调控和定构的过程，是一个典型的现代工程和技术科学问题。习近平总书记深刻指出，“现代工程和技术科学是科学原理和产业发展、工程研制之间不可缺少的桥梁，在现代科学技术体系中发挥着关键作用。要大力加强多学科融合的现代工程和技术科学研究，带动基础科学和工程技术发展，形成完整的现代科学技术体系。”这对我们的工作具有重要指导意义。

过去十年，我国的材料成型加工技术得到了快速发展。**一是成形工艺理论和技术不断革新。**围绕着传统和多场辅助成形，如冲压成形、液压成形、粉末成形、注射成型，超高速和极端成型的电磁成形、电液成形、爆炸成形，以及先进的材料切削加工工艺，如先进的磨削、电火花加工、微铣削和激光加工等，开发了各种创新的工艺，使得生产过程更加灵活，能源消耗更少，对环境更为友好。**二是以芯片制造为代表，微加工尺度越来越小。**围绕着芯片制造，晶圆切片、不同工艺的薄膜沉积、光刻和蚀刻、先进封装等各种加工尺度越来越小。同时，随着加工尺度的微纳化，各种微纳加工工艺得到了广泛的应用，如激光微加工、微挤压、微压花、微冲压、微锻压技术等大量涌现。**三是增材制造异军突起。**作为一种颠覆性加工技术，增材制造（3D打印）随着新材料、新工艺、新装备的发展，广泛应用于航空航天、国防建设、生物医学和消费产品等各个领域。**四是数字技术和人工智能带来深刻变革。**数字技术——包括机器学习（ML）和人工智能（AI）的迅猛发展，为推进材料加工工程的科学发现和创新提供了更多机会，大量的实验数据和复杂的模拟仿真被用来预测材料性能，设计和成型过程控制改变和加速着传统材料加工科学和技术的发展。

当然，在看到上述发展的同时，我们也深刻认识到，材料加工成型领域仍面临一系列挑战。例如，“双碳”目标下，材料成型加工业如何应对气候变化、环境退化、战略金属供应和能源问题，如废旧塑料的回收加工；再如，具有超常使役性能新材料的加工技术问题，如超高分子量聚合物、高熵合金、纳米和量子点材料等；又如，极端环境下材料成型技术问题，如深空月面环境下的原位资源制造、深海环境下的制造等。所有这些，都是我们需要攻克的难题。

我国“十四五”规划明确提出，要“实施产业基础再造工程，加快补齐基础零部件及元器件、基础软件、基础材料、基础工艺和产业技术基础等瓶颈短板”，在这一大背景下，及时总结并编撰出版一套高水平学术著作，全面、系统地反映材料加工领域国际学术和技术前沿原理、最新研究进展及未来发展趋势，将对推动我国基础制造业的发展起到积极的作用。

为此，我接受科学出版社的邀请，组织活跃在科研第一线的三十多位优秀科学家积极撰写“材料先进成型与加工技术丛书”，内容涵盖了我国在材料先进成型与加工领域的最新基础理论成果和应用技术成果，包括传统材料成型加工中的新理论和新技术、先进材料成型和加工的理论和技术、材料循环高值化与绿色制造理论和技术、极端条件下材料的成型与加工理论和技术、材料的智能化成型加工理论和方法、增材制造等各个领域。丛书强调理论和技术相结合、材料与成型加工相结合、信息技术与材料成型加工技术相结合，旨在推动学科发展、促进产学研合作，夯实我国制造业的基础。

本套丛书于2021年获批为“十四五”时期国家重点出版物出版专项规划项目，具有学术水平高、涵盖面广、时效性强、技术引领性突出等显著特点，是国内第一套全面系统总结材料先进成型加工技术的学术著作，同时也深入探讨了技术创新过程中要解决的科学问题。相信本套丛书的出版对于推动我国材料领域技术创新过程中科学问题的深入研究，加强科技人员的交流，提高我国在材料领域的创新水平具有重要意义。

最后，我衷心感谢程耿东院士、李依依院士、张立同院士、韩杰才院士、贾振元院士、瞿金平院士、张清杰院士、张跃院士、朱美芳院士、陈光院士、傅正义院士、张荻院士、李殿中院士，以及多位长江学者、国家杰青等专家学者的积极参与和无私奉献。也要感谢科学出版社的各级领导和编辑人员，特别是翁靖一编辑，为本套丛书的策划出版所做出的一切努力。正是在大家的辛勤付出和共同努力下，本套丛书才能顺利出版，得以奉献给广大读者。

申长雨

中国科学院院士

工业装备结构分析优化与CAE软件全国重点实验室

橡塑模具计算机辅助工程技术国家工程研究中心

# 前　言

《高分子材料模塑成型 3D 复印技术》提出了 3D 复印新概念，即模塑成型智能化，包括塑料、橡胶和高分子基复合材料模塑成型原理、工艺装备、先进制造技术及应用等。本书结合国内外研究学者、工程技术人员及笔者近年来在高分子材料模塑成型领域的研究成果，详细著述了高分子材料模塑成型及其先进制造技术。针对通用高分子材料的模塑成型工艺，在成型基本原理、成型装备和制品质量性能控制等方面进行系统论述，并结合高分子材料模塑成型的智能化，对高分子材料 3D 复印过程中的 *PVT* 监测及智能控制原理和方法进行介绍，最后对高分子材料模塑成型 3D 复印的未来进行展望，并期冀 3D 复印技术在金属材料和无机非金属材料领域得到推广应用，推动材料成型与先进制造技术的发展。

全书共 8 章，第 1 章主要概述高分子材料模塑成型的基本概念及发展趋势；第 2～5 章分别介绍塑料、中空塑料、橡胶和高分子基复合材料模塑成型的基本理论、装备结构、成型工艺及应用实例；第 6 章和第 7 章介绍智能化模塑成型，即 3D 复印技术；第 8 章对 3D 复印技术的未来进行展望。

本书在内容上参阅了国内外公开发表的研究论文、发明专利和技术资料，主要包括笔者团队近年来在高分子材料加工成型与先进制造领域所取得的系列原创性科研成果，希望帮助广大读者较系统全面地了解该领域的理论发展与技术进步，以期推动相关高端产品高性能制造的快速发展。本书由杨卫民教授组织撰写并负责全书的统稿，王建教授和张政和博士完成了部分章节的撰写，感谢团队中何其超、侯钦正、朱文雷、李杰等为本书的顺利出版所做的文献查阅、资料整理工作，特别感谢王建教授、谢鹏程教授对全书的校对和所给予的宝贵意见。

本书创新性提出的高分子材料 3D 复印技术，正如以数控堆焊精密化为基础的快速成型创新发展出了 3D 打印增材制造技术那样，以高效低耗等材制造的显著优势，对从中国制造到中国创造的转型升级具有重要意义。由于 3D 复印技术发展还处于初创阶段，书中不足之处在所难免，敬请读者批评指正！

杨卫民<br>2024 年 3 月

# 目 录

# 第1章

# 绪　论

## 1.1 高分子材料模塑成型概述

### 1.1.1 高分子材料模塑成型分类及特点

模塑成型是通过使用称为模具的刚性框架对液态或柔韧的原材料进行成型的制造过程。高分子材料（又称聚合物）主要包括塑料、橡胶、纤维和涂层等。高分子材料的模塑成型是一种将各种形态的高分子材料通过模具塑造成制品的工艺方法，其工艺过程伴随高分子材料的熔融塑化、填充模具与冷却固化定型等。高分子材料的模塑成型工艺主要包括注塑成型、压塑成型、吸塑成型、吹塑成型和滚塑成型等。通常塑料和橡胶及其复合材料制品的成型多采用模塑成型工艺，成型的典型制品如图 1-1 所示。各种模塑成型工艺方法的特点和应用情况简要罗列于表 1-1 和表 1-2 中。

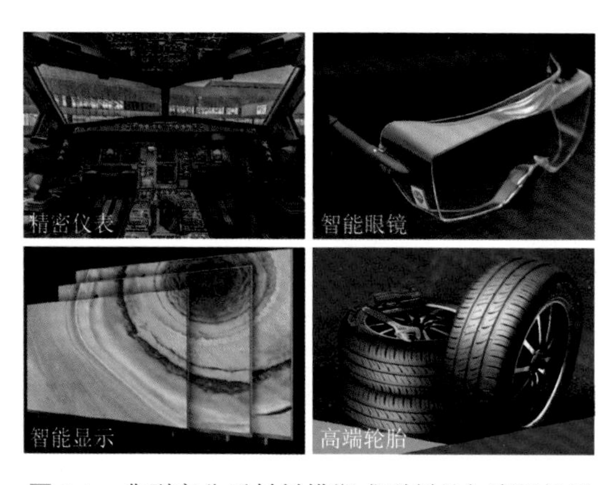


图 1-1　典型高分子材料模塑成型制品与应用场景

**表 1-1　高分子材料模塑成型工艺特点和应用举例**

| 工艺名称 | 特点 | 应用举例 |
| --- | --- | --- |
| 注塑成型 | 又称注射成型，生产速度快、效率高，操作可实现自动化，花色品种多，形状可以由简到繁，尺寸可以由大到小，而且制品尺寸精确，产品易更新换代，能成型复杂形状的制品。此外，适用于大量生产与形状复杂产品等成型加工领域 | 日常生活用塑料制品；精密光学器件：光学透镜；电子产品封装；汽车保险杠；微纳器件制品；微流控芯片等 |
| 压塑成型 | 又称模压成型、热压成型、压缩成型等，可模压较大平面的制品和利用多槽模进行大量生产；设备投资少，工艺成熟，生产成本低；可以成型热塑性塑料、热固性塑料和橡胶制品。其主要缺点：生产周期长，效率低；较难实现自动化，劳动强度大；不能成型形状复杂、壁厚的制品；制品的尺寸准确性低，不能模压要求尺寸准确性较高的制品 | 塑料容器、橡胶轮胎、密封件、减震垫等 |
| 吸塑成型 | 又称真空成型，主要是将平展的塑料硬片材加热变软后，采用真空吸附于模具表面，冷却后成型。可节省原辅材料、制品质量轻、运输方便、密封性能好，符合环保绿色包装的要求；能包装任何异形产品，装箱无需另加缓冲材料；被包装产品透明可见，外形美观，便于销售；适合机械化、自动化包装，便于现代化管理、节省人力、提高效率 | 钙塑天花板装饰材料，洗衣机和电冰箱壳体，电机外壳，艺术品和生活用品。广泛应用于塑料包装、灯饰、广告、装饰等行业 |
| 吹塑成型 | 又称中空成型，是将挤出或注射成型所得的半熔融态管坯（型坯）置于各种形状的模具中，在管坯中通入压缩空气将其吹胀，使之紧贴于模具型腔壁上，再经冷却脱模得到中空制品的成型方法 | 主要包含瓶类、桶类、罐类、箱类等中空塑料容器 |
| 滚塑成型 | 又称旋塑成型、旋转成型、回转成型等，适于模塑大型及特大型中空无缝制品及多品种、小批量塑料制品的生产，滚塑成型便于变换制品的颜色，适于成型各种复杂形状的中空制品 | 从家用箱桶到工业容器，从小型球形器皿到耐高腐蚀性材料桶罐；包装用化工容器，其他工业运输设施壳体，软化水槽和运输箱；儿童玩具部件；显示数字等 |

**表 1-2　高分子基复合材料模塑成型工艺特点和应用举例**

| 工艺名称 | 特点 | 应用举例 |
| --- | --- | --- |
| 注射模塑成型 | 通过注射和模压一体化成型方式，提高了制品的刚度，可保证较好的功能性和可组装性，具备生产复杂几何形状部件的能力，生产周期较短 | 汽车内饰件，包括座椅部件、车门侧面碰撞梁、车横梁、制动踏板、转向柱保持架、安全气囊模块和车前端等 |
| 模压成型 | 生产效率较高；制品尺寸精确，表面光洁，可以有两个精制表面；生产成本较低，易实现机械化和自动化；多数结构复杂的制品可一次成型，效率高；制品的外观及尺寸重复性好 | 汽车领域：车门上段、车门下段、水切加强板、格栅、尾翼等；工业领域：机械杆等 |
| 树脂转移模塑成型 | 工艺成本低、操作环境好，适应大规模一体化成型，可实现高分子基复合材料低成本制造 | 航空航天领域：舱门、风扇叶片、机头雷达罩、飞机引擎等；军事领域：鱼雷壳体、油箱、发射管等；船舶领域：小型划艇船体、上层甲板等 |

### 1.1.2　高分子材料模塑成型智能制造发展趋势

周济院士在2021年5月8日以“+5G共创制造新未来”为主题的5G智能

制造峰会上谈及智能制造的发展概况：以智能制造为主攻方向，意味着要从工业化的方面深入推进两化融合：制造技术是本体技术，为主体；信息化是赋能技术，为主导。加快工业互联网创新发展，也就是要从信息化的方面深入推进两化融合：互联网技术是核心技术，为主体；工业是应用目标与生态，为主导。以智能制造为主攻方向、加快工业互联网创新发展是工业化与信息化融合发展的两个主要方面，是辩证统一、融合发展的，两化融合成为推动制造业高质量发展的根本动力。

5G与工业互联网是建设制造强国的关键支撑。智能制造是数字化、网络化、智能化相互融合的创新制造模式，需要强大的工业人工智能赋能，需要强大的工业大数据赋能，也需要强大的5G + 工业互联网赋能[1]。具体到高分子材料模塑成型领域，高分子材料产品的大量需求，以及对产品功能要求的日益拓展，亟待发展高分子材料模塑成型的智能化。

高分子材料在轨道交通、仪表及航空航天等大量国家支柱产业及与人民日常生活息息相关的各个领域中得到了广泛应用。近年来，在高分子材料模塑成型领域，逐步建立起系统完善的高分子材料成型理论模型与数值计算模拟仿真方法，较好地实现了高分子材料成型过程分析的模型化、定量化、数字化和可视化。通过数值计算模拟仿真方法可以大幅缩短模具的试模和修模的时间，以显著提高高分子材料制品的质量，并降低成型的成本。

## 1.2 高分子材料3D复印技术

### 1.2.1 高分子材料3D复印概念

基于增材制造的“3D打印”一词，作为快速原型成型技术的统称已被人们广泛接受。与3D打印技术相比，3D复印技术主要是基于模具的模塑成型技术，以实现产品的快速批量复制，顺应了先进制造技术智能化的发展方向。高分子材料3D复印技术是相较于高分子材料3D打印技术而提出的一个新概念，也就是高分子材料三维制品的大批量复制生产技术[2]。该技术的工程过程主要包含三个基本阶段：高分子材料制品实体模型获取（原型构建或者三维扫描）、成型模具设计与制造及模塑成型。

1）高分子材料制品实体模型获取

实体模型的获取是关键的一步，通过掌握制品的三维尺度的全面信息及高分子材料的物化属性，才能有针对性地开展后续的工艺过程。其中，高分子材料原型构建是指采用数字化三维建模技术，通过三维建模软件精准构建三维数字特征，根据制品的应用服役特性，采用模拟仿真软件进行三维模型的结构优化，最终形成三维数字信息。高分子材料制品实体扫描是指以实物化为导向，对实体进行三维数字特征采集。

2）成型模具设计与制造

成型模具是高分子材料 3D 复印装备的核心部件，通过控制高分子材料的流变特性，经过冷却定型并成型为所需要的实体形状。成型模具质量的高低对于模塑成型制品质量的影响至关重要，因此成型模具被誉为“工业之母”。传统模具的生产制造主要采用机械加工方式，生产周期较长。在 3D 复印技术中，可采用 3D 打印成型模具方式，通过塑料和金属材料 3D 打印相结合的方式，先通过塑料 3D 打印制作模具并进行试模和修模调整，确定优化结构后通过金属材料 3D 打印生产模具，可大幅缩短模具的制造周期，提升高分子材料模塑成型制品的生产效率。

3）模塑成型

注射模塑成型工艺过程主要包括塑化、计量、注射、增密、保压和冷却定型等。从成型模具的闭合、高分子材料熔体注入模具流道系统和模具型腔，到开模取出制品，合模进行下一轮注射模塑成型，此过程称为一个注射模塑成型周期。注射模塑成型可以一次成型形状复杂、尺寸精确的制品，特别适合高效率、大批量的生产方式，现已发展为热塑性高分子材料最主要的成型方法。注射模塑成型是一个相当复杂的物理过程，其中，高分子材料熔体在压力驱动下从成型模具浇口处，通过模具流道填充到较低温度的模具型腔，高分子材料熔体一方面由于向模具传热而冷却，另一方面因高速剪切而生热。注射模塑成型同时伴随高分子材料熔体固化、体积收缩、分子取向和结晶过程。

模塑成型的质量控制：

高分子材料的 *PVT*（*P* 为压力，*V* 为比容积，*T* 为温度）关系表示其比容积随温度和压力的改变而变化的规律，作为高分子材料的基本性质，可用于计算表征注射模塑成型过程中材料的比容积分布及其与温度和压力等参数的演变过程，解释高分子材料制品成型加工过程可能产生翘曲、收缩、气泡、疵点的原因，在高分子材料制品的生产、加工及应用等多方面具有十分重要的作用。高分子材料的 *PVT* 关系提供了注射模塑成型过程中熔融或固态的高分子材料在温度和压力范围内的压缩性和热膨胀性等信息。高分子材料的 *PVT* 关系是高分子材料成型流动分析、模具设计和注射模塑成型过程控制及工艺分析的重要依据。近年来，以高分子材料 *PVT* 关系为核心的注射模塑成型过程计算机模拟与控制为我国精密注射模塑成型装备的研制提供了数据、监测和控制等多方面的理论和技术依据，引领着精密注射模塑成型的发展方向。

模塑成型的智能化：

新一代人工智能技术契合了传统高分子材料注射模塑成型制造业的发展需求，近年来，人工智能技术、信息技术与传统注射模塑成型等技术结合形成的智能制造模式是发展的必然趋势，智能化的注射模塑成型制造技术也将成为长期的研究热点。在传统注射模塑成型技术的基础上，需要进一步发展智能生产线、智能车间及智能工厂等，以实现生产资料的优化配置和工艺流程、生产任务、物流的优化调度。

### 1.2.2　高分子材料 3D 复印发展前景

注射模塑成型在制品结构、性能和精度等方面改善与提升的同时，在智能化方面具有广阔的发展空间，未来的智能注射模塑成型主要包括智能装备、智能制造和智能服务。智能装备引导制造的智能化，智能制造促进生产数据化，而生产数据化将有力地转变智能服务。

1）3D 复印智能云平台

云制造是一种制造新模式[3]，以集成技术思想而兴起，将传统制造方式向服务型制造进行升级，是高度协同作业的制造业，同时也是不断创新发展的制造业。云制造是在云计算基础上发展而来的，而云计算之所以能推动制造业发展是因为它改变了传统制造业的制造模式，采用信息技术将产业发展和商业战略紧密结合，并推动智能网络工厂的建立。

在云制造技术迅速发展的背景下，近年来，注射模塑成型的智能化趋势十分显著，注射模塑成型企业、生产厂及高校等对注射模塑成型工业 4.0 开展了系列研究。欧洲塑料与橡胶机械制造商协会在 2016 年的德国杜塞尔多夫国际塑料及橡胶博览会期间，提出了 EUROMAP 77 规范，这是一种面向工业 4.0 的新工业规范，主要是为了解决注射模塑成型装备与计算机或制造执行系统的数据交换问题，欧洲的企业在这一领域已经领先。

德国克劳斯玛菲公司将其工业 4.0 实现方法称为“Plastics 4.0”，从智能机器、集成生产及交互服务等三方面进行推进。2016 年，德国的注射模塑成型装备生产商阿博格（Arburg）公司在德国杜塞尔多夫国际塑料及橡胶博览会上展示了其工业 4.0 的应用新方式：空间上分割制造且个性化制作“智能”行李箱标牌。将行李箱标牌当成储存数据信息的介质，以电子信息的形式将客户的个人联系方式与制造过程信息同步存储到 NFC 芯片中，最终采用激光对标牌做个性化加工。制造过程信息可从云端获取，最后由行李箱标牌提供，进而达到分散生产的目的。

我国的注射模塑成型装备制造商博创智能装备股份有限公司的工业 4.0 技术也能够满足欧洲标准，该技术主要是利用一套交钥匙系统进行展现。此外，震雄集团的 iChen 4.0、广东伊之密股份有限公司的 I-factory 4.0 等相继被提出，并开展了注射模塑成型的智能化，关注的要点是制造流程中的监视、管理及服务。宁波海天塑机集团有限公司以单个注射模塑成型装备为单位，为每一台装备安装了智能化模块，用于搭建注射模塑智能系统，同步采集注射模塑生产车间内的机器的信息然后汇聚到网关，再使用网络传送到云端，借助该方法搭建注射模塑云。

2）3D打印成型模具

3D打印技术又称“增材制造”技术，是集成计算机技术、数控技术、激光技术、CAD/CAM技术与新材料技术等高技术群的新型成型技术，它基于传统的平面印刷技术，采用喷头逐层将材料在平台上进行堆叠累积，是从无到有地构建三维实物的过程。

由于3D打印技术从设计到生产，将三维数字化设计转化为实物模型，在研发过程中可以省略传统加工过程中设计、修改、再设计及求证等系列复杂的程序，可大幅缩短生产周期，也由于三维数字化设计具有灵活性强、自动化、精度高、效率高等优势，可及时根据市场需求，调整产品进行再生产。

虽然3D打印技术目前用于金属制造的成本较高，部分材料目前尚未具备打印能力，但就高分子材料产品而言，在资本投资方面相对较少。一些材料本身具有较高的成本，使用传统模具制造方法将导致相对高的废品率。但如果使用3D打印技术制作模具，由于高度的灵活性可以帮助工程师尝试无数的设计，可以在一定程度上降低由模具设计修改引起的前期成本的浪费。同时，3D打印过程基于计算机软件建模和逐层堆积成型方式，与传统制造方法采用减材制造的方式相比，可相对节省生产材料成本；并且3D打印过程的便利性使得设计和生产过程中的人力资源投入也相应大幅减少。

3）成型模具数字化设计与智能制造

采用智能化技术和数字化技术，全面提升模具设计整体的数字化程度和智能制造水平。该技术能够对模具方案设计、三维可视化、虚拟装配、虚拟制造、成型、检测等工作的落实质量进行保证。同时，机器人技术与数控机床加工技术相融合，可以实现智能化控制生产，自动化控制模具的整个加工流程。智能制造是传统与新一代信息技术的融合体，在制造全生命周期的产品应用上具备较强的个性化、柔性化，低能耗、高质量及制造的优势。

成型模具数字化设计与智能制造技术，主要指使用智能产线与数字化技术，完成模具设计相关工作，工作内容主要包括：结合模具要求提供模具制造设计方案、借助三维可视化先进技术开展模具设计工作、结合仿真技术进行模具制造流程设计。在完成以上工作内容的基础上，利用虚拟化技术，设计模具前期装配、模具零件制造、模具整体成型与模具质量检测等，利用数控机床与机器人等智能产线，对模具整个制造过程进行程序化设计与加工。在新时代，以大数据分析、云计算与人工智能等为代表的信息技术高速发展，为注塑模具设计与制造工作提供新的发展方向。智能制造已经开始结合传统制造技术与新型信息技术，应用在模具制造的全部过程中。

## 参考文献

[1] 付向核. 5G +工业互联网为工业智造赋能[J]. 中国工业和信息化，2020，6（8）：74.
[2] 杨卫民，鉴冉冉. 聚合物3D打印与3D复印技术[M]. 北京：化学工业出版社，2018.
[3] 程武山，朱明年. 云制造——先进制造信息化[J]. 系统仿真学报，2011，23（10）：2258-2262，2268.

# 第2章 塑料注射模塑成型

## 2.1 塑料注射模塑成型基本原理

注射模塑成型是将熔融状态的材料喷射注入模具型腔内经由冷却固化而得到成型制品的方法。迄今，超过三分之一的树脂材料被用于注射模塑成型加工，注射模塑成型设备占到所有塑料机械总量的一半。家电行业、电子工业、汽车制造业等对于注塑制品需求的日益增大进一步推动了注射模塑成型技术的发展。注射模塑成型已经成为塑料制品成型加工中最重要的工艺过程之一。

注射模塑成型是一个周期性往复循环的过程。循环由模具闭合开始，熔体注射进入型腔充满后会继续保持压力以补充物料收缩，该过程称为保压。在物料冷却过程开始时，在物料冷却过程开始时，开启螺杆转动，并在螺杆前端储料以用于下一次注射。待制品充分冷却后，开模并顶出制品。完成一次循环的时间称为成型周期，它是关系生产效率和设备使用率的重要指标。在整个成型周期中注射时间和冷却时间最为重要，它们对于制品成型质量有着决定性的影响。注射时间包括充模时间和保压时间两个部分。充模时间相对较短，一般为 3～5 s，保压时间所占比例较大，一般为 20～120 s。壁厚增加时则更长。在充模过程中，注射模塑成型机（简称注塑机）以速度控制方式完成经过速度压力切换点转换为压力控制开始保压这一过程。速度压力切换时间的确定直接影响制品质量。在保压过程中，将保压压力与时间的关系描绘成保压曲线。保压压力过高或保压时间过长，产品容易产生飞边且有较高残余应力；而保压压力过低或保压时间过短，产品容易出现缩痕影响产品品质。因此，保压曲线存在最佳值，在浇口凝固之前，通常以制品收缩率波动范围最小的压力曲线为准。冷却时间则主要取决于制品厚度、塑料热性能和结晶性能及模具温度。冷却时间过长，会影响成型周期，并降低生产力。但冷却时间过短将造成产品粘模现象，难以脱模，且成品未完全冷却固化便脱模，则容易受外力影响而造成变形。

成型周期中，其他时间则与注塑机自身性能及自动化程度有关[1]。注塑机的典型外观如图2-1所示，结构示意图如图2-2所示，结构单元组成如图2-3所示。

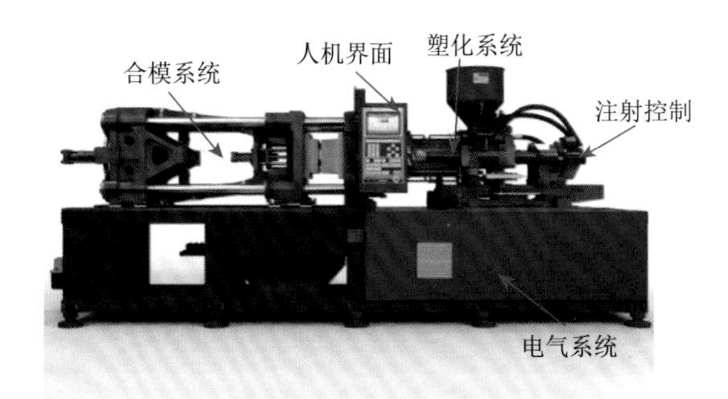


图2-1 注塑机的典型外观

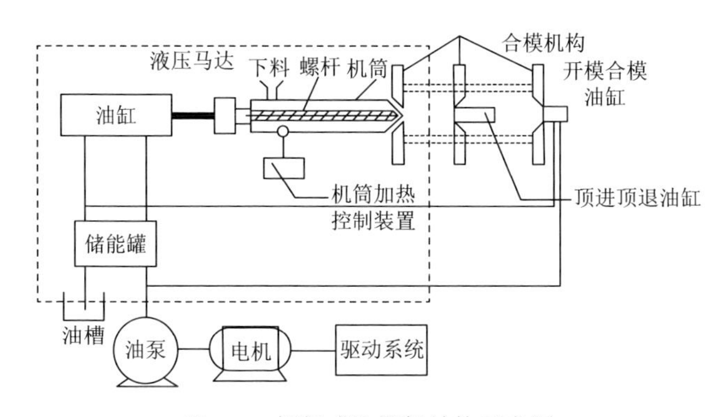


图2-2 螺杆式注塑机结构示意图

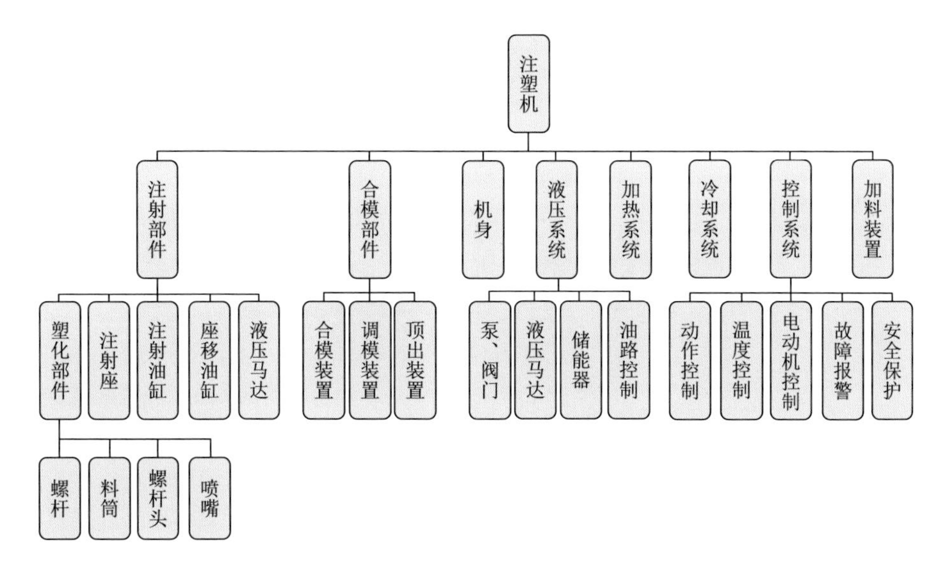


图2-3 注塑机结构单元组成

### 2.1.1 塑料在注射模塑成型中的加工特性

注射模塑成型中物料的塑化过程如图 2-4 所示。物料进入机筒内，从螺杆的固体输送段开始，在与机筒及螺杆的摩擦力作用下，以“固体塞”的状态向前输送，如图中所示，同时受到机筒的外部加热及螺杆的剪切作用。物料温度逐渐升高，在靠近机筒内壁处首先达到熔融点而出现上熔膜，当上熔膜厚度超过螺棱间隙时，熔膜被螺棱刮下而首先在螺棱的推进面形成熔池，此时物料开始进入螺杆的压缩段，熔融段随着物料的继续升温及剪切作用，侧熔膜和下熔膜也逐渐形成，如此固体床越来越小，熔池宽度不断增大。在熔融段后期，由于固体床持续变小，其强度也逐渐减弱，在复合应力的作用下发生破碎现象，称为固相破碎，分离型螺杆由于结构特点无固相破碎现象，最终物料完全熔融。此时熔体进入螺杆的熔体计量段，物料在该区域进一步混合、均化，然后进入螺杆前端的储料区，完成塑化工作，为下一步注射做好准备[2]。

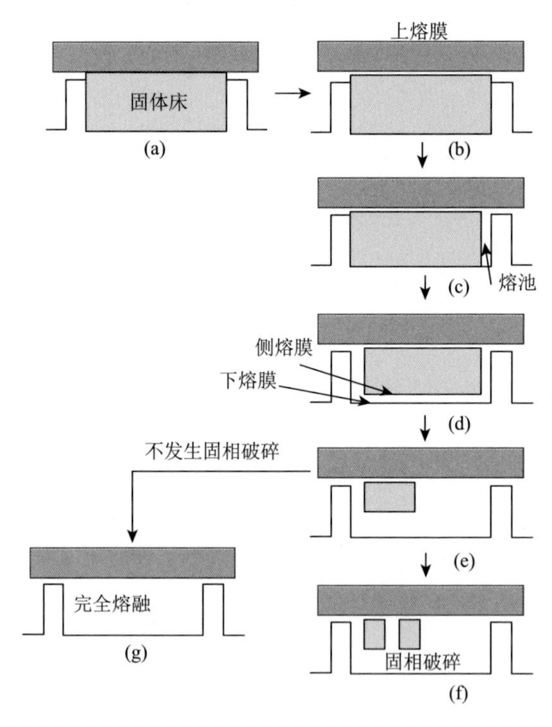


图 2-4 塑料注射模塑成型的塑化过程

在注射模塑成型的塑化过程中，由于注射模塑成型的间歇运动特点，当一次预塑结束后，螺杆会出现停转阶段，此时物料只受到机筒的外部加热，因此虽然物料处于停滞状态，但在热传导的作用下仍然会继续熔融。而在注射阶段，螺杆仍然处于停转状态，但是会有一定速度的轴向位移，此时物料在热传导作用下继续熔融的同时，也存在轴向运动。虽然注射时间很短，但是物料由于受到与机筒内壁的摩擦与剪切，熔融会进一步增强。

聚合物的结晶由两区域组成：结晶区和非结晶区[3]。结晶度为结晶区所占全区域的比值，指聚合物的结晶程度。质量分数与体积分数都可以用来表达结晶度。结晶区的聚合物分子都有序排列，而非结晶区的分子排列混乱。

聚合物的结晶形态有很多种，链状、柱状、球形、单个晶体等。结晶形态会随着工艺条件（如熔体温度、注射压力等）改变而发生变化[4]。

在注射模塑成型过程中，塑料熔体发生结晶行为，并随着塑料熔体状态的变化产生能量的变化，进而影响制品的内部结构，导致制品性能发生改变[5]。例如，快速结晶材料聚丙烯[6]，其结晶度从 70%增加至 95%时，拉伸强度由 24.1 MPa 变化至 40.2 MPa，弯曲强度由 137.5 MPa 变化至 144.9 MPa，密度由 0.7643 g/cm$^3$ 变化至 0.8553 g/cm$^3$ 等。当结晶度变化时，拉伸强度、弯曲强度及密度等都会发生改变。例如，慢结晶材料聚酰胺 66（PA66）[7]，在结晶过程中，结晶速率慢导致其成型得到的制品翘曲变形程度比快速结晶材料得到的制品更大。PA66 结晶时的形态为球晶，会导致光照到其表面产生散射，从而降低制品的透明度。另外，结晶度增加，致密性也更好，能得到更好的表面光洁度。

### 2.1.2　注射模塑成型特点及适用产品

注射模塑成型是一种应用甚广的成型方法，与其他成型技术相比有许多明显的特点。

注射模塑成型的优点：

（1）由于成型物料的熔融塑化和流动造型分别在料筒和模具型腔中进行，模具可始终处于使熔体很快冷凝或交联固化的状态，从而有利于缩短成型周期。

（2）成型时要先锁紧模具后才将熔料注入，加之具有良好流动性的熔料对模具型腔的磨损很小，因此一套模具可生产大批量注塑制品。

（3）一名操作工常可管理两台或多台注塑机，特别是当成型件可以自动卸料时还可管理更多台机器，因此所需的劳动力相对较少。

（4）合模、加料、塑化、注射、开模和脱模等全部成型过程均在一台注塑装备上完成，从而使注塑工艺过程易于全自动化和实现程序控制。

（5）由于成型时压力很高，因此可成型形状复杂、表面图案与标记清晰及尺寸精度高的塑件。

（6）通过共注可以成型一种以上的材料，可以有效地成型表皮硬而心部发泡的材料，可以成型热固性塑料和纤维增强塑料。

（7）由于成型可采用精密的模具和精密的液压系统，加之使用微机控制，因此可以得到精度很高的制品，公差可达到 1 μm。

（8）生产效率高，一套模具可包含数十个甚至上百个型腔，因此一次成型即可成型数十个甚至上百个塑件。

（9）成型塑件仅需少量修整即可使用，在成型过程中产生的废料可以重复利用，因此对原料的浪费很少。

注射模塑成型的缺点：

（1）注射模塑成型的关键器具是模具，但模具的设计、制造和试模的周期很长，投产较慢。

（2）由于冷却条件的限制，对于厚壁且变化较大的塑件的成型较困难。

（3）由于注塑机和注塑模的造价都比较高，启动投资大，故不适合小批量塑件的生产。

（4）成型制品的质量受多种因素限制，因此对技术要求较高，掌握的难度较大。

注射成型塑料制品的主要原料有聚乙烯（PE）、聚苯乙烯（PS）、聚丙烯（PP）和丙烯腈-丁二烯-苯乙烯共聚物（ABS）。用这四种树脂注射成型的塑料制品占注射制品总产量的 80%以上。另外，注射制品的原料还有聚氯乙烯（PVC）、丙烯腈-苯乙烯共聚物（AS）、聚酰胺（PA）、聚对苯二甲酸乙二醇酯（PET）、聚碳酸酯（PC）、乙酸纤维素（CA）、乙酸丁酸纤维素、乙烯-乙酸乙烯共聚物、聚甲基丙烯酸酯、聚氨酯（PU）等。

注射成型塑料制品有管件，阀类零件，轴套，齿轮，自行车和汽车用零件，凸轮，装饰用品和生活常用的盆、碗、盖、盘，以及各种运输包装箱类和各种容器等。

用聚丙烯树脂注射成型塑料制品，主要有中空制品、工业配件、汽车配件及生活用品等，如周转箱、集装箱、大型容器、酒柜、商品货架、花盆、办公桌、汽车配件中的轴承、小齿轮、电风扇、车体、蓄电池外壳、阀门盖、管件及注吹塑料瓶等。

聚氯乙烯的主要用途是制造排水管道、计算机及电视机的外壳、滤水压槽、影印机外壳、电表及煤气管路外壳、印刷机的透明罩、通风格及各种电子零件等。

聚苯乙烯制品具有透明、卫生和价廉等特点，且具有优良的刚性、电气性能和印刷性，因此广泛应用在机电、仪器仪表和通信器材等领域，如制作各种仪表外壳、灯罩、光学零件、仪器零件、化工储酸槽、高频电容器，以及日常生活中的瓶盖、容器、各种装饰品、纽扣和玩具等。

聚苯乙烯制品结构条件要求如下：

（1）制品壁厚应在 1～4 mm 范围内。

（2）制品壁厚要均匀，不同壁厚的交接处圆滑过渡连接，结构中不允许有缺口或尖角，以避免应力集中而引起开裂。

（3）制品的脱模斜度：型芯为 30′(0.5°)～1°，型腔为 35′(0.583°)～1.5°，形状复杂件的脱模斜度可放大到 2°。

（4）成型模具中的熔料流道长度与制品壁厚之比为 200∶1 左右。

PET 是目前最早商业化、应用领域最广的热塑性聚酯，作为工程塑料主要用于制造饮料、食品等的包装容器和薄膜，如矿泉水瓶、饮料瓶，包装装潢印刷，还可用于电子电气、汽车、感光和绝缘材料等[8]。注射模塑成型是最重要的塑料成型加工方法之一，常用的饮料装 PET 瓶是采用注塑吹塑工艺成型。PET 因含有酯基，易吸水水解且为结晶聚合物[9]，在注射模塑成型时，注射温度、模具温度、注塑压力、冷却时间等都会对其制品产生影响。PET 热变形温度低，成型温度高，且料温调节范围窄（260～300℃），但熔化后流动性好，易于成型，采用中等注塑压力，一般为 40～100 MPa[10]。PET 的模具温度优选中等级别，以控制物料在模具中的冷却速度。表 2-1 为注射温度对 PET 制品的影响。

**表 2-1 注射温度对 PET 制品的影响**

| 注射温度/℃ | 喷嘴状况 | 脱模状况 | 制品外观 | 缺陷状况 |
|---|---|---|---|---|
| 270 | 偶有堵塞 | 易 | 雾度较大 | 无 |
| 275 | 偶有堵塞 | 易 | 雾度较小 | 无 |
| 280 | 良好 | 易 | 雾度很小 | 无 |
| 285 | 良好 | 难 | 透明 | 凹痕 |
| 290 | 流延 | 难 | 透明 | 凹痕、气泡 |

### 2.1.3 注射模塑成型装备基本结构

注塑机为实现既定工作目标，需要确保三大系统有效协作，即确保注射系统顺利将熔融塑料注入模具型腔机构中，确保合模系统能够顺利启闭模具并获取成型制件，确保液压传动与电气控制系统能够提供机械运行的基础动力，为螺杆式注塑机运转提供既定参数。

**1. 注射系统**

在整个螺杆式注塑机结构中，注射系统属于前端系统，承担着“吃进与消化”塑料的任务，通过注射系统实现塑料熔融，在高速高压条件下将已熔融塑料向注塑机模具型腔中注射。从具体装置构成来看，注射系统主要包括螺杆传动装置、计量装置、塑化装置、注射座、注射装置与料斗等。螺杆驱动电机、轴承支架、主轴套装置与减速机构共同构成了注塑机螺杆传动装置，在预塑化处理环节，通过主轴套、轴承装置和减速装置驱动螺杆转动并提供系统动力。

螺杆与机筒装置构成注塑机塑化装置，在螺杆前端位置配置剪切混炼件与止逆环装置避免出现熔体倒流问题。行程挡块与支架构成注塑机计量装置，在整个系统中承担着塑化作用与计量操作。在整个机体上，注射装置、计量装置与料斗等采取固定安装方式，而注射座则允许在机体规定区域来回移动，动作类型为向前动作与向后动作。通过注射座执行动作，实现注射喷嘴与模具之间的接触操作与分离操作。油缸、活塞与喷嘴装置共同构成了注塑机注射装置，在执行注射任务时，由油缸提供强大推力并经主轴作用于螺杆，螺杆运动并向熔融塑料施加高压以促使熔体在压力作用下经喷嘴装置流向模具型腔装置。

**2. 合模系统**

在整个螺杆式注塑机中，合模系统承担着开启模具与闭合模具的任务，是提取成型制件的关键，从系统构成来看，主要包括油缸装置、拉杆装置、模具调整装置、制件顶出装置、动模板与定模板装置等。在后模板中进行合模系统油缸固定设置，在前模板与后模板之间安装动模板。合模系统油缸装置提供推动力，在推动力作用下动模板由四根拉杆为导向柱进行开启模具与闭合模具运动。在前定模板中安装定模装置，在动模板中安装动模装置。当处于闭合状态时，在油缸压力下模具实现紧锁，从而避免注入高压熔体时模具出现胀开问题。

在动模板后侧位置进行液压装置与机械顶出装置安装。在开启模具动模板装置时，通过顶出装置能够将模具型腔中的制件顶出。为方便进行模具厚度参数调整，多要求在动模板中配置调模机构。

为确保注塑机的运行安全性，在合模机构前后方位置配备安全保护装置，如安全门与安全罩等。设定限位开关、调节装置于安全门与安全罩机架位置，以确保启动模具与闭合模具过程中动模板位移、速度与压力等参数得到有效控制。安全门开启状态由安全联锁装置进行控制。遵循安全性原则，要求通过电气限位开关、液压装置与安全门之间实现联锁，确保安全门关闭状态下执行合模运动。通过限位开关进行顶出机构退回动作或顶出动作控制。

**3. 液压传动与电气控制系统**

该系统是注塑机正常运行及实现预定目标的基础性系统，确保注塑机能够依据设定工艺标准与程序完成相关动作。液压系统为机械设备机构执行动作提供速度与压力循环回路。由压力主回路、注塑机系统流量、执行机构分回路共同构成液压回路，具体回路装置包括泵、蓄能器、热交换器、各种阀、压力表、温度指示仪、开关元件等。注塑机程序与动作均通过电气控制系统来实现，包括对各种动作的位置、速度、压力、时间、转数等参数控制与调整，属于注塑机关键核心。

### 2.1.4　注射模塑成型模具结构设计

注射模塑成型模具主要由成型部件（指动、定模部分有关组成型腔和型芯的零件）、浇注系统（将熔融的塑料从注塑机喷嘴进入模具型腔所流经的通道）、导向部件（使模具合模时能准确对合）、推出机构（模具打开后，将塑料从型腔中推出的装置）、调温系统（满足注射工艺对模具温度的要求）、排气系统（将成型时型腔内的空气和塑料本身挥发的气体排出模外，常在分型面上开设排气槽）和支承零部件（用来安装固定或支承成型零部件及其他机构的零部件）组成，有时还有侧向分型与抽芯机构。

## 2.2　塑料注射模塑成型工艺

温度、压力和时间是影响注射模塑成型工艺的重要参数。

**1. 温度**

注射模塑成型过程需控制的温度有料筒温度、喷嘴温度和模具温度等，其中前两种主要控制塑料的塑化和流动，后一种主要影响塑料的流动和冷却定型。

1）料筒温度

料筒温度是决定塑料塑化质量的主要依据。料筒温度的选择与很多因素有关。凡是平均分子量偏高、分子量分布较窄的塑料，玻璃纤维增强塑料，采用柱塞式塑化装置的塑料和注射压力较低、塑件壁厚较小的塑料，都应选择较高的料筒温度；反之，则应选择较低的料筒温度。为了保证塑料熔体的正常流动，不使熔料产生变质分解，最合适的料筒温度应在黏流态温度和热分解温度之间。

料筒温度的分布一般应遵循前高后低的原则，即料筒的后段温度最低，与喷嘴相接处的温度最高。料筒后段温度应比中段、前段温度低 5～10℃。对于含水量偏高的塑料，也可使料筒后段的温度偏高一些。为了避免熔料在料筒里过热降解，除必须严格控制熔料的最高温度外，还必须控制熔料在料筒里的滞留时间。通常情况下，在提高料筒温度以后，都要适当地缩短熔料在料筒里的滞留时间。

螺杆式注塑机和柱塞式注塑机由于塑化过程不同，选择的料筒温度也不同。在注射同一种塑料时，螺杆式注塑机的料筒温度可比柱塞式注塑机的料筒温度低 10～20℃。

判断料筒温度是否合适，可采用对空注射法观察或直接观察塑件质量的好坏。对空注射时，如果料流均匀，光滑、无泡、色泽均匀，则说明料筒温度合适；如果料流毛糙，有银丝纹或变色现象，则说明料筒温度不合适。

2）喷嘴温度

喷嘴温度一般略低于料筒的最高温度，目的是防止熔料在喷嘴处产生“流延”现象。喷嘴温度也不能太低，否则会使熔体产生早凝，其结果不是堵塞喷嘴孔，就是将冷料充入模具型腔，最终导致成品缺陷。

3）模具温度

模具温度直接影响熔料的充模流动能力、塑件的冷却速度和成型后的塑件性能等。提高模具温度可以改善熔料在模具型腔内的流动性，增大塑件的密度和结晶度，减小充模压力和塑件中的应力，但塑件的冷却时间会延长，收缩率和脱模后塑件的翘曲变形会增加，生产效率也会因此下降；降低模具温度能缩短冷却时间，提高生产效率，但在温度过低的情况下，熔料在模具型腔内的流动性能会变差，使塑件产生较大的应力和明显的熔接痕等缺陷。此外，较高的模具温度对降低塑件的表面粗糙度有一定好处。

模具温度的高低取决于塑料是否结晶和结晶程度，塑件的结构、尺寸和性能要求及其他工艺条件（如熔料温度、注射速度、注射压力和成型周期等）。在满足注射过程要求的条件下，应采用尽可能低的模具温度，以加快冷却速度，缩短冷却时间。还可以把模具温度保持在比热变形温度稍低的温度，使塑件在比较高的温度下脱模，然后自然冷却，以缩短塑件在模具内的冷却时间。

模具温度通常是由通入定温的冷却介质来控制的，也可靠熔料注入模具自然升温和自然散热达到平衡的方式来保持一定的温度。在特殊情况下，也可用电阻加热丝和电阻加热棒对模具加热来保持定温。但不管采用什么方法对模具保持定温，对于塑料熔体都是冷却的过程，其保持的定温都低于塑料的玻璃化转变温度或工业上常用的热变形温度，这样才能使塑料成型和脱模。

**2. 压力**

注射过程中的压力包括塑化压力、注射压力和保压压力三种，它们直接影响塑料的塑化和塑件质量。

1）塑化压力

塑化压力又称背压，是指采用螺杆式注塑机时，螺杆头部熔料在螺杆转动后退时所受到的压力。这种压力的大小是可以通过液压系统中的溢流阀来调整的。

在注射过程中，塑化压力的大小是根据螺杆的设计、塑件质量的要求及塑料的种类等而确定的。如果这些情况和螺杆的转速都不变，则增加塑化压力就会提高熔体的温度，并使熔料的温度均匀、色料混合均匀并排除熔料中的气体。但增加塑化压力会降低塑化速率、延长成型周期，甚至可能导致塑料的降解。

一般操作中，在保证塑件质量的前提下，塑化压力应越低越好，其具体数值随所用塑料的品种而定，一般为 6 MPa 左右，很少超过 20 MPa。注射聚甲醛时，较高的塑化压力会使塑件的表面质量提高，但也可能使塑料变色、塑化速率降低和流动性下降；注射聚酰胺时，塑化压力必须降低，否则塑化速率将很快降低，这是因为螺杆中逆流和漏流增加；聚乙烯的热稳定性较高，提高塑化压力不会有降解的危险，这有利于混料和混色，不过塑化速率会随之降低。

2）注射压力

注射压力是指柱塞或螺杆头部轴向移动时其头部对塑料熔体所施加的压力。注射压力的作用是克服塑料熔体从料筒流向模具型腔的流动阻力，给予熔体一定的充型速率以便充满模具型腔。

注射压力的大小取决于注塑机的类型、塑料的品种、模具浇注系统的结构、尺寸与表面粗糙度、模具温度、塑件的壁厚及流程的长短等，关系十分复杂，目前难以给出具有定量关系的结论。在其他条件相同的情况下，柱塞式注塑机的注射压力应比螺杆式注塑机的注射压力大，其原因在于塑料在柱塞式注塑机料筒内的压力损耗比螺杆式注塑机大。塑料流动阻力的另一决定因素是塑料与模具浇注系统及型腔之间的摩擦系数和熔融黏度，当摩擦系数和熔融黏度越大时，注射压力应越高。同一种塑料的摩擦系数和熔融黏度是随料筒温度和模具温度而变化的，此外，还与其是否加有润滑剂有关。

在注塑机上常用压力表指示注射压力的大小，一般为 40～130 MPa，可通过注塑机的控制系统来调整。当注射压力太高时，塑料的流动性提高，易产生溢料、溢边，塑件易粘模，脱模困难；当注射压力太低时，塑料的流动性下降，成型不足，易产生熔接痕。

3）保压压力

型腔充满后，继续对模内熔料施加的压力称为保压压力。保压压力的作用是使熔料在压力下固化，并在收缩时进行补缩，以获得质地致密的塑件。保压压力等于或小于注射时所用的注射压力。在生产中，如果注射压力和保压压力相等，则往往塑件的收缩率减小，并且尺寸稳定性较好，但这种方法的缺点是脱模时的残余压力过大和成型周期过长。

**3. 成型周期**

完成一次注射模塑成型过程所需的时间称为成型周期，包括合模时间、注射时间、保压时间、模内冷却时间和其他时间等。

1）合模时间

合模时间是指注射之前模具闭合的时间。合模时间过长，则模具温度过低，熔料在料筒中停留的时间过长；合模时间过短，则模具温度相对较高。

2）注射时间

注射时间是指塑料熔体从注射开始到充满模具型腔的时间（即柱塞或螺杆的前进时间）。在生产中，小型塑件的注射时间一般为 3～5 s，大型塑件的注射时间可高达几十秒。

3）保压时间

保压时间是指塑料熔体充满型腔后继续施加压力的时间（即柱塞或螺杆停留

在最前位置的时间）。保压时间的长短不仅与塑件的结构尺寸有关，而且与物料温度、模具温度及主流道和浇口的大小有关，一般为20～25 s，特厚塑件可高达5～10 min。保压时间过长，会加大塑件的应力，使塑件产生变形、开裂和脱模困难现象；保压时间过短，则塑件不致密，尺寸不稳定，易产生凹痕。

4）模内冷却时间

模内冷却时间是指保压结束至开模以前所需的时间，主要取决于塑件的厚度，塑料的热性能、结晶性能及模具温度等因素，应以脱模时塑件不产生变形为原则，一般为30～120 s。

5）其他时间

其他时间是指开模、脱模、喷涂脱模剂、安放嵌件等时间。

成型周期直接影响生产效率和注塑机使用率。生产中，在保证塑件质量的前提下应尽量缩短成型周期中各个阶段的时间。

## 2.3 多组分注射模塑成型

随着人们日常生活水平的提高，对注塑制品质量的要求也越来越高，高性能、多功能、高产量、绿色环保成为注塑行业未来的发展方向。单色、单成分的塑料制品已经很难满足人们多样化的需求，于是出现了在同一塑件上含有两种或两种以上成分的塑料，如混色制品、夹心制品、多层制品等。多组分注射模塑成型这一新型的成型技术就是在这种背景下应运而生的。多组分注射模塑成型通过专门的注射成型设备将两种或两种以上的聚合物材料混合成型，以获得所需制品。近些年来，多组分注射模塑成型凭借着生产效率高、节能环保、产品附加值大等优势，日益受到人们的重视，被广泛应用于汽车尾灯、打字机按键、仪表外壳、包装制品等塑件的生产中[11]。与此同时，国内外学者也不断加大对多组分注射模塑成型的研究，新设备、新技术层出不穷，多组分注射模塑成型技术取得了长足的发展，正逐渐成为注塑行业的研究重点和热点。

### 2.3.1 多组分注射模塑成型原理

多组分注射模塑成型技术最早诞生于1963年。当时在德国杜塞尔多夫国际塑料及橡胶博览会上出现了第一台多组分注塑机。它主要用于打字机和收银机的按键生产。随后，20世纪70年代出现了较为成熟的多组分注射模塑成型生产工艺，并在国外得到了较为广泛的应用。

多组分注射模塑成型简单来讲就是通过专门的注射成型设备将两种或两种以上的聚合物材料混合成型以获得所需制品的一种新型注射模塑成型工艺[12]。与传统注射模塑成型过程不同，多组分注射模塑成型根据聚合物的不同特质，需要两套或多套注射装置共同工作。

根据成型过程中各组分结合形式的不同，多组分注射模塑成型工艺通常可以分为顺序注射模塑成型、叠加注射模塑成型两种[13]。

顺序注射模塑成型是指将物料按照特定的顺序依次注入模具型腔的工艺过程，一般情况下这一过程是由特殊的多组分喷嘴实现的。其注射模塑成型过程为：首先，将第一种熔融组分注入模具型腔中形成制品的表层。接着在特定的时间后，使用多组分喷嘴的切换阀进行位置切换，并注入第二种熔融组分，从而形成制品的内核部分。目前，顺序注射模塑成型通常被应用于以下三种制品的生产中：壁厚且内核常使用发泡物料的制品；体积大且内核使用回收物料的制品；承受载荷大且内核使用非增强物料的制品。

叠加注射模塑成型是指多种组分通过不同的浇口或流道注塑到一起或者是将多种组分叠加在一起的工艺过程。叠加注射模塑成型与顺序注射模塑成型的主要不同之处在于模具部分的改变。根据注塑过程中物料状态的不同，叠加注射模塑成型又可分为“熔融/熔融”注射模塑成型和“固体/熔融”注射模塑成型两种[14]。“熔融/熔融”注射模塑成型又称共注射模塑成型，指通过不同浇口将两种或多种熔融组分同时注入模具型腔。“固体/熔融”注射模塑成型则是将第一种熔融组分部分固化后，再进入下一成型位置，注塑后几种熔融组分叠加在一起。

作为一种新的注射模塑成型工艺，多组分注射模塑成型与普通注射模塑成型相比，无论是在塑件质量还是在成型过程方面都有极大的突破[15]。其独特之处主要体现在成型塑件的多功能性和成型过程的经济性两方面。

1）成型塑件的多功能性

首先，多组分注射模塑通过复合成型可将不同加工特性的材料集于同一塑件，从而使塑件集多种性能于一体；其次，多组分注射模塑通过性能整合，可以使多组分材料某些方面的性能实现互补，从而扬长避短，获得普通注射模塑无法达到的效果。凭借这项优势，目前多组分注射模塑常被应用于多色部分制品、具有表皮-芯部的制品、模内组装制品等的成型[16]。

2）成型过程的经济性

多组分注射模塑通过模内组装可以将包含多个不同材料的产品一次成型完成，可以精简组装操作，省略传统注射模塑成型的焊接、着色、黏合、装配等二次加工过程，从而有效缩短成型周期。据统计与普通注射模塑成型相比，多组分注射模塑成型可使加工循环周期缩短 20%以上。

**多色注射模塑成型**　多色注射模塑成型也称多色射出成型，是多组分注射模塑成型工艺中最为复杂的一种。其基本原理为：每种组分物料在注射完成之后，部分完成成型的制品仍然保留在模具型腔中，并随模具按照某种方式（即半成品传递技术）移动到下一工位，接着再进行后续组分物料的注射成型，最后冷却固化得到整个制品[12]。这种成型工艺的优点在于：部分完成成型的制品不需要离开原来的模具进入另一个模具中进行下一组分物料的后续注射。因此，这种成型工艺可以有效地缩短成型周期，并且可以生产出具有更多组分的多色制品。

**多色注射模塑成型原料选取原则** 一般所有的热塑性塑料都可以用于多色注射模塑成型工艺，但当所选组分为不同物料时，应尽量选择黏度和熔融温度相近的材料。多组分注射模塑成型原料的选取原则为：原料间的收缩率应相同或相近；原料间的黏度应相近；原料间应具有良好的黏合性[16, 17]。表2-2为一些软硬树脂基材相结合的多组分注射模塑成型原料推荐搭配方案。

**表2-2 常用多组分注射模塑成型软硬树脂基材的推荐搭配方案[16]**

| | 聚酰胺系TPE | 聚酯系TPE | 聚烯烃系TPE | 苯乙烯系TPE | PU系TPE | 黏结性好的TPE |
|---|---|---|---|---|---|---|
| ABS | ■ | □ | ■ | ■ | ▲ | △ |
| ASA | | ▲ | | | ▲ | |
| CA | | | | | | ▲ |
| PA6 | △ | | ■ | ■ | ▲ | △ |
| PA66 | △ | | | ■ | ▲ | △ |
| PE-Blend | △ | | □ | □ | | △ |
| PBTP | ■ | □ | | ▲ | ■ | △ |
| PC | ■ | □ | ■ | □ | ▲ | △ |
| PC/ABS | ■ | □ | ■ | □ | ▲ | △ |
| PC/PBT | ■ | □ | ■ | □ | ▲ | △ |
| PC/PET | ■ | □ | ■ | □ | ▲ | △ |
| PE | ■ | | □ | □ | | △ |
| PETP | ■ | | | | | ▲ |
| PMMA | | | | □ | □ | ▲ |
| POM | ■ | | | | ▲ | ▲ |
| PP | ■ | ■ | | ▲ | | ▲ |
| PPO | ■ | | | | | △ |
| PS | ■ | ■ | ■ | | | |
| PAN | ■ | | | | ▲ | |

注：□表示结合性较差；■表示不能结合；▲表示结合性较好；△表示结合性非常好。ASA：由丙烯腈、苯乙烯和丙烯酸酯组成的三元接枝共聚物；PA6：聚酰胺6；PE-Blend：不同规格聚乙烯混合料；PBTP：聚对苯二甲酸丁二醇酯；PETP：聚对苯二甲酸类塑料；PMMA：聚甲基丙烯酸甲酯；POM：聚甲醛；PPO：聚苯醚；PAN：聚丙烯腈；TPE：热塑性弹性体。

### 2.3.2　多组分注射模塑成型装备结构

不同的成型工艺需要不同的成型设备，多组分注射模塑成型也需要专门的多组分注塑机。早期，大量多组分注塑机由单组分注塑机改造而来，通常是在普通注塑机上加装多个注射单元。注射模塑成型技术的发展、复合成型成本的降低使得多组分注塑机不断升级。

模具技术的改进是多组分注射模塑成型不断革新的原动力。多组分注射模塑成型的模具可以分为旋转型和非旋转型两类。其中，旋转型模具包括转盘型和内置旋转机构两种类型，其主要特点是多种组分可以同时注射；非旋转型模具的主要特点是各种组分根据顺序先后或交替注入型腔。同时，根据成型工艺的不同，多组分注射模塑的注射单元也可以分为两种形式：注射单元之间互成一定角度或者相互平行；两个或多个注射单元共用一个喷嘴。

国内外很多设备厂商和研究者已在多组分注塑机改进方面取得了突破，许多新型的设备被生产出来。

德国的克劳斯玛菲公司是生产多组分成型设备的代表，其设计的采用旋转压板的双组分注塑系统已获得广泛应用。该注塑系统将注塑和压塑过程整合在同一设备上，在成型过程中，通过操控压板的旋转度数，可以使注塑装置轮流填充模具型腔。

此外，2004 年克劳斯玛菲公司在德国杜塞尔多夫国际塑料及橡胶博览会上展示了 KM 160-750CX 型注塑机。该注塑机是第一台将反应工艺与组合注射模塑成型结合的设备，被应用于 PU 双组分注射模塑成型，其塑件厚度仅为 0.8～3.0 mm，具有表面质量高、质量轻等优点[18]。

意大利的捷飞特（GEFIT S.P.A.）公司研发出了一种“内核后移”的新型多组分注塑模具。在成型过程中，先将一种组分注入模具型腔，然后抽出滑动型芯给另一组分提供成型空间，这样不仅简化了模具结构，而且可以缩短成型周期。

日本的神户（Kobe）公司改进了多组分注射模塑的主成型板（MMP），将 MMP 固定在喷嘴和模具之间，使两种组分同时注射。该技术改变了传统注射模塑中表层组分与核心组分分布不合理的缺陷，有效地提高了核心组分量[19]。

1999 年，德国恩格尔（Engel）电机股份有限公司（后文简称 Engel 公司）在巴黎召开的欧洲塑料展览会上展示了一款新型多组分注塑机。该注塑机有两个注射单元和一个装有模板的转台，可用于橡胶与热塑性塑料的组合生产[20]。

德国米拉克龙（Milacron）公司在普通注塑设备的基础上生产出一种特制的多组分注塑机。该多组分注塑机第二注射单元安装于动模板上，并装配了双立方（twin cube）旋转叠模。在成型过程中，可先加工出两个独立部件，然后再将其装配成组合塑件[21]。

国内在多组分注塑机的研发方面取得突出成就的主要有华南理工大学、北京化工大学和山东大学等。中国轻工总会杭州机械设计研究所的张涵进指出，多组分注射模塑成型塑件的质量很大程度上取决于注射喷嘴的结构和性能，并通过数值模拟，对三流道复合喷嘴进行优化。

### 1. 多色注射模塑成型模具技术

多色注射新技术带来的工艺变化必须由适当的机械技术支持。目前国外主要设备厂商都已在机台和模具技术方面取得了突破性进展，主要包括：旋转模板成型技术、中间模板旋转成型技术、托芯转件成型技术及模内自组装技术[22]。

多色注射模塑成型模具由两个或两个以上的模具组成，能够生产出传统模具无法成型的复杂零件制品。多色注射模塑成型模具的加工制造成本相对较低，这使其在成型制品毛坯方面有广阔的应用前景，然而这种模具的制造也是一件异常耗时的工作，这就对模具的设计提出了一定要求。

Xuejun Li 和 Satyandra K. Gupta[23]提出了多色注射旋转成型模具的几何设计准则：根据多色制品组分的不同将其分为几种不同类型的基本产品，对于每一种基本类型的产品根据其模具组装和拆卸的不同要求制定出不同的注射模塑成型工艺，然后从注射模塑成型的每一阶段生产出不同的制品组件。

Alok K. Priyadarshi 和 Satyandra K. Gupta[24]提出了模内自组装技术生产多色制品的设计准则：根据多色制品组分的不同将其按组装顺序分解为不同的基本部件，根据这些基本部件制造相应的模具部件并确定各注射模塑成型工艺，然后综合运用旋转模板、中间模板旋转和托芯转件成型技术将成型好的部件在模具内部组装为完整的制品。这些设计准则基于零件轴向充模流动的可行性分析，因而能够保证制品的直径尺寸。此外，还开发出了一套新型的软件系统，能够成功地对各种复杂工业制品进行检测。

1）旋转模板成型技术

旋转模板成型技术工艺过程如图 2-5 所示。模具左侧的旋转模板上设有两个及两个以上的型腔，以模板旋转轴为中心线均匀分布在模板两侧，在定模板上也

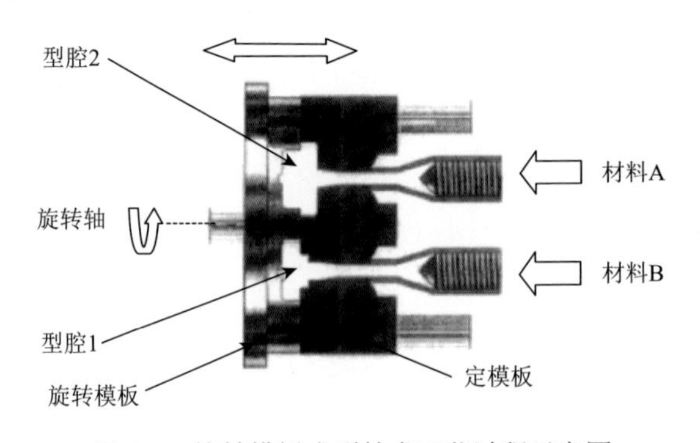


图 2-5　旋转模板成型技术工艺过程示意图

具有相对应的型腔，只是几何形状有所不同。每完成一道工序，旋转模板便通过特殊的动力系统旋转 180°、120°或 90°（根据工艺要求不同，旋转角度有所不同），然后进入下一道工序。

这种旋转模板成型技术的优点在于：能够代替人工放件方式、机器人放件方式和机械手放件方式，大大缩短了成型周期；定位准确，适用于高产量及高精密制品的生产。其缺点为：只能用来成型第一组分物料单面被第二组分物料覆盖的注射制品，不能生产以第二组分物料作底面穿透或 360°包覆的注射制品；为保证在转动时制品组件不会从模芯上掉下来，制品形状必须适合于附着在模芯上，从而增加了模具制作成本。

图 2-6 为一种单向及双向转动的多角度转盘[17]。这种转盘除了基本的 180°往复式旋转外，还可以根据材料的数量对旋转角度进行一定的调整，满足多组分物料的注射模塑成型。图 2-7 给出了另一种多角度转盘。

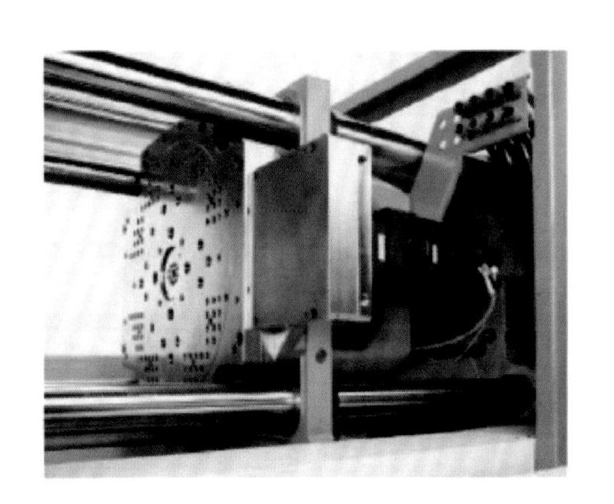

图 2-6　Arburg 公司的多角度转盘[17]

图 2-7　Wittmann Battenfeld 公司的多角度转盘[17]

工业上利用120°分段单方向转盘进行四色汽车尾灯生产。这种模板上有三个相同的模芯，在定模板上分别设置第一次、第二次及第三次注射的模具型腔。在整个生产过程中，还可以将第三个模芯设计为外露型，以便使用人工或机械手方式放件，提高生产效率[25]。

2）中间模板旋转成型方式

中间模板旋转成型技术工艺过程如图2-8所示。利用一台双物料注塑机，一套两层叠式模具，以及中间模板装配了可180°往复旋转的机构进行制品成型。当第一次注射完毕后，经冷却固化开模，中间模板会按照设定的工序在水平或垂直方向上做180°旋转，将附着在模芯上的制品组件传递给第二层模具型腔，接着合模后再进行下一组分物料的注射成型[25]。

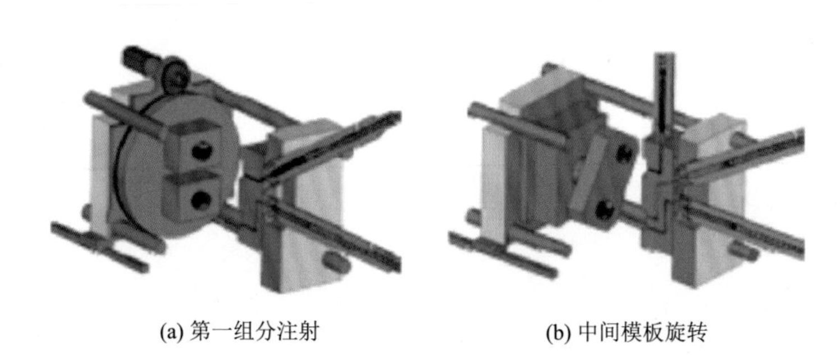

(a) 第一组分注射　(b) 中间模板旋转

图2-8　中间模板旋转成型技术工艺过程示意图[17]

这种成型技术的特点在于：模具采用层叠模形式，降低了锁模力，因而可采用型号较小的注塑机来生产较大的制品；与机械手放件方式相比，其定位更为准确，生产周期更短。但其采用层叠模和中间模板，使得模具厚度大大增加，需要定制专门的注塑机来容纳模具，从而使生产成本增加。

图2-9给出了中间模板旋转成型方式[17]，将模具型芯设置在中间模板上，顶针板分别设在两边的定模板及动模板上。采用这种设计，模具的中间模板旋转半径较小，在加工过程中，第一模具型腔先成型出制品的外层，然后再转动到第二模具型腔注射其他组分物料以成型出制品的内层。

3）托芯转件成型技术

托芯转件成型技术工艺过程为：利用一台双物料注塑机、一套双物料注射模具及其附带的托芯和旋转机构进行制品生产。当注塑机完成第一次注射成型及开模后，托芯机构会把内模芯部分连同制品组件脱离下模，旋转机构随即做180°旋转将制品组件送至第二模具型腔，再进行下一组分的注射成型。与旋转模板成型技术类似，在第二个注射成型周期中，整个工序与上一次的相同，只是动力系统要做反向180°的转动复位，以便节省注射成型时间，提高生产效率[25]。

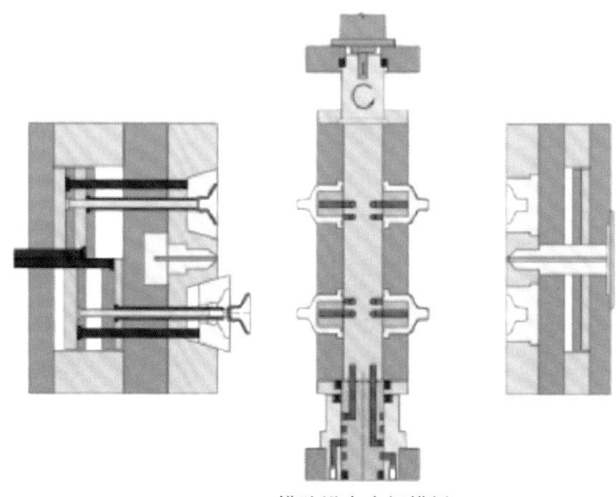


图 2-9　中间模板旋转成型方式[17]

这种成型方式的特点在于：可以生产出第一组分物料完全被第二组分物料做360°全覆盖的制品，还可以生产出第一组分物料被第二组分物料做底面穿透包覆的设计；与机械手放件方式相比，托芯转件方式更为精确，成型周期仅为标准注射成型周期的一半；但在成型过程中，由于注射制品组件需要预先脱出离模，因而在设计时需要在制品上事先留出孔洞，以便其能够固定在托芯上进行传递。这就增加了模具的设计制造成本，且模具的通用性较差。图 2-10 为托芯转件方式生产双物料产品示意图。

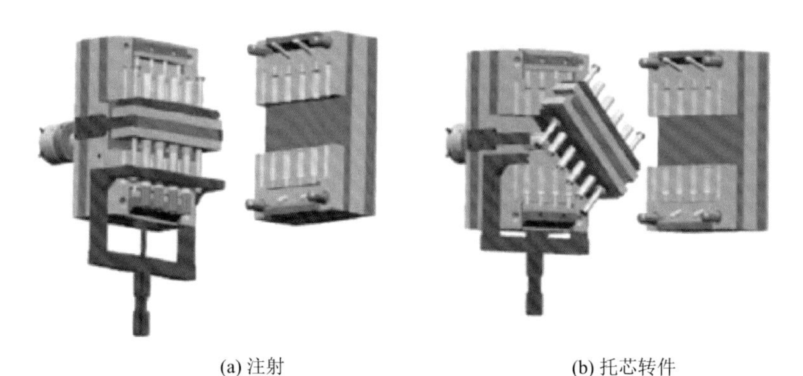

(a) 注射　(b) 托芯转件

图 2-10　托芯转件方式生产双物料产品示意图[17]

4）模内自组装技术

图 2-11 为一种多色注射模塑成型模内自组装工艺过程示意图。这种自组装技术充分利用了前面三种旋转成型方式所提供的制品组件的可移动性，省去了使用机械手等工业机器人的高昂自动控制系统费用，降低了生产成本，提高了生产效率。

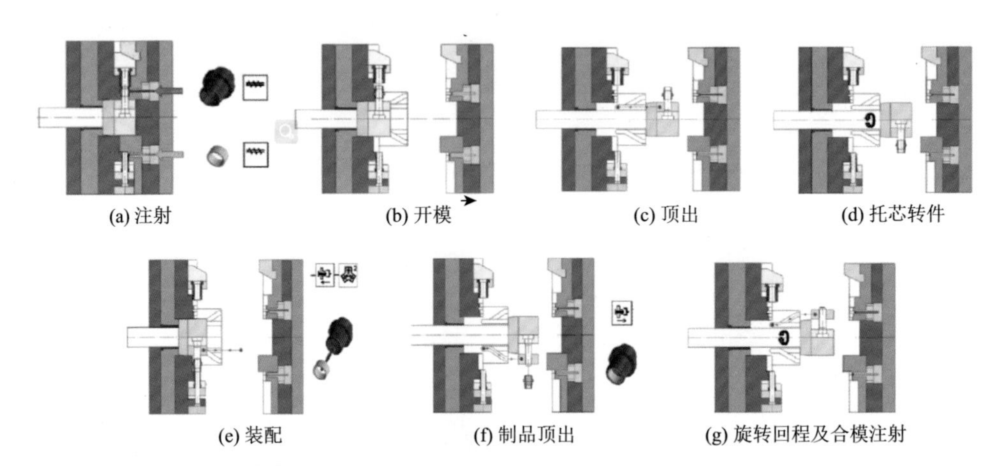


图 2-11 模内自组装技术工艺过程示意图[17]

图 2-12 为 Wittmann Battenfeld 公司生产的 Vertical R 系列转盘型多组分注塑机。它有多达 4 个能承担独立产品步骤的工位，因而能够轻松地解决不同客户从插入成型嵌件到模内自组装的需求。

图 2-12 Wittmann Battenfeld 公司的多组分注塑机

### 2. 多组分/多色注射模塑成型设备

目前最新的多组分成型设备可进行的成型工艺有：不同热塑性塑料共成型，热塑性和热固性塑料共成型，超薄壁双组分成型，模内装饰成型，气体辅助共注射成型等。

德国的 Arburg 公司目前已经推出了七款多组分注塑机，其中有一款呈“L”形构造的 570C 型注塑机，其锁模吨位为 220 t，可用于加工聚酰胺/硅橡胶的双组分部件。

图 2-13 为 Engel 公司开发的一款多组分注塑机，可用于硅橡胶重叠注射成型药品级聚碳酸酯部件。Engel 公司还开发了三工位偏心转盘系统，可在 85 t 无连杆注塑机上加工聚对苯二甲酸丁二醇酯/硅橡胶过滤器[20]。

图 2-13　Engel 公司的多组分注塑机[17]

德国克劳斯玛菲公司推出了首台可将热塑性塑料重叠注塑一层热固性聚氨酯表皮的注射成型设备。这一系统被命名为 Skin Form。先用一台锁模力为 176 t 的 160-750CX 双模板注塑机加工汽车座椅安全带盖的聚酰胺芯板。然后将模具滑向一边，安装在动模板上的混合头向模具喷射出一种双组分、软质感的罩面材料。由机械手取出制品后，放入一个冲压设备中，切去聚氨酯膜的浇口。整个加工循环周期为 90 s。

此外，Milacron 公司推出了一种特制的多组分注塑机，在动模板上安装了第二注射单元，装配了由 Foboha 公司提供的双立方旋转叠模，可加工出 2 个独立部件，再装配成组合部件[21]。

不同的成型工艺需要由对应的成型设备来实现。对应于多组分注射成型工艺的注射单元的组合形式如图 2-14 所示。数个注射单元水平方向相互平行或互成一定角度的布局（L 形或 V 形）设计或在竖直面内垂直分布；两个注射单元共用一个喷嘴，注射部分允许两种组分交替顺序注射或间歇顺序注射[26]。

无论注射单元如何分布排列，多组分设备最显著的特征是两个或三个注射单元在水平面内或竖直面内，或与机器轴线平行，或互成一定角度布置。这些机器通常可以由标准的普通注塑机加装多个规格相同或不同的注射单元改进而成；各

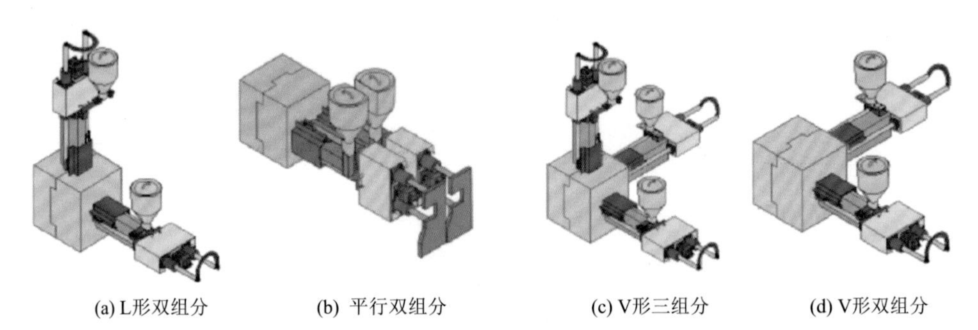


图 2-14 多组分注射模塑成型单元组合示意图

注射单元带有独立的螺杆驱动系统，各自独立喂料、控制和加热。多个注射单元通过多组分喷嘴或特殊的模具结构实现多组分注射模塑成型工艺[13]。

**3. 多组分注射模塑成型新技术**

多组分注射模塑成型是注射模塑成型技术的一种类型，该技术的发展需要建立在注射模塑成型基础之上。目前发展的注射模塑成型新技术主要包括：共注塑成型、三明治成型、包覆成型、双色和多色注射模塑成型等。

1）共注塑成型

共注塑成型又可称为芯层注射成型或夹心注射成型，其产生于20世纪70年代，最早由英国帝国化学工业（Imperial Chemical Industries）集团提出[27]。但是由于技术条件的限制，共注塑成型近些年才引起人们的重视并获得广泛应用，且逐渐由单料道向双料道和三料道发展[28]。

共注塑成型的模具结构类似于典型的单一组分注塑，不同之处在于两个注塑单元需要通过一个复合喷嘴连接起来。共注塑成型技术的原理是采用两个料筒分别加工外壳材料和芯层材料，然后按一定的顺序将两种材料通过一个喷嘴注塑成型[29]。

共注塑成型技术具有以下两方面特点：首先，成型设备复杂。根据生产的要求，共注塑需要具有特殊结构的注塑设备。由于材料要分别塑化，需要两套或两套以上的往复螺杆注塑装置，并且需要一个阀门系统控制协调材料注入时间和顺序。其次，塑件适应性好。由于共注塑塑件由两种或两种以上的材料构成，外层材料与内层材料的性能不同，材料之间的相互整合可以使塑件的整体性能显著提高。因此，共注塑塑件能够应用于许多特殊的场合。例如，为了免受碳酸矿物水、盐、油脂等化学物质的影响，可以通过共注塑在塑件核心部分外层覆盖一层保护层。

目前，共注塑成型技术多被应用于汽车尾灯灯罩、安全标牌、医疗器械等塑件的生产。在使用过程中，应注意制品的材料选择和结构设计，同时也要防止材料的彼此脱落、分层[30]。

2）三明治成型

在各部件的安排及注塑设备等方面，三明治成型与共注塑成型非常相似。三明治成型采用两个或两个以上的料桶向主注塑单元送料，在此过程中需要通过控制器控制料桶的顺序和数量。

三明治成型与共注塑成型不同之处在于：为了防止塑件的内层材料暴露于塑件之外，三明治成型在改进传统 A—B 顺序注塑基础上，采用 A—B—A 的顺序注塑。但是此工序过程也存在塑件内层含有少许外壳材料的缺点。

三明治成型塑件具有表面质量高、成型成本低等优点。但是，并非所有塑件都适合三明治成型，从材料方面来讲，同其他多组分注塑成型技术相比，三明治成型多应用于生产那些内层使用可循环利用或成本较低材料的塑件。从塑件形状方面看，碟片状、柱状的制品更适合采用三明治成型技术进行生产。

同时，在三明治成型过程中，需要注意两种材料的相容性、黏合性、充模分布的均衡性及特殊单元的安装位置等问题。

3）包覆成型

包覆成型也可称为二次注塑成型，成型原理为采用不同模具型腔对两种不同材料进行多次注塑成型。包覆成型过程通常可以分为两个步骤：第一步是对第一种材料进行初步的内层加工，并将其部件送入下一模具型腔；第二步就是对第二种材料进行外层包覆加工。

包覆成型的设备与共注塑成型、三明治成型等存在很大差别。包覆成型由两个独立的注塑单元组成，成型过程中每种材料都需要专门的模具型腔，并且需要配备专门设计的共用注嘴。

目前，包覆成型多被应用于具有刚性结构和柔性表面产品的生产中，如通信设施的外围设备、汽车内部的调速手柄、各类玩具等。

作为一种特殊的多组分注射模塑成型技术，包覆成型工艺更为复杂。成型过程中需要注意控制两次成型的时间间隔及各材料注射步骤之间的相互影响。

4）双色和多色注射模塑成型

双色注射模塑成型属于多组分注射模塑成型工艺的一种，指将不同材质或不同颜色的材料由两个不同的注塑单元分别塑化，然后按顺序或同时经过两个浇口注入同一模具型腔而得到两种不同颜色或不同材质的塑料成型制品的注射模塑成型工艺[31]。双色注射模塑成型塑件的结构较为简单。图 2-15 为一种双色注射模塑成型装备结构示意图。

与双色注射模塑成型相比，多色注射模塑成型无论是在设备还是在过程方面都比较复杂。其基本过程为：每种材料注塑完成后，不需要立即进入下一过程，部分工件继续留在模具型腔中，然后按照半成品传递的方式与模具一起移动到下一工位。这种成型工艺不仅可以缩短注塑周期，提高生产效率，而且其成型塑件

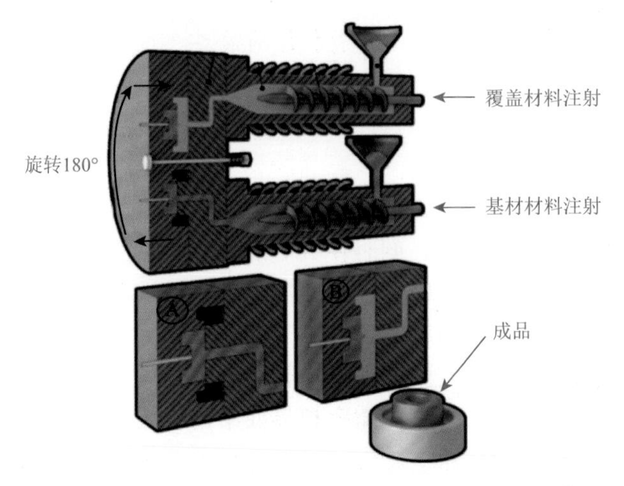


图 2-15 双色注射模塑成型装备结构示意图[32]

可以具有更多组分。根据注射模塑工艺的不同，多色注射模塑成型可以分为旋转模板式、转位模板式和转移滑动式等三种类型。

与共注塑成型和三明治成型不同，双色和多色注射模塑成型的塑件各材料之间没有内外两种分布形式，可以混合在一起，其结构更为复杂。同时，与以上多组分注射模塑成型技术相比，双色和多色注射模塑成型的应用最为广泛。

通过对以上各种多组分注射模塑成型技术的对比分析可以看出，随着研究的深入，多组分注射模塑成型技术的种类越来越丰富。同时，各种多组分注射模塑成型技术的特点不同，使用范围也不同。其中，由于受各种材料层流情况的影响，共注塑成型和三明治成型的结合面很难控制。与其他成型技术相比，包覆成型与多色注射模塑成型更为复杂，生产成本更高，但是其塑件也具备其他技术无法达到的优良性能。因此，生产过程中应根据各自的特点，选择最合适的成型技术。

### 2.3.3 多组分注射模塑成型应用举例

#### 1. 双色注塑制品及模具设计要点[33]

1）双色注塑制品的结构特点

双色注塑制品的结构和普通塑料制品的结构有着极大不同，由于使用两种不同的材料注塑完成，其制品具有两种不同的性质特点，这和普通注塑制品有根本性的区别；同时在注塑前需要进行细致的双色注塑制品结构设计，应充分考虑两种材料的兼容特点。

结合塑料制品的功能和使用环境来设计两种材料的混合比例和连接方式，详细分析工艺的复杂程度，同时还要进行使用强度的考虑设计，以便双色注塑制品能达到相关的材料标准和要求。

（1）两种材料的选择。

双色注射模塑成型技术选用两种不同的材料进行注塑，因此对于两种不同材料的选择也是一个重要过程，一般选用的是两种颜色不同的塑料，这样可以大大提升注塑制品的强度和耐用度，同时使其更加容易融合成型。但是特殊用处的制品可能需要利用两种材料性质差异极大的情况，这就需要解决两种较大差异材料融合难度大的问题。具体方法有对聚合物进行化学改性，加入增溶剂，改善共混加工工艺，在共混物组分间发生交联，主要会出现分层现象和脱落问题，这对注塑制品是致命的打击，因此对于收缩率和界面不同作用条件，需要进行细致的考虑，更要调节好材料的使用比例。

（2）制品内部结构和形状的设计。

制品内部结构和形状的设计首先需要从制品的使用目的和用途进行考虑，在大小尺寸和内部结构方面进行细致研究。

一般需要加大两种原料的接触面积来增强牢固性，因此可以在制品内部设计一些小型凹槽和凸槽进行镶嵌和缝合，这就达到了增加两种材料的接触面积的目的，在进行注塑时就能更好地提高使用强度、延长使用寿命和增强实用性。

2）旋转双色注塑模具

这种模具在成型部分需要进行不同的考虑，首先两个注塑模具的凹凸槽需要进行严密设计，在对接时保证能够严丝合缝，同时设计脱模机构时需要进行二次注射后才能进行脱模工作。对不同的注塑方法还要进行不同的细致区分，在垂直回转的注塑机进行脱模后将制品顶出就完成相关的作业，而无法利用注塑机顶出的脱模情况需要利用液压装置进行脱模。

**2. 多组分注射模塑成型案例**

多组分注射模塑成型技术自20世纪70年代产生以来不断发展，尤其是近些年越来越受到重视，逐渐应用于多种塑料制品的生产中，具有广阔的市场前景。

但是，与单一组分注射模塑工艺相比，多组分注射模塑成型设备的价格较高、注塑工艺也较复杂。同时，由于技术条件的限制，我国很多设备和技术需要从发达国家引进，多组分注射模塑成型技术在我国并没有得到广泛应用，而是采用成型后再着色的“假多色”、不同部件的二次成型等工艺替代多组分注射模塑成型[17]。虽然这些工艺可以生产出多组分塑件，但是与多组分注射模塑成型的塑件相比，其性能、质量还是有一定的差距。

随着我国制造业的发展和人们日常需求的多样化，生产出具有更高质量、更多功能、更加环保的塑件已经成为我国注塑行业发展的一大趋势。超薄壁双组分成型、模内装饰成型、不同热塑性塑料共成型等[34]是目前多组分注射模塑技术研究的热点。纵观国内外学者研究现状，总体来讲，多组分注射模塑成型正朝着以下两个方向发展：

（1）简化工艺过程，缩短成型周期。

近些年来，随着市场竞争不断加剧，塑料行业对节能环保的要求也在逐渐提高。因此，多组分注射模塑成型除了按照特定的需求生产出多种功能的产品外，同时也要尽可能地简化工艺过程，缩短成型周期以降低成本。

（2）优化成型设备，开发新型模具技术。

多组分注射模塑成型需要特殊的成型设备，并且模具设计与制造都比较复杂，这些一直是制约多组分注射模塑成型技术发展的最主要因素。在实际生产过程中，为了防止模内制品破碎、损坏，需要整合模具内部的处理单元，以提高成型过程的稳定性。同时，加强多组分注射模塑与其他注射模塑技术的结合，借鉴利用其他技术改进多组分注射模塑工艺。

### 2.3.4 快速热循环注射模塑成型技术

快速热循环注射模塑成型是一种基于模具温度动态控制策略，可以实现模具的快速加热和快速冷却的绿色环保新兴注射模塑成型技术[35]。传统的注射模塑成型是采用恒定模具温度控制策略，即在整个注塑生产周期中模具温度保持不变，因此为了兼顾生产效率缩短冷却时间，模具温度往往无法设置太高。而快速热循环注射模塑成型是基于动态模具温度控制策略，在填充和保压阶段保持模具高温，冷却阶段再快速冷却降温。在注射模塑成型的充模阶段，高温聚合物熔体在接触冷模具型腔时会形成快速冻结的冷凝层，从而导致塑件出现许多外观缺陷，如银纹、涡旋状痕迹及熔接痕等。但是，通过使用快速热循环注射模塑成型将模具型腔在充模前预热到非结晶聚合物的玻璃化转变温度（$T_g$）或半结晶聚合物的熔点（$T_m$）以上，可以大大减少甚至完全消除该冷凝层。这可以大大降低从熔融聚合物到冷模具型腔的热通量、熔体黏度和流动阻力[36]，并显著提高成型零件的表面质量与力学性能。消除冷凝层还可以降低聚合物分子链的取向度和熔体流动的剪切应力，这在需要各向同性和低残余应力的光学产品的生产中尤其重要[37]。它还可以显著改善用于微注射模塑成型部件的表面微观结构的型腔复制度[38]。此外，通过在制品顶出之前再次加热塑件以释放黏结力和剪切应力，从而消除在弹出过程中对微结构的破坏[39]。

如何实现模具的快速加热和冷却是快速热循环注射模塑成型技术中最关键的创新点。产业界与学术界的研究人员已经提出了多种不同的实现快速加热的方法，包括蒸汽加热[40]、筒式加热器的电阻加热[41]、高频感应加热、红外加热[42]、激光加热[43]、气体辅助加热[44]等。日本小野公司与三井化学株式会社于 2005 年首次联合推出了基于蒸汽加热的快速热循环注射模塑成型技术，并成功应用于汽车、家用电器、消费类电子产品等领域。赵国群、王桂龙等[45]采用蒸汽加热与冷凝水冷却相结合实现动态控制模具温度，实现了大型液晶电视机面板的注射生产。Wada 等[46]首先提出电磁感应辅助加热方法将模具型腔表面利用趋肤效应实现迅速升温，并申请了相应的专利。Huang[47]对内置感应线圈结构进行优化设计，实现了模具型腔微结构表面温度的快速加热。Huang 等[48]通过对线圈的层数、缠绕方式进行优化设计，揭示了其对模具型腔表面的升温效率、温度均匀性的影响规律。王桂龙等[41]采用筒式电热棒镶嵌在模具内部利用热传导将热量从模具内部传递到模具型腔表面，由于模具热惯量较大，因此加热速率相对较低，提出采用绝热层来减缓热量往模架方向传递与环形冷却水路设计来增加模具升温速率。Chang 和 Hwang[42]提出低成本实用的红外快速模具表面加热方法，研究揭示了卤素灯的数量、分布及灯罩形状对型腔表面快速加热能力的影响，发现使用四个卤素灯在 4000 W 功率输入时可以在 15 s 的红外加热下将模具型腔表面温度从 83℃升高到 188℃。Kim 等[49]通过气体火焰与特殊设计的模具可在几秒内将模具型腔表面温度加热到 400℃，实现高光表面的玻璃纤维增强聚碳酸酯塑件生产。Yimt 采用气体燃料和氧气在封闭模具内燃烧产生的大量热量实现模具型腔表面迅速升温，通过模具厚度的优化设计实现升温速率调控，当模具厚度为 10 mm 时可以在 10 s 内将模具型腔表面快速升温到 300℃以上。Chen 等[50]采用高温气体辅助加热与水冷却技术实现模具型腔表面温度动态调控，研究了模具设计及气体温度、气体流量与加热时间对升温速率和模具型腔表面温度分布均匀性的影响，升温速率可以达到 30℃/s，但型腔表面带来的冷凝水会导致塑件表观缺陷。Hendryt 将高温水蒸气通入型腔来实现型腔表面迅速升温，然而同样模具型腔表面残留的冷凝水会降低塑件表面质量。Saito 等[51]提出红外辐射加热方法，采用一氧化碳激光穿过 ZnSe 透明模具窗口来精确控制聚合物熔体温度，聚合物的加热程度随辐射强度、辐射吸收系数和熔体流动速度而变化，塑件的残余分子取向和型腔复制度都获得很大程度的改善。

在以上多种快速热循环注射模塑成型工艺技术中，蒸汽加热法和电阻加热法已在当今工业界中成功应用。然而，这两种方法仍然存在一些需要解决的问题。蒸汽加热和电阻加热分别是基于嵌入模具中的一系列蒸汽管道和筒式加热器实现模具快速加热，蒸汽或筒式加热器需要加热整个模具，然后热量从模具内部传递到型腔表面。模具的大惯性使得系统加热速率慢且难以精确地控制模具型腔表面温度，因此在加热型腔方面存在延迟且有大量热损失。蒸汽管道和筒式加热器的不连续空间分布导致温度分布不均匀，需要结合有限元模拟软件对蒸汽管道、筒式加热器及冷却水管道位置进行优化设计以改善温度均匀性。因此，它主要用于大型零件的注塑成型中，如 LCDTV 面板和汽车内饰，因为它难以适应具有纳米或微米级表面结构的产品快速热循环注射模塑成型。

在现有的诸多实现快速加热的方法中，镀层快速加热方法是非常有趣的一种。采用不同导热系数的镀层材料会导致不同的加热机理。使用低导热系数的涂层材料（如塑料膜或树脂固化层）充当绝缘层，以降低热量从热的聚合物熔体扩散到冷的模具的速率，换句话讲，模具型腔表面被热的聚合物熔体自身所加热的这种方法不需要任何额外的加热装置，但是涂层的耐久性差，限制了其工业应用。另一种是采用高导热系数的镀层材料作为薄膜电阻加热器，基于超高的导热系数和低的热惯性实现模具型腔表面的快速加热和冷却。Kim 和 Suh[52]首先提出了一种多层结构模具，该模具由石墨纤维织物的加热层和模具表面的 $ZrO_2$ 绝缘层组成。Jansen 和 Flaman[53]设计了一种快速加热系统，该系统由聚酰亚胺箔绝缘层、加热金属层和碳树脂保护涂层组成，并研究了绝缘层厚度对加热速率的影响。Yao 和 Kim 提出了一种由金属加热层和氧化物绝缘层组成的快速加热和冷却系统，并对传热和热应力进行了实验与数值模拟研究。Matschuk 和 Larsen[54]开发了一种快速热循环系统，以对具有高深宽比的纳米结构的产品进行微注射模塑成型。在该系统中，将 Cr 金属加热器放置在 Ni 压模的背面，并在上方额外覆盖了聚酰亚胺薄带以进行绝缘。Lei 和 Niesel[55]分别通过蚀刻和沉积在硅插件上生产了具有微结构的硅插件和金属微型加热器，但是模具的耐用性、密封性和定位问题妨碍了它的应用，需要进一步研究和改进。Hopmann 等[43]提出将物理气相沉积（PVD）镀层与激光加热工艺相结合以注射模塑成型具有微结构的光学塑件，其中，使用 CrAlN 镀层来改善模具型腔表面的耐磨性和抗黏性能。Kirsten Bobzin 等[56]揭示了 PVD 镀层种类、厚度及表面粗糙度对微结构型腔复制度、脱模力及耐磨性的影响，同时研究了感应加热方法与常规恒温方法对微结构深度和宽度的影响。Liparoti 等[57]提出了一种薄膜多层加热器，以在等规聚丙烯（iPP）加工过程中获得非常快的模具型腔表面升温速率，并对 iPP 塑件的形态、加工条件和机械性能的影响进行研究。通过 PA-CVD 工艺制备的类金刚石涂层（diamond-like carbon，DLC）[58]，可显著改善微结构特征复制度，并且分别降低 PC 和 ABS 材料塑件的脱模力 40%和 16%，然而，高温使得 DLC 镀层破损而造成性能严重下降。Solmuş[59]利用数值模拟方法研究了石墨自润滑功能涂层对熔体填充行为的影响规律，发现石墨自润滑涂层将壁面无滑移的剪切流动转变为完全/部分壁面滑移且速度均匀分布的柱塞流动，显著改善熔体填充能力并降低所需注射压力。综上所述，迫切需要开发一种能同时兼顾摩擦系数低（自润滑）、高温稳定性好（300℃以上）、导热系数高、厚度可调节（1～100 nm）及黏结强度高的低成本模具镀层技术，但是仍然极富挑战。

**1. 快速热循环技术在超高分子量聚乙烯注射成型中的应用**

超高分子量聚乙烯（UHMWPE）是分子量在 150 万 Da 以上的无支链线型聚乙烯，是最为特殊的一类新兴热塑性工程塑料。超高分子量聚乙烯是典型的半结晶聚合物。如图 2-16 所示，Kurtz[60]采用透射电子显微镜（TEM）观察超高分子量聚乙烯的晶体形态，发现其结晶区与非结晶区连成交错互联的网络。得益于极高的分子量和极长分子链之间的物理缠结，超高分子量聚乙烯的耐摩擦磨损性能与抗冲击性能是目前已知的所有塑料中最好的，其摩擦系数可以与聚四氟乙烯（PTFE）相媲美，耐磨性能则是聚四氟乙烯的 4 倍，并且随着分子量的增加而增加，其抗冲击性能比公认的抗冲击性能很好的聚碳酸酯（PC）高 3～5 倍[61]。由于超高分子量聚乙烯优异的耐磨性、自润滑性、耐冲击性、耐腐蚀性、低温稳定性等性能，已广泛应用在航天航空、国防军工、化工、石油、制药、电子、食品、造纸、环保及生物医学等领域[62]。

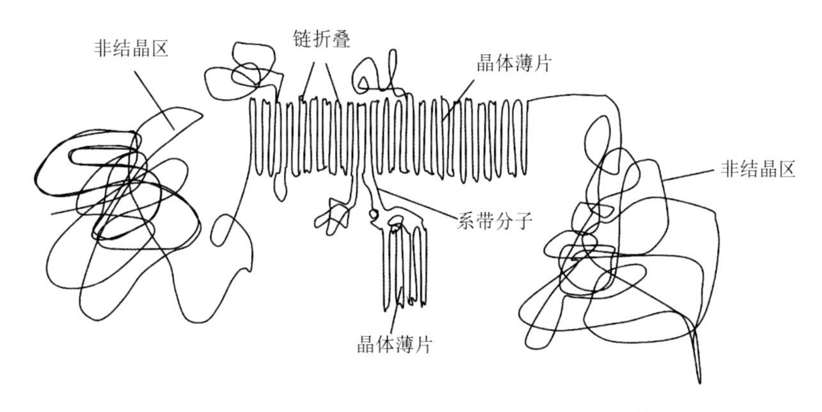


图 2-16　超高分子量聚乙烯的分子链形体特征[60]

超高分子量聚乙烯由于巨大的分子量，表现出独特的流变特性。当温度升高到熔点以上时，大多数工程热塑性塑料，如高密度聚乙烯（HDPE），都会表现出从弹性行为到黏性行为的典型转变。但是，当摩尔质量高于 500000 g/mol 时，聚合物分子链的高度缠结会阻碍这种转变，使其保持黏弹性，从而限制了分子链的运动。如图 2-17 所示，显示了超高分子量聚乙烯和其他 PE 的摩尔质量的巨大差异，HDPE 的摩尔质量范围通常为 50000～250000 g/mol，而石蜡通常则低于 1000 g/mol[63]。

现阶段最广泛使用的超高分子量聚乙烯加工方法是压制烧结法[64]、模压成型[65]、柱塞挤出成型[66]等，然而以上加工方法生产周期长、效率低且难以成型复杂形状尺寸的制品，因此使用自动化程度高、易于大批量生产的注射成型加工超高分子量聚乙烯成为研究热点。由于超高分子量聚乙烯熔体黏度极高（高达 $10^9$ Pa·s）且分子链缠结严重，即使温度高于其熔点时仍保持高弹态而无法自由流动，并且临界剪切速率极低（仅为 $10^{-2}$ $s^{-1}$），而普通 PE 注射模塑成型临界剪切速率为 $10^4$ $s^{-1}$，相差 6 个数量级[67]，导致超高分子量聚乙烯加工窗口窄、加工过程极易发生氧化分解，这为其注射模塑成型带来了极大的挑战。

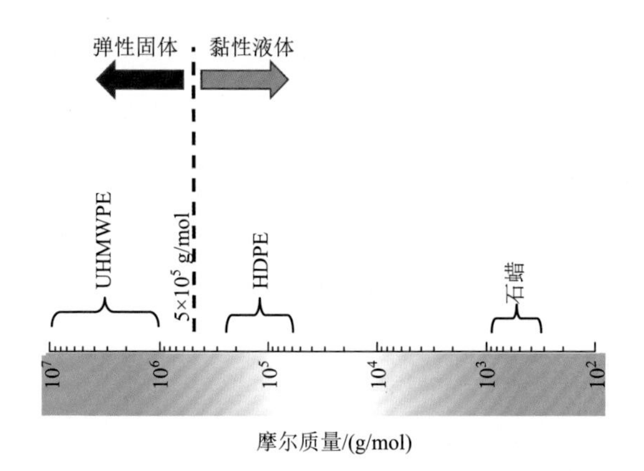


图 2-17 聚乙烯材料摩尔质量对比示意图

为了实现超高分子量聚乙烯的注射成型，国内外工业界与产业界的研究人员开展了大量富有创意的研究工作。Kuo 和 Jeng[68]使用常规注塑机实现超高分子量聚乙烯注射成型，研究了注射成型与注射压缩成型工艺对微结构制品型腔复制度的影响，并优化工艺参数来提高超高分子量聚乙烯塑件的机械性能与耐磨损性能。然而，他们却没有提及超高分子量聚乙烯塑件的层状剥离缺陷。目前，主要有三种途径实现超高分子量聚乙烯注射成型：第一种是开发高压高速超高分子量聚乙烯专用注塑机。日本三井石油化工公司于 1974 年开发了超高分子量聚乙烯柱塞注射成型技术，在 1976 年成功投入市场后，又推出了超高分子量聚乙烯往复式螺杆注射成型技术。1983 年，国产 XS-ZY-125A 注塑机经北京市塑料研究所的改进后实现了超高分子量聚乙烯托轮、水泵用轴套等产品的注射成型，1985 年实现了超高分子量聚乙烯人工关节注射成型。1985 年，美国赫斯特（Hoechst）公司也推出了基于往复式螺杆注塑机的超高分子量聚乙烯注射成型技术。2000 年，北京化工大学塑料机械及塑料工程研究所成功开发了超高分子量聚乙烯专用注塑机，并实现了超高分子量聚乙烯注射成型技术的工业化[67]。第二种是使用填料/助剂改性获得较低黏度的超高分子量聚乙烯材料体系用于注射成型，然而改性不可避免地降低了超高分子量聚乙烯的冲击强度。第三种是开发新型注射成型技术实现超高分子量聚乙烯注射成型，主要包括超高分子量聚乙烯注射压缩成型技术、超高分子量聚乙烯微孔发泡注射成型技术、超高分子量聚乙烯超声波辅助注射成型技术、超高分子量聚乙烯振动剪切注射成型技术及超高分子量聚乙烯快速热循环注射成型技术等。国内外专家学者期望通过采用以上所提各种创新技术达到改善超高分子量聚乙烯加工性能，达到高质量注射成型的目的。尽管如此，这些技术仍然存在一些局限性，笔者将在下文具体展开分析。

### 2. 超高分子量聚乙烯注射压缩成型技术

注射压缩成型（injection-compression molding，ICM）技术是一种注射与压缩

成型相结合的成型技术，又称为二次合模注塑成型，其在熔体填充阶段完成之后通过推进模具型腔或模具插件减小型腔的厚度/体积施加压缩作用来完成保压。由于填充过程中腔体厚度增加，注射压缩成型技术还降低了注射压力，因此常用于光学部件成型[69]，如用于数字数据光盘和光学透镜的聚碳酸酯的成型。此外，在保压阶段注射压缩成型技术给塑件表面施加更均匀的压力分布以补偿收缩。注射压缩成型技术在零件长度上的这种均匀压力通常会带来更均匀的材料性能。殷素峰等[70]重点分析了注射压缩成型工艺对超薄导光板残余应力、厚度均匀性、微特征复制度的影响，并通过结合快速热循环技术进一步提升超薄导光板的微特征转写度，使微特征高度均值进一步从 0.0388 mm 提升至 0.0394 mm。

近年来，注射压缩成型技术应用领域大大拓宽。对于纤维填充类注射成型，采用注射压缩成型技术可以有效减少纤维在填充模具型腔过程中的断裂；对于超高分子量聚乙烯等黏度大、流动性差、不易注射成型的热塑性塑料，采用注射压缩成型技术可以实现高效率、高质量生产[71]。美国威斯康星大学麦迪逊分校的 Lih-Sheng Turng 等[72]利用注射压缩成型技术成功实现无层状剥离缺陷的超高分子量聚乙烯成型，注射压缩模具与塑件如图 2-18 所示，动态力学分析和傅里叶变换红外光谱测试结果表明：注射压缩成型减少了超高分子量聚乙烯断链的发生，避免了超高分子量聚乙烯的热降解和氧化降解，并且注射压缩成型技术有助于降低注射压力并改善其力学性能，同时消除了超高分子量聚乙烯塑件的层状剥离缺陷。注射压缩成型技术的实施需要特殊设计的模具与具有二次合模功能的注塑机，

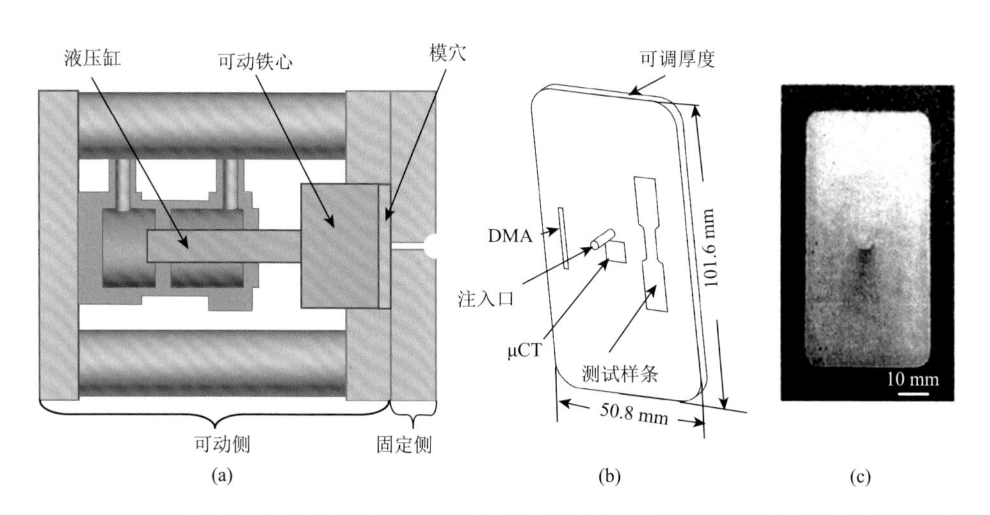


图 2-18　（a）注射压缩模具示意图；（b）型腔形状与测试样条；（c）超高分子量聚乙烯注射压缩塑件[72]

DMA 表示动态热机械分析；μCT 表示微米级计算机断层扫描

或者液压缸来实现二次合模，这增加了设备成本，更重要的是对于薄壁超高分子量聚乙烯塑件的成型，在制品边缘区域难以提供充足的压力，容易产生短射及表面缺陷。

### 3. 超高分子量聚乙烯微孔发泡注射成型技术

微孔滤材是一种由彼此连通或封闭的孔洞组成的网络状结构材料。超高分子量聚乙烯微孔滤材由于独有的特性，如耐磨性、化学稳定性等，在对微孔滤材要求更严苛的场合备受青睐，如锂离子电池微孔隔板、工业废水处理等。热致相分离法、添加致孔剂法、颗粒烧结法与活性炭螺杆挤出法等是超高分子量聚乙烯微孔材料生产的常用方法[73]。

然而，以上超高分子量聚乙烯微孔滤材制备方法难以实现大规模工业化生产的需求，高效且自动化程度高的注射成型技术搭载 MuCell 微孔发泡系统在超高分子量聚乙烯微孔滤材制备中存在巨大的潜力与应用前景。

微孔发泡注射成型（microcellular foam injection molding，MIM）原理如图 2-19 所示[74]，首先将超临界流体（supercritical fluid，SCF）计量并注入注塑机机筒中，在塑化阶段与聚合物熔体混合。由于超临界流体的特性，它会扩散形成非常小的气泡，并最终溶解在聚合物基质中，从而形成单相聚合物/超临界流体溶液。当高压聚合物/超临界流体溶液进入模具型腔时，突然的压降会导致气泡成核，气泡会膨胀而生成 3～100 个泡沫，无需保压阶段。这是因为膨胀的气泡会增加发泡聚合物的体积，补偿材料在冷却时的收缩，从而填充整个模具型腔。典型的平均泡孔尺寸为 3～100 μm，泡孔密度超过 $10^6$ 个泡孔/$cm^3$[75]。

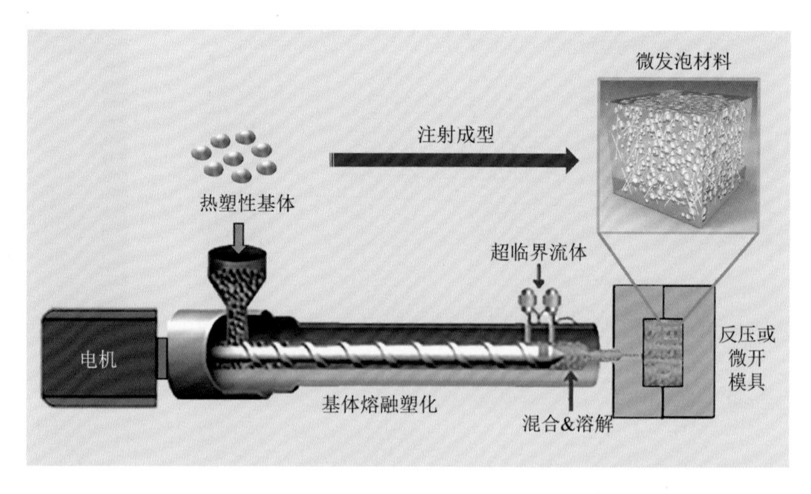


图 2-19 微孔发泡注射成型原理示意图[74]

美国威斯康星大学麦迪逊分校的 Lih-Sheng Turng 等[76]使用微孔发泡注射成

型技术实现超高分子量聚乙烯塑件低压注射成型，如图 2-20（a）所示，为常规短射、超临界氮气辅助短射和超临界二氧化碳辅助短射图。在相同注射量的常规短射图中，超高分子量聚乙烯熔体无法填完整个型腔，而在超临界氮气和超临界二氧化碳辅助下，塑件全部呈现多孔结构，不像常规注射由于近浇口的大压力而被压实，从而提高了型腔填充能力。当使用超临界二氧化碳和超临界氮气时，所需的注射压力分别降低了 30%和 35%，最后在保压作用下获得如图 2-20（b）所示的实心超高分子量聚乙烯塑件。同时研究表明，超临界二氧化碳和超临界氮气的使用可保留超高分子量聚乙烯的高分子量，从而保留其机械性能，而常规的注塑成型则导致超高分子量聚乙烯的降解。然而，采用恒定的高模具温度使超高分子量聚乙烯熔体冷却速度降低，熔体内部残余的气泡容易在表面聚集生成大气泡等缺陷，并且增加了超高分子量聚乙烯微孔发泡注射成型周期。

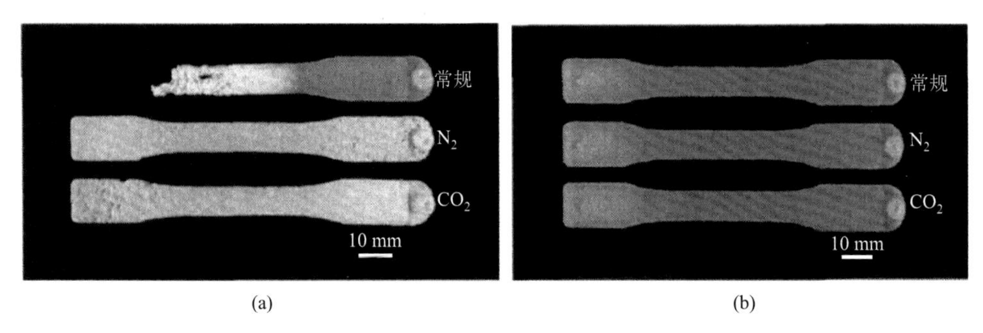


图 2-20 （a）短射无保压超高分子量聚乙烯塑件图；（b）全射保压超高分子量聚乙烯塑件图[76]

### 4. 超高分子量聚乙烯振动剪切注射成型技术

超高分子量聚乙烯振动剪切注射成型（oscillation shear injection molding，OSIM）技术，是指熔体经过热流道注入模具后，在保压阶段通过两个相同频率往复运动的活塞迫使熔体在模具型腔内往复运动，这两个活塞以与固化从模具壁到成型芯部逐渐发生的频率相同的频率可逆移动。通过剪切流场的作用，注射成型已成功用于抑制分子链的松弛增强取向，并制造出具有大量互锁串晶（interlocked shish-kabobs）的注射成型零件。

四川大学李忠明等[77]通过添加 98 wt%（质量分数，后同）的超低分子量聚乙烯（ULMWPE）作为流动促进剂，制备获得了可用于注射成型的改性超高分子量聚乙烯共混物，如图 2-21 所示。更重要的是，在改性超高分子量聚乙烯的注射成型过程中施加了强烈的剪切力，一方面促进了改性超高分子量聚乙烯分子链的自扩散，从而有效地减少了结构缺陷。另一方面，增加了整体结晶度并诱导了自增强互锁串晶超结构，拉伸强度获得大幅度增强，其中屈服强度提高至(46.3±4.4)MPa，相比于热压成型的纯超高分子量聚乙烯试样增加了 128.0%，拉伸强度和杨氏模量分别显著提高至(65.5±5.0)MPa和(1248.7±45.3)MPa，冲击强度可达到90.6 kJ/m$^2$，并成功应用于人工膝关节的制备。通过振动剪切注射成型技术制备的超高分子量聚乙烯塑件拉伸强度获得大幅提升，然而美中不足的是，超高分子量聚乙烯最出彩的冲击强度通过超低分子量聚乙烯共混改性后势必产生一定程度的削减，此外，昂贵的热流道系统增加了设备成本并降低了通用性。

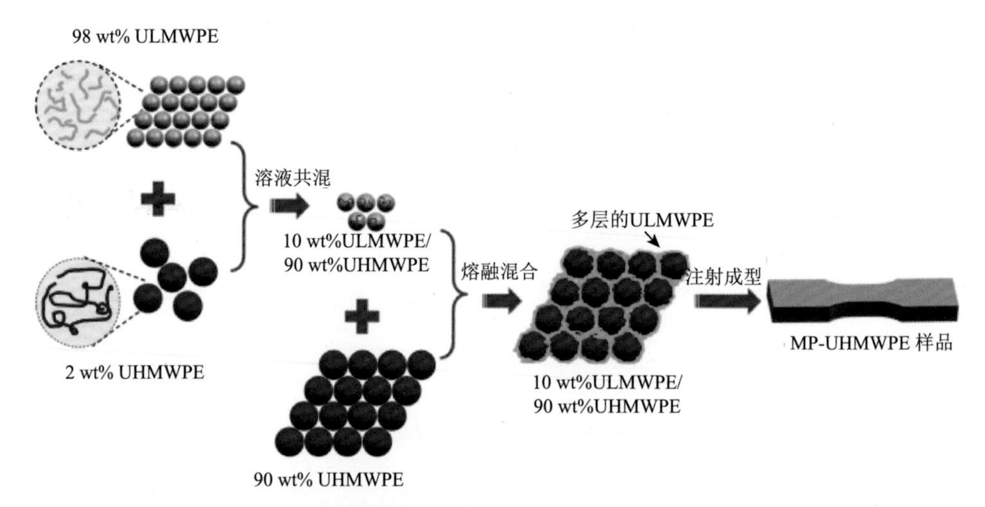

图2-21 自增强超高分子量聚乙烯制备工艺流程[77]

## 5. 超高分子量聚乙烯超声波辅助注射成型技术

超声波凭借独特的高频振动作用、热作用和空化作用等特点，在工业界获得广泛应用。超声波对聚合物熔体的作用机理包括物理和化学两个方面：物理作用是可逆的，是由超声波改善分子链的运动并降低了弹性拉伸应变而引起的；化学作用是不可逆的，是由超声波引起的分子量和分子量分布的变化造成的，随着超声波强度的增加，分子量降低，分子量分布变窄；通过施加超声波振动，分子沿流动方向的取向降低（处于熔融状态），样品的结晶度（处于固态）降低[78]。

超声波辅助注射成型（ultrasonic injection molding，UIM）技术，是将超声波引入注射成型中，与机筒加热塑化相比，由超声波塑化得到的聚合物熔体在成型后塑件的微观组织结构更均匀，具有良好的均质性[79]。Lei和Jiang将超声波振动施加于注入注塑模具内的聚合物熔体，所施加的超声波能改善熔体的充模流动能力，并且提高塑件熔接痕处强度，降低塑件的内应力[80]。王凯等[81]通过可视化实验用高速摄像机实时观测记录聚合物熔体在超声波作用下对注塑模具型腔微结构处的充模流动与凝固定型，通过模拟手段分析了超声波施加方式对微制品上微结构成型质量的影响机理。

Sánchez-Sánchez 等[82]将超声波辅助注射成型应用于超高分子量聚乙烯注射

成型，如图 2-22 所示，在塑化腔装填好超高分子量聚乙烯物料后，超声波振动探头在超声波发生器作用下开始振动，塑化完成后在探头的压力驱动下填充主型腔（温度 100℃），在保压冷却后成功获得超高分子量聚乙烯塑件。然而，施加的超声波振动场降低了超高分子量聚乙烯的分子量，且造成氧化降解、分子链断链。另外，超高分子量聚乙烯黏度高、流动性差，靠柱塞大压力将超高分子量聚乙烯熔体挤进主型腔，容易损坏探头。

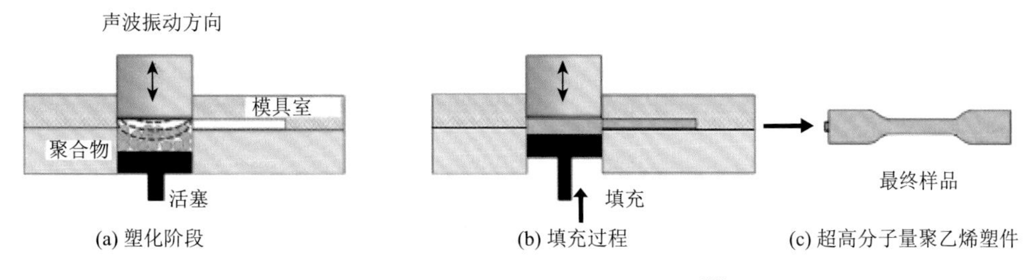


图 2-22　超声波辅助注射成型示意图[82]

### 6. 超高分子量聚乙烯快速热循环注射成型技术

超高分子量聚乙烯常规注射成型时会在塑件表面形成层状剥离，这种层状剥离缺陷影响了超高分子量聚乙烯零件的卓越耐磨性、表面质量与力学性能。层状剥离缺陷的产生是由零件表面附近过大的剪切应力造成的熔体破裂、超高分子量聚乙烯的高度分子缠结及保压不充分共同造成的。高模具型腔表面温度能够抑制塑件表面冷凝层的产生，进而降低熔体填充时剪切层产生过大的剪切速率，减少熔体破裂，同时超高分子量聚乙烯分子链有充足的时间解缠结，更好地相互扩散，并且能实现更好的保压以消除层状剥离缺陷。

美国威斯康星大学麦迪逊分校的 Lih-Sheng Turng 等[83]通过在模具型腔表面涂覆环氧树脂层，如图 2-23 所示，利用其低导热系数间接起到提高模具型腔表面

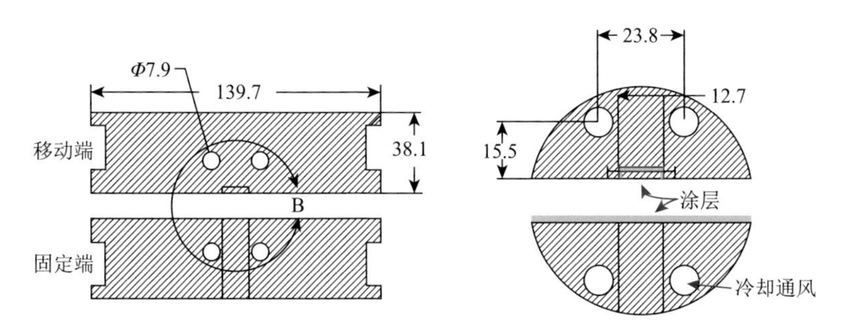


图 2-23　环氧树脂辅助注射成型模具示意图（单位：mm）[83]

右图为左图中 B 部分的放大视图

温度的作用。当优化环氧树脂层的厚度和模具温度时，可以完全消除层状剥离缺陷，并恢复优异的抗冲击性能和拉伸强度，冲击强度达到(119±6.3)kJ/$m^2$。然而美中不足的是，这种间接被动的模具型腔表面温度加热方法难以实现模具型腔表面温度的精确控制，同时，低导热系数的环氧树脂层增加了冷却所需时间，导致生产效率较低。因此，开发出满足在消除超高分子量聚乙烯塑件层状剥离现象、提升力学性能的同时，兼顾生产效率的新型快速热循环注射模塑成型技术极有必要且意义重大。

## 2.4 塑料微发泡注射模塑成型

20世纪80年代，美国麻省理工学院首次采用超临界流体（SCF）作为发泡剂，开发了多微孔发泡技术。随后，美国卓细（Trexel）公司进一步完善微孔发泡与注射的结合，并命名为MuCell技术。与传统注射模塑成型技术相比较，超临界微发泡注射模塑成型可在一定程度上保持制件的力学性能，同时实现低成本、轻量化和良好的隔热隔音性能。微孔的存在使制件质量减少，制件会以膨胀的形式贴合型腔表面，不需要保压过程，制件的生产周期缩短，制件收缩更小，尺寸稳定性也更好[84]。

### 2.4.1 塑料微发泡注射模塑成型原理

超临界流体微发泡注射模塑成型技术是指基于特殊注塑机的平台在注塑机料筒中产生超临界气相与聚合物熔体共混的均相熔体，凭借注射过程的压力降和温度降的快速变化，引起共混均相熔体的热力学不稳定变化，从而使气体析出，在制件内形成大量微小的泡孔[85]。微发泡注射模塑成型过程包括熔体气体共混体系形成、泡孔成核、泡孔增长、泡孔定型几个阶段[86]。

超临界流体微发泡注射模塑成型原理如图2-24所示，在第一阶段，高纯度的相对惰性气体，一般使用二氧化碳（$CO_2$）或者氮气（$N_2$），与熔融状态的聚合物共混形成均相熔体；在第二阶段，通过温度和压力等条件的剧烈变化，破坏均相熔体相对稳定的热力学状态，使得气体的溶解度降低，从均相熔体中析出；在第三阶段，这些析出气体形成成核因子，并且逐渐成长，伴随熔体的冷却成型，微型泡孔最终形成，整个微孔发泡聚合物体系形成。

关于微孔塑料制件的分类，一般可以按照微孔塑料成型过程中气泡成核的不同原理进行。第一种是化学发泡法，即通过发泡剂的化学反应在聚合物基体中产生气体的方法，成型过程中在高压高温条件下产生大量化学性质稳定的气体作为成核因素，成型后在聚合物中形成微孔。常见的化学发泡剂有偶氮二甲酰胺（AC）、碳酸氢钠（$NaHCO_3$）、碳酸钠（$Na_2CO_3$），以及一些复合反应发泡剂等[87]。

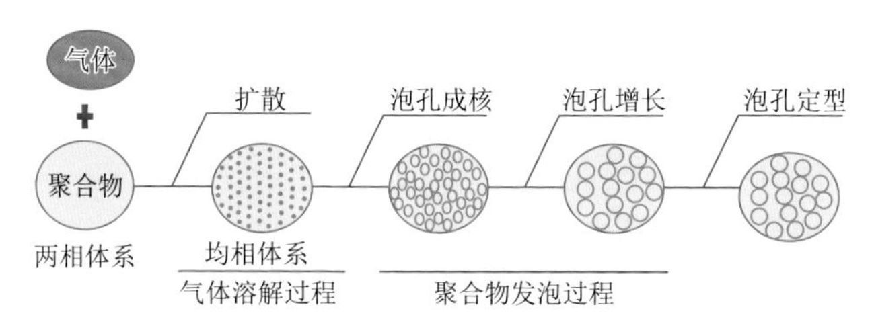


图 2-24　超临界流体微发泡注射模塑成型原理示意图

另一种是在一定的高温高压下不稳定液相与聚合物熔融相结合形成共混均一相，在温度或压力发生急剧变化时，两相迅速分离并在聚合物基体成型过程中形成大量微型泡孔的物理发泡法[88]。常见的物理发泡剂有 $CO_2$ 和 $N_2$ 等化学惰性气体，不容易与聚合物基体发生化学反应，能够起到良好的发泡剂的作用。

物理微孔发泡与化学微孔发泡的相同点：物理微孔发泡和化学微孔发泡能够生产出具有相近发泡率和泡孔大小的多孔塑料制品。由于在发泡过程中熔体的内压升高，物理微孔发泡与化学微孔发泡都需要在射嘴处设置开关阀，防止发泡的聚合物在压力作用下回涌。当使用的发泡气体相同时，压力、温度等工艺参数对于发泡成核和成长的影响是类似的，因此这类工艺参数对发泡影响的研究结论可以相互参考。

物理微孔发泡与化学微孔发泡的差异：物理微孔发泡技术需要一套能够注入熔体和控制气体形成超临界流体的控制系统，注塑机的搅拌机内还需特别的螺纹来分散超临界流体，使其与热熔体充分溶解从而形成单相熔体[89]，因此使用物理微孔发泡技术所需设备的前期投资较高；化学微孔发泡可以直接将化学发泡剂与聚合物混合后从料斗加料，对于注塑设备的前期投入较少。但同时，由于物理微孔发泡系统由额外附加系统控制，超临界流体与聚合物形成的单相熔体混合良好，最终注塑成品发泡的均一性较好；而化学微孔发泡最终发泡的均一性则很大程度上取决于预混和螺杆混合的均匀程度，在一致性上不如物理微孔发泡。在原材料成本上，物理微孔发泡通常采用 $N_2$ 作为发泡气体，可以采用氮气发生器从空气中获取 $N_2$ 以提供生产的原材料，后期量产阶段原材料的成本上升很小；对于化学微孔发泡，额外投入的化学发泡剂会使得原材料的成本上升约 17%，较物理微孔发泡要高出很多。

微孔泡沫塑件具有如下优点[90]：

（1）塑料微发泡注射模塑成型技术可以节省材料，减轻产品的质量，能最大限度地降低生产成本。

（2）将超临界流体注入熔融塑料中，可以降低熔体的黏度，增强聚合物熔体流动性，进而降低加工温度（模具温度和熔体温度），从而降低能耗，锁模力也因此降低了 50%，节约了能源。

（3）由于发泡成型过程中不需要保压阶段，因此缩短了成型周期，加快了生产速度。

（4）微孔泡沫具有良好的机械性能，如高冲击能量吸收率、高刚度等。塑料微发泡注射模塑成型存在泡孔长大过程，使得注塑件尺寸相对稳定。另外，泡沫材料具有高冲击能量吸收率，可以减轻对司乘人员和行人的伤害；也具有高阻尼性能，可以减轻车辆或零部件的震动；还具有高隔音性能。

### 2.4.2 塑料微发泡注射模塑成型装备结构

1981 年，美国麻省理工学院的 J. E. Martini 在其硕士论文中首先提出了微孔塑料的概念和制备方法，并于 1984 年获得美国专利。近年来，国内外产业端的需求和环保政策的导向使塑料微发泡注射模塑成型技术成为领域内的研究热点，也促使该工艺不断发展和完善。

塑料微发泡注射模塑成型装备的结构一般包括注气系统、塑化系统、注射装置、模具装置、液压系统和辅助系统[91]。

**1. 注气系统**

注气系统是实现发泡剂注入聚合物体系的设备模块。不同设备的注气系统的所在位置和注气形式各不相同，但均需要考虑能否精确控制注入量、能否为后续的两相混合预留时间或提供基础。另外，注气系统的成本和可拆卸性也越来越成为重要的参考。

注气系统所在位置主要可分为均化段机筒处和喷嘴处。注气系统接入均化段机筒的典型案例有 Trexel 公司的 MuCell 注塑机（图 2-25）。该系列注塑机将微孔发泡技术最早实现商用。早期的 MuCell 注塑机通过泵和旁路阀控制注入量；随后，引入了阻力元件、歧管系统、伺服电机系统等，实现精准注气和同步计量。目前，最新 T 系列注塑机拥有对新用户友好的智能给料控制系统，仅要求操作员输入装料质量和超临界氮的百分比。该注气系统会根据螺杆位置信号的反馈自动控制单个或多个位置的注气喷嘴开闭，根据实际熔胶时间和压力降情况调节打气时间和流速，实现注气环节智能化。然而该技术对已有注塑机的机筒、螺杆改造程度大，对起始投入资金要求高。

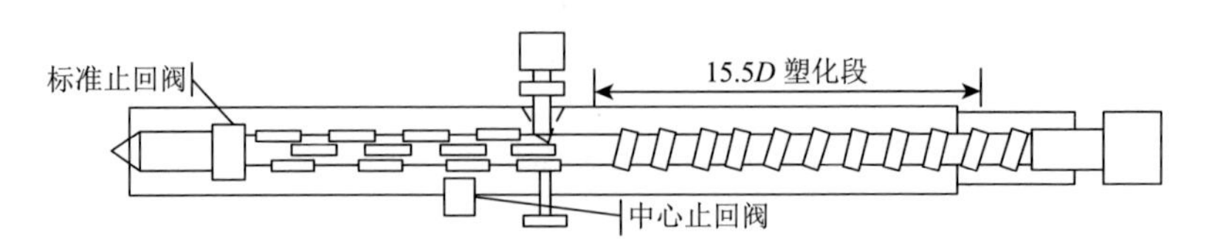


图 2-25 传统 MuCell 注塑机定制螺杆

针对此，Trexel 公司在 2019 年美国 ANTEC 塑料技术大会上发布了可代替端盖，用螺栓加装在标准化的螺杆/机筒上的新型螺杆尖端加料模块（图 2-26）。该技术使得新机不需要特殊的定制螺杆、机筒和止回阀，能够方便地切换回传统注塑，灵活适应生产。

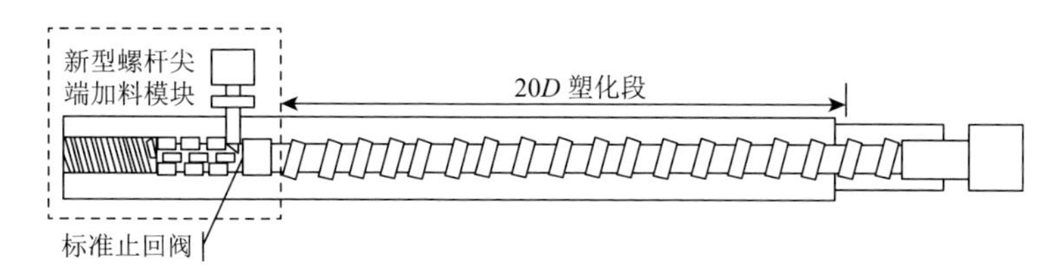


图 2-26 MuCell 新型螺杆尖端加料模块

注气位置同样在均化段的还有意大利宝胜（Negri Bossi）公司在 2017 年法国国际塑料行业解决方案展览会上推出的泡沫微孔成型方案（FMC）。与 MuCell 不同，FMC 将气体从螺杆尾部引入螺杆内部的通道中，并通过螺杆均化段的一系列“喷针”注入熔体聚合物。该方法无需对机筒进行更换。另一个常见的注气位置在喷嘴处，经典的工业案例有瑞士 Sulzer Chemtech 公司和德国亚琛工业大学塑料加工研究所（IKV）的 Optifoam 技术及德国德马格（Demag）公司的 Ergozell 技术。Optifoam 技术在注气时设计了一种鱼雷体状有环形间隙结构的喷嘴(图 2-27)。该环形间隙由可通过气体的特殊烧结的金属制成，可将 SCF 由此注入聚合物流道，既使注入时气体与熔体之间的接触表面最大化，又可防止聚合物渗出流道。使用这个注气系统，只需要更新传统注塑机的喷嘴，但相较于均化段注塑，该方法建议的注射速度更小。

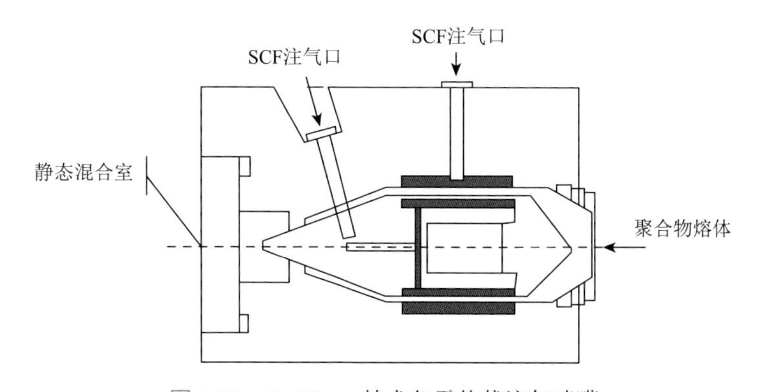


图 2-27 Optifoam 技术鱼雷体状注气喷嘴

在注气形式上，除了上述的注入超临界流体外，一些公司和研究所还开发了不需要使用超临界流体的微孔发泡技术来避免造价高昂的超临界流体控制系统，如塑胶颗粒-气体的混合注气方式。德国 Arburg 公司和 IKV 开发的 ProFoam 技术可以将自创的颗粒锁安装在任何常规注塑机的料斗和供料口之间（图 2-28）。颗粒锁内的密封舱将颗粒聚合物从常规环境转移到充满发泡气体的环境，在恒压储存仓中用气体浸渍。颗粒锁有专门的控制器，全过程仅新增一个发泡剂的压力参数。从整体上，该技术除了加入防气体流失的螺杆尾部额外密封外，无需干预原增塑单元。大众汽车集团专利技术 IQ Foam 采用了类似的方式，通过调节阀门及两个致动器，在中低压下将气体与颗粒一起引入塑化系统。德国普勒特高分子工艺（ProTech Polymer Processing）技术有限公司在 2018 年国际塑料加工贸易展览会上首次展示的 Somos Perfoamer 制造解决方案也采取将粒料经过浸渍送入一台或多台注塑机内的类似做法。

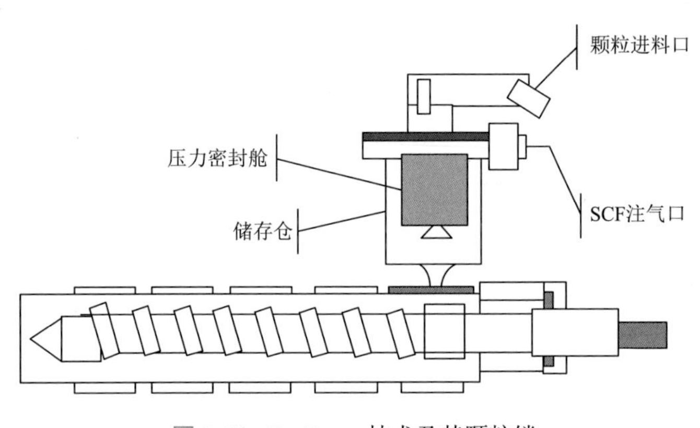


图 2-28 ProFoam 技术及其颗粒锁

塑胶颗粒-气体的混合注气方式体现了工业生产中模块化思想，通过可拆卸的组件进行扩展，从而灵活适应生产需求。但是在如何加快气固吸收和缩短间歇注入的周期等问题上还有研究的空间。

目前研究领域也提出了诸多代替超临界流体实现发泡的想法。Yusa 等[92]开发的微孔发泡技术是通过喷射阀和特殊螺杆运动的配合将物理发泡剂直接从气瓶中注入熔融聚合物中。该装置形态与 MuCell 装置类似，新增一个排气循环系统，在聚合物饱和时将气体回收，不饱和时再次注入气体。在此基础上，Wang 等实现了以空气作为发泡剂制备微孔塑料的，并验证发现相比于氮气和二氧化碳发泡剂，空气发泡剂能得到更细腻均匀的微孔结构，具有较好的商业前景。

### 2. 塑化系统

塑化系统是微孔发泡注塑机的核心组成部分，是实现聚合物机械塑化、加热塑化和两相混合的场所。对于注气位置靠前的设备，往往会从优化螺杆的角度促进两相混合。专为微孔发泡开发的螺杆需主要考虑：提高塑化能力和分散混合能力、降低熔体温度不均匀性、防止发泡熔体中气体溢出逆流等。例如，Trexel 公司为 MuCell 技术定制的螺杆具有长径比大的特点，塑化段后设置提高聚合物/气体混合效果的混炼元件。螺杆上的后止回阀和前止回阀使得混合段保持高压，防止混合物向进料区和喷嘴膨胀。对于注气位置偏后的设备，采用螺杆机械混合时间极短的工艺，如 Ergocell 和 Optifoam，塑化系统会在螺杆到喷嘴之间专门设置混合室、扩散室等来强化气体在聚合物中的扩散和均化。其中，Optifoam 采用高压静态混合室，使得两相混合更充分。Ergocell 则采用动态混合室，由电机驱动旋转，连接气体计量模块，加在标准化的塑化装置前端。该设计使得注入气体的混合速度独立于螺杆转速，使塑化过程和两相混合过程分别控制在最优参数下。

**3. 注射装置**

在微孔发泡技术的注射环节，压降速率的增加会使熔体成核速率提高，泡核含气量减少。因此，注射时的压降速率是得到均匀尺寸及分布的微孔的关键加工参数。提高压降速率的方式有提高注射速度、缩小喷嘴尺寸和延长喷嘴通道等。例如，MuCell 注塑机喷嘴大小相较等效实心注塑缩小了 90%；微孔发泡注塑机的塑化系统和注塑系统的动力装置通常是分离的，分别提供较高的分散混合能力和注射速度。由于熔体黏度降低，微孔发泡注射装置的注射压力相比于传统注塑可降低 40%～50%。注射喷嘴通常选择封闭式喷嘴以防止气体泄漏和提前发泡。

**4. 模具装置**

模具系统是塑料发泡成型的场所，同时具有监控和调整塑料发泡过程的功能。

为防止充模时期的预发泡，用于微孔发泡注塑的模具中通常会注入压缩气体，当塑料熔体被高速注入模具型腔时，该部分气体产生反压以阻碍压降。因此，微孔发泡的模具系统需具备高效排气进气系统，以便产生均匀的充模流场。由于注射速度高，连接流道和型腔的浇口截面积相对较大。

对于传统注塑过程，模具型腔压力已被广泛作为监控成型过程的参量。但微孔发泡注塑中，在充模即将结束时压力就已经比较低的情况下，发泡过程的模具型腔压力很可能无法单独作为有用的反馈量。针对此，Berry 等提出可以通过快速响应热电偶和传统压力传感器结合来监控、预测塑料微发泡注射模塑成型的效果。另外，由于聚合物发泡会自主膨胀压实模具型腔，几乎不需要保压的过程，微孔发泡技术有着更节能省时的优点。

**5. 液压系统**

液压系统起到支持以上系统实现低注射压力、高注射速度的作用，并且能在螺杆停止转动和注射开始前维持机筒内压力，固定螺杆和防止预发泡。液压系统与注塑设备是相对独立的体系，在这里不具体展开。

### 6. 辅助系统

通过微孔发泡注塑制备的产品的表面性能和力学性能可能有缺陷。针对这个问题，常采用共注射模塑、循环加热法、薄膜绝缘涂层法、气体对压法和芯背膨胀法等加以改善，注塑机中会相应增加辅助系统。

共注射模塑是改善产品表面的传统方式，在微孔发泡中也有运用。实心-微孔材料共注射成型设备能够解决产品表面缺陷的问题。它增设了固体表层塑料的注射筒。在加工时，先注射实心塑料作为表皮，然后注射发泡塑料作为制品芯部，最后以实心材料封口。循环加热法能提高模具和聚合物熔体之间的界面温度以保证表面的质量，同时避免长时间升温影响成核发泡，减少能量浪费。Chen 等采用电磁感应加热与水冷相结合的方法，实现了快速的仅限于模具表面的温度控制，可消除涡流痕迹。薄膜绝缘涂层法则是通过在模具内表面添加不同厚度的聚四氟乙烯隔热薄膜，将界面温度保持在熔融温度以上。气体对压法是将模具型腔内气压升高，使得聚合物在填充过程中被限制发泡，一旦模具型腔被完全填充，表面层冷却，再减压发泡。该方法还能用来控制核的生长。MuCell 的经典设备中应用了气体对压法。芯背膨胀法是在气体对压法的基础上发展而来的，以高注射速度将聚合物注入腔体厚度可变的精密机械，形成固体外层“皮肤”后，模具扩张厚度，压力突然下降诱导零件内部产生泡孔，逐渐达到更低的密度。该工艺能使制品表面涡流痕迹减少，表层变薄，制品密度更低。此外，总厚度的增加，也改善了包括抗弯刚度在内的部分力学性能。

## 2.4.3 塑料微发泡注射模塑成型工艺调控

目前塑料微发泡注射模塑成型技术还存在着很多问题，如产品表面质量不高、粗糙度大和内部泡孔分布不均匀，因此如何提高微孔发泡聚合物制品质量是当前的一个研究热点。通常改善微发泡制品质量的方式有添加改性填料或优化工艺参数。添加改性填料[93]，一方面促进异相成核，为泡孔成核提供可依附的表面，极大地降低了泡孔成核的自由能垒，大大提高了泡孔成核速率；另一方面添加不同的改性填料可以实现微孔发泡材料功能化，如导电性能和电磁屏蔽性能。优化工艺参数，如增大工艺过程中注气压力，可以提高泡孔密度[94]。泡孔密度随着注塑过程中剪切速率的增加而增大，但是在过高剪切速率下，泡孔密度提高不再显著[95]；压力降速率也会影响泡孔密度[96]，微发泡均相体系状态的急速变化，可以促进泡孔成核，加快泡孔的长大。

### 1. 添加改性填料改善微发泡的泡孔质量

Shyh-Shin Hwang 和 Peming P. Hsu[97]制备微米/纳米范围内的二氧化硅颗粒/聚丙烯（PP）复合材料，随后通过常规和微发泡注射模塑成型工艺进行成型，对结构进行了表征。结果表明，纳米二氧化硅的加入提高了复合材料的拉伸强度，但微米二氧化硅的加入降低了复合材料的拉伸强度，因此纳米复合材料的拉伸强度优于微米级。而且二氧化硅纳米颗粒有助于复合材料在发泡过程中形成细密泡孔。

Gabriel Gedler 等[98]研究了石墨烯含量对微发泡 PC 复合材料泡孔形态的影响。结果表明，随着石墨烯纳米板用量的增加，泡孔更加细密。一方面是它们可以作为成核剂；另一方面是其血小板样几何结构和屏障效应机理，阻止发泡过程中二氧化碳损失，特别是添加了 5 wt%的石墨烯纳米板。由于石墨烯可以制约泡孔长大和聚结，故获得了高密度的微孔复合材料。

Huajie Mao 等[99]探究了纳米 $CaCO_3$ 的含量对微发泡 PP 复合材料力学性能和泡孔形貌的影响。结果表明，将纳米 $CaCO_3$ 添加到 PP 基体中可以改善复合材料的力学性能和泡孔结构，热稳定性和结晶度也会增加。而且纳米 $CaCO_3$ 可以改善平行部分和垂直部分的泡孔结构，当纳米 $CaCO_3$ 的含量为 6 wt%时，力学性能和泡孔结构最佳。

Rie Nobe 等[100]研究了成型条件和碳纤维（CF）含量对 PP 材料力学性能的影响。研究发现，当 $N_2$ 含量为 1%时，泡孔密度增加到 $1.2\times10^4$ 个泡孔/$cm^3$，相反，随着注射速度和 CF 含量的增加，泡孔密度相应降低。此外，当 CF 含量为 30 wt%时，材料的最大比挠模量和比冲击强度分别达到了 14 GPa·$cm^3$/g 和 6.2 kJ/$m^2$。在注射速度为 50 mm/s、CF 含量为 10 wt%的条件下，获得泡孔密度最高的微孔结构。与 $N_2$ 含量和注射速度相比，CF 含量对 CF/PP 复合材料的力学行为表现出更加强烈的影响。

Kui Yan 等[101]采用模内装饰和微发泡注射模塑成型相结合的方法，制备了 PP/纳米 $CaCO_3$ 微发泡复合材料，并研究了纳米 $CaCO_3$ 含量在 0～10 wt%变化时复合材料的力学性能、泡孔形貌和表面质量。结果表明，纳米 $CaCO_3$ 作为增强相和成核剂，有助于提高发泡复合材料的力学性能，当纳米 $CaCO_3$ 含量为 6 wt%时，综合性能达到最佳。随着填料含量的增加，表面质量呈现先降低后升高的趋势。纳米 $CaCO_3$ 的加入提高泡核数量，增加表面的泡孔破裂痕迹，随着纳米 $CaCO_3$ 的进一步加入，熔体强度提高，泡孔不易破裂，从而提高了表面质量。

**2. 工艺条件改善微发泡的泡孔质量**

Tao Liu 等[102]研究了纯聚醚酰亚胺（PEI）和 PEI/PP 共混物在不同加工条件下微发泡注射模塑成型过程中的发泡行为。结果表明，PEI 和 PEI/PP 共混物的气溶性和溶解度等性能不同，导致其成核能力不同。PP 的加入明显提高泡孔密度，减小泡孔尺寸。随着加工条件的改变，PEI/PP 的泡孔形态变化更加多样，泡孔分布范围更加广泛，这说明 PEI/PP 共混物的发泡行为受工艺条件的控制比纯 PEI 更灵活。另外，注射量决定了样品的减重幅度，对泡孔密度和大小也有显著影响。

高萍等[103]研究了冷却速度对聚丙烯/玻璃纤维（PP/GF）复合发泡材料的泡孔成型状态的影响。结果表明，当冷却速度较低时，泡孔过度长大，并与周围的泡孔合并。冷却速度越快，PP/GF 复合材料的熔体强度越高，抑制过度发泡，泡孔细密分布均匀，得到微孔结构良好的复合材料。

张翔等[104]研究了气体反压对 PP 发泡材料的泡孔结构的影响，发现气体反压可增大泡孔芯层厚度，减小泡孔表层厚度，改善泡孔形貌。气体反压提高了注射压力，减小均相体系在填充过程中压力变化，使得内部状态稳定，使泡孔成核长大延后进行，减少填充过程中不规则泡孔的产生，改善塑件的泡孔结构。

Jinchuan Zhao 等[105]设计了一种薄型腔体的特定注塑模具，通过快速冷却的结晶诱导泡孔成核，利用微发泡注射模塑成型制造高韧性的纳米泡孔 PP 材料。在对发泡样品的泡孔形态进行表征后，通过微发泡注射在冷模条件下成功地获得了纳米泡孔结构，比较快速冷却的泡孔样品（纳米泡孔）和缓慢冷却的泡孔样品（微泡孔）的发泡行为，发现快速冷却有效地减小了泡孔尺寸并增加了泡孔数。纳米泡孔 PP 样品表现出优异的机械性能，与固态样品相比，纳米泡孔引起的基体开裂，剪切屈服强度增加，形成剪切键，塑性区和表面积扩大，以及泡孔引起裂纹传播方向的改变，在不牺牲刚度的前提下，明显提高了韧性。

Junji Hou 等[106]提出了一种微孔注射气辅成型方法。这种方法减少了完全填充模具型腔所需的聚合物熔体的量，从而大大降低了发泡制件的质量。高压辅助气体可以将熔体填充阶段产生的泡孔全部溶解回聚合物熔体中，从而通过消除表面银纹，改善了表面外观。通过释放高压辅助气体引发的稳态二次发泡过程，使发泡件具有细密的泡孔结构，有助于提高零件的力学性能。

### 2.4.4 塑料微发泡注射模塑成型应用举例

#### 1. 聚丙烯微发泡注射模塑成型

随着汽车轻量化的发展，选用 PP 发泡材料已成为汽车减重的重要途径，目前其在汽车内饰上的应用也越来越多。PP 发泡材料在各种汽车上的使用占比如下：轿车占 45%，卡车、工程机械车占 20%，客车、商务车占 35%。

汽车用 PP 发泡材料主要为化学微发泡材料。普通微发泡 PP 制品的表观质量很不理想，仅适合需要表面覆皮的高端车，不仅增加了制造成本，也限制了 PP 发泡材料的推广和应用。而化学微孔发泡是以热塑性材料为基体，化学发泡剂为气源，通过自锁工艺使得气体形成超临界状态，注入模具型腔后气体在扩散内压的作用下，使制品中间分布直径从十几微米到几十微米的封闭微孔泡，且其理想的泡孔直径应小于 50 μm，但目前国内行业实际生产的微发泡 PP 的泡孔直径为 80～350 μm。

微孔发泡主要有注塑微发泡、挤出微发泡和吹塑微发泡等，其中，注塑微发泡适用于各种汽车内外饰件，如车身门板、尾门、风道等；挤出微发泡适用于密封条、顶棚等；吹塑微发泡适用于汽车风管等。

利用微发泡技术可使 PP 制品的质量减少 10%～20%，较传统材料在部件上可实现最高 50%的减重，注射压力降低 30%～50%，锁模力降低约 20%，循环周期减少 10%～15%，同时还能提高汽车的节能性，较传统材料可实现最高 30%的节能，并且能改善制品的翘曲变形性，使产品和模具的设计更灵活。

**2. MuCell 微发泡技术在薄壁包装行业的应用**

MuCell 工艺可为薄壁包装应用带来一系列优势，如射出压力低、产品质量（材料用量）小、锁模力小及成型周期短。图 2-29 和图 2-30 是两个典型例子。根据相关工艺经验，这些优势尤其能在 0.6～1.2 mm 壁厚及流长壁厚比小于 300∶1 的产品中最大限度地体现出来，达到更高的减重及成型周期的缩短。

| 6OZ(200 mL)IML乳酪杯子 |
| --- |
| 材料：PP・MFI 75 |
| • 锁模力降低15% |
| • 射出压力降低8% |
| • 减重3% |
| • 均匀保压 |
| • 能从薄壁处充填到厚壁处 |
| • 使用更小吨位的成型机台 |
| • 减少模具损耗 |

图 2-29　薄壁包装应用

| 500 g 人造牛油盒 |
| --- |
| 材料：PP・MFI 70 |
| 模穴数目：4 |
| • 锁模力降低20% |
| • 射出压力降低20% |
| • 减重20%<br>(15%源自薄壁化设计・5%源自密度降低) |
| • 采用StackTeck TRIM薄壁化设计 |
| • 流长比到达400∶1 |
| • 较低射出压力→减少模芯偏移 |

图 2-30　薄壁包装应用

1）发泡剂的选择

$N_2$ 和 $CO_2$ 均可以作为微发泡成型的发泡剂。在一般情况下，以 $N_2$ 作为发泡剂能带来最大可实现的产品减重、最低锁模力及隔热改善的好处。但是如果材料黏度降低是唯一的重点要求，$CO_2$ 可以是一种选择，主要原因是 $CO_2$ 比 $N_2$ 在聚合物中的溶解度更高，可在 MuCell 工艺上采用较高的气体百分比，从而达到较佳的材料黏度降低（图 2-31）。

图 2-31 MuCell 工艺透明塑料盒子（以 $CO_2$ 作为发泡剂）

$CO_2$ 从聚合物中迁移速度非常慢。在图 2-30 的薄壁容器案例中，熔融塑料与 $CO_2$ 的混合物填充到模具型腔时，由于壁厚比较薄的关系，熔融塑料与 $CO_2$ 会在模具型腔内一起冷却凝固，使泡孔结构未能及时形成，成型出来都是透明容器。另外，由于没有泡孔结构，锁模吨位及零件性能也比较接近实体成型的零件。从表 2-3 中可以看到，采用 $CO_2$ 的消耗量是 $N_2$ 的 3 倍，而且以 $N_2$ 作为发泡剂的整体效益平衡会较为理想，减重及锁模吨位减少量均为 $CO_2$ 的 2 倍左右，成型周期也比较短。

**表 2-3 使用 $N_2$ 和 $CO_2$ 的成型对比**

| 指标 | 实体 | 1% $N_2$ | 3% $CO_2$ |
|---|---|---|---|
| 零件质量/g | 34.2 | 32.4 | 33.4 |
| 锁模吨位/Mt | 70 | 50 | 60 |
| 射出压力(峰值)/bar | 1340 | 1120 | 1090 |
| 成型周期/s | 7.0 | 6.5 | 6.75 |

注：1 bar = $10^5$ Pa。

2）隔热性能

$N_2$ 的另一个好处是泡孔结构能降低容器的导热性能，使隔热/保温性能提高。图 2-32（a）是其中一个例子。而在一个 1000 mL 贴标容器的例子中［图 2-32（b）］，以 $N_2$ 作为发泡剂使该产品质量减轻了 4.4%，且容器的导热系数降低了 15%（表 2-4）。

**表 2-4 容器的导热系数对比**

| 指标 | 实体 | 1% $N_2$ |
|---|---|---|
| 零件质量/g | 54 | 51.6 |
| 密度/(g/cm³) | 0.865 | 0.751 |
| 导热系数/[W/(m·K)] | 0.162 | 0.138 |

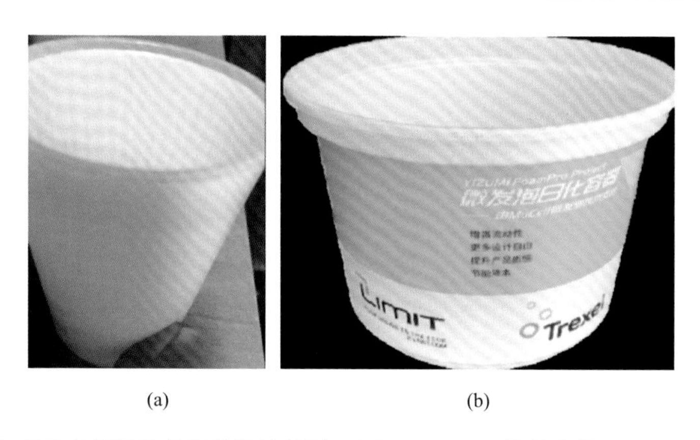


(a)　　(b)

图 2-32　（a）具备良好隔热保温性能的杯子；（b）MuCell 工艺制成的 1000 mL 贴标容器（以 $N_2$ 作为发泡剂）

3）卫星式微发泡系统

包装行业通常涉及非常高的生产量，因此预计生产需要投入多个系统，涉及大量资本投资。随着 MuCell 工艺技术的进步及应用行业的逐渐广泛，Trexel 公司开发出卫星式 MuCell 微发泡系统一系列的产品。卫星式 MuCell 微发泡系统采用中央 SCF 供给系统和多台 SCF 卫星控制系统组合的方式，可以实现一个 SCF 系统对应多台射出机的 MuCell 工艺生产模式（图 2-33）。

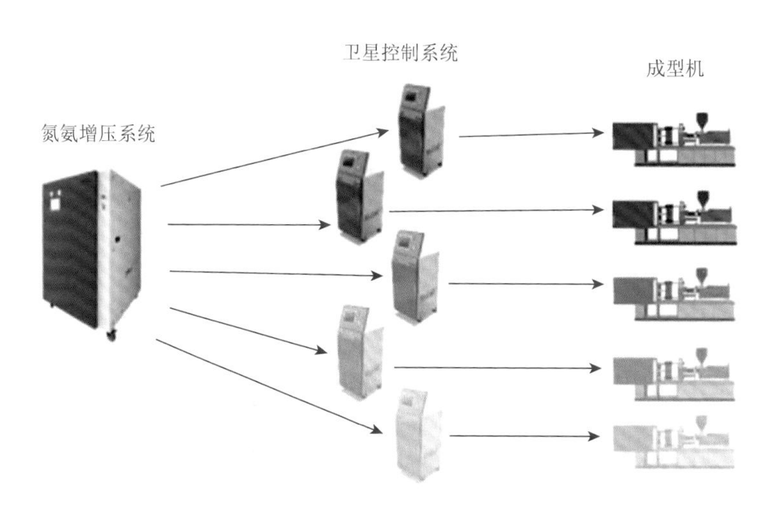


图 2-33　卫星式 MuCell 微发泡系统

用户可根据需要在设备引入时预留资源空间以便未来增加 MuCell 微发泡设备。相对于一对一的微发泡设备组合，此系列产品可以为用户节省采购设备的叠加投资。根据配置和实施情况，投资成本粗略估算将节省 30%～60%。微发泡设备组合可根据用户的生产现实情况做出配置以确保生产的可靠性、质量及连续性。

MuCell 微发泡工艺已得到众多制造行业和消费者的认可，成功应用于各行各业数以千计的产品中。采用 MuCell 微发泡工艺除了提高零件尺寸精度，改善变形，提升产品功能性（隔热保温、隔音降噪、3D 贴标），节能及减少二氧化碳排放以外，还可提高生产效益（更短的生产周期、更多的物料节省、更便捷的产品及模具设计）。采用卫星式 MuCell 微发泡系统更为用户节省设备投资。

## 2.5 塑料反应注射模塑成型

高分子材料反应加工是将高分子材料的合成和加工成型融为一体，赋予传统加工设备（如螺杆挤出机或模具型腔等）合成反应器的功能。单体、催化剂及其他助剂或需要进行化学改性的聚合物由挤出机的加料口加入，在挤出机中进行化学反应形成聚合物或经化学改性的新型聚合物。同时，通过在挤出机头安装适当的模口，直接得到相应的制品。高分子材料反应加工具有反应周期短（通常仅只需几十秒到几分钟）、生产连续、无需进行复杂的分离提纯和溶剂回收等后处理过程、节约能源和资源、环境污染小等诸多优点。高分子材料反应加工分为两个部分：反应挤出成型和反应注射成型[107]。目前国内外对于反应挤出成型的研究非常活跃，但对于反应注射成型的研究和应用略显不足，甚至一度停顿，其中原因可能是由于材料体系反应太快、反应注射成型机器适应性差、废品率高等问题未能够很好解决。最近由于汽车轻量化和绿色环保方面的需要，反应注射成型在大型薄壁仪表板、工程机械外覆件等材料成型制造领域快速发展，尤其是长纤维增强反应注射成型技术的成功开发和材料的成功研制都促进了反应注射成型的发展。

反应注射模塑成型（reaction injection molding，RIM）[108]是 20 世纪 70 年代初在聚合物加工领域发展起来的一种新型高分子材料成型技术。它与传统的热塑性树脂的物理熔融注射成型原理完全不同，无需经聚合成粒等烦琐过程，而是由液体原料直接注射到模具内，可在室温下反应，短期完成聚合物的聚合、链增长、交联和固化等工序，制得高质量制品。反应注射模塑成型技术被塑料界称为划时代的加工技术。除了反应注射模塑成型聚氨酯，20 世纪 80 年代初期反应注射模塑成型技术还相继开发用于尼龙、环氧树脂、酚醛树脂、聚双环戊二烯、不饱和聚酯等制品的生产，但工业化反应注射模塑成型制品以聚氨酯材料为主。

与低压浇注聚氨酯泡沫不同，聚氨酯反应注射模塑成型工艺所需能量少、反应迅速、成型周期短。在反应注射模塑成型工艺中，高活性液态原料在进入模具前的瞬间相互高速碰撞混合，并在模具型腔中反应，形成模具型腔形状的固体聚合物，制品成型周期一般只有几分钟，最快的体系如聚脲的成型周期不足 1 min。由于该工艺反应成型温度低、能耗少、成型周期短、生产效率高、设备投资少而得到迅速发展，可以制造各种中低密度泡沫塑料制品到高密度弹性体，已成为聚氨酯材料特别是汽车用聚氨酯材料一种重要的成型技术。反应注射模塑成型聚氨酯材料由于具有优良的物理机械性能而被广泛应用于制作汽车阻流板、护板、方向盘、保险杠、空气导流板、挡泥板、行李箱盖等。

**1. 反应注射模塑成型的发展历史**

反应注射模塑成型工艺是 20 世纪 60 年代由德国拜耳（Bayer）集团在研究液体注射成型的基础上，于 60 年代末发展完善起来的，并于 70 年代进入商业化生产阶段。1966～1969 年，德国 Bayer 集团在层状注射模塑成型基础上研究反应注射模塑成型的基本原理。在由液体原料注射浇注聚氨酯泡沫塑料的基础上，研制了利用高压撞击混合头制造聚氨酯泡沫塑料，并在 1967 年开发出适用于快速反应成型的原料体系 Baydur，研制开发了第一台具有自清洁和循环混合头的反应注射模塑成型设备，最初目的是制造高密度聚氨酯泡沫制品。1969 年，聚氨酯反应注射模塑成型技术被引入美国。1974 年，以美国通用汽车公司为主的多家公司联合，研制成功了第一套自动化的反应注射模塑成型生产装置。1977 年，美国福特汽车公司开始研究增强反应注射成型，制造车身板材，在同一年的世界塑料博览会上被列为最新成果之一。20 世纪 70 年代后期出现了用玻璃纤维增强的反应注射模塑成型聚氨酯汽车挡泥板和车体板。1980 年，玻璃纤维结构增强反应注射模塑成型问世。1983 年下半年，美国以胺为扩链剂的内脱模反应注射模塑成型体系实现工业化，使生产效率提高 50%。

我国在 20 世纪 80 年代就开始应用和开发反应注射模塑成型技术，形成了从关键原料、配方、加工工艺、模具设计直至制品生产的成套技术，已相继开发出汽车自结皮方向盘、填充料仪表盘、微孔聚氨酯挡泥板、保险杠、侧护板等制品。近年来，改性热塑性聚烯烃、玻璃钢等材料的竞争激烈，迫使国内外对聚氨酯材料的反应注射模塑成型技术做进一步的研究与开发工作。

为了克服纯聚氨酯反应注射模塑成型制品力学性能差、尺寸稳定性不足、难以承担结构部件的需要等技术缺陷，在反应注射模塑成型技术基础上，为了适应汽车工业等行业对高模量材料的需求，相继出现了增强反应注射模塑成型（reinforced reaction injection molding，RRIM）和结构增强反应注射模塑成型（structural reinforced reaction injection molding，SRIM）技术。近年来，为了克服 RRIM 和 SRIM 存在的不足，科研人员开发了可变纤维注入（variable fiber injection，VFI）技术。该技术与反应注射模塑成型技术结合产生了可变长纤维增强反应注射模塑成型（variable long fiber reinforced reaction injection molding，VLFRRIM）技术。

关于可变长纤维增强反应注射模塑成型的工艺原理、设备、制品及模具结构设计、工艺控制参数配置及制品常见缺陷和分析等内容将在后面章节中详细介绍。

**2. 反应注射模塑成型的特点**

聚氨酯反应注射模塑成型工艺是将液体状的高活性反应物在高压下同时注入混合室，瞬间混合均匀，随之注入模具型腔中迅速反应得到模制品。反应注射模塑成型工艺要求液体原料黏度低、流动性好、反应性高。反应注射模塑成型工艺得到如此迅速发展，与其本身具有众多的优点密切相关[109]。

（1）能耗低。与传统热塑性材料成型相比，加工时，物料为低黏度液体状态，注模压力低，反应放热量大，模具温度较低，模具的夹持力较小，因此，设备和加工成本较低，对大型制件的生产尤为突出。图 2-34 为反应注射模塑成型聚氨酯与其他成型材料节能状况对比，可以看出聚氨酯原料能耗和燃料能耗都较低。

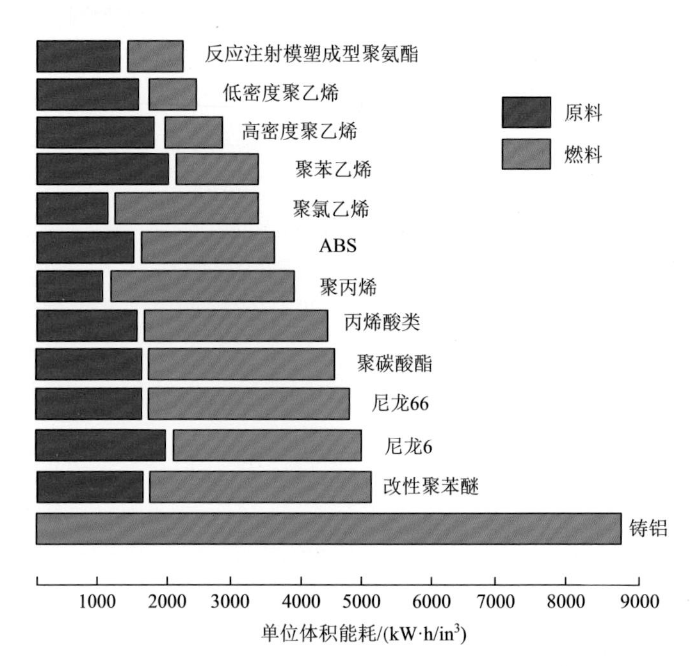


图 2-34 反应注射模塑成型聚氨酯与其他成型材料的节能状况对比[109]

$1\ \mathrm{in}^3 = 1.638\ 71\times10^{-5}\ \mathrm{m}^3$

（2）物料呈液体状态注入模具，模具型腔内压较低，一般为 0.3～1.0 MPa，模具承压能力较传统塑料成型模具要低得多。

（3）所用原料体系较广。该项新工艺除了适用于聚氨酯、聚脲材料的生产外，同时还可以用于环氧树脂、尼龙、双环戊二烯、聚酯等材料的加工成型。

（4）与传统塑料成型相比，反应注射模塑成型技术对制备大型制件、形状复杂制件、薄壁制件更为有利，产品表面质量好、花纹图案清晰、重复性好。

（5）物料以液体形态注入模具，有利于生产断面形状复杂的制件，可嵌入插件一次成型，也可以在液体原料中添入某些增强材料，生产增强型反应注射成型制件，以及在模具型腔中预先铺放增强材料生产制件等。

（6）该技术加工无需热塑性塑料成型所需的热流道体系，设备成本仅为热塑性塑料成型设备的 1/3～1/2，且生产出的制件无成型应力，成型周期短（约 5 min），生产效率高，尤其对于大批量、大尺寸制件的生产，生产成本降低更为明显。

（7）可以使用模内涂装（in mold coating）技术，减少制件后涂装工序，降低加工成本。

### 2.5.1　塑料反应注射模塑成型基本原理

反应注射模塑成型技术是 20 世纪 70 年代初出现的反应和成型同时进行、一步完成的聚合物加工新技术。反应注射模塑成型技术是由单体或者低分子量的聚合物以液态形式计量，瞬间混合后同时注入模具型腔，在模具型腔中迅速反应，材料的分子量急剧增加，以极快的速度生成含有新的特性基团结构的聚合物。它是集液体输送、计量、冲击、快速反应成型为特征的全新加工技术，加工简单快捷，其成型原理如图 2-35 所示。

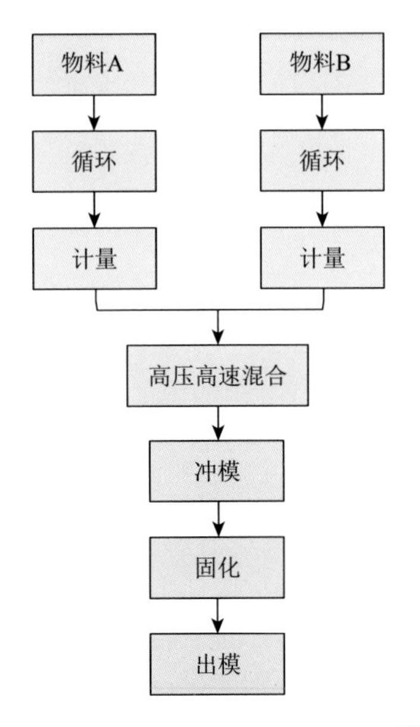


图 2-35　反应注射模塑成型原理图[109]

反应注射模塑成型技术尽管具有许多优点，但因其制品耐热性能较差，不能适应汽车外涂装的要求；收缩率较高、热膨胀系数较大，在温度变化下与钢铁基材的匹配性差等缺点，从而限制了其应用。为了克服制品的缺点，开发了增强反应注射模塑成型技术和结构增强反应注射模塑成型技术。其中，增强反应注射模塑成型技术是在物料 A 或物料 B 中加入适当的纤维状、片状等填料，使其均匀地分散于原料组分中，并随原料一起混合，注入模具型腔中反应固化成型。填料的加入导致原料黏度上升、注塑机部件磨损等问题，为了克服以上缺点，研制开发了结构增强反应注射模塑成型技术。结构增强反应注射模塑成型是将玻璃纤维等纤维状填料制成网或其他形状的预成型体，在注射前铺放在预热的模具中，使用反应注射模塑成型工艺进行制品成型。结构增强反应注射模塑成型原理如图 2-36 所示。

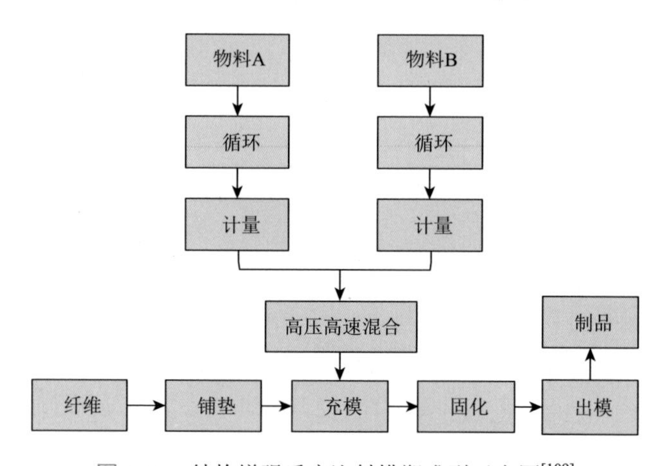


图 2-36 结构增强反应注射模塑成型示意图[109]

结构增强反应注射模塑成型技术突出的优点是避免了将固体填料预先加至原料中造成的计量、磨损等一系列问题，保持了反应注射模塑成型技术的优点，显著降低了制品的收缩率和热膨胀系数，提高了制品的尺寸稳定性，同时大幅提高了制品的机械性能，使其可作为结构件使用。但是，结构增强反应注射模塑成型技术也存在很大的缺点：一是需要预制玻璃纤维毡，加上铺放工序，耗费人力、物力和财力；二是玻璃纤维的加入量有限，原因是当玻璃纤维加入量增加时，树脂的流动性变差，且小气泡会包裹在共混体系中，导致制品力学性能下降[110]。

无论是反应注射模塑成型、增强反应注射模塑成型还是结构增强反应注射模塑成型，其工艺过程基本包括以下内容：首先将两组分原料加到储料罐中，然后按照一定的工艺参数调整高压浇注机，分别通过计量泵进行高压计量，进入混合头快速混合，注射到密闭模具中，经数秒到数十秒的短时间反应固化成型，开启模具，制品从模具中脱出，进行修边、喷漆、后熟化等。其工艺流程简图见图 2-37。

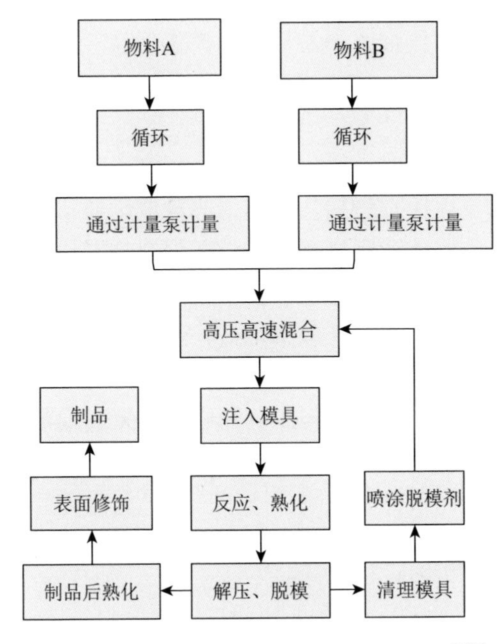


图 2-37　反应注射模塑成型工艺流程简图[109]

反应注射模塑成型工艺参数主要包括原料温度、注料速度、模具温度和后熟化条件等。只有确保稳定的工艺参数才能达到物料计量准确、混合均匀、制品熟化彻底、收缩率小、性能稳定、废品率低的目的。反应注射模塑成型、增强反应注射模塑成型和结构增强反应注射模塑成型三种工艺共同拥有的主要过程如下[109]。

1）原料温度控制

原料温度的高低与反应的快慢密切相关。原料温度过高，反应快，在模具中控温困难；而原料温度低则脱模慢，制品表面粗糙，熟化时会发生起包变形。所以需根据具体设备类型和制品大小形状，通过实验确定各组分的原料温度，原料温度的波动不宜超过±1℃。如果原料温度波动太大，会影响其黏度，进而影响计量精度，导致组分配比偏差。

2）模具温度控制

模具温度是较为重要的工艺参数。模具温度一般通过循环水控制，不同的反应注射模塑成型体系，可控制不同的模具温度，通常在 40～80℃范围，温度偏差需控制在±2℃以内。如果控制不当，不仅影响成型周期，还对制品密度、表层厚度及尺寸稳定性产生不良影响。若模具温度不均匀，可能引起制品翘曲变形。模具温度对反应速率的影响与原料温度的影响一致。

3）低压计量、高压混合和浇注

物料应以层流形式快速注入模具，因为以层流方式浇注不易混入气泡，否则由于料液黏度迅速增加，气泡来不及排出而产生次品。物料充模量一般为模具型腔体积的80%～90%。

4）脱模、后熟化

反应料液注入模具型腔后，进行反应并发生胶凝。反应热致使料液温度上升、发泡并产生膨胀，模具内压力增加，使少量高黏度物料从排气孔及分型面缝隙中排出并发生胶凝，模内压力达到最大值，随后聚合物固化冷却，压力下降，即可脱模。需要注意的是应防止过早脱模，否则制品容易发生损坏、变形，但脱模时间延长相应使生产周期延长，生产效率降低，综合几方面因素，应选择适宜的脱模时间。后熟化对制品性能影响很大。对于大多数聚氨酯，制品性能不仅取决于选用的化学体系和异氰酸酯指数等因素，而且与异氰酸酯和多元醇反应及交联程度有关，即与氢键、脲基甲酸酯和缩二脲的形成有关，这些因素受异氰酸酯和催化剂的影响，也受后熟化条件的影响。所以，后熟化可使硬段微区的连续有序化程度增加，产生相分离，能提高制品模量，改进拉伸强度及明显改善热下垂性能。另外，后熟化温度升高，反应注射模塑成型聚氨酯（脲）的耐热性显著提高。

综上所述，反应注射模塑成型技术经历了若干年的发展，从反应注射模塑成型、增强反应注射模塑成型，发展到结构增强反应注射模塑成型，目前可变长纤维增强反应注射模塑成型正处于推广应用阶段，通过不断完善和充实，必将更加有利于大型薄壁复杂结构件的制备，为航空航天、汽车、轨道交通工具及工程机械提供大量资源友好型轻量化制品。反应注射模塑成型虽然经历了诸多改进，但其基本工序没有改变，存在许多共性的问题有待深入研究。

### 2.5.2 塑料反应注射模塑成型装备结构

反应注射模塑成型装备的发展与其成型工艺的发展是同步的。第一台采用高压方式计量和撞击原理进行混合的反应注塑机由德国Bayer集团研制并首次在德国杜塞尔多夫国际塑料及橡胶博览会上展出。Harreis于1969年对此进行了报道并介绍了其工作原理。Pahl和Schluter于1971年首次对第一台具有自洁功能和循环回路混合头的反应注射模塑成型机进行了介绍。第一批反应注射模塑成型装备在德国主要为汽车制造和家具制造业生产自结皮氨基甲酸乙酯刚性泡沫。对于反应注射模塑成型技术的发展，我国的有关科研单位及时做了跟踪性报道，但我国的反应注射模塑成型研究和生产始于20世纪80年代初，反应注射模塑成型加工技术主要是在引进国外汽车生产技术的同时引进的。武汉轻工业机械厂通过引进德国拜耳-埃尔费尔德微技术（EMB）公司的技术已于1993年成功生产出我国首批高压反应注射模塑成型机。华东理工大学于1993年制造了我国第一台便携式反应注射模塑成型机，并在世界上首创地将傅里叶变换红外光谱仪与该机器相连接，实现了在线检测聚氨酯脲和聚氨酯/不饱和聚酯互穿聚合物网络的反应注射模塑成型过程。

碰撞混合是反应注射模塑成型技术的核心，在反应注射模塑成型装备的混合头内进行，是注塑机的心脏。几乎所有反应注射模塑成型装备制造厂家都将混合头作为设备的核心列入专利保护范围。反应注射模塑成型过程对混合头的要求主要有[111]：

（1）混合效率高，质量好，操作稳定且易控制；

（2）清洗方便；

（3）反应组分的配比波动小，即“超前滞后”误差小；

（4）可靠性高，寿命长，维修方便；

（5）密封性能好，无泄漏；

（6）适于不同容量和加工条件，即不同的产量、组分配比及黏度；

（7）可组成多混合头结构，允许将几个混合头连接在同一计量装置上，形成多头装置。

另外，混合头的作用除了使各液体组分充分混合外，还需避免产生过高的压力降以使混合物有适宜的压力和流量以层状流动注入模具中，防止出现提前胶凝、缺注及热降解等现象[112]。实际生产中的混合头是不可能完全满足上面所有要求的，因此应根据不同的反应物料体系、制品大小及产量来选择和设计混合头。

### 2.5.3　塑料反应注射模塑成型模具结构设计[113]

1）浇注系统

浇注系统又称“注入系统”，由浇口、流道和排气孔组成。在进行 RIM 模具设计时，浇口形状与高度取决于成型制品的壁厚与型腔流量。大容量的模具通常宜采用直棒状浇口，而小容量模具则宜采用扇形浇口。

主流道的位置应直接设在模具上，但要注意，在确定流道位置时，务必使物料从制品横截面的最低处进入型腔。排气孔的位置则应设在物料流动的末端，以便注射时将空气赶出型腔。

2）模具温度控制系统

这里仅以 RIM 金属模具为例加以说明。模具温度的控制方法通常是在模内埋设套管，通入水进行加热或冷却。金属模具厚度应为 50 mm，而套管间距因加工树脂不同而有所不同。通常聚氨酯 RIM 的模具温度为 40～80℃，模具温度控制精度为±4℃，最好为±1℃。套管间距为 80～100 mm，冷却孔与模具腔壁之间的距离应为 9.5 mm。

3）分型面

对分型面的位置设置有一总体要求，就是将分型面位置设在加工制品轮廓的附近稍下方，这样可利用正在膨胀并充满型腔的物料将型腔内的残留空气排至模外。

### 2.5.4 塑料反应注射模塑成型工艺调控[114]

1）储存

反应注射模塑成型工艺所用的两组分原液通常在一定温度下分别储存在2个储存器中，储存器一般为压力容器。在不成型时，原液通常在0.2～0.3 MPa的低压下，在储存器、换热器和混合头中不停循环。对于聚氨酯，原液温度一般为20～40℃，温度控制精度为±1℃。

2）计量

两组分原液的计量一般由液压系统完成，液压系统由泵、阀及辅件（控制液体物料的管路系统与控制分配缸工作的油路系统）组成。注射时还需经过高低压转换装置将压力转换为注射所需的压力。原液用液压定量泵进行计量输出，要求计量精度至少为±1.5%，最好控制在±1%。

3）混合

在反应注射模塑成型过程中，产品质量的好坏很大程度上取决于混合头的混合质量，生产能力则完全取决于混合头的混合质量。一般采用的压力为10.34～20.68 MPa，在此压力范围内能获得较佳的混合效果。

4）充模

反应注射物料充模的特点是料流的速度很高。为此，要求原液的黏度不能过高，例如，聚氨酯混合料充模时的黏度为0.1 Pa·s左右。

当物料体系及模具确定后，重要的工艺参数只有2个，即充模时间和原料温度。聚氨酯物料的初始温度不得超过90℃，型腔内的平均流速一般不应超过0.5 m/s。

5）固化

聚氨酯双组分混合料在注入模具型腔后具有很高的反应性，可在很短时间内完成固化定型。但塑料的导热性差，大量的反应热不能及时散发，故而使成型物内部温度远高于表层温度，致使成型物的固化从内向外进行。为防止型腔内的温度过高（不能高于树脂的热分解温度），应该充分发挥模具的换热功能来散发热量。

反应注射模内的固化时间，主要由成型物料的配方和制品尺寸决定。另外，反应注射制品从模内脱出后还需要进行热处理。热处理有两个作用：一是补充固化；二是涂漆后的烘烤，以便在制品表面形成牢固的保护膜或装饰膜。

### 2.5.5 塑料反应注射模塑成型应用举例

**1. 仪表板质量分析**

空料、气泡和翘曲变形是目前仪表板生产过程中经常出现的三种缺陷。

空料是指表皮上会黏些料但内部是空洞，或者表皮下面完全是空洞的产品缺陷。这种缺陷产生的具体过程为：浇注轨迹和排气位置设置不合理，造成在内壁较厚处及拐角处的气体无法及时排出，局部压力的增加使得料液无法充满模具因而形成空料。出现空料缺陷的产品因几乎无法修复而直接报废，通过设计合理的浇注轨迹、排气位置及提高成型压力等方式，可有效解决空料的问题。

气泡是产品脱模后在表皮局部出现的鼓包[115]。气泡的产生与物料特性和充模工艺有关，具体有如下几种情况：物料在保存不当时易混入多余水分，这些水分的存在影响了反应平衡，导致产生大量气体，并最终造成气泡缺陷；混合不均造成的发泡不均会使泡孔结构受力不平衡，出现拉伸或挤压的情况，最终因拉伸并泡而出现气泡；充模过程中，料液的紊流会造成大量气体的卷入，从而形成气泡；原料温度过高、孔壁强度不够时，泡孔容易并泡形成大气泡；模具温度过低，使得靠近表皮的物料发泡反应滞后于芯部，产生的气体在表皮和已经凝胶的聚氨酯间难以排出而形成气泡。尽管可通过放气、烘烤等措施修补气泡缺陷，但这些措施增加了生产成本，且部分产品经修补后仍必须报废。因此，要从源头上避免气泡缺陷的产生，主要方法有：

（1）设备方面：检查储罐和传输管道的密封性，降低原料混入空气中水分的可能性，并采用高压混合装置使物料充分混合。

（2）原料方面：低黏度料液因具有较好的流动性而更易于充满型腔，然而在充模流动时容易发生失稳而卷入大量气体，因此在保证产品整体质量的前提下，尽量选择高黏度物料。

（3）工艺方面：物料紊流还与填充速度、物料温度相关，可依据雷诺数调整物料的填充速度和物料温度。较低的模具温度会造成靠近模具表面的物料反应速率滞后于中间层的物料，因此需要在可行范围内适当提高模具温度以改善气泡缺陷。

翘曲变形是指由注射成型工艺造成制品的收缩方向和主应力方向不同，在出模后出现制品形状和在模具型腔内的形状不一致的现象[116]。收缩的不均匀造成了制品的翘曲变形，而收缩不均匀主要是指收缩率的不均匀，主要体现在制品不同部位的收缩率不同、沿制品厚度方向收缩率不同及平行和垂直于分子的两个方向收缩率不同[117]。由于仪表板是形状复杂的薄壁件，且存在表皮和芯部聚氨酯的相互作用，经常出现翘曲变形。当产品的变形量超过 0.2%时，即可认为该产品不合格。从实际的生产过程看，翘曲变形可由诸多因素决定，如原料、制品的结构、模具结构、成型工艺参数和后处理过程等。

**2. 仪表板生产工艺分析**

仪表板结构增强反应注射模塑成型工艺流程如图 2-38 所示，主要包括：铺设表皮和玻璃纤维毡，储存、计量和混合物料，开模浇注，闭模充型、发泡、固化及冷却，脱模，后处理，以及取出静置等。

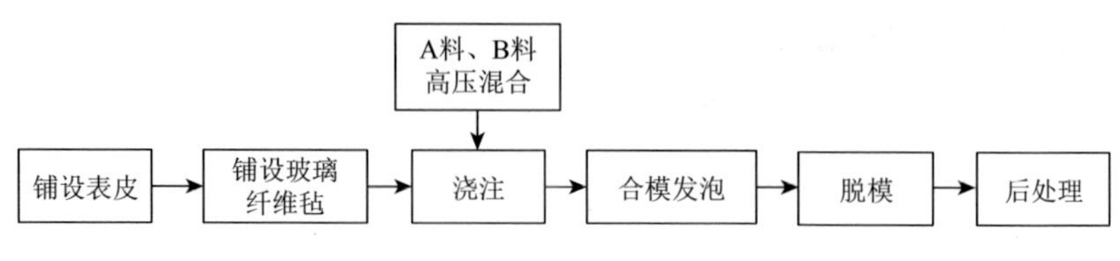


图 2-38 仪表板结构增强反应注射模塑成型工艺流程图[118]

1）铺设表皮和玻璃纤维毡

在喷完脱模剂的下模表面铺上表皮，整理平整后抽成真空，使表皮与模具表面紧紧贴合在一起，再铺上玻璃纤维毡。表皮铺设对结构增强反应注射模塑成型产品质量的影响较大，具体表现在：如果表皮铺设不服贴，在棱角和过渡处会产生产品塌角，给人一种料填不满的错觉。这主要是由于反应成型密度低和成型压力低，不能使表皮变形达到与模具完全贴合的状态。出现这种情况后，即使采取补腻子、喷漆、碾压等补救措施也难以达到较理想的效果，甚至会造成产品报废。

2）储存、计量和混合物料

聚氨酯两种相互反应的原料被分别放在两个压力容器中，由于其结构增强反应注射模塑成型对原料温度有一定的要求，通常需对压力容器进行加热，温度精度控制在±1℃。另外，由于后续原料的稳定计量需要一定的压力来保证，原料在储存容器内的压力控制在 0.2～0.3 MPa。原料的计量通过液压系统完成，其低高压转换装置将原料由低压转换为高压喷出，计量泵对原料进行计量，计量精度控制在±1.5%。

在仪表板的生产中，混合质量的好坏直接影响制品的质量。混合不均易导致各部位的物料发泡不均，带泡孔结构的物料就会相互拉伸或挤压，在交界处容易被拉伸并泡而出现气泡。另外，混合不均也降低了泡沫的物理性能。因此，务必使用高压混合设备，将物料均匀混合。虽然混合头种类繁多，但其基本原理都是将压力转化为物料的速度，使得各种物料间发生强烈碰撞，从而形成均匀的混合物，通常压力越高，混合效果越好。然而，目前仍有采用低压混合头甚至人工搅拌混合，这会严重影响制件的质量。

3）开模浇注

与一般情况下的注射模塑成型有所区别，仪表板结构增强反应注射模塑成型不需要浇口、流道等结构，而是通过控制程序将原料在开启的模具内直接浇注。开模浇注的具体步骤是：把物料混合头固定在机械手上，通过计算机程序控制机械手按照指定路线在下模上方移动，同时将额定的物料以一定的速度浇注到模具型腔内。这种浇注方式因能够实现浇注的精确控制及避免因浸渍不良产生空隙，非常适用于尺寸较大、形状复杂的部件。另外，由于原料在较短的时间内分散到型腔各处，因此在合模后原料所需的流动距离较短，且加上结构增强反应注射模塑成型是通过化学反应发泡填充固化的，这种开模浇注方式并不会出现明显的熔接痕。

4）闭模充型、固化及冷却

仪表板用聚氨酯都存在起泡时间，一般从物料混合到闭模的总时间都控制在起泡时间内，所以物料都是在闭模后才开始充型。充型结果的好坏由物料的反应及固化程度决定，在此过程中原料发生复杂的化学反应，包括放热的凝胶反应和吸热的发泡反应。两种反应生成大量的热量和气体，这些热量促使气体成核、长大形成带孔的泡沫结构。反应固化过程是保证制件质量的关键阶段，因此有必要对其可控工艺参数及反应动力学行为进行研究。为达到脱模强度并减少后期应力变形，固化定型后制件必须经过一段时间的冷却，冷却时间的长短及方式要与物料特性相匹配[119]。

5）脱模

当制件达到一定的强度和温度时便可脱模，脱模可以采用手工脱模或机械脱模。手工脱模不确定因素多，产品质量稳定性差。而机械脱模采用机械顶出机构，虽能保证质量但增加了模具成本。因此，需根据生产实际情况采用合理的脱模方式。

6）后处理

材料特性差异、壁厚不均、型腔压力差、冷却不均匀等因素，经常会使产品出现不均匀结晶、定向和收缩，从而产生内应力，内应力不仅会使制件发生翘曲，而且会降低其耐冲击性和耐开裂性。对于这些有翘曲变形倾向的产品，需在成型工艺流程中增加后处理步骤。通常将制件放置在一个温度较高的环境中使其“冻结”的分子链松弛达到降低内应力的目的。同时，提高结晶度和稳定晶体结构，改善了制件抵抗变形的强度与刚度。仪表板常用的处理方法是将其放置在热空气循环的烘箱中保存一段时间，保存时间可根据制件的品种、形状与工艺确定。

7）取出静置

经过后处理的制件，具有较高的温度且温度分布较均匀，因此在从烘箱取出并冷却至室温的过程中其变形通常不明显。但是制件由表皮和聚氨酯组成，收缩性能及肉厚的差异导致此阶段内仪表板的大变形依然存在。因此，有必要寻找合适的方法来控制仪表板在静置过程中产生的变形。

**3. 仪表板成型工艺参数**

仪表板产品的质量与成型过程中工艺参数的设置密切相关，以下针对仪表板生产流程中影响其质量的关键工艺参数（如原料温度、模具温度、浇注轨迹和速度、合模时间、冷却系统水温及在模时间等）进行详细分析。

1）原料温度

原料温度是指浇注时的料液温度，其大小与储存温度和环境温度相关。储存温度由物料特性决定，因此有必要对物料的特性进行研究。采用高压混合头浇注时，料液的运输需要经过较长的管道，这就造成原料温度也受环境温度的影响。如果环境温度太高，原料温度也不容易控制。原料温度的高低不仅会影响起泡的时间，而且会影响反应固化的速率。原料温度越高，起泡时间越短，可能在模具闭合之前就会起泡，如果浇注时材料分布不均匀，会阻碍模具型腔的顺利填充，影响产品性能的均匀性，甚至产生空穴、疏松等缺陷。另外，聚氨酯物料一般都含有发泡剂，正常情况下发泡剂应在发泡反应进行一段时间引起物料黏度和温度上升后才开始气化，这样孔壁才能有足够的强度包住气体，减少并泡形成大气泡的可能。当原料温度过高特别是高于发泡剂沸点时，料液中气泡的数量会大幅度增加。由于操作人员不能精确地控制原料温度，经常在夏季出现原料温度超过发泡剂沸点的情况。温度低时对制件质量影响不大，但如果温度过低，会造成反应速率低、反应周期长，影响生产效率。

2）模具温度

模具温度是指模具型芯和型腔的表面温度[120]。模具温度直接影响模具型腔中原料的温度进而影响成型过程，如果控制不当会影响产品质量或延长生产周期。模具温度一般通过水循环控制，在料液注入型腔之前，需启动模具的加热系统将模具加热到规定的温度值，温度误差为±2℃[121]。模具温度过高，原料反应速率加快，原料注射和流动时间缩短，但造成冷却时间过长；模具温度低时，反应固化时间延长，制件的性能降低，表皮和发泡体之间也容易分层。因此，要控制合理的模具温度，以在不影响制件质量的同时提高生产效率。

3）浇注轨迹和速度

浇注轨迹直接影响填料浇注的先后顺序及填料的分布，进而影响排气过程。如果填料反应产生的气体不能顺利排出，极易形成气泡缺陷。在轨迹确定的前提下，浇注的速度要保持均匀一致，避免造成在轨迹的前半段料多、后半段料少；同时要控制浇注的总时间，给料液在型腔的流动及合模留下足够的时间，避免还未合模甚至浇注还没完成就开始反应发泡。

4）合模时间

合模时间是指从物料浇注结束到模具完成闭合的时间。合模时间的选择主要是基于物料的流动形态和反应的起泡时间。合模加浇注的总时间要控制在物料起泡时间内，否则会造成物料在流动未结束前就开始发泡，引起物料迅速膨胀并最终导致空料的缺陷产生。聚氨酯原料配比不同，起泡时间就不同，因此需要确定每种物料的起泡时间，为合模时间提供参考。合模时间也不宜过短，凸模下压时间过短会加快料液流动速度，从而出现紊流的现象，造成气体的卷入。

5）冷却系统水温

冷却过程是向模具冷却系统中通入温度恒定且处于流动状态的水来实现模具

和产品的冷却。在整个发泡成型周期内，系统水温始终保持不变。在成型初期，恒定的水温能够加热模具达到所需的温度；在成型后期恒定的水温能带走物料反应产生的热量，对模具和产品进行冷却。因为物料在固化过程中会放出大量的热量，使模具型腔内物料温度最高可达 200℃，这些热量需要通过冷却水带走，否则将会导致混合物中低沸点的物质气化及反应产生并溶解在混合物的 $CO_2$ 析出，从而出现大量气泡。因此，选择合适的冷却水温对模具进行温度调节是非常重要的。

6）在模时间

在模时间是指从完成合模到产品从模具型腔中取出的时间，也就是聚氨酯原料反应固化时间和冷却时间的总和。反应固化时间由反应体系的各参数唯一确定，而冷却时间则可通过实验或模拟得到。在模时间会影响反应过程是否充分，进而影响产品的力学性能，且在模时间会影响产品脱模时的温度，进而会对产品的变形、收缩及尺寸稳定等造成影响。

## 2.6 微注射模塑成型

微注射模塑成型技术作为高分子材料注射模塑成型的重要分支，主要进行具有精密微细结构制品的加工。由于微注射模塑成型具有成型效率高、生产成本低、可成型复杂精细结构等突出优点[122]，故广泛应用于航空航天、电子通信、生命科学等领域。

相比于传统注射模塑成型技术，微注射模塑成型技术对设备性能提出了更高的要求，主要表现在注射速度高、精密计量和快速响应三个方面。为增大精密微细结构的填充率，微注射模塑成型通常要求注射速度大于 800 mm/s[4]。微注射成型制品以毫克计量，微细结构达到微米级，因此要求微注射模塑成型装置具有较高的计量精度，通常对螺杆行程控制要求达到微米级。微注射模塑成型中，制品质量低，螺杆或柱塞的行程小，为使注射压力及注射速度在瞬时达到成型要求，必须要求设备具有极高的响应性能。

我国微注射模塑成型技术基础薄弱，发展较晚，为满足市场对微注射模塑成型制品的需求，通常采用引进国外设备进行微注射模塑成型。近年来，随着机电一体化技术的深入发展，当今社会对微注射成型制品需求日益紧迫，各国纷纷投入大量资源进行微注射模塑成型基础理论及装备的研究，使得微注射模塑成型技术在短时间内取得了较大发展。

### 2.6.1 微注射模塑成型基本原理

早期微注射成型制品通过一腔多模的方式，采用普通注塑机进行微注射模塑成型，其流道体积远大于制品体积，物料利用率低，且各型腔的压力、温度、速度等条件也难以保持一致[123]，导致成型制品质量波动较大。如今多采用专用微注射成型机生产微注射成型制品。微注射成型机按塑化、计量和注射形式的不同主要可分为以下三类。

1）单阶式

单阶式微注射成型机是小型化的常规注塑机，由螺杆完成塑化、计量及注射等动作，通过缩小螺杆的尺寸达到精确计量的功能。代表产品如德国Boy公司的BOY12A/M（129-1）型，其螺杆直径12 mm，最大注射量4.5 cm$^3$，具有较强的微注射成型功能，已实现工业化应用。但受制于螺杆强度的影响，单阶螺杆式微注射成型机的发展已经达到了极致。

2）双阶式

双阶式又分为螺杆-柱塞式和螺杆-螺杆式。双阶螺杆-柱塞式微注射成型机如图2-39所示，利用螺杆完成物料塑化，柱塞进行精确计量和熔体注射动作。其具有常规螺杆式注塑机塑化质量好、效率高，W级柱塞式注射机构计量精度高、控制简单的特点。典型代表产品有英国的12/90HSP，日本的TR18S3A、Au3E和田瑞公司的EPOCH SHOT7等。双阶螺杆-螺杆式与双阶螺杆-柱塞式相似，将其中的柱塞换成螺杆后，提高了储料室内熔体的熔融质量。德国Arburg公司开发的双阶螺杆-螺杆式微注射成型机，注射螺杆直径仅8 mm，满足精确计量的功能。

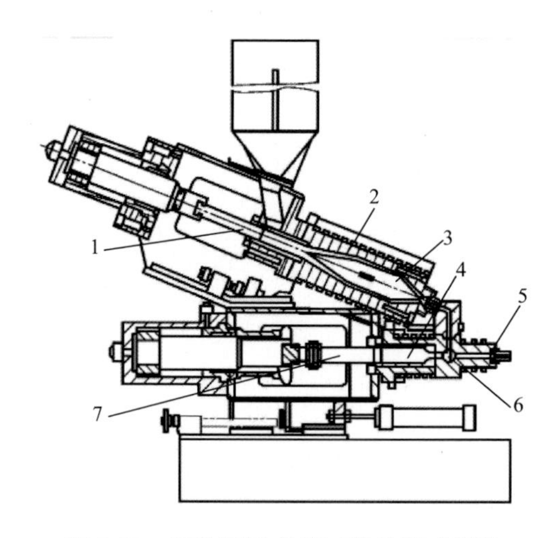


图2-39 双阶螺杆-柱塞式微注射成型机

1. 预塑化供料活塞；2.供料机筒；3. 鱼雷式分流梭；4. 注射机筒；5. 喷嘴；6. 三通；7. 注射柱塞

3）三阶式

三阶式微注射成型机主要是螺杆-柱塞-柱塞式，螺杆完成塑化动作，两个柱塞分别进行计量和注射动作。注射柱塞水平放置，并与储料室相连，塑化螺杆倾斜设置并连通竖直放置的计量螺杆。塑化完成后，塑化螺杆向计量室供应物料，注射柱塞对熔体进行精确计量；计量完成后，在止逆阀作用下，计量柱塞将熔体压入储料室；最后由注射柱塞完成注射动作。德国 Microsystm50 作为三阶式微注射成型机的典型代表，其注射柱塞直径仅 5 mm，满足了微注射成型机精确计量（0.0001 $cm^3$）、高速注射（760 mm/s）、快速成型（成型周期 1.5 s）的基本要求。

微注射成型制品的主要特征是尺寸小、形状特殊、功能区复杂。一般其大小在几微米到几厘米数量级，长宽比为 1～100，个别功能区要求高强度、高光洁度、高透明性等。为了使这些特征能够以高重现度复制，工艺上必须满足一些特殊要求。具体地，为保证能够正确充模，需要高注射速度和高注射压力（达数百至数千 $kg/cm^2$），原料温度在允许范围内尽可能取高的熔体温度，模具壁温也应控制在较高温度。为获得足够大的注射量需要使用大流道和大浇口，这样能保证聚合物在流动过程中可靠地控制和切换，以避免材料降解。模具需要特殊分置的加热和冷却系统，以便动态控制模具温度。

当充模时要求模具温度高而冷却时希望模具温度低，因此工艺控制需使用两个不同温度的油路，分别在充模和冷却阶段加热和冷却模具。为控制生产工艺及有效处理和包装微注射成型制品，模具应有改进的模具传感器、高精度模具导向装置、模具抽真空系统、集成流道采集器和用于制品取出的机械手、自动浇口切除系统，以及在每个周期激活的模具清洗系统等，这些装备对微注射成型制品的正确生产和采集都是至关重要的。从材料角度看，很多适用于宏观成型的材料都可以用于微注射模塑成型。微注射模塑成型材料包括：聚甲醛（POM）、聚碳酸酯（PC）、聚甲基丙烯酸甲酯（PMMA）、聚酰胺（俗称尼龙，PA）、液晶聚合物（LCP）、聚醚酰亚胺（PEI）和硅橡胶。涉及反应注射的也曾应用过以丙烯酸、丙烯酰胺和硅氧烷为基础的材料。

微注射模塑成型的模具除尺寸明显小于传统模具尺寸外，还具有以下特点：因尺寸小，使型腔数目减少，有利于改善模具的平衡性，提高产品外观尺寸精确性；因尺寸小，更容易控制模具温度的稳定，符合精密成型要求，也节约了模具加热/冷却所需的能量；推荐采用热流道系统；模具成本低，开发周期短。微注射模塑成型的目的是生产微注射成型制品，因此与其他宏观注射模塑成型工艺不存在竞争关系，这是它的优点之一。

在各种微注射模塑成型工艺中，注射模塑成型工艺还具有其他一些优势：可以借鉴传统塑料加工技术长期积累的丰富经验、具有标准化的工艺程序、高自动化程度及短生产周期等，因此注射模塑成型工艺是各种微注射模塑成型工艺发展最快的技术。

微注射模塑成型的主要工艺缺点有：流道体积大，有时流道内物料可能占到总注射质量的90%。而且对于微注射成型制品应用而言，流道内的材料大多数情况下是不能回收再用的，材料浪费较严重。另外，由于微注射成型制品的表面积与体积之比通常很高，模具在注射过程中必须加热到熔融温度以上以防止早期固化，使得生产周期延长。

### 2.6.2 微注射模塑成型模具设计方法与制造技术

**1. 微注射模塑成型模具设计**

微注射模塑成型模具的加工精度及成本决定了制品的成本及大规模生产的可能，因此设计具有合理结构的模具是获得高质量注射制品的关键。微注射模塑成型模具设计的关键技术主要包括变温模具设计、真空排气系统设计、脱模机构设计等。

1）变温模具设计

在微注射模塑成型过程中，模具型腔表面积与体积之比较大，导致熔体温度在填充阶段变化范围大，严重影响制品的成型质量和成型周期，因此，微注射模塑成型模具通常需要设计模具变温系统。目前，模具变温系统主要有感应加热变模温系统、电热水冷变模温系统等。例如，美国佐治亚理工学院设计的高频感应加热变模温系统，能在5 s内使型腔温度从室温提高到240℃，极大地缩短了成型周期。

2）真空排气系统设计

由于微注射模塑成型模具表面加工精度高，当模具合模后，动模与定模之间的间隙极小，型腔内所残留空气和熔体释放的气体很难从型腔间隙排出，影响制品成型质量和熔体填充率，因此通常设计真空排气系统。目前，真空排气方式主要是通过将型腔周围进行密封，在分型面上开设排气通道，再用真空泵将气体从型腔内抽出。

3）脱模机构设计

鉴于微注射成型制品具有质量轻、壁薄、强度低的特点，传统的脱模机构容易使微结构变形，甚至损坏，严重影响制品的成型质量。为使制品顺利脱模且保证其成型质量，微注射模塑成型模具需要设计适合制品结构特点的脱模方式。研究学者针对不同微注射成型制品结构的特点，采用不同的脱模设计机构。大连理工大学设计了一种微注射成型制品间接脱模机构，该机构的推杆推出作用力不直接作用在制品上，而是直接推出尺寸相对较大的流道，再通过流道和浇口带动制品脱模，从而保证了制品尺寸精度和表面质量。

**2. 微注射模塑成型模具制造**[124]

微型腔是微注射模塑成型模具的核心零件，其结构尺寸及精度在微米级，表面精度要求较高，微型腔的加工质量直接影响制品的成型质量，是微注射模塑成型模具制造的难点。对于微型腔的加工目前主要采用微机械加工技术、微细特种加工技术和基于LIGA的加工技术。

微铣削可对多种材料进行加工，可铣削出形状各异、特征尺寸在 10 μm～10 mm 的微结构，常用来加工微注射模塑成型模具型芯。德国卡尔斯鲁厄大学 Weule 等铣削出微型汽车钢质轮壳模具，刀具采用硬质合金微铣刀，所铣削的模具表面近似镜面，表面粗糙度为 0.5 μm。

用于加工微注射模塑成型模具型腔的微细特种加工技术主要包括微细电火花加工、微细电化学加工、微细电铸等，加工精度一般在 100 nm 内。例如，美国 MTD Micro Molding 公司的电火花系列机床步距进给量可达到 1.5 μm，金属丝直径范围为 $\Phi$25～250 μm。MTD Micro Molding 公司制造了多种微注射模塑成型模具，用于生产各种微注射成型制品，如微光纤连接器、微流体制品、介入医疗微制品，制品尺寸可达几十微米。

基于 LIGA 的微细加工技术加工精度一般在 $\Phi$10 nm 内，工艺包括同步辐射深度蚀刻、电铸成型和注射三个过程。作为一种微细加工技术，该技术具有很好的应用前景。基于 LIGA 的微细加工技术还可以与微细特种加工方法相结合，以加工金属微结构。例如，大连理工大学杜立群等将 UV-LIGA 技术与微细电火花加工技术相结合，加工出局部为梯形凸台和锥形凹槽微结构的镍模具。

**3. 细胞皿超声振动微注射模具设计与制造**[124]

细胞皿微注射成型制品在生物工程研究和应用领域得到了广泛应用，其整体结构尺寸微小，属于微小体积制品。细胞皿的整体形状为方形盒状结构，外形尺寸为 1820 μm×1820 μm×350 μm，盒内阵列分布着 16 个 330 μm×330 μm×300 μm 的方形微槽，每个微槽底部阵列分布着 9 个直径为 $\Phi$30 μm、深度为 50 μm 的微圆柱形通孔。整个培养皿制品上共有 144 个微圆柱形通孔。

细胞皿要求熔体结晶分布均匀，以获得较好的力学性能，因此，模具温度要有较好的均匀性。为此，变模温系统采用油、水、电相结合的模温调节方式。其基本结构是在靠近型腔两侧对称布置电热棒，微型腔周围设置热油道，热油道与加热棒之间开设冷却水道。其工作基本原理是注射成型之前通过热油使模具温度恒定在脱模温度，然后电热棒开始对模具加热，待温度达到预定值后，通过温度传感器控制电源，使之断开，开始注射熔料。在冷却过程中，保持油温不变，切断电热棒电源，并接通冷却装置，则模具快速降温。制品脱模时，冷却水路断开。连续成型时，只需定时切换加热和冷却开关，即可实现对模具的快速加热和冷却。

对于微注射模塑成型，有无抽真空对制品成型质量的影响很大，若熔体进入型腔前气体无法排除，将造成短射或烧焦等缺陷。因此，在细胞皿模具型腔两侧开设排气槽，真空泵与定模侧的排气通道相连，在熔体填充前，对型腔进行抽真空。同时使用耐高温硅胶密封圈对分型面、拉料杆、推杆、超声振子、浇口套处进行密封，以保证真空。

由于微注射成型制品尺寸微小，强度低，冷却后制品与型芯间的包紧力较大，直接推出容易对制品造成损伤，采用在浇口两侧对称布置推杆，通过推动流道凝料带动推出制品的方法进行脱模。

超声外场在模具中有多种施加方式，可以对镶块施加超声振动，也可以将振动直接作用在流道内的熔体上。振动方向可以采用垂直或平行熔体流动方向。考虑到超声振子的安装与作用效果，采用将振动直接作用在流道内熔体上且方向垂直熔体流动方向的方案。将超声振子通过法兰固定在动模板下方，为防止模具开闭过程中推杆和换能器干涉，需在法兰盘上加工出推杆孔。

**4. 微流控芯片微注射模具设计与制造[124]**

微流控芯片的基本结构是平板状，其作用是把生物和化学等领域中一些独立的操作单元集成到一块微芯片上，如样品的制备、反应、分离和检测等。芯片上有尺寸微小的微通道，属于具有微结构的常规尺度制品，其尺度可能跨越几个数量级。一种典型的微流控芯片，平板长 65 mm、宽 16 mm、厚 1.5 mm，含有一个单十字微通道，通道深 50 μm、宽 80 μm。

微流控芯片成型模具型腔由定模镶块（2）、微细加工镶块（3）、动模镶块（4）组合而成，如图 2-40 所示。其结构特点是镶块放置在动模镶块内，以使微通道从定模镶块中顺利脱出，避免推出时被拉伤。同时这种结构使熔体直接冲击到镶块上的凸起，避免了推杆在微通道一侧留下痕迹。

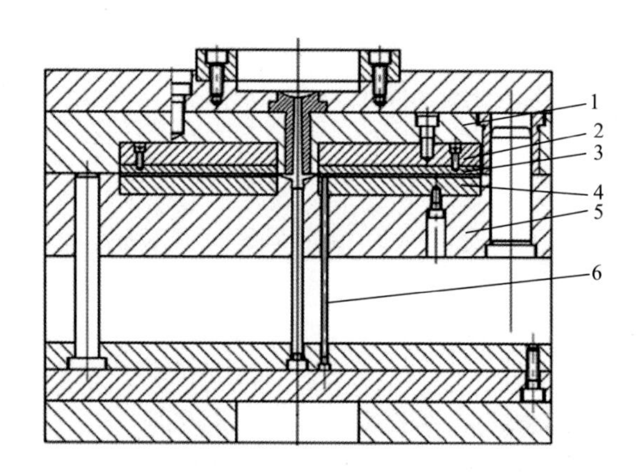


图 2-40　微流控芯片成型模具结构[124]

1. 定模板；2. 定模镶块；3. 微细加工镶块；4. 动模镶块；5. 动模板；6. 推杆

## 2.6.3　微注射模塑成型工艺调控

微注射模塑成型工艺与常规注射工艺相比具有较大差别，熔体进入具有微细结构的型腔中时，熔体与型腔的热传递导致熔体的流动状态发生急剧变化，熔体在流动中的黏性及阻力增大。宏观的流动理论无法解释熔体在微细制品型腔中的流动规律[125]，虽然仍然缺乏系统、完整的理论对微注射模塑成型过程进行系统阐述，但是在长期研究工作中总结出了各工艺参数对制品成型质量的影响规律，尤其是高温模具状态下的成型规律取得较大进展[126, 127]。

Piotter 等[128]通过长期的实验总结出，在微注射模塑成型中，对于非结晶型材料模具的最佳温度应当高于其玻璃化转变温度，对于半结晶型材料模具温度要高于其结晶温度。Zhao 通过数值模拟，对影响熔体流动性及制品成型质量的工艺参数进行研究，结果表明影响微注射模塑成型质量的主要工艺参数是保压时间，其次是注射量。庄俭等设计了通道宽度仅 500 μm 的哑铃形微型腔，并设计了具有快变模温功能的模具系统，通过分析微流道的复制度，确定各工艺参数对微注射模塑成型的影响规律。正交实验结果表明，注射压力是影响微细结构复制的主要因素，其次是模具温度和熔体温度，保压压力和保压时间的影响作用相对较低。

### 2.6.4　微注射模塑成型应用举例

#### 1. 聚合物熔体微分注射模塑成型技术

微分注射模塑成型的模式不同于常规注射模塑成型，其主要成型工艺条件包括熔体泵入口压力、流道压力、保压压力、熔体泵转速、注射转角、保压时间、熔体温度、喷嘴温度、模具温度等参数。以制品质量、表面粗糙度、齿廓复制度为指标，可以利用扫描电子显微镜、非接触式三坐标测量仪对制品表面质量及齿廓复制度进行分析，掌握微分注射模塑成型的基本规律。

笔者所在团队创新提出并研制了聚合物熔体微分注射模塑成型技术与装备，如图 2-41 及图 2-42 所示。该装备主要由微分系统和普通全电动注塑机组成，

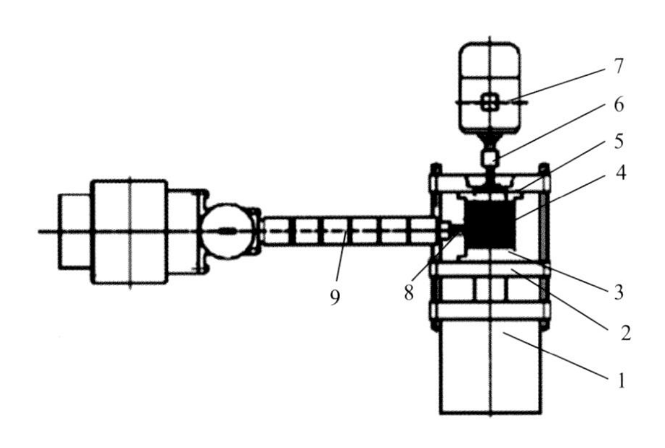


图 2-41　聚合物熔体微分注射模塑成型装备示意图

1. 合模系统；2. 动模板；3. 模具；4. 行星齿轮泵；5. 定模板；6. 联轴器；7. 驱动电机；8. 喷嘴；9. 注塑系统

微分系统作为一个独立的模块加载到全电动注塑机上，实现普通全电动注塑机高效成型微型制品。微分系统主要由伺服电机、微分泵、动模部分、温控模块、压力传感器、喷嘴及定模部分组成。熔体流经行星微分泵时，在伺服电机驱动下，微分泵对熔体进行精确计量、分流及增压，分流后的熔体经各喷嘴实现精确的温度控制，同时进行喷嘴端部截流控制，防止出现流延问题。其主要工艺流程是：全电动注塑机的塑化机筒完成物料的熔融塑化，同时连续、稳定地向微分系统供应熔融物料；微分系统进行计量、注射、保压动作，同时对流道进行截流，流道内始终保留一定的压力；开模、顶出后进入下一成型周期。

图 2-42 聚合物熔体微分注射模塑成型装备

熔体微分注射模塑成型机由整机部分、微分系统及控制系统等组成。由于需要采用伺服电机驱动微分泵，整体采用直角形空间布置的形式。机架刚性良好，从而可以保证工作台的稳定，通过调节螺钉对塑化部件的底部支座在纵向和横向方向上进行微调，从而确保塑化系统中心轴线与定模板之间的距离，即保证喷嘴与精密微分系统的浇口套对正。

1）微分系统

精密微分系统通过精密微分泵的分流作用将注塑机塑化系统提供的高分子熔体分成物化性质均匀的料流。熔体微分注射模塑成型机中的精密微分泵采用一个熔体入口、六个熔体出口的形式，从而可以在一次成型过程中加工多个制品。精密微分泵的单转最小注射量可以达到 0.3 $cm^3$。通过对伺服电机的转角进行精确在线控制，可以实现微克级精密微型制品的注射成型。该微分系统采用 HUSKY 的加热系统，温度控制精度非常高。伺服电机的控制响应时间小于 0.1 ms，确保了微分系统根据工艺要求快速调整精密微分泵的工作状态。精密微分系统采用先进的伺服电机作为精密微分泵的驱动。

2）工艺控制系统

除了在注塑单元方面有所不同外，熔体微分注射模塑成型机采用的工艺流程与传统注塑机基本相同。在采用传统注塑机成型普通制品或微型注塑机成型微型制品时，进入流道及型腔内物料的体积由螺杆的位置决定，同时螺杆的位置控制还关系到注射成型的各个阶段。与微型注塑机中通过控制螺杆的位置来达到控制熔体进入型腔内的体积不同，微分注射模塑成型中通过控制微分系统中微分泵的旋转角度实现熔体的精确控制。其中伺服电机驱动的微分泵的精密控制至关重要，是确保微型制品成型质量的关键所在。在微分注射模塑成型过程中，物料的塑化方式与传统注射模塑成型相同，都是通过传统注塑机的螺杆来完成的，然后在压力作用下，塑化好的物料进入微分泵中，通过设定微分泵内驱动齿轮的旋转角度来控制熔体的体积，从而达到对进入型腔的熔体体积精确控制的目的。

3）快速加热与绝热

微注射模塑成型过程中为了保证微型制品的表面质量，对模具温度要求较高，通常模具温度（$T_m$）不低于熔体玻璃化转变温度（$T_g$），这样做可以减薄熔体在型腔流动过程中形成的冷凝层厚度。熔体微分注射模塑成型机采用模具表面快速加热系统，以满足微分注射模塑成型中型腔表面温度的工艺要求。精密微分系统将高分子熔体均匀地注射到成型模具型腔中，该系统装有高效的 HUSKY 加热系统，确保了微分泵正常工作的温度要求。微分系统固定在定模板上，同时在微分系统与定模板之间装有高效的绝热板，从而可以在高温条件下工作，确保热量的高效利用。

**熔体微分注射模塑成型机工作原理**　为了在传统注塑机上成型微型制品，采用在传统注塑机上增加微分注射单元的方式，在该单元中，由微分注射系统和模块化的型腔块组成，微分系统安装在传统注塑机与模具之间，如图 2-43 所示。伺服电机带动微分泵旋转，控制器根据压力传感器采集到的数据决定对微分泵的动

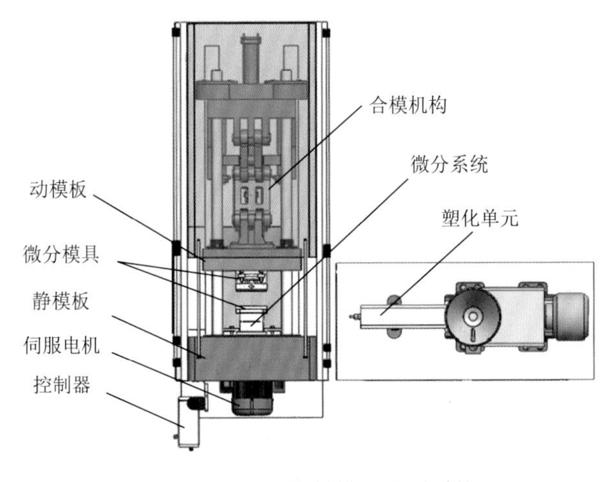


图 2-43　微分注射模塑成型系统

作控制。微分泵的出口紧连着微分模具，由微分泵精确计量并增压的熔体经流道、喷嘴进入微分模具中，从而实现微型制品的成型。

在微分注射模塑成型系统中，熔体微分泵主要采用行星齿轮泵的基本原理，物料由一个入口进入微分泵，然后经过微分泵的精确计量分割后，由多个出口射入型腔中。物料的塑化过程由传统注塑机上的注塑螺杆旋转完成，熔融物料从一端进入，在注射压力的作用下均匀分配到随同一中心齿轮旋转的多个行星齿轮泵腔内（图2-44），进入模具型腔内的物料体积通过设定驱动齿轮的旋转角度进行控制。当熔体压力到达设定值时，伺服电机带动微分泵系统中的驱动齿轮旋转，从动齿轮跟着旋转，熔体经微分泵分流、精密计量、增压后以相同的压力和流量通过流道和喷嘴注射到模具型腔中。同时，进入微分泵内的熔体在驱动齿轮与从动齿轮的带动作用下，不断向熔体出口处运动，只要螺杆向前输送的熔体能够充满每个齿槽，那么微分泵泵出熔体的压力及流量均能保持稳定，微分泵连续运转，就能源源不断地向型腔输送物料，进而把注射方向产生的波动与模具设备隔离开，即微分泵入口处的压力是否产生波动对制品的注塑过程没有影响，这样能够保证注射系统的稳定性，从而保证成型制品的精度。

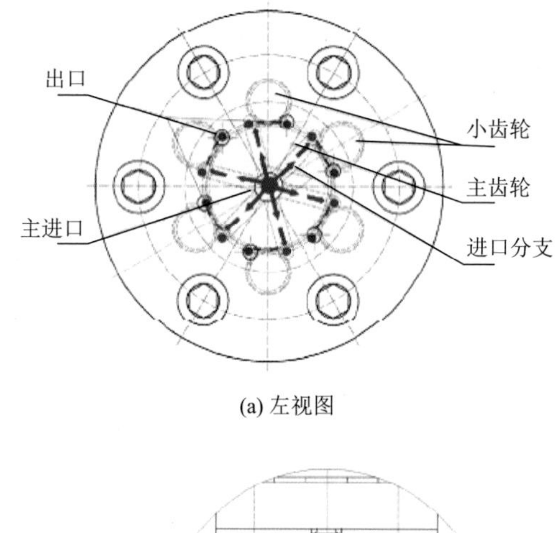


(a) 左视图

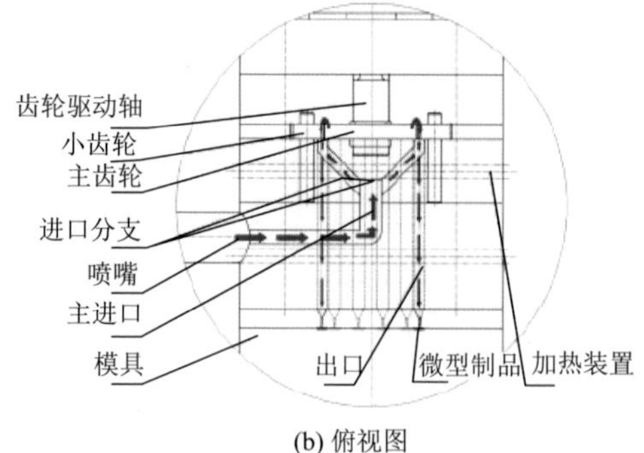


(b) 俯视图

图2-44 微分注射模塑成型机的微分系统结构

微分泵中驱动齿轮及从动齿轮的布置如图 2-45 所示。由图可以看出，驱动齿轮以定位销固定在驱动轴上，与之相似，从动齿轮也固定在从动轴上，伺服电机通过驱动轴带动驱动齿轮旋转，与之相啮合的六个从动齿轮跟着旋转。由入口进入微分泵的熔体在驱动齿轮及从动齿轮的带动下，进入泵体的啮合区，压力升高，压力传感器设定微分泵系统排出的最大压力值，当熔体压力到达设定值时，压力控制系统动作，熔体进入分流板内的流道，经喷嘴进入微型腔内。由伺服电机通过驱动轴设定驱动齿轮的旋转角度，从而可以精确控制进入型腔内的熔体，并保证进入微型腔内的熔体压力能够达到成型微型制品的要求。

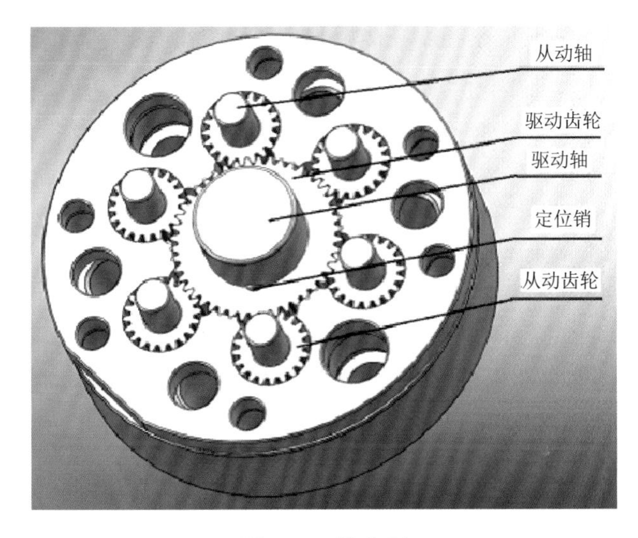


图 2-45　微分泵

由于微型制品的表面积/体积比很高，因此要求制品的注射及冷却时间都非常短，同时喷嘴能够尽可能快地将物料注入微型腔内。所以在微分注射模塑成型机中，注塑部件和合模机构采用直角式的空间布置，在微分泵、分流板及喷嘴处均有热电偶进行温度控制，成型时不会出现冷料井和长的主流道；同时采用热流道技术，从而保证熔体处于熔融状态充分流动。微分泵系统中有六个熔体出口，每个出口处均配备一个喷嘴以独立成型微小制品，从而可以实现多台微分注射模塑成型机的功能。为了能够快速成型不同结构的制品，对微分系统中的型腔进行模块化设计，每个不同结构的型腔可以做成一个模块，当完成一组制品的成型后，能够在极短的时间内快速更换型腔，从而成型下一组制品；同时，可以在同一成型周期内安装不同的型腔模块，熔体通过微分泵分流计量后经喷嘴进入不同的型腔中，这样就能够在同一成型周期内加工形状不同的制品，这样一来，微分注射模塑成型机的停机时间就能够大大缩短，制品生产效率也有所提高。其中的模块化型腔的结构设计如图 2-46 所示。

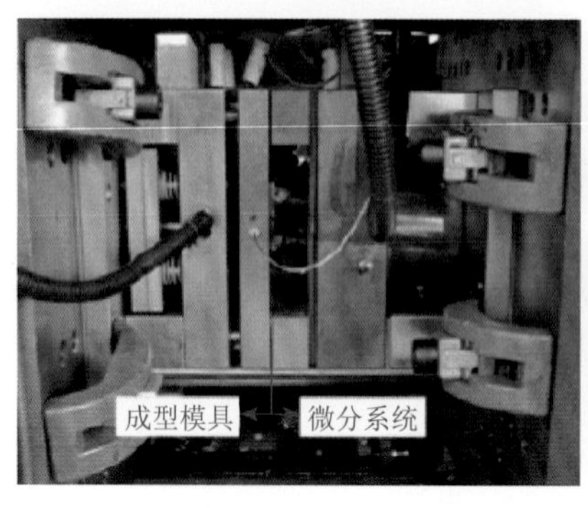

图 2-46 微分系统及模块化的型腔块

以传统注塑机为主体，并增加微分系统的微分注射成型机可以在不设计新型微注射成型机的前提下生产出微型制品，在很大程度上降低了设备成本，减少了资源的浪费，能够最大限度地利用现有成型技术成型出微型制品。同时，微分系统一个熔体入口、多个熔体出口的形式可高效率地成型制品。

微注射模塑成型基本工艺流程与微分注射模塑成型基本工艺流程分别如图 2-47 和图 2-48 所示。由图 2-47 可以看出，微注射的工艺流程与常规制品的注射成型过程相似，物料的塑化及输送由螺杆完成。而在微分注射模塑成型中，物料的塑化由螺杆完成，熔体在压力作用下进入微分泵后，微分泵中的驱动齿轮在伺服电机的驱动下旋转，从动齿轮跟着旋转，进入微分泵的熔体沿齿轮的速度方向向前运动，熔体所要填充型腔的体积由微分泵中驱动齿轮的旋转角度决定，型腔体积越大，驱动齿轮旋转角度越大，通过微分泵的精确计量及增压后，熔体进入与微分泵出口相连的流道，然后经过喷嘴进入型腔中，其余的工艺与微注射及传统注射模塑成型相同。

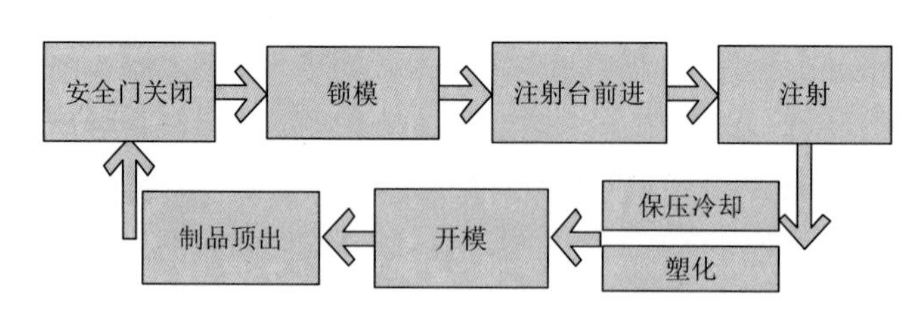


图 2-47 微注射模塑成型基本工艺流程

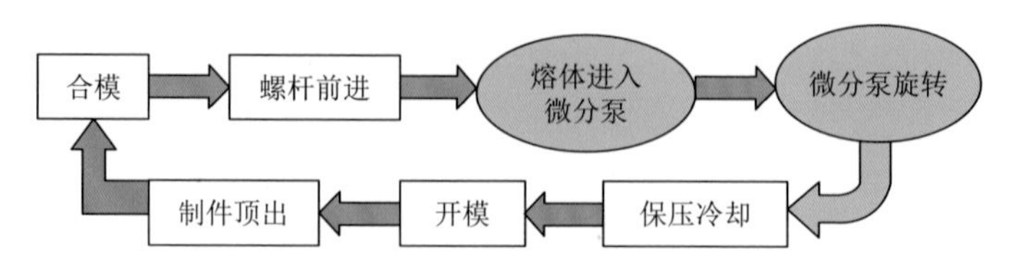


图 2-48 微分注射模塑成型基本工艺流程

**2. 超声波应用于微注射模塑成型**

零件质量以毫克为度量单位或几何尺寸以微米为度量单位的微注射模塑成型技术始于 20 世纪 80 年代，以容易实现低成本、大规模商品化生产等优势逐渐成为微电子机械（MEMS）技术得以推广应用的关键技术之一。作为一门新兴技术，微注射模塑成型技术在发展过程中面临着微型腔填充困难、微型制品微观组织结构不均等诸多挑战。为解决微注射模塑成型技术中遇到的困难，中南大学模具技术研究所在将超声波应用于微注射模塑成型方面做了大量的研究。该技术具有以下特点：

（1）超声塑化微注射成型机的塑化部分是通过超声工具头的振动，将能量传递给聚合物熔体，通过超声波的作用来完成塑化工作；

（2）单次塑化量和注射量均较小（$<6\ cm^3$），因此对注射精度的控制，即精密计量的要求更高；

（3）采用全电动式驱动系统，即由伺服电机带动滚珠丝杠来实现微注射模塑成型中的精密计量；

（4）多个驱动电机使各动作相对独立，实现部分动作的复合动作，缩短成型周期；

（5）由于注射行程短、注射速度高，超声塑化微注射成型机的驱动单元具备相当快的反应速度，以保证设备能达到所需注射压力。

**3. 未来发展展望**

早期通过开发具有微细结构的模具，满足手表、照相机等行业对微型制品的需求，现代意义上微注射模塑成型技术及理论的发展始于 20 世纪 80 年代末。进入 90 年代末期，MEMS 产业化发展不断深入，微细精密制品的需求量不断增加，对成型条件提出了更为严苛的要求。为满足市场需求，各国先后投入大量资源对微注射模塑成型装置及理论进行研究。

德国作为老牌工业强国，除了 Boy 公司的 BOY 12A 单阶螺杆注塑机及 Arburg 公司的 Microsystem 50 等精密微型制品外，Ferronmatik Milaeron 公司以 IKV 研发的原理机为基础，开发了 FX25 型原型机，其塑化系统利用超声波进行熔体塑化，计量柱塞直径仅 5 mm，注射系统具有直径分别为 7 mm、9 mm、11 mm 的柱塞，可根据成型制品体积选择不同的注射系统，同时采用电液复合式驱动方式，提高了合模系统的稳定性和注射系统的响应性[129]。

美国 Medical Murray 公司开发出具有精确计量功能的双阶式超高速精密注射成型机，其注射柱塞直径小于 3.5 mm，利用直线伺服电机控制柱塞运动，最大注射速度达到 1250 mm/s，最大成型压力超过 200 MPa，能够制造精密超薄制品，其制品壁厚最小值 0.025 mm，质量仅 0.01 mg[130]。

英国 MCP 公司的二阶螺杆-柱塞式微注射成型机 12/90HSP，注射柱塞直径

10 mm，注射压力达到125 MPa，可成型长1.6 m、宽1 m的大型薄壁制品。

我国微注射模塑成型理论基础及技术发展起点低，起步时间较晚，但随着科研工作者的潜心研究，我国微注射模塑成型装备及理论有了较大发展。

深圳奥克兰机械有限公司长期对微注射模塑成型技术进行研究，于2013年研制出我国第一台精密微注射成型机MS-23，合模机构采用双缸二板直压驱动，最大注射速度达到10 $cm^2/s$，最大锁模力为5 t。MS-23可进行高黏度、高熔点材料的注射成型，其利用聚酰胺（PA）成型的微型制品厚度达到1 mm，质量小于0.1 g。

张智仁开发了一套外挂式微射出单元，将注射单元和模具系统结合在一起，普通螺杆式注塑机向微注射模具组件供应熔融物料，注射单元通过伺服电机驱动滚珠丝杆完成注射动作。其特点在于将注射功能加载到外挂式模具系统中，实现普通注塑机的微注射成型功能。但注射机构与模具结构的结合也限制了其应用范围，当制品结构及尺寸发生变化时，需要调整注射单元与型腔的相对位置，且滚珠丝杆的注射传动机构的注射速度低，注射时注射压力、保压压力的控制精度也不高。张沛新对于外挂式注射单元存在的不足进行了系统研究，并对关键部分的机械结构进行优化改进，拓宽了系统的使用范围，取得了一定的研究成果。邹戈和姚正军[131]对注射成型设备进行优化设计，研制出具有优异成型性能的实验室专用微注射成型机。

香港理工大学研制出了世界上首台利用真空进行注射的微注射成型机[132]，通过改变传统微注射成型塑化系统与注射系统呈一定角度的布局形式，将塑化系统与注射系统自上而下组合，大幅提高了计量精度。其最大注射速度为1000 mm/s。

大连理工大学对进口微型注塑机进行了流变、传热、填充等基础理论的研究[133]。哈尔滨工业大学对具有精密微细结构制品的成型工艺进行了系统研究，为微注射模塑成型工艺的选择提供了重要依据[134]。

笔者提出了高分子熔体微分的基本思想，并基于该基本思想提出了熔体微分注射成型，将具有精确计量、增压、分流功能的行星齿轮泵引入微注射模塑成型领域，将具有“微分”功能的微分系统加载到普通注塑机上，实现普通注塑机的微注射成型功能。在实际成型过程中，由普通注塑机完成高分子材料熔体塑化，并向微分系统供应熔体物料；微分注射系统由高精度伺服电机驱动，行星齿轮泵对熔体进行增压、计量及分流，实现熔体“微分”功能；“微分”后的熔体分别进入型腔，在确保各型腔成型条件高度一致的情况下完成注射动作，实现微型制品的精密、高效成型。

随着MEMS产业的迅猛发展，微注射模塑成型技术必将赢得新一轮的技术竞争。研究具有精确计量功能、超高注射速度、快速响应特性的成型装置，寻找适合微注射模塑成型的新材料，设计具有快变模温功能的模具系统，开发新的检测技术、传感器技术，正成为当今的研究热点。通过装置和工艺上的创新，将常规注射模塑成型技术及理论拓展到微注射模塑成型中。

# 2.7 注射模塑成型制品缺陷分析及解决方案

## 2.7.1 注射模塑成型制品常见缺陷[135]

注塑是一种工业产品生产造型的方法。产品通常使用橡胶注塑和塑料注塑。注塑还可分注塑成型模压法和压铸法。注塑机是将热塑性塑料或热固性塑料利用塑料成型模具制成各种形状的塑料制品的主要成型设备。注射成型是通过注塑机和模具来实现的。注塑制品的常见缺陷如下所述。

1）填充不足，不满胶

定义：熔体注射不满型腔，得不到完整的制品（图 2-49）。

图 2-49 填充不足，不满胶

2）凹痕

定义：制品在模具中表面因材料收缩而产生的凹痕（图 2-50）。

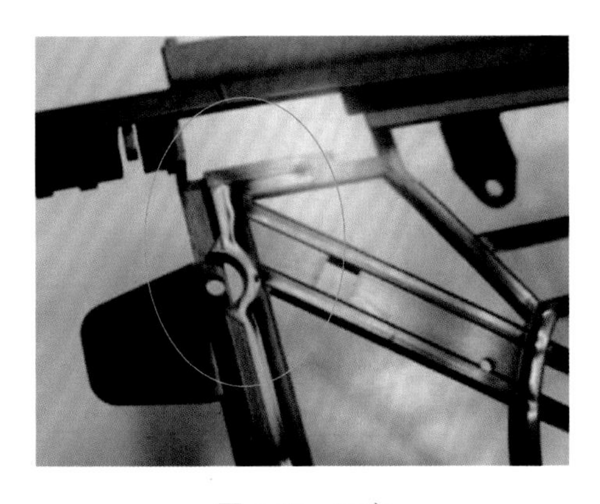

图 2-50 凹痕

3）飞边

定义：熔体充模时进入模具分型面或型腔嵌块缝隙中，在制品上形成的多余部分（图2-51）。

图2-51 飞边

4）熔接痕

定义：熔体多浇口充模或在型腔内经过销、孔等位置，发生两个方向以上的流动后合拢，在两股料流汇合处产生的痕迹（图2-52）。

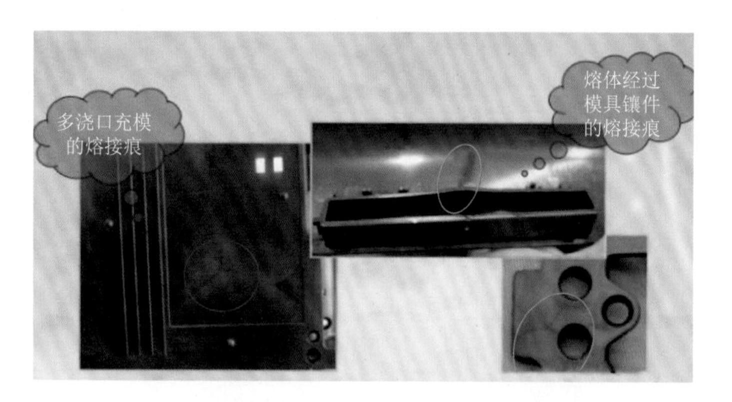


图2-52 熔接痕

5）喷射痕

定义：熔体在模具型腔内发生喷射或脉动，在制品表面形成弧形、蛇形或波浪形纹理（图2-53）。

6）银丝纹

定义：熔体充模时裹挟的气体（空气、水汽、挥发物）残留在制品表面，形成的沿熔体流动方向扩展分布的银白色纹理（严重时会脱皮或起泡）（图2-54）。

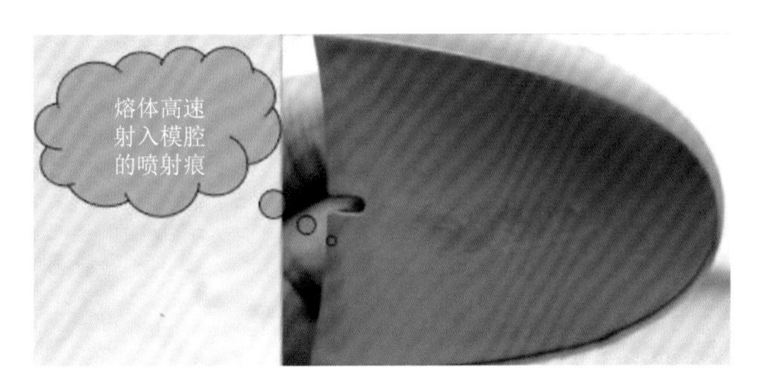


图 2-53　喷射痕

图 2-54　银丝纹

7）气痕

定义：熔体充模时受气体（空气、水汽、挥发物）干涉，影响熔体与型腔的密贴，在制品表面形成的雾状或发散状痕迹（图 2-55）。

图 2-55　气痕

8）光泽不匀

定义：制品表面的颜色（局部）发暗或发亮（变色），不均匀。这是一个比较广泛的概念，包含各种原因导致的局部色泽改变（图 2-56）。

图 2-56　光泽不匀

9）焦烧

定义：熔体因高温或受热时间长而出现分解，制品发生变色（黄褐色、黑色物质分布在表面）、表面破坏（胶料碳化）等状态（图 2-57）。

图 2-57　焦烧

10）夹杂物

定义：制品表面可见的夹藏在材料里面的杂质（图 2-58）。

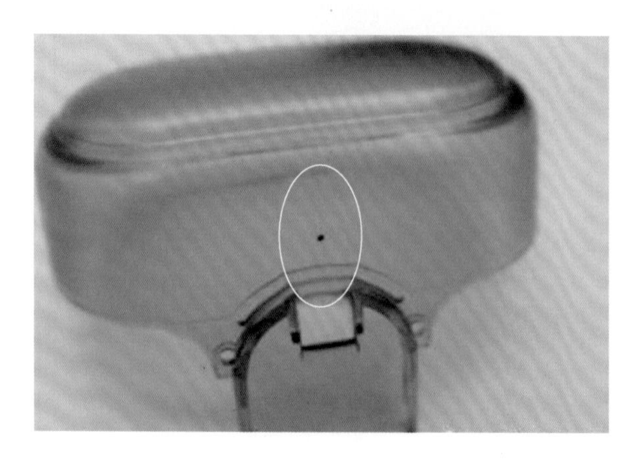

图 2-58　夹杂物

11）拖伤/拉痕

定义：制品在脱模过程中摩擦模具，沿脱出方向留下的痕迹（痕迹通常为条痕，轻微时为白色粉末，严重时会出现产品变形）（图 2-59）。

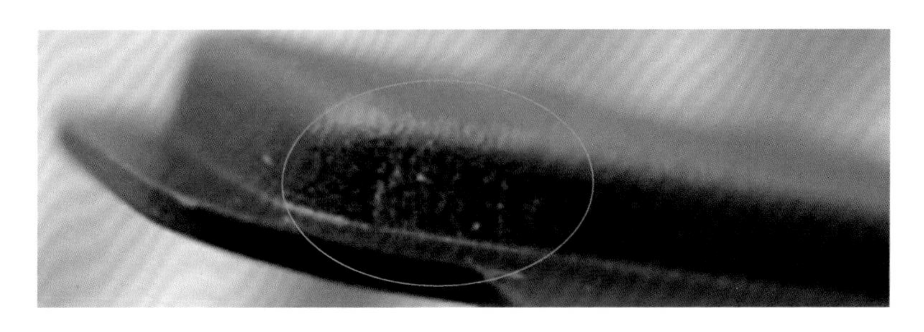

图 2-59　拖伤/拉痕

## 2.7.2　缺陷产生机理分析[136]

### 1. 飞边

注塑零件飞边又称为溢边或者披锋，大多数发生在模具上模块相结合的位置，如分型面、顶针的孔隙、滑块的配合部位、镶件的缝隙、顶针的孔隙等处。飞边不及时修正可能会影响产品外观或影响充模过程中的排气；若飞边过大，脱模过程中产生的碎屑可能会残留在模具内部，导致产品出现冷料，严重的还会使模具产生永久性压痕。如果碎屑残留在运动部件，如滑块、顶针等处，还可能导致模具运动不畅。

1）设备方面

（1）注塑机合模力不足。如果注塑机的额定合模力小于成型过程中制品在像投影面积上的张力，将会导致分型面间隙，造成飞边。

解决方案：增大锁模力。

（2）注塑机合模行程不足。如果注塑机合模的最小间隙大于模具的厚度，制品的投影面积超过了注压机的最大注射面积，注压机模板安装调节不正确，模具安装不正确，锁模力不能保持恒定，注压机模板不平行，拉杆变形不均将会导致模具合模不紧密造成飞边。

解决方案：改进注塑机缺陷。

2）模具方面

（1）模具本身精度差，如分型面配合不严密；分型面有压痕或疲劳塌陷；分型面间隙过大。

解决方案：改进模具设计。

（2）设计不合理，如型腔分布不对称，导致成型时张力不均容易产生分型面飞边；顶出机构不对称，导致顶出时顶针受到扭力，也会产生飞边；排气间隙过大；型腔和型芯对插结构过多；型腔和型芯偏移；模板不平行；模板变形；模子平面落入异物；排气不足；排气孔太大。

解决办法：合理设计模具。

3）工艺方面

（1）注射压力过高或速度过快，产生高速高压熔体，导致模具接合部位出现弹性变形，从而产生飞边。

解决方案：降低注射速度。

（2）温度过高：无论是料筒温度、喷嘴温度还是模具温度过高，都将使塑料熔体黏度下降，流动性增强从而在模块接合部位产生飞边。

解决方案：降低温度。

（3）计量过大，会使模具内产生局部高压，如果发生在模块接合部位，将产生飞边。

解决方案：减小计量。

（4）冷却条件问题，部件在模内冷却时间过长。

解决方案：避免由外往里收缩，缩短模具冷却时间；将制件在热水中冷却。

4）原料方面

（1）无论是黏度过高或过低都可能造成产品飞边，过低黏度的树脂如聚甲醛。

解决方案：应注意提高模具精度，减小模具间隙，提高合模力。

（2）高黏度的树脂则会造成过大的流动阻力，增加充模过程中的型腔背压，从而导致模具分型面间隙，并最终形成飞边。

解决方案：应注意适当提高温度，增大树脂的流动性等。

**2. 填充不足**

填充不足，指料流末端出现不完整现象或一模多腔中一部分填充不满。

（1）材料流动性不好，料流不能充满整个型腔。

解决方案：应该选用流动性较好的塑料。

（2）模具排气不良使空气或塑料降解时产生的气体无法排出，致使型腔末端压力过高，料流无法充满型腔。

解决方案：在熔体最后充模处开设排气槽。

（3）模具浇注系统设计不合理，如浇口位置不合理，浇口尺寸、流道尺寸过小，使熔体流动不畅，都会造成料流不能充满型腔。

解决方案：改善模具流道及浇口设计，扩大浇口及流道尺寸。

（4）料流前锋冷却的料阻塞浇口、流道和注料口，致使制品填充不足。

解决方案：应该扩大冷料井尺寸。

（5）喷嘴与模口圆角数值不一致，使熔体有效量及有效压力下降，造成填充不足。

解决方案：应该保证喷嘴与模口圆角数值一致。

（6）加料量过大使熔体有效压力下降，料流无法充满型腔。

解决方案：减少供料，可采用供料节流栓方法控制滑润颗粒料的超供料。

（7）成型工艺方面，熔体温度、模具温度、注射保压压力、注射速度这些工艺参数数值过低，均会造成充模长度缩短，使型腔填充不足。

解决方案：适当提高这些参数数值。

（8）喷嘴温度太低，使熔体射入模具型腔时温度降低，从而造成充模长度缩短。

解决方案：开模时应使喷嘴与模具分离，减少模具温度对喷嘴的影响，使喷嘴温度保持在工艺规定范围内。

（9）注射行程过短，无法满足产品对注射量的要求，造成供料不足。

解决方案：应该调整注射行程，并检查颗粒架桥的供料口或调整喷嘴逆流阀。

（10）多腔模中，浇注系统排布不平衡，致使远离主浇道的型腔无法充满。

解决方案：可通过调整浇口宽度尺寸或使各部分流道长度一致，浇注系统平衡，使料流同时充满型腔。

（11）多腔模中，各级注射速度设定不当，造成制品填充不足。

解决方案：应该提高一级注射速度，即设定高速注射，当物料通过浇口时，降低注射速度，延长时间。

（12）制品设计不合理，制品长度与壁厚不成比例，熔体容易在塑件薄壁部位的入口处流动受阻，使制品填充不足。

解决方案：应该调整此比值至合适值，通常塑件的壁厚超过 8 mm 或小于 0.5 mm 都对成型不利，应该避免采用这样的壁厚。

**3. 翘曲变形**

翘曲变形是指制品出现两头翘起的现象。通常结晶聚合物的翘曲变形要比非结晶型的大，这是因为流动方向取向的大分子的数量比垂直于流动方向取向的分子数量要多，于是垂直于流动方向因松弛而产生的收缩比流动方向的要小。这种收缩不一导致内应力不均，发生这些现象的主要原因是塑料成型时流动方向的收缩率比垂直方向的大，使制件各向收缩率不同而翘曲变形。

但由于注射充模时不可避免地在制件内部残留有较大的内应力而引起翘曲变形，所以从根本上讲，塑件与模具的结构设计决定了制件的翘曲倾向。通过改变注射工艺条件来控制这种现象是不太可靠的，最终解决问题必须从模具设计和改良着手。

（1）充模速度过慢，取向作用大，易引起翘曲变形。

解决方案：应该快速充模，使熔体热传递时间缩短，用充分的物料补偿热收缩。

（2）注射压力过小，注射和保压时间过短也易引起翘曲变形。

解决方案：提高注射压力、延长注射和保压时间能使翘曲变形降至最小。

（3）材料分子量分布过宽，材料收缩率各向异性大易引起制品翘曲变形。

解决方案：应选用收缩率各向异性小、分子量分布窄的材料。

（4）制品过厚或厚薄相差悬殊引起收缩率差异，从而引起翘曲变形。

解决方案：应该从设计上加以改进，避免制品过厚或厚薄相差悬殊，如加些加强筋等。

（5）模具冷却不均匀使制品取向和结晶度产生差异引起内应力不均匀，导致翘曲变形。

解决方案：应该改善模具冷却系统设计，保证冷却部位温度控制均匀。

（6）脱模力作用不均匀，脱模顶出面积不当会引起制品翘曲变形。

解决方案：应该改善模具的脱模系统，保证制品各处脱模时受力均匀。

（7）浇口开设位置不合理，如在薄的断面处开浇口会造成较高的内应力而引起翘曲变形。

解决方案：应该把浇口开设在厚断面处，这样有利于物料完全充满模具型腔。

（8）浇口尺寸过小不能使物料在浇口封闭前填实模具型腔，容易引起翘曲变形。

解决方案：应该加大浇口尺寸。

（9）料筒温度过高，冷却时间过短，模具表面温度过高，使脱模时制品太热，产生热收缩，易引起翘曲变形。

解决方案：应该降低料筒温度，降低模具温度，增加冷却时间，或者制品脱模后立即插入防缩模中，或立即放入37.5～43℃热水中缓慢冷却。

**4. 螺旋纹和波浪纹**

（1）保压不足。

解决方案：增加注射压力、保压压力、注射时间、保压时间、熔胶量。

（2）模具温度、原料温度低，则熔料在浇口附近提前冷却出现缺料或表面波纹等现象。

解决方案：提高模具温度、机筒温度，适当缩短模塑周期。

**5. 收缩凹陷**

TPR/TPE等注塑成型的制品易出现收缩凹陷，指产品壁厚不均匀引起表面收缩不均匀从而引起的缺陷。

（1）材料收缩率偏大。

解决方案：应该选用收缩率较小的材料。

（2）材料流动性不好，不能及时补上因为收缩而缺的料。

解决方案：应该选用流动性较好的材料。

（3）材料吸湿性太大，干燥得不好，熔化后产生的气体形成阻隔使熔体流不能与模具表面全部接触而出现缩痕。

解决方案：应该预热物料，使用料斗干燥器。

（4）模具浇注系统设计不合理，如浇口位置设计不当，流道、浇口尺寸太小，过早冻结，无法完成保压补料过程，会使制品表面出现凹陷与缩痕。

解决方案：改善浇口设计，把浇口位置设计在对称处，进料口设计在塑件厚壁部位；适当扩大浇口与流道尺寸，加大压力传递，使熔体流动无阻。

（5）模具排气不足引起空气截留，使前端料流无法完成补料过程，造成制品表面凹陷与缩痕。

解决方案：①把模槽排气口设在最后充模处；②把浇口设在塑件厚壁处，以获得最佳充模。

（6）成型工艺方面：模具型腔中的有效压力过低，会产生物料热收缩，造成制品表面出现凹陷与缩痕。

解决方案：①提高注射压力，增大保压压力；②提高注射速度；③维持最小的供料垫；④外用润滑剂采用颗粒式；⑤喷嘴与模口圆角数值一致。

（7）制品脱模时太热，造成表面缩痕的产生。

解决方案：①降低熔体和模具温度；②增加模具冷却时间；③注塑后将制品立即放在热水（37.5～43℃）中缓慢冷却。

（8）注射和保压时间不够，制品因收缩而需要补入的料量不够，导致表面出现凹陷与缩痕。

解决方案：应该延长注射和保压时间，保证有足够的时间用来补料以补偿熔体的收缩。

（9）制品设计不合理，壁厚相差悬殊，薄壁处料已经冻结，而厚壁处温度较高，已不受模具限制产生变形。

解决方案：制品设计时应该尽量采用等壁厚；设计加强筋时，要防止由于筋造成的壁厚不均，一般筋厚是壁厚的 50%，筋的拐角处应壁厚均匀。当凹陷与缩痕不可避免时，可在制品表面设计成花纹以掩盖缺陷。

**6. 气泡制品表面和内部出现不同尺寸和形状的气泡**

（1）熔胶时裹入空气。压力太小或时间太短，注塑过程中裹入的空气未能充分排出，致使制品产生气泡。

解决方案：若熔胶时裹入空气，则适当增加背压、注射压力、保压压力、保压时间。

（2）胶料含有水分。

解决方案：适当调整制品配方，加入稳定剂；对物料进行彻底干燥除去低分子物质。

（3）模具设计不合理，如浇口位置不正确或浇口截面太小，主流道和分流道长而窄等，都可能引起气泡的产生。

解决方案：合理设计模具的结构（包括流道结构、浇口结构等）。

（4）工艺条件：成型温度过高；成型周期过长。

解决方案：适当降低成型温度；缩短成型周期。

**7. 熔接缝/痕**

熔接痕，是在有孔穴的注射制品或多点进浇的塑料制品中，塑料熔体在模具型腔中汇合时不能完全融合而在汇合处形成线型凹槽。熔融塑料在型腔中由于流速不连贯、充模料流被中断而以多股料流汇合时，不能完全熔合是产生熔接缝的主要原因。此外，如果熔体在浇口处发生喷射现象也会生成熔接缝，因熔接缝处的强度较低而导致整个制品强度降低，故在设计时应考虑避免熔接缝的问题。

（1）材料流动性差，流速过慢，料流前锋温度较低，使几股料流汇合时不能充分融合而产生熔接痕。

解决方案：应该选用流动性好的塑料或在料中加入润滑剂以增加流动性。

（2）模具排气不良，使模具型腔压力过大，料流不畅，应该增设排气槽。

解决方案：适当降低合模力或重新确定浇口位置，在此之前应首先检查有无异物阻塞排气孔；开设排气系统或在熔接缝处开设溢流槽，既可使排气良好又可使熔接缝脱离制件。

（3）模具浇注系统设计不合理，浇口位置设计不当或浇口过多，流程过长，前锋料流不能充分融合。

解决方案：应该缩短流程，减小料流温差；浇口太小，使流道阻力过大，应加大浇口尺寸。

（4）冷料使熔体流动受阻。

解决方案：应加大冷料井尺寸。

（5）接近分型面处模具表面上的冷凝剂和润滑剂过量，熔体不能很好融合。

解决方案：应该彻底清洗模具表面，避免颗粒和模具表面过分润滑。

（6）熔体温度过低，模具温度过低，注射压力太低，注射速度太慢都会使料流前锋温度降低加快，不能充分融合。

解决方案：应该适当增加这些工艺参数的数值。

（7）从工艺和模具上无法避免熔接痕的产生。

解决方案：可以在制品设计时在熔接痕处附设“调整片”，使熔接痕出现在调整片上，然后再把它切除掉。

（8）制品结构设计不合理，如果制品太薄或薄厚相差悬殊或嵌件太多，都会引起熔接不良。

解决方案：在设计制品时应保证制品最薄部位壁厚大于成型时允许的最小壁厚，尽量使壁厚一致，减少嵌件的使用。

（9）模具冷却系统设计不好，模具冷却过快；材料干燥不好，各种挥发物含量太高；喷嘴温度太低；嵌件未预热等也都会使熔接不好。

解决方案：应该根据不同情况采取不同措施来减少熔接痕的产生。

**8. 制品粘模**

制品粘模是指塑件保留于模具中难以脱出。

（1）在包装和运输的过程中混入杂质；或原料的粒径过大，或分布不均。

解决方案：对原材料进行严格净化、筛选。

（2）注射压力、保压压力过高。注射压力、保压压力影响充模效果和制品质量，注射压力、保压压力过高会有溢料现象而出现粘模。

解决方案：降低过高的注射压力、保压压力，适当减少注射时间、保压时间。

（3）收缩粘模。制品的表面较光滑，容易黏附在高度抛光的模具上，特别是深模的模芯。

解决方案：若为收缩粘模，则可以：①降低机筒温度，缩短冷却时间，趁热顶出；②从模芯处吹气，消除制品与模芯之间的真空；③喷脱模剂到模具上；④在原料中加入 0.1%～0.2%的硬脂酸锌起润滑作用；⑤必要时，修改模具，增加脱模斜度，在模具设计时脱模斜度应取较大值，一般大于 3°。

**9. 变色与暗纹**

出现变色与暗纹，指由于物料过热降解或其他原因而在制品表面出现的变颜色或暗条纹。

（1）材料热稳定性差。

解决方案：应选用热稳定性好的材料或在材料中添加热稳定剂。

（2）材料中有回收料。

解决方案：应停止使用回收料。

（3）喷嘴与模口圆角数值不一致，产生积料，并在每次注射时带入模具型腔。

解决方案：应使喷嘴与模口圆角数值一致。

（4）物料塑化不均匀，制品中有未熔化的料粒，出现暗纹。

解决方案：应提高背压，使塑化均匀。

（5）料中有异物，如来自模具上的灰尘，料斗加热器或料筒因腐蚀电镀层脱落，料筒或喷嘴中存有以前使用过的残存树脂等。

解决方案：清洗料筒、喷嘴或清理料斗。

（6）料筒或螺杆有缺陷（如碰伤或缺口）引起物料长时间滞留而分解。

解决方案：进行修复，必要时更换。

（7）TPR/TPE等注塑成型的制品易出现模具排气不良，在充模时，模内空气被压缩，温度升高而烧伤物料发生焦烧，并多在熔接缝处发生此类缺陷。

解决方案：①在最后充模处开设排气槽或增设排气槽；②适当降低合模力；③重新确定浇口位置。

（8）注射速度太快，注射压力过高，使摩擦热增加，导致塑料降解。

解决方案：①降低最后一级注射速度；②降低注射压力；③扩大浇口尺寸。

**10. 银丝纹与剥层**

银丝纹是指由于各种原因而产生的气体分布在制品表面留下的白色丝状条纹。剥层是指大气泡被拉长成扁气泡覆盖在制品表面上，使制品表面剥层。几种相容性差的物料混在一起也会因塑化不均匀而出现剥层。

（1）材料吸湿性过大或未充分干燥，受热时产生的水蒸气会使制品表面出现银丝纹。

解决方案：应该选择吸湿性小的材料或保证材料充分干燥，将含湿量降到最低值。

（2）材料热稳定性差，受热分解。

解决方案：应选用热稳定性好的材料或在材料中添加热稳定剂。

（3）模具排气不良，使气体无法排出。

解决方案：在熔体最后充模处开设排气槽。

（4）脱模剂、润滑剂使用不当造成制品表面出现银丝纹。

解决方案：应该选用合适的脱模剂和润滑剂，并要涂抹适量。

（5）成型工艺方面：熔体温度过高，模塑周期过长都会造成塑料分解而在制品表面出现银丝纹。

解决方案：应适当降低熔体温度，缩短模塑周期。

（6）塑化时背压过小，塑化不均匀也会在制品表面出现银丝纹。

解决方案：应适当增加背压。

（7）注射压力过大，而流道、浇口尺寸太小，使物料通过时剪切力过大而产生银丝纹。

解决方案：应适当减小注射压力，加大流道、浇口尺寸。

**11. 乱流纹与喷射痕**

乱流纹（流痕）是指以浇口为中心出现的不规则流线；喷射痕（条纹）是指在制品的浇口附近出现的如蚯蚓状的流线。

（1）材料流动性差，流速过慢。

解决方案：应该选用流动性好的塑料或在料中加入润滑剂以增加流动性。

（2）熔体温度太低，模具表面太冷都会导致物料流动性差。

解决方案：应该提高料筒温度或模具温度，或节制冷却剂通过模具，缩短整个模塑周期，改善物料流动性。

（3）浇口尺寸过小而注射速度过快或喷嘴与模口圆角数值不一致时，熔体细射流射入模具型腔，细射流经过一段时间表面已经冷却，再与后续熔体熔合时出现此类缺陷。

解决方案：应该降低注射速度，加大浇口尺寸，使喷嘴与模口圆角数值一致。

（4）浇口位置设计不合理也容易出现此类缺陷。

解决方案：应该改变浇口位置。

（5）冷料不及时排出使物料流动受阻，也容易使制品表面出现此类缺陷。

解决方案：应该加大冷料井尺寸。

**12. 表面无光泽或光泽、色泽不均匀**

它指制品表面暗淡无光，光泽或色泽不一致。

（1）材料热稳定性差，受热分解。

解决方案：应选用热稳定性好、光泽度好的材料或在材料中添加热稳定剂。

（2）模具表面光洁度差，使制品表面无光泽。

解决方案：选择碳素工具钢，仔细抛光模具表面，提高模具表面光洁度。

（3）使用脱模剂量过多也会使制品表面出现此类缺陷。

解决方案：应该尽量不用或使用少量脱模剂，涂抹要均匀。

（4）模具温度过低，冷却速度过快，当熔体还在充模时，在型腔壁上就形成了硬壳，壳层受到各种力的作用，使之变白变浑，降低制品表面光泽度。

解决方案：应该提高模具表面温度，降低冷却速度或在模具浇口处采用局部加热等措施。

（5）注射速度过快，材料滞留时间过长也会引起制品表面光泽度下降。

解决方案：应该降低注射速度，减少滞留时间。

（6）流道、浇口尺寸过小，排气不良也会造成制品表面光泽不好。

解决方案：应该加大流道、浇口尺寸，增设排气槽。

（7）材料中混有杂质、不干燥也会使制品表面光泽度下降。

解决方案：应该设法除去杂质，充分干燥物料，必要时增设料斗干燥器。

（8）料筒温度低，喷嘴温度过低也会导致制品表面光泽度下降。

解决方案：应该提高喷嘴温度，提高熔体温度。

（9）塑化时背压过小会使物料塑化不均，物料与着色剂混合不好导致制品表面色泽不均匀。

解决方案：应该适当增加背压。

**13. 划伤与龟裂**

划伤指制品表面的机械划痕。龟裂指制品表面出现的沿力方向排列的裂纹。

（1）材料分子量过小，强度差。

解决方案：应该选用分子量大、强度好的材料，不用或少用回收料。

（2）模具脱模锥度太小，脱模时引起制品受力。

解决方案：应该加大脱模锥度。

（3）模具顶出系统设计不当，如顶杆过少，顶出面积过小都会引起此类缺陷。

解决方案：应该加大顶出面积，增加顶杆数目使制品被顶出时受力均衡。

（4）注射压力过大，保压压力过大，脱模时制品内的剩余压力过大，制品在开模顶出时会发生应力断裂或表面严重损伤。

解决方案：应该适当降低注射和保压压力，适当提高熔体温度和模具温度，使熔体处于较好的流动状态以便降低注射压力。

（5）顶出速度过快时制品也会出现损伤。

解决方案：应该降低顶出速度。

**14. 黑点**

黑点是指在塑料产品结合线、背部筋条、浮出物附近或在流动末端的转角局部位置附近形成集中性的焦黑现象。

（1）熔料过热焦化。注射速度过高，对于小浇口熔料会因剪切生热大而降解。

解决方案：降低机筒温度，调整降低注射速度、螺杆转速、背压等。

（2）熔料在机筒或模具流道内停留时间过长。

解决方案：调整注塑周期，检查模具流道、螺杆、过胶头、过胶圈、法兰内壁等部位有无已焦化的胶料黏附，如果有，需要进行清理。

（3）原料掺入杂质，被污染。

解决方案：检查原料有无杂质，如果有，则需要清理。

**15. 局部焦烧**

局部焦烧是指制品的某部位变色（通常是变为深色，如出现棕色、黑色等条纹）。

（1）塑料的热稳定性不好，如PVC等热敏性塑料。

解决方案：调整塑件配方，适当加入效果更好的热稳定剂。

（2）料筒或者螺杆的结构有缺陷（如碰伤或缺口），熔料会在此处长时间滞留而分解；模具排气不良，使熔料受到瞬时高压（产生极高的温度）而烧焦。

解决方案：对螺杆料筒进行定期维修，消除熔料残存的死角，模具结构中应增设排气槽。

（3）料筒温度太高，导致塑料过热分解；料筒中存在着残余树脂；注射速度太快，注射压力过高，使摩擦热增加；成型周期太长，熔体在高温下停留时间过长而分解。

解决方案：适当降低成型温度，降低注射速度和注射压力，缩短注塑成型周期，并且及时清理料筒。

**16. 表面白化**

表面白化是指在制品对喷嘴一侧，即在顶杆位于模具顶出一侧的地方出现应力泛白的现象。

外力作用是导致塑件表面白化的主要原因。

解决方案：降低注射压力、保压压力，缩短保压时间，适当提高脱模斜度，特别是在加强筋和凸台附近应防止倒退拔。脱模机构的顶出装置要设置在塑件壁厚处或适当增加塑件顶出部位的厚度。

### 2.7.3　高分子材料 3D 复印可视化实现

高分子材料加工是一门复杂的科学，长期以来大量学者利用数学方法进行相关理论研究，并取得了丰富的学术成果。但是，数值模拟过程中对于物理、热学或其他性质的简化使得相关研究结果同实际结果存在一定的出入，于是可视化技术因能够如实反映具体过程而成为研究高分子材料加工成型过程的重要手段。可视化技术是指对于高分子材料的实际成型过程，由固体到熔融态、混炼和分散、熔体冷却成型等全过程都可直接观察的一种研究方法。目前可视化技术在挤出、注射和中空成型工艺中都已得到实际应用[1]。

早在 1997 年北京化工大学朱复华教授[137]就利用可视化技术在挤出成型中开展研究，并建立了世界上第一个聚合物加工机械可视化实验室，提出了以七区模型、非塞流理论和固相破碎理论为核心的挤出理论体系。此后，华南理工大学黄汉雄等在挤出机机头位置采用可视化方法获得了楔形收敛流道的熔体内着色条料流动轨迹，进而揭示了流道内流速与延伸应变速率随径向位置和偏心角度的变化规律[138]。

可视化方法在注射成型中的应用可追溯到 1951 年 Gilmore 和 Spencer[139]提出的“透明模具”，但是他们提出的可视化研究方案与注射成型加工实际情况差别较大。国内在 20 世纪 80 年代初期开始将可视化技术应用在注射成型中。1980 年，西北工业大学的林德宽和马天保[140]采用屏幕投影和高速摄影法观察物料在玻璃透明模具中的填充行为。1987 年，北京化工大学王兴天教授研制了一套能够实时观察而且能够比较真实地表现注射充模过程的可视化模具。当时，对于注射充模成型的可视化研究还未引起重视，使得这项工作没能顺利开展。

1989 年，日本东京大学横井俊秀教授从早期的高分子材料振动塑化成型研究转入注射成型可视化领域[141]，顺应了当时日本现代制造业先进成型加工技术发展的潮流。他的研究得到了包括日本日精（NISSEI）公司、日本发那科（FANUC）公司、日本宇部兴产株式会社、日本东芝（Toshiba）公司、日本丰田（Toyota）公司和日本松下（Panasonic）公司等数十家注射模塑成型装备生产企业和特大型应用企业的大力支持，在此基础上取得了丰富的成果并且培养了一大批优秀人才，有力地推动了日本高分子材料制品现代制造技术的进步。

自 2002 年，笔者汲取国内外先进经验，建立了国内首个注射模塑成型可视化实验室。采用可视化实验装置，直接观察并记录了注射模塑成型过程中缩痕、喷射和银纹等几种典型缺陷的产生过程。通过分析这些缺陷的产生机理，为研究制品缺陷提供了重要依据[142]。

之后，国内外研究人员在将可视化技术应用到注射成型研究中开展了大量的工作。东京工业大学的 Louis Tredoux、Isao Satoh 等[143]利用可视化技术首次对注射成型流痕缺陷的产生过程进行研究，得到了流痕是由紧邻接触线后方的正在固化的区域的不均匀热收缩引起的结论。土耳其加齐大学的 A. Özdemir、O. Uluer、A. Güldas 等[144]利用可视化模具结合 CAE 模拟软件对热塑性材料高密度聚乙烯和聚丙烯注射填充流动行为进行研究，研制用于自动记录可视化图像的软件，并对模拟分析和可视化实验结果作了比较。中国台湾长庚大学的 Shih-Jung Liu 等[145]利用可视化模具对水辅助和气体辅助注射成型进行研究，对比了两种成型方式下动态可视化结果，发现水辅助成型相对于气体辅助成型更能得到壁厚均匀的成型结果。大连理工大学的张强[146]在总结、借鉴前人研究成果的基础上，设计了一套注射成型用可视化模具，利用 Moldflow 分析选择合适的工艺成型参数，并应用软件对关键部位前、后石英玻璃板进行了静力学和动力学结构分析。

注射成型可视化分为动态可视化和静态可视化两种[147]，如图 2-60 所示。其中，静态可视化技术以得到的成型制品作为研究对象，一般采用以下两种方法：利用双料筒双色注射成型的着色静态可视化方法和在物料中混入磁性材料的着磁静态可视化方法。

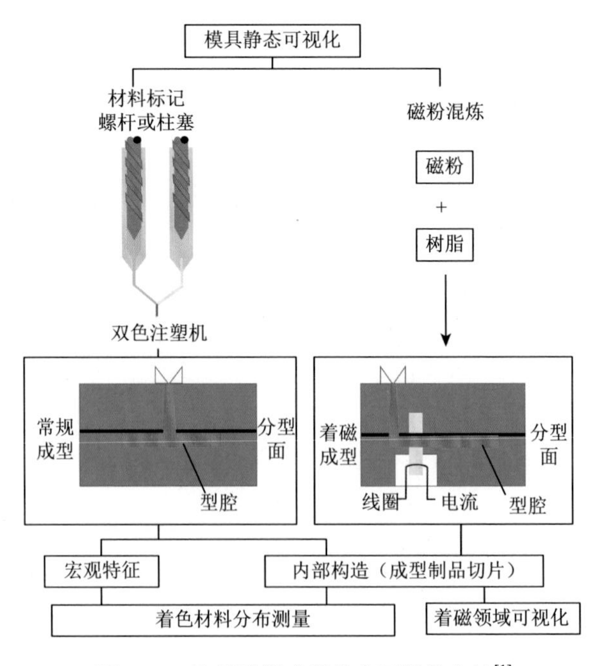


图 2-60　注射模塑成型静态可视化方法[1]

着色静态可视化方法是在一成型周期中，通过入口切换装置顺次或交替将两种不同颜色的树脂注射到型腔中，利用成型结果中不同颜色的物料分布可直观反映出整个成型过程。

脉冲着磁显影方式[147]是将磁带记录的原理应用到可视化研究中。树脂原料中首先混入一定比例的磁粉，注射过程中通过浇口位置铁心产生的脉冲磁场使一部分磁粉着磁，再将制品切片放入磁场检测液中显影实现可视化研究。该方法可对夹层、型腔内阶梯处流动、补偿流动、低速或高速充模过程、纤维取向和流动间的关系、流动前锋的流动状态、半导体封装过程等进行可视化实验分析。但磁粉的加入对树脂性能有所改变，并且实验条件要求苛刻，影响其应用效果。

动态可视化原理如图2-61所示。注射模具内嵌入耐高温高压的石英玻璃，采用反射光方式进行观察，通过高速摄影机采集树脂动态连续的充模过程。

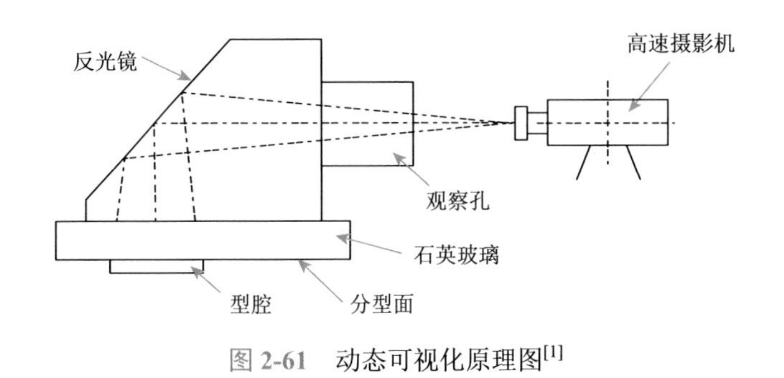


图2-61 动态可视化原理图[1]

### 2.7.4 3D复印的CAE

注射模塑成型CAE技术是根据高分子材料加工流变学和传热学的基本理论，建立塑料熔体在模具型腔中流动、传热的物理和数学模型，利用数值计算理论构造其求解方法，利用计算机图形学技术在计算机屏幕上形象、直观地模拟出实际成型中熔体的动态填充、冷却等过程，定量地给出成型过程中的状态参数（如压力、温度、速度等）的计算机模拟过程。

**1. 注射模塑成型CAE技术**

20世纪50年代，德国亚琛工业大学塑料加工研究所（IKV）的Gilmore和Spencer作为CAE模拟技术的先驱提出了圆管内保压的最大压力计算公式。60年代，Ballman和Pearson等开始了简易模型的开发，其实验研究备受关注。70年代以来，很多大学和企业的研究者都致力于注射、挤出和其他工艺的计算模型的研究。其中，Kamal和Kenig[148]的差分模型、Tadmor和Broyer的流量分析网络（flow analysis network，FAN）[149]方法成为目前模拟技术的基础。1978年，美国Moldflow公司推出了首套用于注塑成型填充阶段的模拟软件。进入80年代后，有限元分析法、边界元法才真正在注射成型领域得到广泛应用。80年代中期以来，国内开始重视塑料模CAE技术，经过10余年的研究和开发，一些大学和研究院所已推出一些实用的、商品化软件。90年代，已将研究重点置于材料的黏弹性、复杂三维模拟，以及取向、残余应力和固化等现象的研究。另外，新型注塑工艺如反应注塑成型、气体辅助注塑成型也成为研究的热点[1]。

到目前为止，成熟的商业注射模塑成型CAE软件比较多，Moldflow公司的Moldflow软件和Lenze AC Technology公司（2000年2月，被Moldflow公司合并）的C-Mold软件是其中的优秀代表；另外还有CADMOULD（德国IKV）、PLANETS（日本）和我国台湾的Moldex等软件应用也比较广。而我国大陆地区在“八五”期间才开始这方面的研究，现在华中理工大学的HSCAE软件和郑州大学的Z-mold软件在国内处于领先地位。

**2. 注射模塑成型CAE有限元基础**

注射模塑成型CAE系统模拟分析采用的基本思想是工程领域中最常用的有限元方法。有限元方法的基础是变分原理和加权余量法，其基本求解思想是把计算域划分为有限个互不重叠的单元，在每个单元内，选择一些合适的节点作为求解函数的插值点，将微分方程中的变量改写成由各变量或其导数的节点值与所选用的插值函数组成的线性表达式，借助于变分原理或加权余量法，将微分方程离散求解。有限元方法最早应用于结构力学，后来随着计算机的发展逐步用于连续介质力学的数值模拟。目前，有限元方法广泛应用于工程结构强度、热传导、电磁场、流体力学等领域。

注射模塑成型CAE有限元方法，是应用质量守恒、动量守恒、能量守恒方程，结合高分子材料流变理论和数值求解法，建立起的一套描述塑料注射模塑成型过程有限元方法。简单来讲，注射模塑成型技术就是将原来一个完整的分析对象简化成有限个单元的体系，从而得到真实结构近似模型，最终在这个离散化的模型上进行数值计算。计算结果通过可视化人机界面显示，从而获知塑料在型腔内的速度、应力、压力、温度等参数分布，制品冷却过程及翘曲变形等。

目前市场上注射模塑成型分析软件所采用的有限元模型经历了以下三个发展阶段，分别是根据GHS（generalized Hele-Shaw，广义赫尔-肖）流动模型所发展的中面流模型，根据薄壳模型发展的双面流模型，以及基于四面体有限元体积网格的三维实体模型。

1）中面流技术

中面流技术的应用始于20世纪80年代。其网格是三节点的三角形单元，原理是将几何模型简化成中性面几何模型（即将网格创建在模型壁厚的中间处），利用所建立的中性面进行模拟分析，用一维和二维的耦合算法来代替三维计算。此分析技术发展至今已相当成熟稳定，其优点为分析速度快、效率高。基于中面流技术的注射流动模拟软件应用的时间最长、范围最广。但实践表明，该模拟软件在应用中具有很大的局限性：

（1）用户必须构造出中面流模型。采用手工操作直接由实体模型构造中面流模型十分困难，往往需要花费大量的时间，而且不能从其他模型转换。

（2）无法描述一些三维特征。例如，不能描述惯性效应、重力效应对熔体流动的影响，不能预测喷射现象、熔体前沿的泉涌现象等。

（3）由于 CAD 阶段使用的是产品的物理模型，而 CAE 阶段使用的是产品的数学模型，两者的不统一使得二次建模不可避免，CAD 与 CAE 系统的集成也无法实现。

2）双面流技术

20 世纪 90 年代后期双面流技术诞生。双面流技术使得用户不需要抽取中性面，克服了几何模型的重建问题，大大减轻了用户建模的负担。网格也是三角形单元，而其原理是将模具型腔或制品在厚度方向上分成两部分，有限元网格在型腔或制品的表面产生。在流动过程中，上、下两表面的塑料熔体同时并且协调流动。显然，双面流技术的表面网格是基于中性面的，仍无法解决中性面的根本问题，所以双面流技术所应用的原理和方法与中面流技术所应用的没有本质上的差别，所不同的是双面流技术采用了一系列相关的算法，将沿中面流动的单股熔体演变为沿上、下表面协调流动的双股流。双面流技术的最大优点是模型的准备时间大大缩短，这样就大大减轻了用户建模的负担，极大地缩短了建模工作时间。因此，基于双面流技术的模拟软件问世时间虽然只有短短数年，但在全世界却拥有了庞大的用户群，得到广大用户的支持和好评。但是双面流技术有以下不足：

（1）由于双面流技术没有从根本上解决中性面的问题，还是无法描述某些三维特征，如不能描述惯性效应和重力效应对熔体流动的影响，不能预测喷射现象、熔体前沿的泉涌现象等。

（2）上、下对应表面的熔体流动前沿存在差别。由于上、下表面的网格无法一一对应，而且网格形状、方位与大小也不可能完全对称，如何将上、下对应表面的熔体流动前沿的差别控制在所允许的范围内是实施双面流技术的难点。

（3）熔体仅沿着上、下表面流动，在厚度方向上未作任务处理，缺乏真实感。

3）实体流“3D”技术

实体流“3D”技术在实现原理上仍与中面流技术相同，所不同的是数值分析方法有较大差别。在实体流技术中将惯性效应、非恒温流体等因素考虑到有限元分析中，熔体厚度方向的物理量变化不再被忽略，能够更全面地描述填充过程的流动现象，使分析结果更能接近现实状况，适用于所有塑件制品。技术立体网格是由四节点的四面体单元组成。因此，与中面流或双面流技术相比，实体流技术网格划分要求很高，控制方程更加复杂，计算量大、时间长，计算效率低，不适合开发周期短并需要通过进行反复修改验证的注射模塑成型设计。因此，目前该技术普及率不是很高，不过最终必将取代中面流技术和双面流技术。

注射模塑成型CAE技术的三种有限元单元形式，在技术上各有千秋。在实际工程应用中，结合具体制品的分析要求，采用最合适的分析技术，就可以利用最低的成本得到相对满意的分析结果。

注射模塑成型CAE技术经过多年的发展，在理论上和应用上都取得了长足的进步，未来在以下几个方面仍有待进一步完善和发展。

1）注射模塑成型CAE数学模型、数值算法逐步完善

注射模塑成型CAE技术的实用性，取决于数学模型的准确性及数值算法的精确性。目前的商品化模拟软件模型没有完全考虑物理量在厚度方向上的影响，为了进一步提高软件的分析精度和使用范围，必须进一步完善目前的数学模型和算法。目前，注射模塑成型模拟软件各模块的开发是基于各自独立的数学模型，这些模型在很大程度上进行了简化，忽略了相互之间的影响。因此，必须有机地结合填充、流动、保压和冷却等分析模块，进行耦合分析，才能综合反映注射模塑成型的真实情况。

2）注射模塑成型的集成化

大多数商用的系统原本是作为通用机械设计平台来开发的，并不针对注射模塑成型。软件与软件之间的数据传递主要依靠文件的转换，这容易造成数据的丢失和错误。未来将开发注射模塑成型专用系统，这些系统不仅将通用系统的功能作了进一步扩充以适应注射模塑成型设计和制造的需要，还增加了流动和冷却分析、标准模架数据库、塑料材料数据库等一系列专用软件。

3）智能化分析成型过程

优化理论及算法，使技术“主动”地优化设计。将人工智能技术，如专家系统和神经网络等加入设计计算中，使模拟程序能“智慧”地选择注塑工艺参数、提供修正制品尺寸和冷却管道布置方案，减少人工对程序的干涉。

当前对于注射模塑成型过程的研究主要采取CAE模拟的方法，通过计算机模拟整个注射过程并预测注射结果。该技术经过多年的发展已经相当成熟，但是由于其数值模拟过程中对物理、热性能或其他特性进行了大量简化假设，因此要做到同实际的注射充模过程完全一致是很困难的。有些充模成型规律在当前的模拟软件中还没有体现，只有通过如可视化技术的其他方法才能够得到验证，如在后续内容将介绍的注射充模填充平衡问题。

## 参考文献

[1] 谢鹏程. 精密注射成型若干关键问题的研究[D]. 北京：北京化工大学，2007.

[2] 金艳. 注塑机精密塑化机理的研究[D]. 北京：北京化工大学，2011.
[3] 汪晓蔓. 注射成形中聚合物结晶行为的模拟及实验研究[D]. 杭州：浙江大学，2015.
[4] 杨鸣波，唐志玉. 高分子材料手册[M]. 北京：化学工业出版社，2009.
[5] 李晓斌. 等规聚丙烯结晶行为研究[D]. 兰州：兰州理工大学，2016.
[6] 王文生，王旭霞. 聚合物结晶度对注塑制品性能影响的研究[J]. 科技情报开发与经济，2002，12（3）：116-117.
[7] 周青，白杨，柳和生. 注射成型工艺参数对 PP 制品结晶度影响的实验研究[J]. 工程塑料应用，2012，40（2）：31-34.
[8] Cho J Y，Hong C J，Choi H M. Microwave-assisted glycolysis for PET with highly hydrophilic surface[J]. Industrial & Engineering Chemistry Research，2013，52（6）：2309-2315.
[9] Foulc M P，Bergeret A，Ferry L，et al. Study of hygrothermal ageing of glass fibre reinforced PET composites[J]. Polymer Degradation & Stability，2005，89（3）：461-470.
[10] 杨艳秋. 食品级 PET 的注射成型工艺及老化研究[D]. 青岛：青岛科技大学，2015.
[11] 胡开元. 双色注塑技术及其应用研究[D]. 镇江：江苏大学，2010.
[12] 卢霄. 多组分注塑技术分析及其 CAD/CAE 研究[D]. 济南：山东大学，2005.
[13] 彭响方，许超，林逸全. 多组分注射成型新技术[J]. 工程塑料应用，2004，31（9）：32-35.
[14] 刘方辉，钱心远，张杰. 注塑成型新技术的发展概况[J]. 塑料科技，2009，37（3）：83-88.
[15] 卢霄，郝滨海，李永刚，等. 现代多组分注射技术及其工艺性分析[J]. 模具制造，2004，4（9）：53-57.
[16] 王争. 多组分注塑及其应用[J]. 轻工机械，1999，17（1）：21-23.
[17] 何跃龙，杨卫民，丁玉梅. 多色注射成型技术最新进展[J]. 中国塑料，2009，23（1）：99-104.
[18] Hunold D，Moster B. Ingeniously combined-profitably manufactured[J]. Kunststoffe Plast Europe，2001，91（3）：108-110.
[19] Herbst R，Johannaber F. Triple combination：multi-component injection moulding of thermoplastics，elastomers and thermosets[J]. Kunststoffe Plast Europe（Germany），2000，90（10）：28-30.
[20] 卢雪峰. 新型电动及多组分注塑机[J]. 国外塑料，2006，24（2）：76-79.
[21] 陈亚凯，李静. 多组分注塑技术最新进展[J]. 国外塑料，2006，24（2）：68-71，74-75.
[22] Jaeger A. Combinations enhance performance many times over[J]. Kunststoffe Plast Europe，2001，91（10）：91.
[23] Li X J，Gupta S K. Geometric algorithms for automated design of rotary-platen multi-shot molds[J]. Computer-Aided Design，2004，36（12）：1171-1187.
[24] Priyadarshi A K，Gupta S K. Geometric algorithms for automated design of multi-piece permanent molds[J]. Computer-Aided Design，2004，36（3）：241-260.
[25] 黄业勤. 多物料共同注塑工艺[J]. 橡塑技术与装备，2005，31（7）：30-38.
[26] Dassow J. Prepared for all situations：technology leadership by multi-component technologies[J]. Kunststoffe Plast Europe，2002，92（9）：43-45，105.
[27] 黄泽雄. 未来十年注射成型技术展望[J]. 国外塑料，2000，18（1）：17-21.
[28] 钱汉英. 塑料加工实用技术问答[M]. 北京：机械工业出版社，2000.
[29] 陈爱霞. 厚壁制品共注塑成型 CAE 分析与模拟研究[D]. 南昌：南昌大学，2012.
[30] 王华山，吴崇峰，高雨苗. 共注塑工艺及其制品的设计[J]. 中国塑料，2001，15（1）：4.
[31] 沈洪雷，徐玮. 双色注射成形技术及模具设计[J]. 电加工与模具，2008，43（4）：4.
[32] 赵兰蓉. 双色注塑成型技术及其发展[J]. 塑料科技，2009，37（11）：4.
[33] 洪小英. 双色注射成型技术的研究及其运用[D]. 成都：西南交通大学，2014.
[34] 冯刚，王华峰，张朝阁，等. 多组分注塑成型的最新技术进展及前景预测[J]. 塑料工业，2015，43（2）：5.

[35] 赵国群. 快速热循环注塑成型技术[M]. 北京：机械工业出版社，2014.

[36] Chen S C，Yi C，Chang Y P，et al. Effect of cavity surface coating on mold temperature variation and the quality of injection molded parts[J]. International Communications in Heat & Mass Transfer，2009，36（10）：1030-1035.

[37] Liu X H，Zhou T F，Zhang L，et al. Fabrication of spherical microlens array by combining lapping on silicon wafer and rapid surface molding[J]. Journal of Micromechanics & Microengineering，2018，28（7）：075008.

[38] Arlo T U，Norgaard H H. Surface microstructure replication in injection molding[J]. International Journal of Advanced Manufacturing Technology，2007，33（1-2）：157-166.

[39] Liou A C，Chen R H，Huang C K，et al. Development of a heat-generable mold insert and its application to the injection molding of microstructures[J]. Microelectronic Engineering，2014，117：41-47.

[40] Jeng M C，Chen S C，Minh P S，et al. Rapid mold temperature control in injection molding by using steam heating[J]. International Communications in Heat & Mass Transfer，2010，37（9）：1295-1304.

[41] Wang G L，Hui Y，Zhang L，et al. Research on temperature and pressure responses in the rapid mold heating and cooling method based on annular cooling channels and electric heating[J]. International Journal of Heat and Mass Transfer，2018，116：1192-1203.

[42] Chang P C，Hwang S J. Simulation of infrared rapid surface heating for injection molding[J]. International Journal of Heat & Mass Transfer，2006，49（21-22）：3846-3854.

[43] Hopmann C，Weber M，Schöngart M，et al. Injection moulding of optical functional micro structures using laser structured，PVD-coated mould inserts[C]. AIP Conference Proceedings，AIP Publishing LLC，2015，1664（1）：110003.

[44] Chen S C，Minh P S，Chang J A. Gas-assisted mold temperature control for improving the quality of injection molded parts with fiber additives[J]. International Communications in Heat & Mass Transfer，2011，38（3）：304-312.

[45] Wang G L，Zhao G Q，Li H P，et al. Research on a new variotherm injection molding technology and its application on the molding of a large LCD panel[J]. Journal of Macromolecular Science：Part D，Reviews in Polymer Processing，2009，48（7）：671-681.

[46] Wada A，Tazaki K，Tahara T，et al. Injection molded articles with improved surface characteristics，production of same and apparatus therefor：US4340551[P]. 1982-07-20.

[47] Huang J T. High frequency induction heater built in an injection mold：US7132632[P]. 2006-11-07.

[48] Huang M S，Huang Y L. Effect of multi-layered induction coils on efficiency and uniformity of surface heating[J]. International Journal of Heat & Mass Transfer，2010，53（11-12）：2414-2423.

[49] Kim D H，Kang M H，Chun Y H. Development of a new injection molding technology：momentary mold surface heating process[J]. Journal of Injection Molding Technology，2001，5（4）：229-232.

[50] Chen S C，Chien R D，Lin S H，et al. Feasibility evaluation of gas-assisted heating for mold surface temperature control during injection molding process[J]. International Communications in Heat & Mass Transfer，2009，36（8）：806-812.

[51] Saito T，Satoh I，Kurosaki Y. A new concept of active temperature control for an injection molding process using infrared radiation heating[J]. Polymer Engineering & Science，2002，42（12）：2418-2429.

[52] Kim B H，Suh N P. Low thermal inertia molding（LTIM）[J]. Polymer-Plastics Technology and Engineering，1986，25（1）：73-93.

[53] Jansen K M B，Flaman A A M. Construction of fast-response heating elements for injection molding applications[J]. Polymer Engineering & Science，1994，34（11）：894-897.

[54] Matschuk M，Larsen N B. Injection molding of high aspect ratio nanostructures[C]. 37th International Conference on Micro and Nano Engineering，Berlin，2011.
[55] Lei X，Niesel T. A novel approach to realize the local precise variotherm process in micro injection molding[J]. Microsystem Technologies，2013，19（7）：1017-1023.
[56] Bobiin K，Bagcivan N，Gillner A，et al. Injection molding of products with functional surfaces by micro-structured，PVD coated injection molds[J]. Production Engineering，2011，5（4）：415-422.
[57] Liparoti S，Sorrentino A，Titomanlio G. Temperature and pressure evolution in fast heat cycle injection molding[J]. Materials and Manufacturing Processes，2018，34（4）：1-9.
[58] 李庆生. DLC 表面涂覆在模具中的应用[J]. 模具工业，2010，36（4）：74-76.
[59] Solmuş İ. Numerical investigation of heat transfer and fluid flow behaviors of a block type graphite foam heat sink inserted in a rectangular channel[J]. Applied Thermal Engineering，2015，78（5）：605-615.
[60] Kurtz S M. UHMWPE Biomaterials Handbook：Ultra High Molecular Weight Polyethylene in Total Joint Replacement and Medical Devices[M]. New York：Academic Press，2009.
[61] 黄安平，朱博超，贾军纪，等. 超高分子量聚乙烯的研发及应用[J]. 高分子通报，2012，25（4）：127-132.
[62] 石安富，龚云表. 超高分子量聚乙烯（UHMWPE）的性能，成型加工及其应用[J]. 塑料科技，1987，15（1）：14-21.
[63] Gispert M P，Serro A P，Colao R，et al. Friction and wear mechanisms in hip prosthesis：comparison of joint materials behaviour in several lubricants[J]. Wear，2006，260（1）：149-158.
[64] 蒋炳炎，周勇，楚纯鹏. UHMWPE 微孔滤板压制烧结模具设计[J]. 工程塑料应用，2008，36（11）：4.
[65] 赵佳. 超高分子量聚乙烯模压成型研究[D]. 北京：北京化工大学，2015.
[66] 熊淑云，柳和生，黄兴元. 柱塞式挤出机在超高分子量聚乙烯成型中的应用[J]. 工程塑料应用，2010，38（4）：3.
[67] 何继敏，陈卫红，丁玉梅. 超高分子量聚乙烯注射成型技术的研制及应用[J]. 塑料，2000，29（6）：18-22.
[68] Kuo H C，Jeng M C. The influence of injection molding and injection compression molding on ultra-high molecular weight polyethylene polymer microfabrication[J]. International Polymer Processing Journal of the Polymer Processing Society，2011，26（5）：508-516.
[69] 陈燕春，何文翰，区仲荣. 注射压缩成型技术在塑料光学透镜生产中的应用[J]. 制造技术与机床，2010，60（2）：159-161.
[70] 殷素峰，阮育煌，阮锋. 变模温注压成型对超薄导光板品质的探析与实践[J]. 工程塑料应用，2020，48（1）：56-62.
[71] 安紫娟，何继敏，王国俨，等. 注射压缩模具及注射压缩成型技术研究进展[J]. 现代塑料加工应用，2019，31（6）：60-63.
[72] Yilmaz G，Ellingham T，Turng L S. Injection and injection compression molding of ultra-high-molecular weight polyethylene powder[J]. Polymer Engineering & Science，2018，59（s2）：170-179.
[73] 方晓峰，何继敏. 超高分子量聚乙烯微孔材料成型方法及其研究进展[J]. 塑料科技，2012，40（3）：110-113.
[74] Wang X L，Wu G J，Xie P C，et al. Microstructure and properties of glass fiber-reinforced polyamide/nylon microcellular foamed composites[J]. Polymers，2020，12（10）：2368.
[75] 边智，谢鹏程，杨卫民，等. 微发泡注射成型工艺参数对制品尺寸稳定性的影响[J]. 工程塑料应用，2012，40（6）：40-42.
[76] Galip Y，Thomas E，Turng L S. Improved processability and the processing-structure-properties relationship of ultra-high molecular weight polyethylene via supercritical nitrogen and carbon dioxide in injection molding[J].

Polymers，2018，10（1）：36.

[77] Huang Y F，Xu J Z，Li J S，et al. Mechanical properties and biocompatibility of melt processed，self-reinforced ultrahigh molecular weight polyethylene[J]. Biomaterials，2014，35（25）：6687-6697.

[78] Pan X，Huang Y，Zhang Y，et al. Improved performance and crystallization behaviors of bimodal HDPE/UHMWPE blends assisted by ultrasonic oscillations[J]. Materials Research Express，2019，6（3）：035306.

[79] 胡建良，蒋炳炎，李俊，等. 聚合物超声波熔融塑化实验研究[J]. 中南大学学报：自然科学版，2010，41（4）：1369-1373.

[80] Xie L，Jiang Z B. Reinforcement of micro injection molded weld line strength with ultrasonic oscillation[J]. Microsystem Technologies，2009，16（3）：399.

[81] 王凯，祝铁丽，丁宇，等. 超声波辅助微注射成型制品的可视化模具设计[J]. 模具工业，2016，42（5）：38-41，45.

[82] Sánchez-Sánchez X，Elias-Zuñiga A，Hernández-Avila M. Processing of ultra-high molecular weight polyethylene/graphite composites by ultrasonic injection moulding：taguchi optimization[J]. Ultrasonics Sonochemistry，2018，44：350-358.

[83] Yilmaz G，Yang H，Turng L. Injection molding of delamination-free ultra-high-molecular-weight polyethylene[J]. Polymer Engineering & Science，2019，59（11）：2313-2322.

[84] 曹志达. 超临界流体微发泡聚丙烯注射制品 *PVT* 特性测控研究[D]. 北京：北京化工大学，2019.

[85] Elduque D，Claveria I，Fernandez A，et al. Methodology to analyze the influence of microcellular injection molding on mechanical properties with samples obtained directly of an industrial component[J]. Polymers & Polymer Composites，2014，22（8）：743-752.

[86] 向帮龙，管蓉，杨世芳. 微孔发泡机理研究进展[J]. 高分子通报，2005（6）：9-17.

[87] 罗付生. 聚合物微发泡成型新技术[J]. 新技术新工艺，2009（3）：103-105.

[88] Tomasko D L，Li H B，Liu D H，et al. A review of $CO_2$ applications in the processing of polymers[J]. Industrial & Engineering Chemistry Research，2003，42（25）：6431-6456.

[89] 王如波，王勇，夏欣. 微发泡注塑成型技术的研究和应用[J]. 橡塑技术与装备，2019，45（10）：30-34.

[90] 李蓓. 微孔发泡注射成型技术研究及应用[D]. 武汉：武汉理工大学，2016.

[91] 任亦心，刘君峰，许忠斌，等. 微孔发泡注塑成型工艺及其设备的技术进展[J]. 塑料工业，2021，49（2）：12-15，67.

[92] Yusa A，Yamamoto S，Goto H，et al. A new microcellular foam injection-molding technology using non-supercritical fluid physical blowing agents[J]. Polymer Engineering & Science，2017，57（1）：105-113.

[93] Ding J，Ma W H，Song F J，et al. Effect of nano-calcium carbonate on microcellular foaming of polypropylene[J]. Journal of Materials Science，2013，48（6）：2504-2511.

[94] Chen L，Straff R，Wang X. Effect of gas type on microcellular foam process using atmospheric gases as a blowing agent[J]. Porous，Cellular and Microcellular Materials，2000，91：71-81.

[95] Chen L，Sheth H，Wang X. Effects of shear stress and pressure drop rate on microcellular foaming process[J]. Journal of Cellular Plastics，2001，37（4）：353-363.

[96] Guo W，Mao H J，Li B，et al. Influence of processing parameters on molding process in microcellular injection molding[C]. 11th International Conference on Technology of Plasticity，ICTP 2014，2014，81（10）：670-675.

[97] Hwang S S，Hsu P P. Effects of silica particle size on the structure and properties of polypropylene/silica composites foams[J]. Journal of Industrial and Engineering Chemistry，2013，19（4）：1377-1383.

[98] Gedler G，Antunes M，Velasco J I. Effects of graphene nanoplatelets on the morphology of polycarbonate-graphene

composite foams prepared by supercritical carbon dioxide two-step foaming[J]. Journal of Supercritical Fluids，2015，100（5）：167-174.

[99] Mao H J，He B，Guo W，et al. Effects of nano-$CaCO_3$ content on the crystallization，mechanical properties，and cell structure of PP nanocomposites in microcellular injection molding[J]. Polymers，2018，10（10）：1160.

[100] Nobe R，Qiu J H，Kudo M，et al. Morphology and mechanical investigation of microcellular injection molded carbon fiber reinforced polypropylene composite foams[J]. Polymer Engineering & Science，2020，60（7）：1507-1519.

[101] Yan K，Guo W，Mao H J，et al. Investigation on foamed PP/nano-$CaCO_3$ composites in a combined in-mold decoration and microcellular injection molding process[J]. Polymers，2020，12（2）：363.

[102] Liu T，Lei Y J，Chen Z L，et al. Effects of processing conditions on foaming behaviors of polyetherimide（PEI）and PEI/polypropylene blends in microcellular injection molding process[J]. Journal of Applied Polymer Science，2015，132（7）：41443.

[103] 高萍，何力，王昌银，等. 冷却速率对 PP/GF 微发泡复合材料发泡行为及力学性能的影响[J]. 塑料工业，2016，44（1）：56-59，70.

[104] 张翔，王恒，蒋团辉，等. 气体反压对微孔发泡注塑制品泡孔质量的影响[J]. 工程塑料应用，2018，46（11）：62-66.

[105] Zhao J C，Qiao Y N，Wang G L，et al. Lightweight and tough PP/TALC composite foam with bimodal nanoporous structure achieved by microcellular injection molding[J]. Materials & Design，2020，195：109051.

[106] Hou J J，Zhao G Q，Wang G L，et al. A novel gas-assisted microcellular injection molding method for preparing lightweight foams with superior surface appearance and enhanced mechanical performance[J]. Materials & Design，2017，127（15）：115-125.

[107] 董建华，马劲，殷敬华，等. 高分子材料反应加工的基本科学问题[J]. 中国科学基金，2003，17（1）：14-17.

[108] 李俊贤. 反应注射成型技术及材料（连载一）[J]. 聚氨酯工业，1995，10（4）：40-45，51.

[109] 陈丰. 可变长纤维增强反应注射成型技术及其制品质量控制研究[D]. 南京：南京理工大学，2012.

[110] 唐红艳. SRIM 工艺与制品性能研究[D]. 武汉：武汉理工大学，2007.

[111] 吴舜英，陈可娟. 泡沫塑料的成型工艺及设备[J]. 中国建材，1995，39（9）：36-41.

[112] 柳和生. 旋转注射混合技术改进反应注射成型工艺[J]. 橡胶工业，1996，44（3）：167-171.

[113] 申长雨，陈静波. 反应注射成型技术[J]. 工程塑料应用，1999，27（10）：4.

[114] 陈长青，郦华兴. 反应注射成型工艺进展[J]. 湖北工学院学报，1994，9（2）：34-38.

[115] 刘帅. 长玻纤增强反应注射成型质量研究[D]. 南京：南京理工大学，2008.

[116] 郭志英，李德群. 注塑制品翘曲变形的研究[J]. 塑料科技，2001，29（1）：22-24，48.

[117] 高月华，王希诚. 注塑制品的翘曲优化设计进展[J]. 中国塑料，2006，20（11）：8-13.

[118] 王琪娟. 仪表板结构反应注射成型工艺优化[D]. 南京：南京理工大学，2015.

[119] 尚宇. 可变玻璃纤维增强反应注射成型工艺研究[D]. 南京：南京理工大学，2013.

[120] 王桂龙. 快速热循环注塑成型关键技术研究与应用[D]. 济南：山东大学，2011.

[121] 顾莉. DCPD 反应注射成型工艺及模具技术研究[D]. 南京：南京理工大学，2009.

[122] 王雷刚，倪雪峰，黄瑶，等. 微注射成型技术的发展现状与展望[J]. 现代塑料加工应用，2007，19（1）：55-58.

[123] 严志云，谢鹏程，丁玉梅，等. 注射成型可视化研究[J]. 模具制造，2010，10（7）：43-47.

[124] 王敏杰，赵丹阳，宋满仓，等. 聚合物微成型模具设计与制造技术[J]. 模具工业，2015，41（5）：7-16，21.

[125] Griffiths C A，Dimov S S，Brousseau E B，et al. The finite element analysis of melt flow behaviour in micro-injection moulding[J]. Proceedings of the Institution of Mechanical Engineers，Part B：Journal of

Engineering Manufacture，2008，222（9）：1107-1118.

[126] Yung K L，Liu H，Xu Y，et al. Target tracking in micro injection molding[C]. Key Engineering Materials，Trans. Tech. Publications Ltd，2008，364：1292-1295.

[127] Wissmann M，Thienpont H，van Daele P，et al. Replication of micro-optical components and nano-structures for mass production[C]. Micro-Optics 2008，SPIE，2008，6992：56-67.

[128] Piotter V，Hanemann T，Ruprecht R，et al. Injection molding and related techniques for fabrication of microstructures[J]. Microsystem Technologies，1997，3（3）：129-133.

[129] Michaeli W，Spennemann A，Gärtner R. New plastification concepts for micro injection moulding[J]. Microsystem Technologies，2002，8（1）：55-57.

[130] Knights M. Micro molds make micro parts[J]. Plastics Technology，2002，48（12）：38-44.

[131] 邹戈，姚正军. 微型注塑机机械部分的改进设计[J]. 江苏冶金，2006，34（6）：3-6.

[132] 蒋炳炎，吴旺青，胡建良，等. 微注射成型中聚合物熔融塑化技术[J]. 工程塑料应用，2007，35（11）：67-69.

[133] 宋满仓，王敏杰. 微成形技术的现状与发展[J]. 中国机械工程，2003，14（15）：1345-1346.

[134] 卢振，张凯锋. 微结构与微型零件的微注射成形[J]. 中国机械工程，2007，18（15）：1865-1867，1876.

[135] 奚东. 注塑成型中制品的缺陷原因及其对策[J]. 塑料科技，2000，28（3）：34-38.

[136] 罗纲. 注塑模成型常见缺陷及解决方法[J]. 成都纺织高等专科学校学报，2008，25（1）：28-30.

[137] 朱复华，江顺亮. 可视化挤出促进了聚合物加工科学的研究[J]. 化工进展，1997，17（1）：5-9.

[138] 黄汉雄，易玉华. 聚合物熔体收敛流动的可视化实验与理论研究[J]. 合成树脂及塑料，1998，15（2）：24-28.

[139] Spencer R S，Gilmore G D. Some flow phenomena in the injection molding of polystyrene[J]. Journal of Colloid Science，1951，6（2）：118-132.

[140] 林德宽，马天保. 以透明模研究塑料注射充模行为[J]. 塑料工业，1980，11（6）：22-26，46.

[141] Hasegawa S，Murata Y，Yokoi H. Dynamic visualization of mold filling process inside thin-walled rectangular cavity in ultra-high speed injection molding[J]. Seisan Kenkyu，2003，55（6）：510-513.

[142] 孙翔，杨卫民，丁玉梅，等. 基于可视化的注射成型缺陷及其产生机理的研究[C]. 中国塑料论坛暨塑料注塑新技术国际研讨会，上海，2005.

[143] Tredoux L，Satoh I，Kurosaki Y. Investigation of wavelike flow marks in injection molding：a new hypothesis for the generation mechanism[J]. Polymer Engineering & Science，2000，40（10）：2161-2174.

[144] Özdemir A，Uluer O，Güldaş A. Flow front advancement of molten thermoplastic materials during filling stage of a mold cavity[J]. Polymer Testing，2004，23（8）：957-966.

[145] Liu S J，Wu Y C. Dynamic visualization of cavity-filling process in fluid-assisted injection molding-gas versus water[J]. Polymer Testing，2007，26（2）：232-242.

[146] 张强. 注塑成型过程可视化实验装置的研制[D]. 大连：大连理工大学，2006.

[147] Ohta T，Yokoi H. Visual analysis of cavity filling and packing process in injection molding of thermoset phenolic resin by the gate-magnetization method[J]. Polymer Engineering & Science，2010，41（5）：806-819.

[148] Kenig S，Kamal M R. Heat transfer in the cooling of thermoplastic melts under pressure[J]. The Canadian Journal of Chemical Engineering，1971，49（2）：210-220.

[149] Tadmor Z，Broyer E，Gutfinger C. Flow analysis network（FAN）：a method for solving flow problems in polymer processing[J]. Polymer Engineering & Science，1974，14（9）：660-665.

第3章

# 中空塑料制品模塑成型

## 3.1 吹塑成型

塑料薄膜广泛应用于食品包装、农业生产、医药化工、建筑等领域，在防潮抗氧、气密性好、轻质透明、韧性良好等方面的性能特点，使其成为国民经济各行各业生产包装材料的基础，特别是在电子产品、即食快消品、印刷包装、纸品保护等领域有着广泛应用。可以说，塑料薄膜的生产在国民经济中具有非常关键和基础性的地位。从数据上看，我国已成为全球最大的塑料包装生产国之一，2020 年塑料包装行业市场规模高达 564 亿美元。我国塑料薄膜的年产量也位居世界前列，2020 年年产量达 1502 万吨。

### 3.1.1 吹塑成型原理及分类

挤出吹塑薄膜是膜制品中性价比较高的一种薄膜，熔体先由挤出机挤出，在机头模具内成型，再借助压缩空气按照一定的吹胀比将其吹胀，形成尺寸符合要求的管式膜[1]，最终被收卷装置收卷。

挤出吹塑成型技术目前已经比较成熟，具有以下特点：

（1）设备简单、操作方便、成本较低、占用场地面积小；

（2）生产效率高，例如，生产 4 m 宽的薄膜，如果采用扁平机头，则需要宽幅至少为 4200 mm 的机头，但是采用挤出吹塑成型的方法，直径为 500 mm 的机头就能生产；

（3）能生产出厚度较薄的薄膜，机械强度高；

（4）无边料、废料较少、节省资源；

（5）产品为圆筒状，如果用于包装可以省去一道焊接工序。

## 1. 吹塑薄膜成型方法

吹塑薄膜成型方法大致可以分为三大类，即平挤上吹法、平挤下吹法和平挤平吹法。这三种成型方法在设备位置布置上虽然略有不同，但是基本原理相同，仅仅在牵引方向上有区别。

1）平挤上吹法

图 3-1 为平挤上吹法的工艺简图。该方法是目前挤出吹塑成型应用最广泛的一种成型方法，适用于黏度较高的材料，如 PE、PS 等。

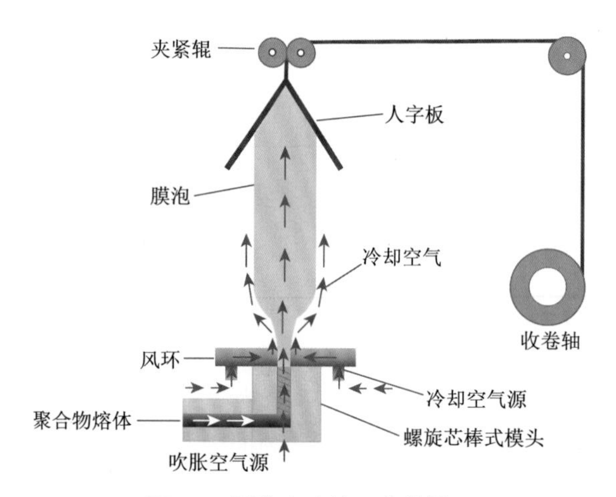


图 3-1 平挤上吹法工艺简图

优点：上部膜泡已完成冷却，所以膜泡不易破裂，牵引稳定；设备向上发展，占地面积小。

缺点：由于热空气密度小于冷空气密度，一般情况下热空气向上流动，所以会影响冷却效果。

2）平挤下吹法

图 3-2 为平挤下吹法的工艺简图。该方法适用于黏度较低的材料，如 PP 和 PA 等。

优点：由于重力的存在，膜泡可以靠自身重力下垂，引膜较为容易，减少了牵引装置的能耗；牵引方向向下，刚好与膜泡内的热空气流动方向相反，使得膜泡冷却较为迅速，提高了生产效率。

缺点：模口出口处的膜泡还未冷却，由于重力的存在，可能会出现膜泡破裂的情况；不适用于生产厚度较薄的薄膜；挤出机等大型设备通常需要安装在较高的位置，不便于维修。

3）平挤平吹法

图 3-3 为平挤平吹法的工艺简图。该成型方法适用于黏度较高的材料且所生产的薄膜折径不应太大。

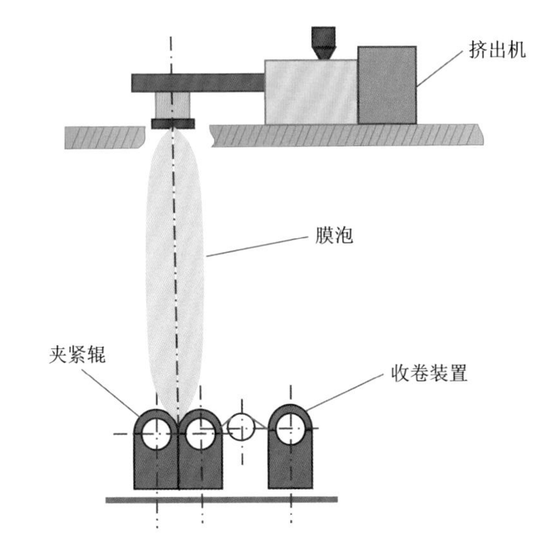


图 3-2　平挤下吹法工艺简图

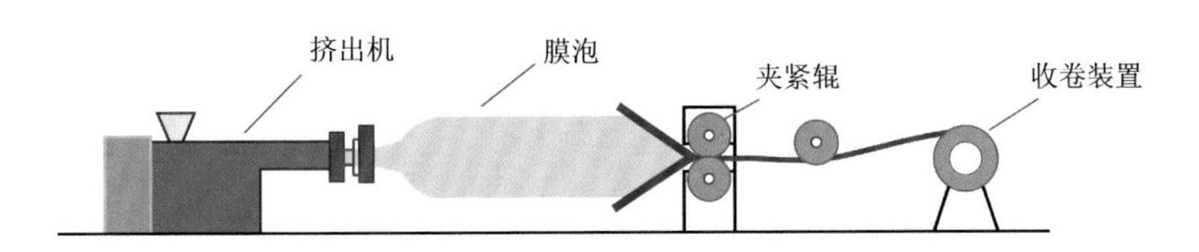


图 3-3　平挤平吹法工艺简图

优点：设备位置较低，方便安装、维修。

缺点：设备占地面积大；由于重力的作用，膜泡下部较厚，造成膜制品厚度不均匀。

**2. 常用吹塑薄膜机头**

吹塑薄膜机头结构较为复杂，通常为环形结构，目前市场上的主要形式有十字形吹膜机头、芯棒式吹膜机头、螺旋芯棒式吹膜机头及用于生产复合薄膜的多层共挤吹膜机头等。

1）十字形吹膜机头

图 3-4 为十字形吹膜机头，物料在挤出机中被熔融塑化，由挤出机螺杆挤出进入机头内，在分流筋的作用下，熔体被分割成多股料流，随着料流的流动，各股料流在汇合段又均匀地汇合在一起，继续沿着挤出方向流动，在定型段熔体完成定型，最终从模口间隙中挤出。

优点：机头的入料口和芯棒在挤出方向有一定的距离，避免了料流对芯模造成侧向冲击，消除了芯模的偏中现象；模口处有调整螺钉，可方便调整薄膜的厚度。

缺点：熔接痕数量较多；料流在机头内的停留时间较长，容易造成糊料。

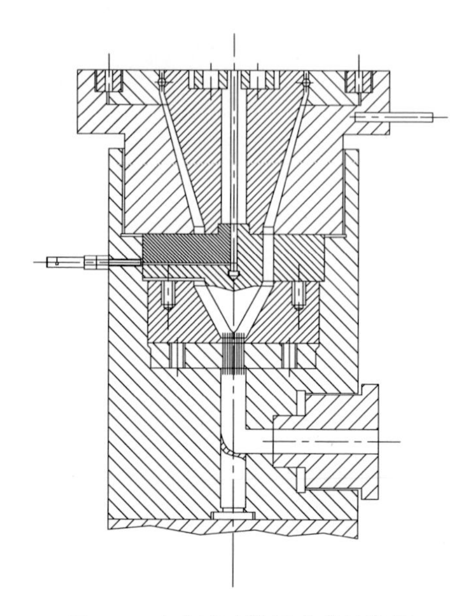

图 3-4 十字形吹膜机头的结构图

2）芯棒式吹膜机头

图 3-5 为一种芯棒式吹膜机头的结构图，熔体被挤出机挤出后进入机头内部，机头内部安装了开有分流槽的芯棒轴，随着熔体的流动，熔体在芯棒轴顶部沿圆周方向均匀分布，随后进入机头上部的环形流道，在定型段熔体逐渐扩展到预先设定好的尺寸，最后从模口的环形间隙中挤出形成膜管，在压缩空气的作用下，膜管按照一定的吹胀比被吹胀为膜泡[2]。

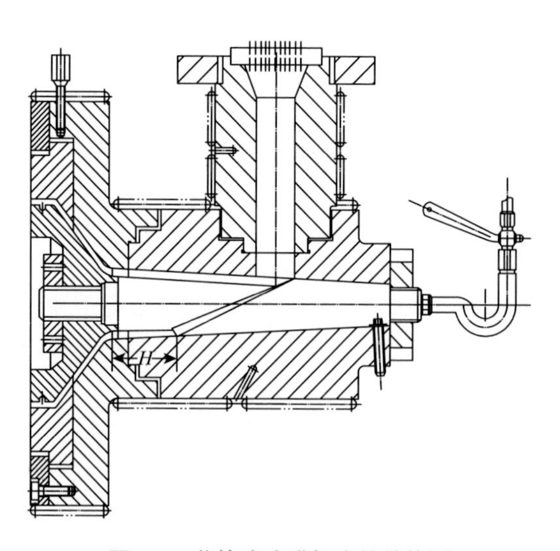


图 3-5 芯棒式吹膜机头的结构图

优点：机头结构简单，安装拆卸方便；熔体在机头内部停留时间较短，不易造成塑料过热分解，可用于 PVC 等材料[3]。

缺点：机头的进料方式为侧进料，容易造成芯棒轴偏中；机头内料流的速度不均匀，容易造成膜制品的厚度不均；无调整螺钉等装置，口膜间隙调节不方便。

3）螺旋芯棒式吹膜机头

螺旋芯棒式吹膜机头是最早出现的一种吹膜机头，同时也是技术最成熟的一种吹膜机头，占据了吹膜机头领域的大部分市场。本书所研究模型流道的分配段采用的也是螺旋芯棒式的结构形式，图 3-6 为螺旋芯棒式吹膜机头的结构图。

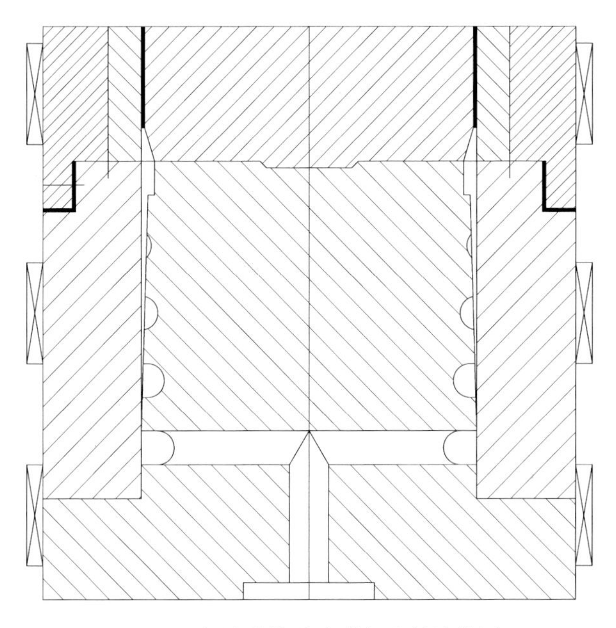

图 3-6　螺旋芯棒式吹膜机头的结构图

螺旋芯棒式吹膜机头的工作原理为：当熔体经过挤出机挤出后进入熔体分配器，被熔体分配器在圆周方向上均匀分配，在熔体分配器的上端与机头连接处设有分流孔，熔体经过分流孔的分流作用，被均匀地分成了一定数量的股流，这些股流直通螺旋槽。当熔体进入螺旋槽后会沿着螺旋槽向前流动，由于芯棒和机头体之间有一定的间隙，所以熔体会有一部分流出螺旋槽而进入螺棱间隙内。此时熔体在机头内有两种流动，一种是沿螺旋槽的周向流动，另一种是沿螺棱间隙的轴向流动。随着熔体的流动，螺旋槽慢慢消失，螺棱间隙慢慢变大，熔体逐渐由沿螺旋槽的周向运动转换为沿螺棱间隙的轴向运动，最后完全转换为轴向运动。经过缓冲段的缓冲、压缩段的压缩及定型段的定型，最终熔体在外牵引力的作用下流出模口，在风环的作用下被吹胀形成膜泡。

优点：没有分流支架，熔体沿圆周方向重叠较好，能很好地消除薄膜的熔接痕；能生产出厚度较薄的超薄薄膜；薄膜制品强度、透明度、均匀度都较好；由于料流是经过熔体分配器均匀分配后从机头底部中心进入机头，不会在一个方向上对芯模造成冲击，所以避免了“偏中”现象的产生。

缺点：结构复杂，加工难度大；物料在机头内停留时间长，不适宜加工热敏性塑料[4]。

4）多层共挤吹膜机头

多层共挤吹膜机头是在单层机头的基础上叠加结构类似的组件，可生产同时具有多种性能的薄膜[5]。

图 3-7 为一种多层共挤吹膜机头，该机头是本书所研究的对象。由图 3-7 可以看出，该机头是在单层螺旋芯棒式吹膜机头的基础上，沿芯棒的径向叠加螺旋体，进而组合成一种多层共挤吹膜机头。

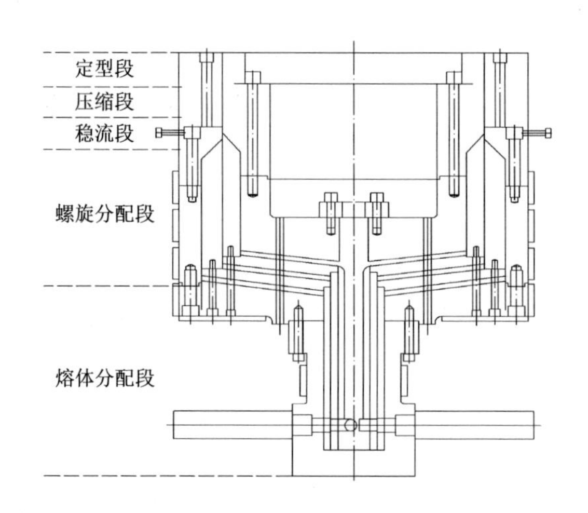


图 3-7　多层共挤吹膜机头

优点：多层共挤吹膜机头生产出来的膜制品可同时具有多种功能，弥补了单层薄膜性能单一的缺点，应用更加广泛，可满足不同场合的需要。

缺点：体积过于庞大。

国外多层共挤吹塑技术发展较早，例如，意大利 Macchi 公司开发了一种新型 7 层共挤吹膜机头，该机头生产出的薄膜厚度可达 17 μm，而且适应性较好，能够生产各种材料的薄膜，如茂金属树脂、尼龙、聚苯乙烯及乙烯-乙烯醇共聚物（EVOH）。Luigi Bandera 公司采用计算机辅助技术，对多层共挤吹膜机头流场进行了系列模拟计算与分析，设计了一种优化后的五层共挤吹膜机头，可以应用于生产 EVOH 或 PA 多层阻隔膜。该机头生产出的薄膜厚度较为均匀，光学与力学性能都较传统薄膜有了很大的提升。美国 EID 公司发明了一种可生产 80 层的超薄微层高阻透性薄膜的多流道式机头，该机头所生产出的薄膜厚度均匀，具有较高的阻透性[6]。德国的 Battenfeld Gloucester 工程有限公司设计了一种低中心机头，该机头可以在不需要更换整个机头的情况下实现模口间隙的调整和机头直径的改变，还可以通过锥形锁定结构和自定位部件进行快速安装和拆卸，节省了大量的人力和物力。

国内对多层共挤吹膜机头的研究起步较晚，直到 20 世纪 80 年代才开始逐渐对多层共挤技术投入研究。汕头市光华机械实业有限公司研制的 SSM-800 五层共挤吹膜机头，采用的是轴向叠加的方式，可以大大减小机头的径向尺寸，能够生产出厚度较为均匀且具有良好印刷性能的薄膜。大连橡胶塑料机械股份有限公司设计了一款三层共挤双螺杆模块化叠加型三层共挤吹膜机头，该机头被分为若干个模块，拆卸安装较为方便，所生产的薄膜厚度均匀、透光性能较好。广东金明塑胶设备有限公司自主研制的五层至九层的共挤吹膜机头，可以高效地加工出层数为五层至九层的塑料薄膜，特别适用于加工具备气体阻隔性能的材料，如 PA 和 EVOH 等，而且所生产的薄膜厚度较为均匀、力学性能优良。山东恒润邦和机械制造集团有限公司自主研发的大型五层共挤吹膜机头，能够生产厚度均匀且透光性好的农用大棚薄膜。北京北塑塑料企业管理有限公司设计了一种五层共挤吹膜机头，可以生产膜厚为 0.05～0.15 mm，折径为 250～800 nm 的五层共挤 EVOH 复合薄膜[7]。

以三层共挤吹膜机头为例，该机头主要由共挤出段和螺旋分配段组成，其中共挤出段又由稳流段、压缩段和定型段组成。图 3-8 为三层共挤吹膜机头的装配图，其中图 3-8（a）为机头三维图，图 3-8（b）为机头二维结构图。

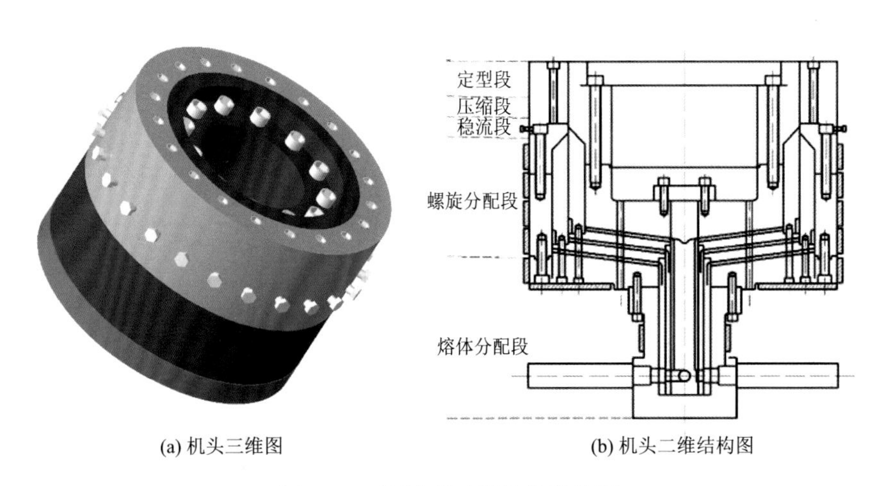


(a) 机头三维图　　(b) 机头二维结构图

图 3-8　三层共挤吹膜机头结构图

1）螺旋分配段

螺旋分配段主要采用的是螺旋芯棒式机头，其是目前吹膜领域技术最成熟、吹出制品质量相对较好的一种机头。虽然近些年来市场上也出现了一些其他种类的新型机头，但是螺旋芯棒式机头的优势非常明显，如能很好地消除熔接痕、能生产出超薄薄膜、芯模受力均衡，不会产生偏中现象。这些优点是其他种类的机头所不可取代的，也是螺旋芯棒式机头占领大部分市场的主要原因。

2）稳流段

稳流段是共挤出段的一部分。由于熔体刚汇入共挤出流道时速度方向与挤出方向存在一定的角度，且压力较大，因此熔体汇合后流场会发生剧烈的波动，稳流段的目的就是稳定刚汇入共挤出流道的流场，尽可能地使其稳定下来。

3）压缩段

压缩段主要目的是消除熔体内部的气泡、提高制品的密度。由于压缩段的入口和出口的截面大小不同，流体流进该段时会形成较强的收敛流动，这样就使得薄膜制品更加密实，提高了制品的机械性能，同时也能消除熔体内部可能存在的气泡。

4）定型段

定型段又称为模口段，是熔体最后成型的区域，主要作用是使高分子材料熔体形成所需要的形状。定型段设计的好坏对机头出口速度影响很大，这也直接决定了薄膜制品的均匀性，影响了制品的好坏。实际生产中为了满足对不同规格薄膜生产的需要，定型段模口的间隙一般是可调的。

### 3.1.2 吹塑成型工艺过程

**1. 注塑拉伸吹塑**

目前，注塑拉伸吹塑（简称注拉吹）技术应用比注射吹塑更为广泛，这种吹塑方法实际也是注射吹塑，只不过增加了轴向拉伸，使吹塑更加容易及能耗降低。注拉吹可以加工制品的体积比注射吹塑要大一些，吹制的容器体积为0.2～20 L，其工作过程如下：

（1）先注塑型坯，原理同普通注塑；

（2）再将型坯转至加热调温工序，使型坯变软；

（3）转至拉-吹位，合模，型芯内推杆沿轴向拉伸型坯，同时吹气使型坯贴紧模壁并冷却；

（4）转至脱模位取件。

简单描述即为注—拉—吹过程：注塑型坯→加热型坯→合模拉伸并吹起→冷却并取件（图3-9）。

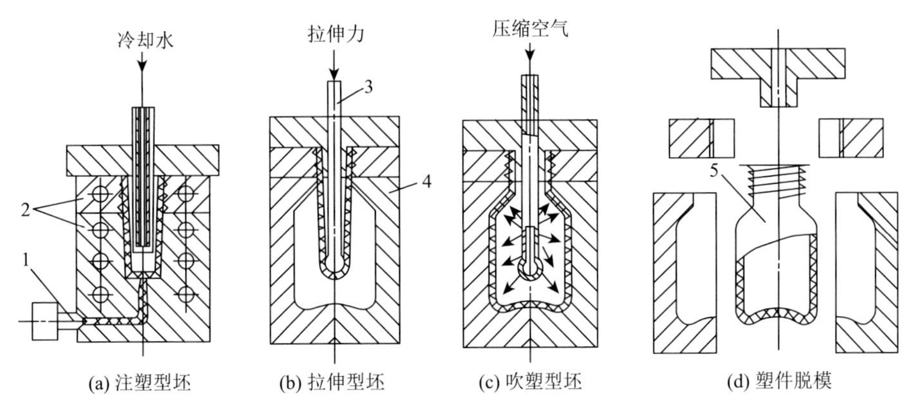


图 3-9　注拉吹机械结构示意图

1. 挤出机机头；2. 注塑成型模具；3. 施加拉伸力的型芯；4. 拉伸吹塑成型模具；5. 成型的制品

**2. 挤出吹塑**

挤出吹塑是吹塑成型中应用最多的一种吹塑方法，其加工范围很广，从小型制品到大型容器及汽车配件、航天化工制品等，加工过程如下：

（1）先将胶料熔融、混炼，熔体进入机头成为管状型坯；

（2）型坯达到预定长度后，吹塑模具闭合，将型坯夹在两半模具之间；

（3）吹气，将空气吹入型坯内，将型坯吹胀，使之贴紧模具型腔成型；

（4）冷却制品；

（5）开模，取走已冷硬的制品。

挤出吹塑的过程：熔料 → 挤出型坯 → 合模吹塑 → 开模取件（图 3-10）。

**3. 注射吹塑**

注射吹塑是综合了注射成型与吹塑特性的成型方法，目前主要应用于吹制精度要求较高的饮料瓶、药瓶及一些小型的结构零件等，加工过程如下：

（1）在注塑位，先注塑出型坯，加工方法同普通注塑；

（2）注塑模开模后，芯棒连同型坯移动到吹塑位；

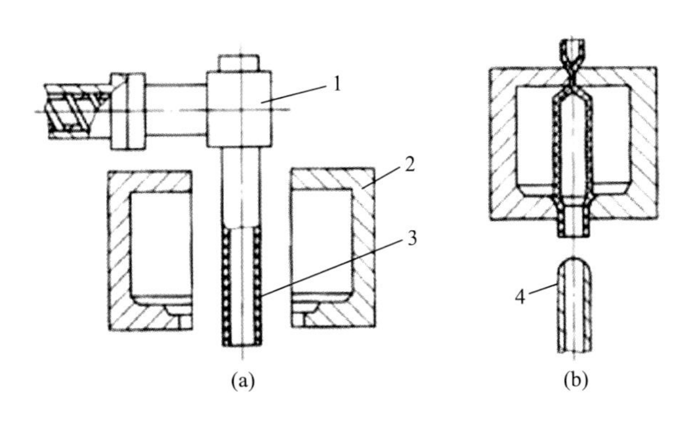

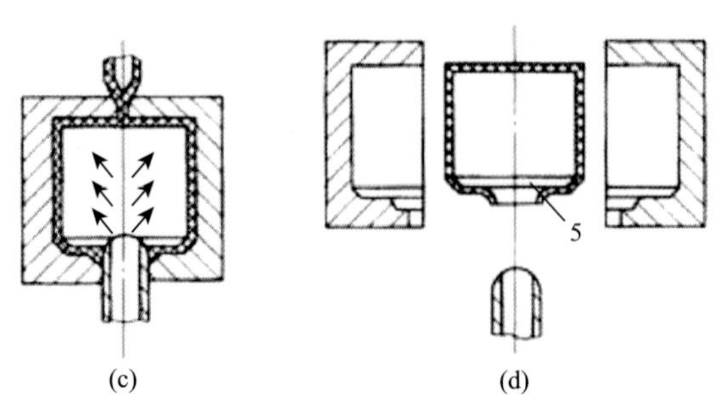


图 3-10　挤出吹塑原理示意图

1. 挤出机机头；2. 吹塑模；3. 型坯；4. 压缩空气吹管；5. 塑件

（3）芯棒把型坯置于吹塑模之间，合模，接着将压缩空气通过芯棒中间吹入型坯内，吹胀使之贴紧模壁，然后使之冷却；

（4）开模，芯棒转至脱模位，将吹塑件取出之后，芯棒再转入注射位循环。

注射吹塑的过程：吹塑型坯 → 注塑模开模转至吹膜工位 → 合模吹塑及冷却 → 旋转至脱模位取件 → 型坯（图 3-11）。

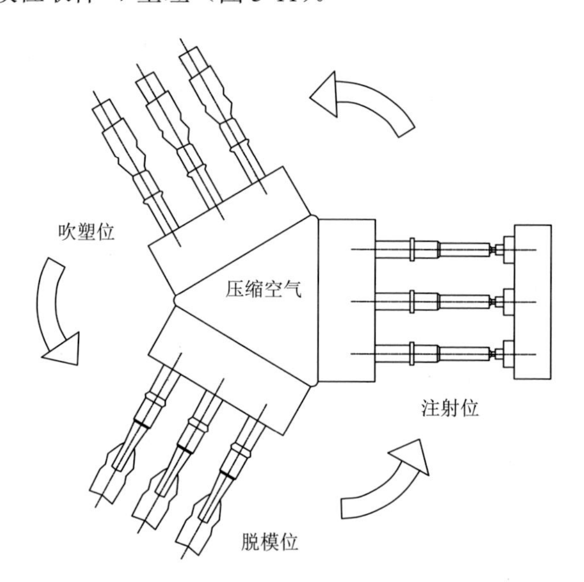


图 3-11　注射吹塑原理示意图

注射吹塑优缺点如下：

优点：制品强度相对较高，精度高，容器上不形成接合缝，不需要修整，吹塑件透明度及表面光洁度较好，主要运用于硬质塑料的容器与广口容器。

缺点：设备造价很高，能耗大，一般只成型容积比较小的容器（500 mL 以下），不能成型形状复杂的容器，难以成型椭圆形制品。

无论是注拉吹塑或注拉吹、挤拉吹塑，都分为一次成型及两次成型法工艺，一次成型法自动化程度高，型坯的夹持及转位系统要求精度高，设备造价高。一般大多数厂家都使用两次成型法，即通过注塑或挤出先成型型坯，再将型坯放入另一台机械（注吹机或注拉吹机）吹出成品，生产效率较高。

**4. 吹塑产品设计**

1）设计概论

吹塑制品广泛应用于各个行业，尤其是饮料及药品包装业得到大量应用，玩具业应用也很广泛。

（1）棱角处做圆角过渡。

一般，吹塑制品的拐角、棱角处都要做成圆角过渡，因为尖角处的吹胀比较大容易造成壁厚不均匀，另外锐角处也容易产生压力开裂，圆角过渡可使制品壁厚均匀。

（2）增加抗压、抗拉、抗扭方面的结构设计。

随着制品要求不同，也可增加一些抗压、抗拉、抗扭方面的结构设计：

（ i ）若要使制品增加纵向抗压力，可沿受力方向设计一些加强筋；

（ ii ）若要改善制品的抗瘪陷性能，可将表面设计成利于受力的弧状结构并辅以加强筋，瓶类制品肩部要斜一些，不能太平直。

一般瓶底做成内凹形状增加强度及放置稳定性。例如，人们通常见到的盛装食用油的瓶子，表面常常有一些凹凸的形状，除可增加瓶体强度外，也有利于贴商标等。

2）吹塑材料要求及介绍

吹塑技术之所以发展及应用如此广泛，与吹塑材料的发展是相辅相成的。吹塑材料已由最初的低密度聚乙烯（LDPE）、PET、PP 及 PVC 制品逐渐发展出可以吹塑的工程塑料、橡胶，以及一些复合材料。

（1）各种吹塑对胶料的特殊要求。

（ i ）挤出吹塑。

挤出吹塑是在黏流态下进行的，所以为减少型坯垂伸，优化壁厚分布，通常使用分子量较大的塑料。

（ ii ）注射吹塑。

注射吹塑是在高弹态下进行的，为减少注塑型坯能耗，使用一些易于流动的塑料（分子量较小的塑料）。

（iii）注射拉伸吹塑。

注射拉伸吹塑一般使用非结晶塑料，因为其分子间缠结力较小，更易于拉伸。虽然 PET 也结晶，但其结晶速度相当慢，仍是最主要的注射拉伸吹塑材料。总之，吹塑级塑胶绝大部分具有中等至较高的分子量分布。

（2）吹塑材料种类。

（i）聚烯烃类。

HDPE、线型低密度聚乙烯（LLDPE）、LDPE、PP、乙烯-乙酸乙烯酯共聚物（EVA）一般用于吹塑工业用制品、容器及玩具配件、化学药品的储存容器等。

（ii）热塑性聚酯。

聚对苯二甲酸乙二醇酯-1, 4 -环己烷二甲醇酯（PETG）、PETP主要用于吹制碳酸饮料包装瓶、酒瓶等，已逐步取代PVC而被广泛应用，缺点是成本较高，主要用于注拉吹。

（iii）工程塑料（合金）。

ABS、苯乙烯-丙烯腈共聚物（SAN）、PS、PA、POM、PMMA、PPO等已被逐渐应用在汽车、医药、家电、化工等行业，尤其是PC及其共混塑胶（PC/ABS等），可吹制高档的容器及汽车用品。

（iv）热塑性弹性体。

通常有苯乙烯-丁二烯-苯乙烯嵌段共聚物（SBS）、氢化苯乙烯-丁二烯嵌段共聚物（SEBS）、热塑性聚氨酯弹性体（TPU）、TPE等，而热固性塑料、硫化橡胶及交联PE是不能进行吹塑加工的。

3）吹塑模具及主要辅件设计要点

模具通常只有型腔部分，没有凸模，模具表面一般不需要做硬化处理，型腔所承受的吹胀压力比注塑要小很多，一般为0.2～1.0 MPa（表3-1），造价较低。

**表3-1 常见塑料吹塑吹气气压**

| 种类 | 气压/MPa | 种类 | 气压/MPa | 种类 | 气压/MPa |
|---|---|---|---|---|---|
| HDPE | 0.4～0.7 | PS | 0.3～0.7 | PC | 0.5～1.0 |
| LDPE | 0.2～0.4 | 硬PVC | 0.5～0.7 | PMMA | 0.3～0.6 |
| PP | 0.5～0.7 | ABS | 0.3～1.0 | POM | 0.7～1.0 |

（1）模具材料。

模具通常使用铝合金制造，而对于有腐蚀性的胶料，如PVC和POM，也使用铍铜或铜基合金。对于寿命要求较高的模具，如吹塑工程塑料ABS、PC、POM、PS和PMMA等，需用不锈钢来制作。

（2）模具设计要点。

（i）分型面。

分型面一般要放置在对称面上，减小吹胀比。例如，椭圆形制品，分型面在长轴上；巨型制品，则通过中线。

（ii）型腔表面。

对于PE料应稍微有点粗糙，采用幼砂作为型腔表面，有利于排气；而其他塑料（如ABS、PS、POM、PMMA和PA等）的吹塑，模具型腔一般不能喷砂，可在模具型腔分型面处做排气槽，或在型腔上做排气孔，一般型腔上的排气孔直径为$\Phi$0.1～0.3 mm，长度为0.5～1.5 mm。

（iii）型腔尺寸。

型腔尺寸的设计要考虑塑料的收缩率，具体可以参考常见塑料收缩率。

（iv）切断刃口和尾料槽。

一般，对于吹塑工程塑料及较硬质的塑料，切断刃口处要用耐磨性好的材料，如用铍铜、不锈钢等来制造。而对于LDPE、EVA等软质塑料制品，一般铝合金就可以了。

切断刃口要选择合理的尺寸，过小会降低接缝处强度，过大则无法切断及分型面处夹口大，而在切断刃口下方开尾料槽，尾料槽处设计成夹角，切断时可将少量熔体挤入接合缝，从而提高接合缝处强度。

（v）注射吹塑模具。

设计不同于挤出吹塑，主要区别是，注射吹塑模具不需要切断刃口及尾料槽。注射吹塑制件的型坯设计非常重要，其直接关系到成品品质。

（vi）注射吹塑模具——型坯设计原则。

a. 长径长≤10∶1；

b. 吹胀比3∶1～4∶1（制品尺寸与型坯尺寸的比值）；

c. 壁厚为2.0～5.0 mm；

d. 按照制品的形状，在吹胀比大的地方壁厚要厚，而在吹胀比小的地方壁厚要薄一些；

e. 对于椭圆比大于2∶1的椭圆形容器，芯棒需要设计成椭圆形，对于小于2∶1的椭圆形容器，圆形芯棒就可以成型。

（vii）吹气杆设计。

吹气杆的结构根据模具结构及制品要求而定，一般进气杆孔径的选取范围是（$L$为容积）：

$L$＜1 L：孔径$\Phi$1.5 mm；

4 L＞$L$＞1 L：孔径$\Phi$6.5 mm；

200 L＞$L$＞4 L：孔径$\Phi$12.5 mm。

### 3.1.3　吹塑成型影响因素分析

1）吹塑产品纵向壁厚不均匀

产生原因：

（1）型坯自重下垂现象严重；

（2）吹塑制品纵向两个横截面直径相差太大。

解决措施：

（1）降低型坯熔体温度，提高型坯挤出速度，更换使用熔体流动速度较低的树脂，调整型坯控制装置；

（2）适当改变制品设计，采用底吹法成型。

2）吹塑产品横向壁厚不均匀

产生原因：

（1）型坯挤出歪斜；

（2）模套与模芯内外温差较大；

（3）制品外形不对称；

（4）型坯吹胀比过大。

解决措施：

（1）调整模口间隙宽度偏差，使型坯壁厚均匀，闭模前，拉直型环；

（2）提高或降低模套加热温度，改善模口内外温度偏差；

（3）闭模前，对型坯进行预夹紧和预扩张，使型坯适当向薄壁方向偏移；

（4）降低型坯吹胀比。

3）吹塑产品表面出现橘皮状花纹或麻点

产生原因：

（1）模具排气不良；

（2）模具漏水或模具型腔出现冷凝现象；

（3）型坯塑化不良，型坯产生熔体破裂现象；

（4）吹胀气压不足；

（5）吹胀速度慢；

（6）吹胀比太小。

解决措施：

（1）模具型坯进行喷砂处理，增设排气孔；

（2）修理模具，调整模具冷却温度到“露点”以上；

（3）降低螺杆转速，提高挤出机加热温度；

（4）提高吹胀气压；

（5）清理压缩空气通道，检查吹气杆是否漏气；

（6）更换模套、模芯，提高型坯吹胀比。

4）吹塑产品容积减小

产生原因：

（1）型坯壁厚增大，导致制品壁增厚；

（2）制品收缩率增加，导致制品尺寸缩小；

（3）吹胀气压小，制品未吹胀到型腔设计尺寸。

解决措施：

（1）调节程序控制装置，使型坯壁厚减小，提高型坯熔体温度，降低型坯离模膨胀比；

（2）更换收缩率小的树脂，延长吹气时间，降低模具冷却温度；

（3）适当提高压缩空气的压力。

5）吹塑产品轮廓或图文不清晰

产生原因：

（1）型腔排气不良；

（2）吹胀气压低；

（3）型坯熔体温度偏低，物料塑化不良；

（4）模具冷却温度偏低，模具有“冷凝”现象。

解决措施：

（1）修理模具，型腔喷砂处理或增设排气槽；

（2）提高吹胀气压；

（3）适当提高挤出机及机头加热温度，必要时添加适量的填充母料；

（4）把模具温度调高到露点温度以上。

6）吹塑产品飞边太多、太厚

产生原因：

（1）模具胀模，锁模力不足；

（2）模具刀口磨损，导柱偏移；

（3）吹胀时型坯偏斜；

（4）夹坯刀口处逃料槽太浅或刀口深度太浅；

（5）型坯充气启动过早。

解决措施：

（1）提高模具锁模力，适当降低吹胀气压；

（2）修理模具刀口，校正或更换模具导柱；

（3）校正型坯与吹气杆的中心位置；

（4）修整模具，加深逃料槽或刀的深度；

（5）调整型坯充气时间。

7）出现过深的纵向条纹

产生原因：

（1）模口处肮脏；

（2）模套、芯边缘有毛刺或缺口；

（3）色母料或树脂分解产生深色条纹；

（4）过滤网穿洞，物料混入杂质沉积在模口。

解决措施：

（1）用铜刀清理模口；

（2）修整模口；

（3）适当降低温度，更换分散性好的色母料；

（4）更换过滤网板，使用干净的边角料。

8）成型时型坯被吹破

产生原因：

（1）模具刀口太尖锐；

（2）型坯有杂质或气泡；

（3）吹胀比过大；

（4）型坯熔体强度低；

（5）型坯长度不足；

（6）型坯壁太薄或型坯壁厚薄不均匀；

（7）容器在开模时胀裂（放气时间不足）；

（8）模具锁模力不足。

解决措施：

（1）适当加大刀口的宽度及角度；

（2）使用干燥原料，将潮湿原料烘干后使用，使用清洁原料，清理模口；

（3）更换模套、模芯，降低型坯的吹胀比；

（4）更换合适的原料，适当降低熔体温度；

（5）检查挤出机或储料缸机头的控制装置，减少工艺参数变动，增加型坯的长度；

（6）更换模套或模芯，加厚型坯壁，检查型坯控制装置，调节模口间隙；

（7）调整放气时间或延迟模具启模时间；

（8）提高锁模力或降低吹胀气压。

9）吹塑制品脱模困难

产生原因：

（1）制品吹胀冷却时间过长，模具冷却温度低；

（2）模具设计不良，型腔表面有毛刺；

（3）启模时，前后模板移动速度不均衡；

（4）模具安装错误。

解决措施：

（1）适当缩短型坯吹胀时间，提高模具温度；

（2）修整模具，减少凹槽深度，凸筋斜度为1∶50或1∶100，使用脱模剂；

（3）修理锁模装置，使前后模板移动速度一致；
（4）重新安装模具，校正两半模具的安装位置。
10）吹塑制品质量波动大
产生原因：
（1）型坯壁厚突然变化；
（2）掺入的边角回料混合不均匀；
（3）进料段堵塞，造成挤出机出料波动；
（4）加热温度不均匀。
解决措施：
（1）修理型坯控制装置；
（2）采用好的混料装置，延长混料时间，必要时减少边角回料的用量；
（3）去除料口处结块物；
（4）降低料口处温度。

## 3.2 旋转模塑成型

整体一次成型大型、复杂的塑料制品，传统的高分子材料模塑成型无法实现[8]。然而，旋转模塑成型（简称旋塑成型）作为大型塑料制品的一种成型工艺方法，是塑料成型工艺的一个重要分支。旋塑成型工艺的出现及发展让大型塑料制品整体一次成型成为可能。例如，浙江省东阳市海鹰包装有限公司已经成功利用旋塑技术制作了微型电动汽车覆盖件[9]。中国第一汽车集团有限公司杨兆国等[10]首次成功制作了旋塑燃油箱。吉林大学材料科学与工程学院梁策等[11]首次生产出卡车翼子板实验件。吉林大学张华团队[12]基于机械共混技术，成功应用旋塑成型工艺加工制造了汽车挡泥板实验样件，经测试可实现其应用功能。笔者所在的北京化工大学高分子材料先进制造创新团队依据旋塑成型工艺的优势——适合制备大型及超大型中空塑料制品，于 2011 年北京化工大学-旭日滚塑研发基地成功开发出新能源汽车全塑车身旋塑成型工艺及装备旋塑成型技术应用于整体式汽车外壳的一次成型，极大减轻了车身的质量[13]。其中，为了提高车身成型精度，笔者的研发团队创新开发了旋塑成型设备的温度场 CAE 模拟分析方法[14]、旋塑车身成型加热时间数值计算、旋塑车身成型过程无线测温[15]、数控点压渐进成型等技术。此外，为了控制车身制品的收缩率和机械性能达到设计要求，还创新性地提出纤维增强微分发泡超轻汽车车身旋塑成型方法[16]。这些先进制造技术为汽车轻量化塑化车身整体旋塑成型提供了更高的技术保障[17]。随着旋塑成型技术的发展，注塑、吹塑、挤塑等工艺无法完成的全塑车身整体一次成型，可以通过旋塑成型技术来实现。由于旋塑成型过程是低压成型，可以实现封闭的平行双壁的中空制品的最佳工艺，因此，类似车身等具有内外壳体的中空制品是整体一次旋塑成型的最好对象[18]。旋塑成型可实现复杂大型塑料制品由多种材料、多层结构成型等特点。并且旋塑成型是成型各类承受重载的嵌件的最好方法之一，属于附加值较高的加工工艺。

然而，我国的旋塑成型技术与发达国家相比差距仍然较大，旋塑制品加工制造企业大多数生产精度要求不高的包装容器和塑料家具，这类旋塑制品对旋塑设备的加工精度、自动化程度和能耗要求不高，以自制的或简单的明火直烧/半明火直烧旋塑设备为主。采用传统的明火摇摆式旋塑成型设备无法实现全塑车身的精度要求[18]；但若采用精度较高的烘箱式旋塑设备整体一次成型全塑车身，其烘箱直径需要达 5.5 m 以上，如此大尺寸规格的烘箱式旋塑设备国内尚不能生产，并且加工如此大型、高精度的旋塑模具也是一大难题。目前，国内旋塑设备生产厂家制造的旋塑设备大多数停留在对国外现有机型的简单仿制阶段。因此，若我国拟基于旋塑成型技术开发一次成型制造全塑车身的研究，并实现微型全塑车身的产业化推广应用，就应积极加快对旋塑设备、模具及工艺的研究，建立先进的、完整的旋塑成型技术上、中、下游产业链系统。如果通过突破旋塑成型技术实现制造整体全塑汽车车身，不仅会大幅度降低汽车车身的制造难度，而且可提升旋塑装备、模具及其工艺技术，更能拓宽旋塑成型技术的应用领域。

### 3.2.1 旋转模塑成型原理

旋塑成型技术是顺应高端大型塑料制品的市场需求而出现的特种高分子制品模塑成型技术。该项技术适用于模塑表面纹理精细、形状复杂的大尺寸及特大尺寸中空制品，且所加工制造的产品具有壁厚均匀、尺寸稳定、无残余应力、无成型缝、无边角废料等优点。因此，该成型方法具有非常广泛的应用前景。

旋塑成型是一种在高温、低压条件下对中空塑料制品的成型工艺方法，从第一项旋塑成型技术专利的提出到目前已经有上百年的历史。但直到 20 世纪 60 年代，适用于旋塑成型的聚乙烯（PE）粉末出现，才使得旋塑产业得到较快发展[19]。西方等经济技术较发达的国家在 20 世纪 70 年代便开始广泛将旋塑成型技术应用到大型制品的制备过程中，因此，欧洲各国、美国及日本等在推进旋塑成型的工业化道路上更早地迈出了第一步。到了 20 世纪 90 年代，旋塑成型在我国也开始了工业化道路的实施，尤其是在近年旋塑工业得到了较为迅速的发展[20]。

旋塑成型过程包括填充聚合物、加热、冷却、脱模四个阶段，具体如下：

（1）将依据科学计算后所需的热塑性工程塑料进行称量和预处理，以粉料或者液体的形式注入旋塑模具的型腔中。

（2）将旋塑成型装置置于加热室中，对旋塑模具进行加热。在对旋塑模具加热的过程中，同时对内外轴（也称主副轴）按照一定的旋转速比进行旋转，使所有的粉料黏附并固化在旋塑模具型腔的内表面上。

（3）将旋塑模具从加热室移置于冷却室内，使得旋塑模具型腔内的热塑性粉料冷却到能够定型的温度。在此过程中需要依据物料的流动性能和制品的结构形状设置精确的冷却时间和冷却条件，并且旋塑成型装置需要保持不断旋转。

（4）设置旋塑成型装置内外轴转速，使旋塑成型装置位于设定的开模位置，打开旋塑模具，取出制品，并定型处理（可根据制品的结构复杂程度设计是否需要做定型处理）。

整个旋塑成型原理如图 3-12 所示。

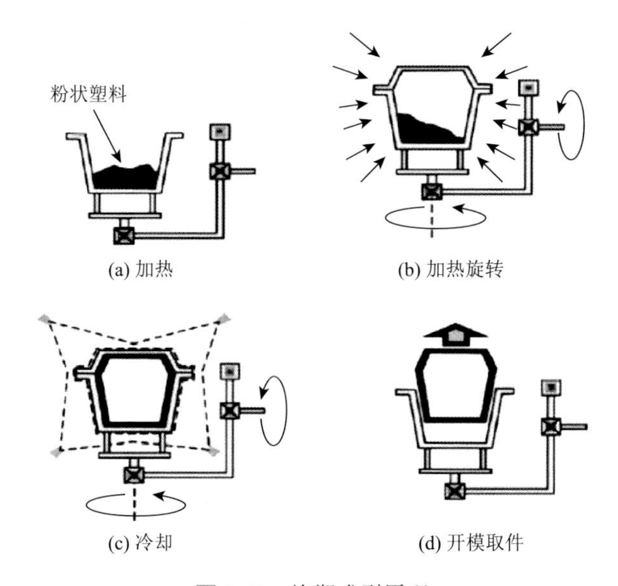


图 3-12　旋塑成型原理

旋塑成型主要用于制造大型的塑料制品，如家具、皮划艇、军用包装箱等[21]。旋塑成型工艺是一种独特的成型中空塑料制品的工艺方法，若将机电一体化、高分子材料及自动控制等领域的先进制造技术应用于旋塑成型，便可实现精确地控制成型工艺参数，以加工大型的高端塑料产品。

近几年旋塑成型技术的应用发展非常迅速[22]。目前的旋转模塑成型设备、模具及工艺技术相比于其他塑料成型方法还比较落后，存在成型周期长、能源消耗大的问题，在很大程度上制约了旋塑技术在高分子材料成型领域的广泛应用。

然而，进入现阶段的智能化工业制造时期，制约旋塑成型技术发展的除了其专用料的批量生产外，更主要的是旋塑成型装备、模具及工艺的精确化控制和自动化程度发展缓慢，从而使高精度的大型塑料制品产业化应用难以实现。

当针对已确定的旋塑制品选定材料后，根据制品的形状及使用要求，设计并选择旋塑设备、旋塑模具、工艺参数极为重要[23]。因为控制旋塑成型技术的核心是：通过高精度的旋塑设备和模具、设计合理的旋塑成型工艺来控制旋塑成型过程中的温度参数和成型时间[24]，从而精确控制产品的精度。

**1. 旋转模塑成型原料**

由于旋塑成型工艺过程中存在着复杂的流固耦合和热力耦合现象[25]，物料的熔体流动速度、颗粒大小、颗粒形状对旋塑制品的精度和强度都有非常重要的影响[26]。

正是由于旋塑成型工艺对物料的依赖性非常强，造就了旋塑成型可供选择的原料范围非常窄。前期的旋塑成型技术在很大程度上局限于适用于旋塑成型的专用原料非常少，且供应不足，造成了旋塑产业发展缓慢。旋塑成型主要采用的原材料是半结晶的热塑性塑料，目前旋塑成型大批量产业化应用的原料以聚乙烯及改性聚乙烯为主[27]。聚乙烯是世界上最主要和用量占绝对主导地位的旋塑专用树脂[28]，因为其优良的耐冲击性、化学稳定性、高温分解性及较好的流动性备受旋塑成型技术领域青睐[29]。在某些特殊产品领域也使用其他工程塑料。在旋塑成型加工制造领域，根据原料使用量的多少将旋塑树脂排序为：聚乙烯及其改性料的使用量是最大的，中国的旋塑制品使用 LDPE 的比例达到95%，美国使用的比例也占到 65%[30]；聚氯乙烯占 3%；尼龙及其改性料占有量小于 0.5%；聚丙烯占有量小于 0.5%；聚碳酸酯占有量小于 0.2%；含氟聚合物占有量小于 0.1%。

随着特殊应用领域和高精端旋塑制品的需求，目前国内外相关研究者开展了许多旋塑原料的技术研究。例如，美国雪佛龙菲利浦化学公司所生产的交联聚乙烯“Marlex CL-100”和“Marlex CL-50”成为多家旋塑原料生产厂家借鉴的标准[21]。加拿大的 J. Olinek 和美国的 Jim Throne 等通过大量的实验研究，探索了聚乙烯高聚物粒子的流动方式及其影响因素[31]。Sachin Waigaonkar 等[32]基于逼近最优解的选择次序的技术，发明了一种多属性树脂选择程序，此种程序可协助工作人员迅速选择确定适合所需制品需求的合适原料。我国青岛化工学院的邱桂学、大庆石化公司的林洋等，也开展了 LLDPE、HDPE 和交联聚乙烯（XLPE）等改性旋塑专用原料制备工艺的研究[33]。为了满足旋塑制品在一些特殊、极端环境下的使用，也常常在原料中加入一系列添加剂，如用于旋塑成型的特种添加剂——UV[34]。UV 添加剂主要适用于防老化的高抗紫外线产品。例如，UV10 等级可用于军用包装箱阻燃产品和电动汽车车壳；UV16 等级可满足20 年以上的户外大型塑料制品等。此类塑料制品大部分工作时间是在强烈的日照下，应用旋塑成型加工长期在日照环境下使用的全塑车身类产品，完全可以满足其环境使用要求。

### 2. 旋转模塑成型设备

旋转模塑成型设备（简称旋塑设备）是顺应大型高端塑料制品的需求而发展的大型模塑装备，因此近几年旋塑装备技术得到了较为迅速的发展。常用的旋塑设备有摇摆式旋塑机，主要用于生产制造大型长条形制品；蚌式旋塑设备，属于早期的产品，主要采用明火直烧的方式，用于生产制造对精度要求不高的制品；穿梭式旋塑设备，主要用于生产制造大型圆柱形制品，如储罐、容器等[35]；烘箱塔转式旋塑设备，是将加热室、冷却室和转合模工位分开设置，便于精确控制不同工序的参数，主要用于生产制造规格统一的大批量产品[36]。

由于旋塑成型技术一直以来主要用于加工制造精度要求不高的大型娱乐设施、容器类产品，这些产品对旋塑成型装备的自动化程度和精确控制技术需求并不迫切[37]。此外，由于旋塑成型装备属于大型装备（烘箱式设备直径可达 6.5 m，摇摆式设备长度可达 13 m），占地面积大，一旦安装，后续可改进性很低，只能做局部结构的优化，因此该项技术在高分子制品加工制造领域应用推广较为缓慢。国外和我国对旋塑成型技术的研究关注点有很大差异。国外注重加热方式和能源种类的选择，例如，Ahlgren 等主要是基于节能率和可控性开展电加热形式在旋塑设备上的应用研究；Yogesh 的团队基于微波加热方式，提升旋塑设备的经济性和清洁生产；McDowell 等主要是基于红外加热方式，探索陶瓷类基材应用于旋塑成型加热系统，以提高设备的能效利用率；Mario 基于导热油技术和电加热技术，开展旋塑设备的快速升温和冷却应用技术研究。而国内研究者的主要关注点是提升旋塑设备的机械运动功能，主要开展机械臂的动力分配[38]、齿轮传动系统的保护、模架车身的传动机构[39]等方面的研究。

虽然上述不同研究团队的着眼点存在差异，但都有着共同的研究趋势，即用清洁干净的烘箱式热气流加热方式替代原始的明火直烧/半明火直烧方式。采用烘箱式热空气对流方式的旋塑设备主要由加热系统和支架系统组成。典型的烘箱式旋塑设备工艺原理如图 3-13 所示。

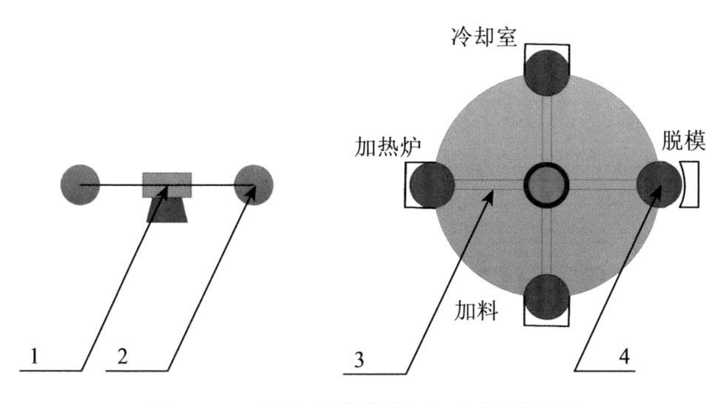


图 3-13　烘箱式旋塑设备工艺原理图

1. 旋塑成型机；2. 模具；3. 主轴；4. 次轴

20 世纪初期，我国的旋塑成型设备与发达国家相比差距仍然较大。国内的旋塑设备缺乏自主创新，针对旋塑设备的科学设计和理论研究就更为少见了[40]。更严重的是，这种缺乏科学理论指导加工制造的设备性能不稳定，危险系数较高，存在极大的安全隐患。然而近几年，随着对高精度大型塑料制品的需求，旋塑设备技术发展迅速，发展速度甚至高于整个塑料装备制造领域的平均值，并且对设备的科学理论设计需求也越来越迫切[41]。但国内外开展旋塑设备研发的团队并不多，只有不多的几个研究团队在开展相关的研究工作，主要研究热点是尝试整合机电一体化技术、自动控制技术和计算机技术，以解决传统旋塑设备存在的烘箱空间利用率低、密封性能差、热能利用率低、自动化程度低等问题[42]，避免成型制品时效率低、劳动强度高、制品统一性差等问题。例如，意大利旋塑设备制造商普利威尼（Polivinil）公司推出了一种装配有智能化元件，可实时检测和传输多个温度参数的旋塑设备，但也仅是推出了样机，并未被广泛应用[43]。大连理工大学的由枫秋便基于通信技术和自动控制技术设计了基于 PLC 的旋塑设备控制系统。但目前整个高分子塑料装备领域对旋塑设备的研发力量投入还非常缺乏。因此，在新能源汽车产业中引入旋塑车身整体一次成型制造技术，不仅能够突破我国新能源汽车关于塑化车身的研发难点，同时还可促进我国旋塑行业的精密和自动化水平的提高，加快实现车身旋塑成型工业化。

**3. 旋转模塑成型模具**

旋转模塑成型模具（简称旋塑模具）是旋塑成型技术中的关键部件。模具的结构及加工精度对旋塑成型的温度场分布、成型效率[44]和制品质量都有决定性的影响[45]，制品的多样性造就了旋塑模具相比于旋塑成型主机设备的发展要快一些。旋塑成型模具与其他塑料制品成型模具相比最大的特点是模具壁较薄，在成型制品时主要通过模具将热量传导给粉末原料[46]。理论上，旋塑模具越薄，模具的传热效率就越高[47]。但是考虑到模具自身的强度和刚性需要，以及制品的尺寸精度控制，旋塑模具不宜做得过薄。在旋塑成型领域，针对旋塑模具技术的研究几乎都与旋塑工艺的研究息息相关[48]。例如，Shih-Jung Liu 和 Kwang-Hwa Fu 通过在模具上设计散热片，并设计实时采样技术对模具表面温度进行采集修正，使得模具的受热更加均匀，缩短制品的成型周期[49]；M. Z. Abdullah 团队结合湍流技术，提出模具表面增强技术，可缩短成型周期 25%[50]；周建忠等对不同模具表面结构形式开展了有限元分析，主要研究模具表面结构形式对制品受热和冷却的影响[51]。

旋塑模具按材料分，应用最广泛的主要为钢模和铝模，但都尚无针对性的加工制造方法可直接用于加工导热性高、精度高的旋塑模具。当然，在特殊加工制造行业，还有其他类型的很多旋塑模具，包括铜合金铸造模、玻璃钢模、橡胶模等，但都应用较少。

旋塑钢板模具又包括碳素钢模具和不锈钢模具两大类，目前以手工制造为主，但采用手工制造的模具质量精度低、互换性差[52]。旋塑钢板模具一般选厚度为 2～3 mm 的普通钢板及其他辅材，制作过程中首先通过手工测量放样，并根据实际结构分割焊接制作，钢板需加热并贴合模种打造，最后经过组装焊接成型、校正修复、打磨抛光、焊接模架而成。此种工艺制备的旋塑钢板模具适合制造产品结构简单、大型或特大型、单一的薄壁中空产品。但采用此类模具加工制造的塑料产品尺寸、形状精度不高，且制造人工成本高、周期长。

旋塑铝模具则适合模塑成型尺寸和形状难度系数较高的旋塑产品。相比于旋塑钢板模具，铝模具的使用寿命长，产品适用范围广，所成型的产品合模线精细、表面光亮度高、平整度及流线圆滑顺畅。一般对尺寸精度、表面质量要求高的可采用铝模具。旋塑铝模具一般采用锻铝［采用 6061T6 航空专用铝型材，铝块计算机数控（CNC）双面加工］和铸铝（采用国标 A356 特殊铸造，成型后采用 CNC 单面加工）工艺。无论是采用锻铝或是铸铝工艺，两种工艺方法都需要完成模块 CNC 加工、错工装配、模具型腔打磨抛光、焊接模架四大工序。对于尺寸精度要求较高的旋塑模具，一般采用铸锅模具。但旋塑铸造铝模具加工流程极为复杂：需要四大工序、12 个制作过程、27 道小工序、10 道检验过程，共计耗用 600～2000 个工时。

传统的旋塑模具加工制造方法不仅不能满足高精度制品成型的需要，而且加工制造工艺复杂、成本高，通过旋塑模具技术人员的不断摸索创新，近年来出现了较多的 CNC 钢板模具和薄铝板模具。关于 CNC 薄壁金属类模具的成型方法，主要借鉴国内外已经和正在开展的金属板材数控点压渐进成型技术[53]。开展该领域研究的国家主要有日本、韩国、加拿大和意大利[54]，自 1994 年日本的松原茂夫初步提出了数控点压渐进成型法至今，也就 30 年的时间，该项技术便在全世界迅速发展[55]。例如，韩国的研究团队基于剪应力在渐进成型板材变形中起的决定作用，采用两次成型、螺旋进给方式进行加工[56]。美国、日本及中国多家研究机构都使用有限元方法对渐进成型中所存在的独特的平面应变现象进行了数值计算[57]，描述了铝板在渐进成型过程的变形现象[58]。加拿大的 E. Hagan 等对 Al3003 板在渐进成型后的材料力学性能变化进行了研究[59]。也有研究团队通过多道次路径规划的方法[60]，对板材渐进成型中的回弹现象进行了有限元模拟和实验研究[61]。此项关于薄壁金属板材回弹现象的研究对于指导旋塑薄壁模具 CNC 渐进点压成型意义重大[62]，因为旋塑薄壁模具尺寸大，反弹现象尤为严重[63]。

国内有几家研究院所也先后开展了薄壁金属板材的数控渐进成型研究[64]，其中，哈尔滨工业大学[65]和华中科技大学[66]在这方面取得了系列研究成果。例如，哈尔滨工业大学的王仲仁教授从 20 世纪 90 年代便进行了数控点压渐进成型过程的控制研究，主要研究了基于板材变形的均匀化原则，指导数控渐进成型工艺轨迹的设计。华中科技大学在日本Amino公司研制的板材无模渐进成型机基础上，开发出的数控无模成型机成功应用于黄石的三环集团公司锻压机床[67]。此机型及技术原理也是后来旋塑模具数控点压渐进成型机床的原型。

国内将数控点压渐进成型技术借鉴到制备薄壁旋塑模具是近几年刚兴起的研究热潮，主要以无锡澳富特精密快速成形科技有限公司和温岭市旭日滚塑科技有限公司为代表[68]。CNC钢板旋塑模具相对于普通钢模材料成本较高，但是模具的成型工艺规范可控、模具表面质量和使用寿命都大幅提高。CNC钢板旋塑模具的厚度一般为3～4 mm，铝板的厚度为2.5～3 mm。这类模具的成型过程经过了点压、旋压、折弯、拼装、焊接、打磨、抛光，模具的表面质量好，材料成本较低，制品在成型过程中热传导更快。

旋塑模具数控点压渐进成型技术属于旋塑成型乃至塑料工业领域的先进制造技术，是顺应大型高分子制品制造企业对高精度、低成本、高效率的需求而发展的。以新能源汽车全塑车身制品为例，应用旋塑成型技术一次成型尺寸如此大的塑料制品，对成型模具的加工周期、质量精度、使用维护、二次修改等都提出了挑战，应用数控点压渐进成型技术分块对模具单元完成加工制造，降低了整体铸造如此大型模具的风险，且对局部模块的二次设计和修改也很方便。

从原理上看，数控点压渐进成型技术可加工任意形状复杂的大型薄壁板材旋塑模具[69]，尤其适用于成型复杂程度和延伸率都比较高的薄壁金属模具。该项技术被广泛应用于旋塑成型领域，不仅提升旋塑模具的成型技术，也将开放旋塑制品的设计思路，推动旋塑成型技术的应用发展。

### 3.2.2 旋转模塑成型工艺过程

旋塑成型工艺主要采用3种加热方式：热空气对流、明火直烧和液体导热[70]。应用最广泛的是热空气对流，因清洁、安全、经济而深受欢迎，尤其适用于薄壁制品，但是这种方法加热周期长，且很难精确控制加热室温度场的分布特性。在热空气对流形式的旋塑成型过程中，一个最显著的特征是旋塑设备的烘箱内时刻都存在运动和变化的热空气，整个工艺过程有大部分时间是处于高温环境下。研究表明，旋塑成型工艺过程中，提高工作效率最有效的参数控制就是控制烘箱内热气流的温度[71]，烘箱内的热气流温度对成型过程中每一步都有关键的影响[72]。

因此，国内外很多学者针对旋塑成型工艺的传热特性展开了一系列的研究。例如，对于不同的旋塑模具结构，在模具表面加工类似钟的导流翅片结构来增加模具表面空气的流动面积，从而提高模具传热和冷却的速率[49]。也针对聚合物材料的吸热、熔化、冷却传热等现象进行了模拟分析[73]。M. P. McCourt等[74]基于计算机模拟分析方法，总结了冷却工艺对旋塑制品的翘曲、收缩的影响。Takács 团队[75]主要研究在旋塑成型原料中添加矿物油来控制成型过程中熔体的黏度和弹性，寻求获得致密性好的旋塑制品。英国伦敦玛丽女王大学的研究团队[76]针对旋塑成型工艺开展了在线测量技术及装备，并已得到验证，该在线测量技术对旋塑成型工艺的探索具有重要的指导意义。为了推动旋塑成型技术在塑料化工领域的应用，制备出质量精度高的大型和超大型中空塑料制品，笔者所在的团队在旋塑成型设备、旋塑成型工艺及旋塑模具应用技术等方面开展了一系列相关研究，并在实际工程应用中取得很好的效果[77]。

目前，相比于其他高分子材料模塑成型技术，全世界针对旋塑成型工艺的研究工作，研究的人员和团队比较少，进展比较缓慢。高分子工业界还普遍认为：提高旋塑设备整个烘箱内的温度就能制备更好的制品，并提高生产效率。然而在实际生产过程中，只需要保证旋塑模具旋转运动的空间区域温度能快速达到工作温度，并保证持续、均匀、稳定的工况，就能在很大程度上提高旋塑成型效率。要想针对不同尺寸、形状及设备实现模具旋转运动区域的精确控温，可对旋塑成型时间参数进行优化分析，对成型工艺过程的热流进行分析，以及对能效利用进行优化分析，从而科学合理地指导设计旋塑成型工艺过程参数[78]。如此可以控制好类似全塑汽车车身整体一次成型制品的工艺过程；也可精确地掌握旋塑制品常见的缺陷，如气泡、气孔、包覆不良、壁厚不均、表面粗糙等现象[79]，对更好地运用旋塑成型工艺成型大型、复杂塑料制品给出参考和指导。

在旋塑成型过程中，温度的分布及其他特性会影响成型工艺的实现，从而最终影响旋塑产品的精度。在旋塑设备结构、模具结构和聚合物原材料一定的情况下，精确设置、控制旋塑成型的温度参数对制品的质量有直接影响。因此，对旋塑成型过程工艺温度的精确监测与控制，是提高设备成型效率，保证制品精度的重要措施。

目前，国内外研究者和旋塑工业领域，主要尝试的温度监测方法是远红外设备和计算机点采集法，用来测量旋塑成型过程中烘箱内部、模具内外表面的温度随时间的变化关系。大部分旋塑成型设备没有设计和配备温度实时监测装置，大部分塑料制品生产商都依据生产制造经验，或烘箱壁上布置的多个热电偶测量的温度值，对旋塑成型工艺进行参数设置。但是，采用此温度特性来研究和描述旋塑模具内物料的温度变化并不准确，经验成分较大。由于不能精确地监测和控制旋塑成型工艺过程中的温度特性，因此很难精确地设置和控制旋塑成型工艺过程中不同阶段、不同位置点的实时温度分布情况，最终导致旋塑成型效率低、能耗大，制品精度不高，旋塑成型原材料类型的选择受限。

实际旋塑成型过程中，模具内部温度的最高点总是滞后于烘箱内部温度的最高点，并随待成型产品的结构、质量和模具的结构不呈规律变化。国内外已有相关研究者针对旋塑设备烘箱内部的温度场分布特性、成型工艺的传热特性开展了相关的研究工作。但是目前的有线测温技术无法实现对旋塑模具表面及内部进行布线测温，所以很难准确地获得模具内部实时的温度数据，无法对旋塑模具内部和物料的温度特性进行准确分析。因此，非常迫切地需要设计一种可实时监测、采集烘箱内部、模具各点处温度分布特性的无线测温装置。

**无线测温装置结构设计** 在设计旋塑成型无线测温装置时，依据旋塑成型的高温工作环境特点，需要研究攻关以下几个难点：

（1）旋塑成型时，旋塑模具和模具架都绕相互垂直的两个轴线进行旋转运动，因此，在模具架和模具外表面处布置有线的热电偶进行测温不可行，只适合对旋塑模具采用无线测温。

（2）在旋塑成型过程中，烘箱内部的温度非常高，一般旋塑成型模具需要在350℃环境下受热，部分产品设置需要在450℃的环境下工作，此环境温度远高于电子元器件正常的工作寿命或工作精度。因此，无法利用现有的温度测量传感器、信息处理技术对其实施在线监测，而且测温装置在如此高温环境下工作时，对无线测温装置的隔热结构和信号稳定输送也是一项需要攻关的技术难点。

（3）旋塑成型设备的烘箱壁一般是采用金属板材和保温棉包覆而成，会因为材料本身的阻挡屏蔽，削弱接收端得到的接收信号。如果单一通过提高无线发射信号的功率，单位时间的耗电成本和电源的空间体积就会增加，从而大大增加了无线测温装置的体积，造成安装和使用的困难。

鉴于以上分析，笔者团队设计的无线测温装置主要结构包括无线测温系统和隔热结构两大部分，其原理图如图3-14所示。

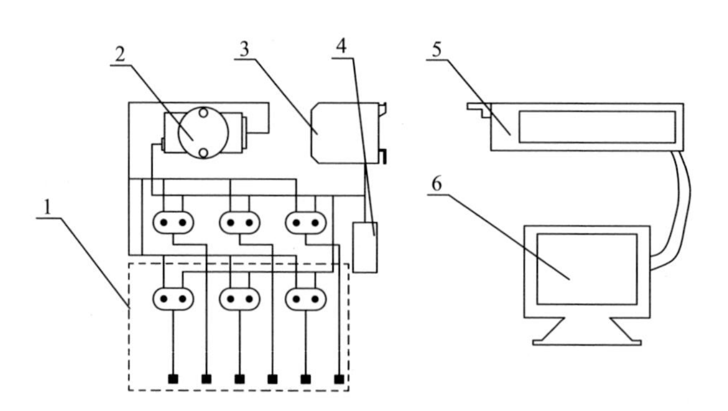


图3-14 旋塑成型设备无线测温装置的设备连线原理图[80]

1. 温度采集模块；2. 信息处理模块；3. FSK射频发射器；4. 电源；5. FSK射频接收器；6. 数据处理系统

其中，无线测温系统主要由温度采集、信息处理、信号发射与接收、数据处理和电源五大模块组成。

温度采集模块的核心是四类 K 型热电偶，主要检测和采集旋塑模具内部物料熔融温度、模具内壁温度、模具外壁温度和旋塑设备烘箱内部温度实时分布值。信息处理模块设计为低耗能模块，因为此模块处于不间断连续工作状态，主要功能是将采集的温度信号进行处理，并通过 A/D 转换器转换为可发射的电信号，然后由无线发射模块传送给无线接收模块，最后由无线接收模块传送到信息处理端进行分析计算。无线发射/接收模块设计有增强型天线，主要针对高温环境下信号的衰减起到增强作用。数据处理终端模块一般单独设计整合在计算机系统或旋塑设备各主机 PLC 控制平台内，主要是对无线测温装置采集的温度信号进行分析计算，并反馈给旋塑设备智能控制系统。无线测温装置结构示意如图 3-15 所示。

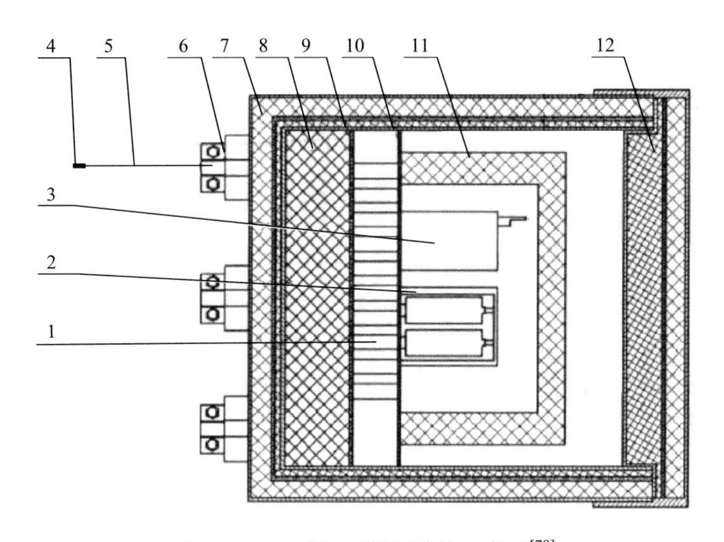


图 3-15　无线测温装置结构示意图[79]

1. 信息处理模块；2. FSK 射频发射器；3. 电源；4. K 型热电偶；5. 热电阻温敏线；6. 接线头；7. 测温仪隔热盒；8. 底层隔热板；9. 采集模块安装板；10. 发送模块安装板；11. 防护罩；12. 测温仪端盖

该无线测温装置具体的实施结构如下：

（1）多个 K 型热电偶、热电阻温敏线、接线头共同组成信息采集模块，接线头排列布置在测温仪隔热盒的底部面板上，用于安装夹紧热电阻温敏线。热电阻温敏线连接 K 型热电偶和信息采集模块，其中 K 型热电偶在旋塑设备中根据测温应用对象分为四类：一类 K 型热电偶用于测量旋塑成型过程中物料的温度变化，被安装在模具内部空间中；一类 K 型热电偶用于测量旋塑成型过程中模具的内壁温度变化，被安装在模具的内壁上；一类 K 型热电偶用于测量旋塑成型过程中模具的外壁温度变化，被安装在模具的外壁上；一类 K 型热电偶用于测量旋塑成型过程中烘箱内部的温度变化，被均匀布置安装在旋塑设备的模具架上。

（2）信息处理模块是无线测温系统的一个核心部件，主要起到对信息进行收集、处理和反馈的作用。首先对烘箱内部的温度进行信号采集，然后将采集的温度信号转变为可无线传输的电波信号，此时无线发射装置将该信号发射到烘箱外并由烘箱外的无线接收装置接收此信号。被接收的信号送至信息处理系统分析处理，处理结果最终反馈至设备智能控制系统。由于烘箱内部温度较高，为了防止安装在无线测温装置内部的信息处理模块在高温环境中工作精度降低甚至被损坏，特设计了一个隔热效果良好的隔热结构，来维持稳定的低温环境，从而保证了无线测温系统的正常运行。

（3）底层隔热板安装在测温装置底部隔热盒的内壁上，采用轻质的低导热系数新型耐高温隔热材料压铸而成，主要用于安装采集模块。整个装置的框架防护罩设计在测温装置隔热盒的内部，采用低导热系数的聚氨酯材料制作而成，用以保护FSK射频发射器与电源。

（4）无线测温装置的主要隔热结构由外壁、耐高温隔热材料、真空隔热板、高分子相变材料、内壁共5层隔温防护结构设计而成。耐高温隔热材料选用导热系数较低的粉末材料（天津南极星隔热材料有限公司ZS-1）压铸而成，在保证设计尺寸参数的前提下，要求实现测温装置在300～400℃的高温环境时，测温装置的内部温度维持在80℃以下。此外，由于相变材料的低导热系数和高储能值，可进一步控制测温装置的内部环境温度低于50℃，保证无线测温系统及元器件的正常工作，其原理如图3-16所示。

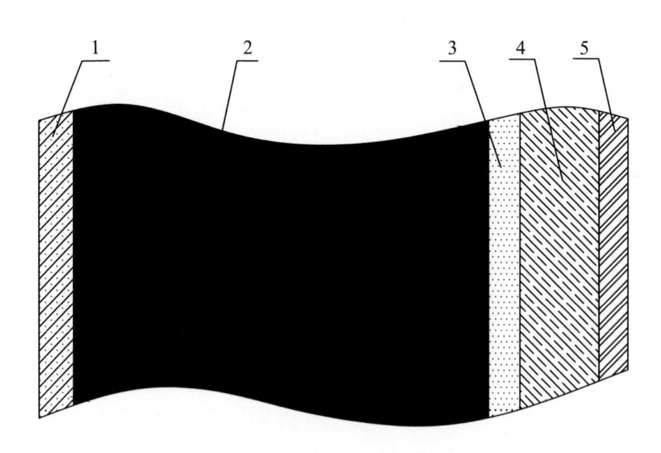


图3-16 无线测温装置隔热结构示意图[80]

1. 测温装置外壁；2. 耐高温隔热材料；3. 真空隔热板；4. 高分子相变材料；5. 测温装置内壁

无线测温装置隔热盒和端盖的结构、材料完全一样，共设计成五层结构。

（1）第一层结构：测温装置外壁，材料选用不锈钢板材加工而成，构成测温仪隔热盒的主体结构。

（2）第二层结构：耐高温隔热材料，选用轻质的低导热系数新型耐高温隔热材料（天津南极星隔热材料有限公司 ZS-1）压铸而成。

（3）第三层结构：真空隔热板，主要将隔热性显著的开孔芯材在真空状态下封装而成，采用芯部隔热材料、芯部封裹材料和真空封裹材料复合而成。

（4）第四层结构：高分子相变材料，利用相变材料的热能储存和控制功能，对无线测温装置的隔热防护功能进行补充增强，采用固-固相态结构，保证物质在相变过程中温度保持恒定。

（5）第五层结构：选用低导热系数的聚氨酯和真空隔热板复合而成，主要作用是压实、支撑相变材料和隔热材料，同时对无线测温装置的隔热防护功能进行补充增强。

整个无线测温装置的元器件如表 3-2 所示。

**表 3-2　整个无线测温装置的元器件清单**[80]

| 序号 | 产品名称 | 产品型号 | 单位 | 数量 |
|---|---|---|---|---|
| 1 | 数据采集模块 | 型号 KL-N4118、8 路输出、4-20MA、RS485 | 台 | 1 |
| 2 | K 型热电偶 | KZWK/K-131 | 个 | 4 |
| 3 | 隔热板材 | 尺寸参考设计图 | 套 | 1 |
| 4 | 无线接收/发送模块 | FC221 | 台 | 2 |
| 5 | 相变微胶囊 | 相变温度为 22℃ | kg | 2.5 |
| 6 | 陶瓷板材 | 尺寸参考设计图 | 个 | 4 |
| 7 | 电池 | 24 V，2000 mA·h | 个 | 2 |
| 8 | 不锈钢箱体 | 尺寸参考设计图 | 个 | 1 |
| 9 | 玻璃纤维布 |  | $m^2$ | 3 |
| 10 | 软件 |  | 套 | 1 |
| 11 | 玻璃胶 |  | 管 | 1 |

**基于旋塑成型的 PLC 智能控制**　旋塑设备智能控制系统的主要研究设计内容：

（1）设计塑料制品成型时间、保温时间控制模块。即针对不同旋塑制品成型时间的不同，需要设计塑料制品成型时间模块、保温时间控制模块。通过 PLC 编程和人机界面的设计，可实现在人机界面上输入各项工艺参数，通过 PLC 对设备的电机、燃烧机、循环风机等进行控制，从而实现制品的定时加热成型和保温。

旋塑成型PLC智能控制主站的工作原理是：380 V交流电通过空气断路器给设备供电，H相线通过互感器和万向开关实时监测电流和电压，并且每路有电源指示灯表示工作状态。加热从站、小车从站和冷却从站也由断路器分别供电并保护。设备主机使用单相供电，在断路器后面接有开关电源为PLC模块供电，PLC直接控制冷却风机、燃烧机和旋塑电机等。

（2）设计燃烧机比例调节控制模块。传统旋塑设备的燃烧机一般是进行两段火控制，或者H段火控制，这种方式会使制品在旋塑成型过程中因模具忽热和忽冷而造成制品壁厚不均、产品尺寸精度低、产品表面质量差等问题。在原先旋塑设备控制系统的基础上，将燃烧机设计成比例调节，可实现燃烧机大小火的自动调节，从而实现节能的目的。

（3）设计旋塑设备传动系统无线控制模块。旋塑设备的传动系统包括：主轴旋转运动、副轴旋转运动、烘箱口传动系统、轨道传动系统等。对旋塑设备传动系统的设计，主要采用西门子（SIEMENS）S7-1200 PLC实现Profinet无线通信，该模块的后续编程性较为完善。控制信号通过无线路由器传输给旋塑设备的转车或者穿梭轨道车控制部分，对转臂内外轴变频电机，转车或穿梭轨道车行走电机进行启动、停止、正转、反转和调速等精确控制。

旋塑设备智能化控制系统的优点如下：

（1）该套系统具有无线模内测温模块，能够对旋塑制品在成型过程中不同阶段、不同点的温度分布特性进行实时监测，并且可使得旋塑成型过程自动化进行，减少对工人经验的依赖，降低企业的用工成本。

（2）该套系统具有塑料制品成型时间、保温时间控制模块，可通过输入制品的成型工艺参数，实现不同制品的加工。该模块具有输入和输出功能，可方便调取不同制品的成型工艺，提高加工制造效率和制品的合格率。

（3）该套系统具有燃烧机比例调节控制模块，可根据测温探头对烘箱内部出风口温度反馈的数据进行燃烧机出火大小的调整，达到节能的目的。

（4）设备所有传动系统采用SIEMENS S7-1200 PLC实现Profinet无线通信，可简化设备的控制线路，使得设备安装方便，并且可实现设备远程故障诊断和维修。

### 3.2.3 旋转模塑成型优缺点分析[81]

1）优点

（1）适合模塑成型大型及特大型制品。绝大多数塑料成型加工工艺，如应用极为广泛的注塑、压缩模塑、挤出、吹塑等，在成型过程中，塑料及模具均处于相当高的压力（压强）之下，因此应用这些成型工艺生产大型塑料制品时，不仅必须使用能够承受很大压力的模具，使模具变得笨重而复杂，而且塑料成型设备也必须设计、制造得十分牢固，机模的加工制造难度相应增大，成本增加。与之相反，由于旋塑成型工艺只要求模架的强度足以支承物料、模具及模架自身的质量，以及防止物料泄漏的闭模力，因此即使对于旋塑大型及特大型塑料制品，也无需使用十分笨重的设备与模具，机模的加工制造十分方便，制造周期短、成本低。从理论上讲，用旋塑成型工艺成型的制件，在尺寸上几乎没有上限。

（2）适用于多品种、小批量塑料制品的生产。由于旋塑成型用模具不受外力作用，故模具简单、价格低廉、制造方便，因而更换产品十分方便。另外，旋塑设备也具有较大的机动性，一台旋塑机既可以安装一个大型模具，也可以安排多个小型模具；不仅可以同时模塑大小不同的制品，而且也可以同时成型大小及形状均极不相同的制品。只要旋塑制品采用的原料相同，制品厚度相当，均可同时旋塑成型，因此旋塑成型工艺较其他成型方法有更大的机动性。

（3）旋塑成型极易变换制品的颜色。旋塑成型每次将物料直接加到模具中，使物料全部进入制品，将制品从模具中取出后，再加入下次成型所需要的物料，因此当需要变换制品的颜色时，既不浪费点滴原料，也不需要耗费时间去清理机器与模具。当在使用多个模具旋塑成型同一种塑料制品时，还可以在不同模具中加入不同颜色的物料，同时旋塑出不同颜色的塑料制品。

（4）适合成型各种复杂形状的中空制品。在旋塑成型过程中，物料被逐渐涂覆、沉积到模具的内表面上，制品对于模具型腔上的花纹等精细结构有很强的复制能力。同时由于模具在成型过程中不受外界的压力，可以直接采用精密浇铸等方法制取具有精细结构的、形状复杂的模具，如玩具、动物模具等。

（5）节约原材料。旋塑制品的壁厚比较均匀且倒角处稍厚，故能充分发挥物料的效能，有利于节约原材料。此外在旋塑成型过程中，没有流道、浇口等废料，一旦调试好以后，生产过程中几乎没有回炉料，因此该工艺对于物料的利用率极高。

（6）便于生产多层材质的塑料制品。利用旋塑成型工艺，只需将合理匹配的、不同熔融温度的物料装入模具中进行旋塑，熔融温度较低的塑料先受热熔化，黏附到模具上，形成制件的外层，然后熔融温度较高的物料再在其上熔融形成制件的内层。或者先将外层料装入模具中经旋塑成型好外层以后，再加入内层料，然后经旋塑制得多层旋塑制品。无论采用哪种方法，均不需复杂的设备即可实现，倘若使用吹塑成型或者注塑成型法制备多层塑料制品，则需要特殊的多层成型机与复杂的模具。

2）缺点

（1）能耗较大。每个旋塑成型周期，模具及模架都要反复经受高、低温的交替变化，因此旋塑成型工艺通常较其他塑料成型工艺能耗要大。为了减少模具反复受热、冷却的能量损失，开发了夹套式旋塑机，用泵将冷、热介质通过特殊的循环系统泵入旋塑模具的夹套中，直接加热、冷却模具。这种设备对于减少模架的能耗有明显效果，但模具反复经受冷、热状态的状况依然存在，因此能量的损耗仍然很大。与旋塑成型工艺能耗大的情况截然相反的特例，是利用尼龙单体己内酰胺旋塑成型尼龙制品。例如，利用己内酰胺直接旋塑尼龙6制件，旋塑成型与聚合过程同时进行，旋塑是在低于尼龙6熔点的温度下进行，又可在较高温度下取出制品，因此旋塑模具的温度不需要在大的温差范围内反复升温、降温。据称利用己内酰胺旋塑尼龙6制品，较利用尼龙6吹塑或注塑成型尼龙6制品，能耗要低得多。

（2）成型周期较长。旋塑成型过程中，物料不经受外力的强烈作用，没有激烈的湍流状态般的运动，仅仅依靠它与模具型腔表面接触过程中逐渐受热熔融而附着于模具型腔表面上。在模具型腔表面被熔融塑料涂布满以后，内面的塑料升温、熔融所需要的热量还需要通过熔融塑料层的热传导，塑料的导热性一般比较差，因此旋塑成型加热时间相当长，通常需要10 min以上，有时甚至要二十几分钟，故整个成型周期也比较长。

（3）劳动强度较大。旋塑成型过程中，装料、脱模等工序不易机械化、自动化，通常采用人工操作，因此劳动强度较吹塑、注塑等成型工艺要大。

（4）制品尺寸精度较差。旋塑制品的尺寸，除了受塑料品种的影响之外，还要受到冷却速度、脱模剂的种类和用量（脱模总效果）等多种因素的制约，旋塑制品的尺寸精度较难控制。因此，旋塑成型只适用于对尺寸精度无特殊要求的塑料制品，如容器、玩具等。

3）局限性

（1）旋塑成型工艺通常仅适合生产中空制品或者壳体类制品（后者常由中空制品剖开而得）。这是由于旋塑成型是依靠装入模内的物料逐渐熔融、黏附到模具的型腔表面而成型的。而塑料（特别是粉状塑料）成型前的表观密度通常较成型以后的要小，因此除了发泡制品以外，利用旋塑成型法是不能制得实心制件的。

（2）旋塑成型工艺不能制备壁厚相差很悬殊的及壁厚突变的制品。这一特点也与旋塑成型是依靠物料逐渐熔融、黏附于模具型腔表面而成型的原理直接有关。要调节制品的壁厚，可以通过改变模具各部件受热（强化或减小）的办法，使制品的壁厚得到适度调整，但由于金属模具的导热性很好，这种调节效果是相当有限的。

（3）旋塑成型工艺难以制备扁平侧面的制品。当模具转动时，物料在扁平处不易停留，容易造成扁平部位制品壁厚太薄，从而降低制品的使用效果。

### 3.2.4　旋转模塑成型制品缺陷分析

旋塑成型工艺对制品质量起着非常重要的作用。当产品设计、模具设计制造完毕后，易导致制品缺陷的模具结构通常不会轻易改变，从成型工艺上来设法解决旋塑制品缺陷就显得比较重要[82]。

研究分析旋塑制品缺陷成因及解决方案，对提高旋塑制品和旋塑模具结构设计技术水平具有重要意义。

**1. 气孔或气洞**

1）成因分析

旋塑成型时模具内的物料在受热过程中，随模具的转动逐渐熔融、流动、黏附在热的模具内表面，模具内部空气受热体积膨胀，气压升高，通过通气孔逐渐向模具外部流动，直至模具内外空气压力平衡，反之亦然。同时，模具型腔内保持着一定压强。在树脂熔融致密化的过程中，滞留在粉末颗粒之间的气体被挤向塑料熔体的自由表面，但由于熔体表面张力的存在，气体不足以脱离熔体表面易形成气泡，从而形成制品内表面的气泡和外表面的气孔，严重情况下形成较大的孔洞[83]。

如果熔体流动性好、模具升温速率慢、模具通气孔通畅，则熔体中的气体可以顺利逸出，反之则熔体中的气体易滞留形成制品缺陷。当模具合模不严，模具加热过程中型腔中的一部分气体会通过合模部位的缝隙向模具外部流动，致使在模具相应部位的产品内部产生气孔或气泡；在模具冷却过程中如果模具闭合不严，可能会因模具内外存在空气压力差，空气会通过合模部位（分型面处）的间隙进入模具内，在制品的外部产生气孔。

孔洞的形成还与粉末颗粒的形状有关。当聚乙烯（PE）粉末颗粒带有细长尾巴或呈毛发状时，在堆积过程中会形成搭桥，滞留较多的空气。特别是在模具的拐角处，粉末的搭桥会导致较大的孔洞形成[84]。

2）解决方案

（1）调整通气管或起相同作用的金属乱丝卷制的长条至模具内部适当距离。通气管一般采用薄壁的金属氟塑料管，其直径由制品尺寸和物料性能决定（一般薄壁制品按每立方米模具设定 10～12 mm 直径）[85]，管子长度根据制品型腔深度应保证其末端伸入到模具型腔中心或到合适位置。为避免模具旋转时树脂粉末从排气口溢出，通气管内要用玻璃丝、钢丝绒、石墨粉等填充。

（2）模具适当缓慢升温、提高炉温（熔融温度）或延长加热时间，确保物料充分熔融和气体排出。

（3）在模具内表面涂覆特氟龙（聚四氟乙烯）涂层替代各种脱模剂，保持模具内部干燥。

（4）如果是嵌件因素影响，可对嵌件及其周围部分区域进行预热。

（5）在产品、模具设计过程中，充分考虑以下有利于消除气泡或气孔的措施：采用熔体流动速度（MFR）较高的物料、采用密度较低的物料、改善模具壁厚均匀性、延长自然冷却时间、延缓喷雾（喷水）冷却、制品上的凸筋或突出部位不宜过窄或过高（对应于模具上的凹槽不能太窄、太深）等。

**2. 树脂包覆不良**

1）成因分析

旋塑制品上一般有许多金属镶嵌件，通过旋塑形成制品上的一部分，以增强制品局部强度。在旋塑时，嵌件相当于模具上的一部分，使得此处模具壁厚增加，嵌件末端不易获得与模具相同的温度，导致嵌件上的树脂包覆不良。尤其是大型嵌件，如果嵌件结构设计不合理，使得嵌件传热性能不良，不能获得与模具相同的温度，更易导致树脂涂覆不均或达不到设计要求，降低嵌件与制品结合的强度。

旋塑成型的转速通常较低，不同于制作铸型尼龙制品的离心浇铸，嵌件相对制品表面太高时出现树脂包覆不良的概率更高一些。

特别指出的是，嵌件不仅就其材料本身而言具有较好的传热性能，其结构也应使嵌件具有较好的传热性能，如空腔不能太大或旋塑时设法用金属封堵大的空腔，在设计大型嵌件时尤其要考虑这一点。

2）解决方案

（1）使嵌件具有良好的传热结构，尽量消除不利于嵌件传热的因素。

（2）在满足旋塑条件和嵌件强度需求的前提下，嵌件相对制品表面高度和体积尽量小。

（3）嵌件上的止转或防拉槽的深度和宽度与旋塑要求相适宜。

（4）旋塑时，视情况对嵌件进行预热会取得比较良好的效果，对大型嵌件尤其有效。

**3. 壁厚不均匀**

1）成因分析

旋塑成型工艺适合成型壁厚相对均匀的中空制品，不容易加工出壁厚突变的制品[85]，投料量的多少决定了制品的平均壁厚，其均匀性与模具本身的结构、旋塑成型工艺有关。

从制品和模具结构来讲，一般在制品内凹的转角部位（模具外凸）厚度较小，在制品外凸的转角部位（模具内凹）厚度较大，但如果制品外凸部位角度过小，易导致物料不能充满模具带来相应的孔洞等缺陷，所以制品不宜有尖角部位，通常用大的平滑圆弧过渡。

塑料的熔融和黏附能力主要与模具温度有关。模具温度高的地方，塑料较易熔融并随模具的转动层层涂覆，黏附树脂会较多，而温度低的部位黏附的树脂相对较少，造成制品壁厚不均。

制品的壁厚还与旋转速度有关。旋转速度不均匀容易造成壁厚不均，而且无规律性，所以一般采用能自动控制的恒扭矩或恒转速的电机来保证主副轴匀速旋转。

当制品某处部位与其他部位壁厚悬殊较大，模具不能修改时，需从工艺角度寻求解决办法。

2）解决方案

（1）将旋塑模具固定在模架上适当的位置，并调整模架的平衡。

（2）主、副轴旋转速度保持比例均衡、速度均匀。

（3）加热炉能保证在各个方向上使模具受热均匀。

（4）加热和冷却过程中都换向一次，换向时要迅速，一般正转、反转时间相同。

（5）在期望制品厚度增大的部位，模具相应部位要进行预热或减小隔热因素的影响；在期望制品厚度减小的部位，模具相应部位上加四氟乙烯板或石棉垫隔热，使熔融物料不易黏附模具或持续堆积，以减小此部位的厚度。此方法还用来把隔热层衬在模具上，使模具内表面无法黏附树脂，期望获得开口部位，但这种方法制得的开口一般不是规整的。

**4. 表面粗糙**

1）成因分析

旋塑制品多数是由1090～1400 μm（12～14目）或者更小粒径尺寸的树脂或液体塑料树脂制成，国内一般用125～550 μm（30～115目）的粉料。如果粒径偏大，当温度偏低、加热时间较短时，旋塑时树脂粉料在规定的时间内不能完全熔融，制品表面易出现麻坑、瘤状凸起、粒状凸起等表面不佳现象。如果粉料中有较大异物混入，此时异物对熔融的树脂来说相当于结晶聚合物冷却结晶时成核剂的作用，当树脂冷却结晶时，在异物存在的地方易呈现瘤状凸起。当树脂粉末颗粒粒径偏小、转速选择不当或转速不均时，也易出现麻坑或粒状凸起等表面不良现象。这是由于较小的树脂颗粒较易积聚，熔融时形成相对较大的树脂团，把部分颗粒包容在其中，周围空间不能有效补充树脂形成，旋塑温度偏低时受各种因素影响时更易出现。

2）解决方案

（1）针对旋塑制品体积大小和结构不同，选择适当粒径大小的粉料。

（2）控制好加热、冷却温度和时间，并保持温度基本稳定。

（3）确定合适的主轴转速和主、副轴转速比，并保持转速均匀。

（4）避免原料中有异物或较大颗粒的相同物料混入。

#### 5. 颜色不均

1）成因分析

塑料树脂暴露在模具型腔的空气中，在高温下软化熔融，本身易氧化变色，树脂中的低分子化合物更是如此。在旋塑有色制品时，如果色粉选择不当（如选择了不耐高温的有机染料致使受热分解，或选择了质量不好的无机矿物颜料），通常都不能够获得令人满意的颜色。脱模剂喷涂过量对制品的彩饰也会产生不良影响。旋塑时模具温度控制不均造成局部温度过高时，表面易呈现蓝色明亮反光现象或局部颜色偏深。模具整体温度偏高时制品颜色偏深偏亮；模具整体温度偏低时，颜色偏浅偏暗，通常都不能达到需求颜色，而且会使同一批制品存在严重色差，影响整批制品外观质量。

2）解决方案

（1）使用能长时间耐高温的无机矿物颜料，粒径比粉料粒径更小，一般为10～20 μm甚至更小。

（2）控制好加热、冷却温度和时间，并保持温度基本稳定。

（3）避免使模具出现各部位加热不均的现象。

（4）尽量不使用脱模剂，如不可避免，要注意适量。

（5）考虑在原材料中使用具有抗老化性能的添加剂。

#### 6. 翘曲变形

1）成因分析

旋塑制品虽然是无压成型，与其他有压成型方法相比，不易翘曲变形，但旋塑制品一般都是形状复杂、壁厚不均匀、不完全对称的，使得制品不同部位间的冷却速率和收缩率不一致，在大的平面和壁厚差别较大的部位产生翘曲变形。PE制品在旋塑成型后收缩率比较大，一般为2%～3%，甚至高达3%～5%，尺寸精度较差，在局部线性尺寸较大的部位其收缩率甚至更高一些。

制品的收缩还与制品成型时的加热温度、冷却定型温度、冷却速度及制品脱模温度等因素有关，这些因素在旋塑成型过程中都不易精确控制。尤其是在制品脱模过程中，许多生产厂家为追求生产效率，制品温度在70～80℃甚至更高时就开始脱模，然后通过后定型处理来控制制品外形，由于脱模过程人为控制的因素太强，制品收缩更不易控制。

对于制品最终外形尺寸和变形量要求比较严格的制品，除了在旋塑工艺上采取有针对性的措施外，后定型处理过程也比较重要。为了生产更高质量的制品，强调生产工艺的稳定性和均一性应该是贯穿整个制造过程的重要理念。

2）解决方案

（1）制品设计时尽量避免出现较大平面，可以使用加强筋、台阶、搭接（搭桥）或表面凹槽装饰等结构形式来减小平面面积，从而控制翘曲变形。

（2）调整模具在模架上的位置，消除增大壁厚差别和影响加热与冷却均匀性的因素。

（3）根据制品结构特点，制作带有活动部位的定型工装或固定式工装对制品进行后冷却定型阶段的定型。

（4）对于特殊形状的制品，还可以结合简单的定型工装，向制品内部通入压缩空气，强制制品整形定型，效果较好。

（5）采取合理的冷却措施，尽量使制品各部位冷却速度一致。

**7. 表面不光亮**

1）成因分析

成型温度偏高或偏低都不能带来令人满意的表面质量。前面讲过，旋塑温度偏低或偏高除了带来颜色色差外，表面亮度同样不能达到要求。

有的制品要求表面光亮，模具表面较易抛光时容易达到；但有的制品表面需要各种皮纹、图案等饰纹效果，模具基本不可能抛光，生产时制品与模具黏附力较大不易脱模，当强脱时就易造成制品拉伤或使制品表面拉毛而发白。为了制品脱模方便，有时候需喷涂脱模剂，如果使用不当，会大大影响表面质量，造成制品废品率较高。

2）解决方案

（1）在模具内表面涂覆聚四氟乙烯涂层。在装卸模过程中要注意保护涂层不被磕碰，可使用很长时间，能有效降低每件制品分摊的表面处理费用，这也是目前旋塑模具工业较常用的方法。

（2）采用适当的成型温度。生产过程中注意制品颜色变化，根据颜色深浅和明暗判断成型温度的高低，然后在设定的成型工艺要求的温度基础上进行调整并保持。

（3）尽量选择油性脱模剂，用量保持适量，不可过多，防止制品表面出现花白现象。

（4）选择合适的颜料颗粒细度，常用的颜料颗粒粒径一般为 10～20 μm，甚至更小。

**8. 嵌件外露**

1）成因分析

嵌件外露，有的情况下可以理解为树脂包覆不良，但有时不是这种情形。制品脱模后由于继续冷却收缩，会使旋塑制品上的螺母镶嵌件外表面高出产品表面，影响外观或使用。当嵌件与制品侧面靠得太近或嵌件固定端面与模具表面距离设计不合理，旋塑过程中它们会相互干涉时，造成嵌件根部不能有效填充粉料，出现类似注塑时的充模不满现象，也易造成嵌件外露，这种情况出现的原因一般是制品或嵌件结构设计不好。

2）解决方案

（1）成型前在模具与嵌件之间加一适当厚度和大小的垫片，既能弥补成型后由于制品收缩带来的缺陷，又不影响制品外观。

（2）嵌件结构设计要做好，嵌件固定端面与模具内壁之间的距离要适当或与模具内表面平齐，防止出现类似注塑时充模不满的现象。

导致制品出现一种或几种缺陷的原因不是孤立的，往往与多种因素有关，需要工艺人员根据出现的缺陷问题，从工艺路线的各个环节进行综合分析，先从主要成因方面考虑解决办法，再结合其他非主要成因的解决办法，尽可能一次解决，就会少走弯路，旋塑出质量较优的制品。

## 参考文献


[1] 阳家菊. 聚氧化乙烯（PEO）包装薄膜吹塑成型技术的研究[D]. 株洲：湖南工业大学，2015.

[2] 申开智. 塑料成型模具[M]. 2版. 北京：中国轻工业出版社，2002.

[3] 上海塑料制品二厂. 塑料挤出成型工艺[M]. 北京：轻工业出版社，1984.

[4] 辛业波. 螺旋芯棒式吹膜机头流场的模拟分析[D]. 北京：北京化工大学，2007.

[5] 程琨. 三层共挤吹膜机头流道的流场分析[D]. 北京：北京化工大学，2017.

[6] 苗立荣，张玉霞，薛平. 多层共挤出塑料薄膜机头的结构改进与发展[J]. 中国塑料，2010，24（2）：11-20.

[7] 宋毅，李建华，韩晓洁，等. EVOH五层共挤复合膜专用机组的研制[J]. 塑料包装，2005，15（2）：5.

[8] 钱伯章. 应用于电动汽车的热塑性塑料解决方案[J]. 国外塑料，2011，30（11）：62.

[9] 李银海，章跃洪，胡新华，等. 微型电动汽车覆盖件整体一次成型技术的研究[J]. 塑料，2009，38（2）：62-64.

[10] 杨兆国，周宇飞，朱熠. 汽车用滚塑油箱的开发[J]. 汽车工艺与材料，2007，21（3）：58-60.

[11] 梁策，李义，柳承德，等. 卡车翼子板的滚塑成型技术[J]. 高分子材料科学与工程，2008，24（8）：112-115.

[12] 张华，舒玉光，刘娟，等. 汽车挡泥板滚塑成型材料试验研究[J]. 工程与试验，2009，49（1）：28-31.

[13] 李永兵，李亚庭，楼铭，等. 轿车车身轻量化及其对连接技术的挑战[J]. 机械工程学报，2012，48（18）：44-54.

[14] 彭威，关昌峰，秦柳，等. 滚塑机烘箱内部温度场的数值模拟研究[J]. 机械设计与制造，2012，50（9）：105-107.

[15] 张磊，秦柳，丁玉梅，等. 高温封闭环境下无线测温装置的工作性能的实验研究[J]. 塑料工业，2014，42（9）：55-59.

[16] 杨卫民，秦柳，谢非，等. 一种纤维增强微分发泡超轻汽车车身旋塑成型方法：CN103692591B[P]. 2016-03-23.

[17] 陈长年. 轻量化材料车身关键制造技术[J]. 机械设计与制造工程，2011，48（20）：39-41.

[18] 张凯，夏天. 滚塑成型技术的研究现状及其展望[J]. 机械制造与自动化，2013，42（1）：52-54，84.

[19] 郭超，吴显，刘方辉，等. 滚塑成型工艺的现状及其发展[J]. 塑料，2010，39（6）：105-107，113.

[20] 《国外塑料》编辑部. 滚塑成型技术及应用进展[J]. 国外塑料，2013，31（5）：36-39.

[21] 孔繁兴，王爱阳. 滚塑成型技术及发展趋势[J]. 塑料科技，2005，33（2）：57-59.

[22] 陈昌杰. 有关滚塑工艺的思考[J]. 国外塑料，2005，23（5）：44-47.

[23] 杨有财，谈述战，刘毅，等. 汽车塑化技术的发展现状和趋势（上）[J]. 汽车与配件，2013，33（36）：26-28.

[24] Cramez M C，Oliveira M J，Crawford R J. Effect of nucleating agents and cooling rate on the microstructure and properties of a rotational moulding grade of polypropylene[J]. Journal of Materials Science，2001，36（9）：2151-2161.

[25] Al-Dawery I A，Binner J G P，Tari G，et al. Rotary moulding of ceramic hollow wares[J]. Journal of the European Ceramic Society，2009，29（5）：887-891.

[26] 李百顺. 滚塑成型工艺参数对制品性能的影响[J]. 现代塑料加工应用，1998，10（6）：3.

[27] 刘善本. 滚塑树脂的性能要求与选择[J]. 国外塑料，1999，17（3）：4.

[28] 姚勤. 大型聚乙烯中空制品的滚塑成型技术[J]. 上海大学学报：自然科学版，1999，5（5）：4.

[29] 聂群莲，王晓，许家瑞. 塑料旋转成型用原料的特点、品种和发展[J]. 广州化工，2003，31（4）：6.

[30] 王剑，刘春阳，黄玉强. 交联聚乙烯滚塑技术[J]. 中国塑料，2000，14（1）：4.

[31] Olinek J，Anand C，Bellehumeur C T. Experimental study on the flow and deposition of powder particles in rotational molding[J]. Polymer Engineering & Science，2010，45（1）：62-73.

[32] Waigaonkar S，Babu B J C，Durai Prabhakaran R T. A new approach for resin selection in rotational molding[J]. Journal of Reinforced Plastics & Composites，2008，27（10）：1021-1037.

[33] 邱桂学，姜爱民，许淑贞，等. 用于大型滚塑成型的 LLDPE/HDPE 共混料[J]. 青岛化工学院学报，1996，17（1）：51-55.

[34] 裴小静，张超，刘少成，等. 助剂对滚塑专用茂金属聚乙烯树脂 MPE6 性能的影响[J]. 合成树脂及塑料，2014，31（6）：4.

[35] Crawford R J，Gibson S，Cramez M，et al. Mould pressure control in rotational moulding[J]. Proceedings of the Institution of Mechanical Engineers，Part B：Journal of Engineering Manufacture，2004，218（12）：1683-1692.

[36] Crawford R J，Throne J L. Rotational Molding Technology[M]. New York：William Andrew，2001.

[37] 赵敏，浦艳东. 滚塑技术及应用[J]. 石油和化工设备，2009，12（6）：3.

[38] 柴柏苍，宋蕊，徐立幸，等. 塔式三臂双室自控滚塑机：CN100556649C [P]. 2009-11-04.

[39] 李银海，应革，金红英，等. 一种交换式车身滚塑机：CN103302787A [P]. 2013-09-18.

[40] 高镱，王福生，高幼银. 滚塑成型工艺中的传热模型[C]. 中国塑料加工工业协会滚塑专业委员会成立大会暨 2005 年中国国际滚塑论坛，上海，2005.

[41] 刘学军，贾丽亚. 滚塑工艺传热模型的研究进展[J]. 中国塑料，2014，28（6）：19-28.

[42] 黄泽雄. 智能型滚塑成型机[J]. 国外塑料，2007，127（7）：84.

[43] 赵双义，任建科，连英，等. 基于 MODBUS 现场总线的滚塑设备控制系统[J]. 现代电子技术，2008，31（12）：103-105.

[44] Hu S P，Fan C M，Young D L. The meshless analog equation method for solving heat transfer to molten polymer flow in tubes[J]. International Journal of Heat & Mass Transfer，2010，53（9-10）：2240-2247.

[45] Famouri M，Carbajal G，Chen L. Transient analysis of heat transfer and fluid flow in a polymer-based micro flat heat pipe with hybrid wicks[J]. International Journal of Heat & Mass Transfer，2014，70（3）：545-555.

[46] Banerjee S，Yan W，Bhattacharyya D. Modeling of heat transfer in rotational molding[J]. Polymer Engineering & Science，2010，48（11）：2188-2197.

[47] Olson L G，Crawford R，Kearns M，et al. Rotational molding of plastics：comparison of simulation and experimental results for an axisymmetric mold[J]. Polymer Engineering & Science，2010，40（8）：1758-1764.

[48] Bellehumeur C T，Kontopoulou M，Vlachopoulos J. The role of viscoelasticity in polymer sintering[J]. Rheologica Acta，1998，37（3）：270-278.

[49] Liu S J，Fu K H. Effect of enhancing fins on the heating/cooling efficiency of rotational molding and the molded product qualities[J]. Polymer Testing，2008，27（2）：209-220.

[50] Abdullah M Z，Bickerton S，Bhattacharyya D. Rotational molding cycle time reduction via exterior mold modification[C]. Society of Plastics Engineers Annual Technical Conference 2005（ANTEC 2005）vol.3. Center for

Advanced Composite Materials Department of Mechanical Engineering the University of Auckland，Auckland，New Zealand，2005.
[51] 高元元，周建忠，黄舒，等. 滚塑模具热传导数值分析与性能优化研究[J]. 机械设计与制造，2014，52（9）：255-259.
[52] Sarrabi S，Colin X，Tcharkhtchi A. Kinetic modeling of polypropylene thermal oxidation during its processing by rotational molding[J]. Journal of Applied Polymer Science，2010，118（2）：980-996.
[53] Fiorentino A，Giardini C，Ceretti E. Application of artificial cognitive system to incremental sheet forming machine tools for part precision improvement[J]. Precision Engineering，2015，39（1）：167-172.
[54] Belchior J，Leotoing L，Guines D，et al. A process/machine coupling approach：application to robotized incremental sheet forming[J]. Journal of Materials Processing Technology，2014，214（8）：1605-1616.
[55] 莫健华，韩飞. 金属板材数字化渐进成形技术研究现状[J]. 中国机械工程，2008，244（4）：491-497.
[56] Ingarao G，Vanhove H，Kellens K，et al. A comprehensive analysis of electric energy consumption of single point incremental forming processes[J]. Journal of Cleaner Production，2014，67（6）：173-186.
[57] 陶龙. 金属板料渐进成形的可成形性及数值模拟研究[D]. 青岛：青岛理工大学，2012.
[58] Behera A K，Lauwers B，Duflou J R. Tool path generation framework for accurate manufacture of complex 3D sheet metal parts using single point incremental forming[J]. Computers in Industry，2014，65（4）：563-584.
[59] Jeswiet J，Hagan E，Szekers A. Forming parameters for incremental forming of aluminium alloy sheet metal[J]. Proceedings of the Institution of Mechanical Engineers，Part B：Journal of Engineering Manufacture，2002，216（10）：1367-1371.
[60] 刘志军. 复杂曲面数字化渐进成形轨迹生成与仿真[D]. 沈阳：沈阳航空航天大学，2011.
[61] 尹长城，王元勋，吴胜军. 金属板材单点渐进成形过程的数值模拟[J]. 塑性工程学报，2005，12（2）：17-21.
[62] 许桢英，张凯，王匀，等. 基于渐进成形技术的滚塑模具成形工艺研究[J]. 材料工程，2012，354（11）：72-76.
[63] 张旭. 金属板料数控渐进成形技术成形极限与回弹控制研究[D]. 重庆：重庆大学，2010.
[64] 朱宁远. 金属板材渐进成形关键理论研究[D]. 赣州：江西理工大学，2012.
[65] 吴坚，德累斯顿应用科技大学. 无支撑板材数字化渐进成形工艺研究[C]. 第二届中国CAE工程分析技术年会论文集，青岛：中国机械工程学会；中国自动化学会，2006.
[66] 马琳伟. 金属板材单点渐进成形数值模拟及机理研究[D]. 武汉：华中科技大学，2008.
[67] 王莉，莫健华，黄树槐. 金属薄板直壁件数字化渐进成形过程的实验研究[J]. 锻压技术，2004，29（6）：9-11.
[68] 秦柳，谢鹏程，焦志伟，等. 大型塑料制品滚塑成型先进制造技术[J]. 塑料，2013，42（4）：14-17 .
[69] Cui X H，Mo J H，Li J J，et al. Electromagnetic incremental forming（EMIF）：a novel aluminum alloy sheet and tube forming technology[J]. Journal of Materials Processing Technology，2014，214（2）：409-427.
[70] Abdullah M Z，Bickerton S，Bhattacharyya D. Enhancement of convective heat transfer to polymer manufacturing molds[J]. Polymer Engineering & Science，2005，45（1）：114-124.
[71] Crawford R J，Nugent P J. A new process control system for rotational moulding[J]. Plastics Rubber and Composites Processing and Applications，1992，17（1）：23-31.
[72] Crawford R J，Nugent P J. Impact strength of rotationally moulded polyethylene articles[J]. Plastics Rubber and Composites Processing and Applications，1992，17（1）：33-41.
[73] Greco A，Maffezzoli A，Vlachopoulos J. Simulation of heat transfer during rotational molding[J]. Advances in Polymer Technology：Journal of the Polymer Processing Institute，2003，22（4）：271-279.
[74] McCourt M P，Kearns M P，Kearns M. The development of internal water cooling techniques for the rotational moulding process[C]. Annual Technical Conference-ANTEC，USA，Conference Proceedings，2009：1961-1965.

[75] Chaudhary B I，Takács E，Vlachopoulos J. Processing enhancers for rotational molding of polyethylene[J]. Polymer Engineering and Science，2001，41（10）：1731-1742.

[76] Perot E，Lamnawar K，Maazouz A. Optimization and modelling of rotational molding process[J]. International Journal of Material Forming，2008，1（1）：783-786.

[77] 范子杰，桂良进，苏瑞意. 汽车轻量化技术的研究与进展[J]. 汽车安全与节能学报，2014，5（1）：16.

[78] 蒋晨，丁玉梅，谢鹏程，等. 大型汽车水箱滚塑成型的变形分析[J]. 塑料，2013，42（3）：3.

[79] 徐洪波，许迎军，何杰，等. 塑料滚塑制品缺陷分析及解决方案[J]. 工程塑料应用，2007，35（10）：40-44.

[80] 秦柳. 大型塑料制品旋塑成型装备及工艺关键问题研究[D]. 北京：北京化工大学，2015.

[81] 程志凌. 滚塑成型工艺进展[C]. 中国塑料加工工业协会滚塑专业委员会成立大会暨中国国际滚塑论坛，上海，2005.

[82] 佚名. 塑料滚塑制品缺陷分析及解决方案[J]. 工程塑料应用，2007，35（10）：40-44.

[83] M. J. 戈登. 塑料制品工业设计[M]. 苑会林，译. 北京：化学工业出版社，2005.

[84] 张恒. 塑料及其复合材料的旋转模塑成型[M]. 北京：科学出版社，1999.

[85] 格伦 L. 比尔. 旋转模塑：设计、材料、模具及工艺[M]. 马秀清，译. 北京：化学工业出版社，2005.

第4章

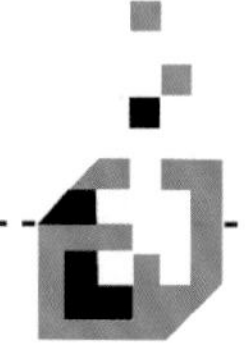

# 橡胶模塑成型

## 4.1 橡胶注射成型

橡胶注射成型工艺是一种把胶料直接从机筒置入经过熔融塑化均化后注入模具内完成硫化定型的生产方法，包括喂料、塑化、注射、保压、硫化、出模等几个过程。注射硫化的最大特点是内层和外层的胶料温度比较均匀一致，硫化速度快，可成型大多数模压制品，包括汽车减震系统配件、空气弹簧、轮胎胶囊、电力输送绝缘子、避雷器、电缆附件、橡胶密封件、医疗器件、化工阀门、鞋底及工矿雨鞋、脚轮、小型轮胎。

### 4.1.1 橡胶注射成型工艺特点

橡胶注射成型已经历了 3 个阶段：柱塞式注射、螺杆往复式注射和螺杆-柱塞式注射，并相应出现了柱塞式注射成型机、螺杆往复式注射成型机和螺杆-柱塞式注射成型机[1]。

**柱塞式注射成型机** 柱塞式注射成型机是最早使用的橡胶注射成型设备。注射成型方法：将胶料从喂料口喂入料筒后，由料筒外部的加热器对胶料进行加热、塑化，使胶料达到易于注射而又不会焦烧的温度为止，最后由柱塞将已塑化胶料高压注入模具中。

**螺杆往复式注射成型机** 螺杆往复式注射成型机是在挤出机的基础上加以改进，将螺杆的纯转动改成既能转动以进行胶料的塑化，又可以进行轴向移动以将胶料注入模具型腔中的橡胶成型设备。注射成型方法：胶料从喂料口进入成型机后，在螺杆的旋转作用下受到强烈的剪切，胶温很快升高，当胶料沿螺杆移动到螺杆前端时已得到充分而均匀的塑化，螺杆一边旋转一边向后移动，当螺杆前端积聚的胶料达到所需要的注射量时，轴向动力机构以强大的推力推动螺杆向前移动，从而将胶料注入模具型腔。

**螺杆-柱塞式注射成型机**　螺杆-柱塞式注射成型机结合了柱塞式注射成型机和螺杆往复式注射成型机的优点，是目前应用较多的橡胶注射设备。这种机器的注射部分主要由螺杆塑化系统和柱塞注射系统组成。注射成型方法：首先将冷胶料喂入螺杆塑化系统，胶料经螺杆塑化后，挤入到柱塞注射系统中，最后由柱塞将胶料注射到模具型腔中。为了使胶料按照一定的顺序流动，在螺杆挤出机的端部安装一个止逆阀，胶料塑化后通过止逆阀进入注射系统中并将柱塞顶起；这时胶料不会从喷嘴出去，因为喷嘴通道狭窄、阻力大；当柱塞将胶料以高压从喷嘴注入模具型腔时，因为止逆阀的作用，胶料不会倒流进入挤出机中。

柱塞式注射成型机、螺杆往复式注射成型机和螺杆-柱塞式注射成型机优缺点的对比如表 4-1 所示。

**表 4-1　橡胶注射成型机的优缺点**

| 橡胶注射成型机 | 优点 | 不足 |
| --- | --- | --- |
| 柱塞式注射成型机 | 结构简单，成本较低 | 需要配置热炼机和炼胶专业人员，额外增加了设备成本和工人劳动强度，生产效率低下；橡胶物料升温慢，塑化均匀性较差，从而影响到制品的质量 |
| 螺杆往复式注射成型机 | 胶料升温快，塑化均匀，提高了橡胶制品质量；省去了热炼工序，减少了设备投资和设备占地面积，提高了生产效率且降低了劳动强度 | 不适合生产大型橡胶制品，因为在生产大型橡胶制品时，螺杆后移量过大，胶料的塑化受到限制；螺杆棱峰与机筒内壁之间间隙较大，注射成型时易导致逆流和漏流现象，致使部分胶料反复停留，易产生焦烧，使得注射压力受到限制。螺杆往复式注射成型机只能用于低黏度胶料和小体积橡胶制品的生产 |
| 螺杆-柱塞式注射成型机 | 结合了柱塞式注射成型机和螺杆往复式注射成型机的优点，可以生产大型、高质量的橡胶制品 | |

**橡胶注射成型新工艺**　对于橡胶注射成型机在提高制品尺寸精度、节省原材料、降低能耗、减少制品缺陷等方面进行了系列改进，注射模塑成型工艺得到了迅猛发展。近年来，在橡胶成型领域陆续发展抽真空注射成型工艺、冷流道注射成型工艺和气体辅助注射成型工艺。

抽真空注射成型工艺是在合模后启动真空系统，将模具型腔内气体抽出，3～5 s 后模具型腔的真空度达到设定值，真空泵自动关闭，然后再进行胶料注射。抽真空注射成型工艺用于高精度橡胶制品和形状复杂橡胶制品的制备。通常，形状复杂的模具采用排气槽和分型面来排气，很难将模具型腔内气体排净，从而导致橡胶制品质量缺陷。另外，抽真空注射成型工艺制备的橡胶制品不需要修整飞边，生产效率提高。

冷流道注射成型工艺是将停留在主流道和分流道中的胶料控制在硫化温度以下，脱模时只脱出橡胶制品，流道中的胶料仍保留在流道中，下次注射时再将流道中的这些胶料注入模具型腔。这种注射成型方法不仅减少原材料浪费和节省能源，而且制品脱模时不带流道废料，同时减小开模距离和缩短成型周期。

气体辅助注射成型工艺可将气体压力均匀地施加于胶料上，从而补偿胶料冷却时所产生的收缩，避免橡胶制品凹坑和缩痕等缺陷。这种工艺尤其适用于中空橡胶制品成型。该工艺注射胶料不完全充满模具型腔，胶料充模压力很小；辅助注射气体为非黏性，可有效传递压力，气体注射压力和锁模力小，可降低能耗和设备制作成本。

### 4.1.2 橡胶注射成型模具

橡胶注射成型模具根据注射成型机工艺条件及橡胶制品结构、特性和使用要求设计，设计原则为[2]：①确定注射成型机性能和工艺参数；②确定胶料收缩率和性能；③选定橡胶制品分型面、撕边槽和余胶槽；④模具结构合理、定位可靠、模具型腔数量适当、便于加工和使用；⑤模具材料强度和刚度足够，模具外形尺寸和质量尽量小。

**1. 模具注射模塑参数**

模具的大小主要取决于注射成型机的规格，橡胶制品成型所需的注射量应小于注射成型机的最大注射量[3]，即：

$$M < G$$

$$M = nM_1 + M_2$$

式中，$M$为橡胶制品成型时所需的胶料注射量；$G$为注射成型机的最大注射量；$n$为模具型腔数量；$M_1$为每个橡胶制品的质量或体积；$M_2$为浇注系统容纳的胶料质量或体积。

**2. 注射成型锁模力**

锁模力是指注射成型机合模机构对模具所能施加的最大夹紧力，是为抵抗胶料充入模具时所产生的胀模力设定的。设计锁模力有两个重要因素，即产品投影面积（沿模具开合方向所能看到的最大面积）和模具型腔压力。锁模力计算公式[4]为

$$F \geqslant PSK/100$$

式中，$F$为注射成型锁模力；$S$为橡胶制品投影面积（包括流道面积）；$P$为模具型腔压力；$K$为安全系数，一般取1～1.6。

**3. 模具型腔数量及排布**

模具型腔数量主要根据以下因素确定[5]：①橡胶制品质量与注射成型机注

射量，模具型腔总容量不超过注射成型机最大注射量的 80%；②橡胶制品投影面积与注射成型机锁模力；③模具外形尺寸与注射成型机安装模具的有效面积（或注射成型机拉杆内间距）；④橡胶制品尺寸精度；⑤橡胶制品有无侧抽芯及其处理方法；⑥橡胶制品产量；⑦经济效益（每模产值）。这些因素是互相制约的，因此在确定模具型腔数量时，必须全面协调，保证满足主要条件。

模具型腔排列分为等距排列和不等距排列，但遵循优先选择等距排列的原则，这样胶料流入各个模具型腔的距离相等，产品的密度比较均匀[6]。同时，按模具型腔距喷嘴由近到远，注浇道及注浇口尺寸由小变到大，且尽量使胶料注入各模具型腔的时间相同。图 4-1 为模具型腔的两种简单等距排列示意。

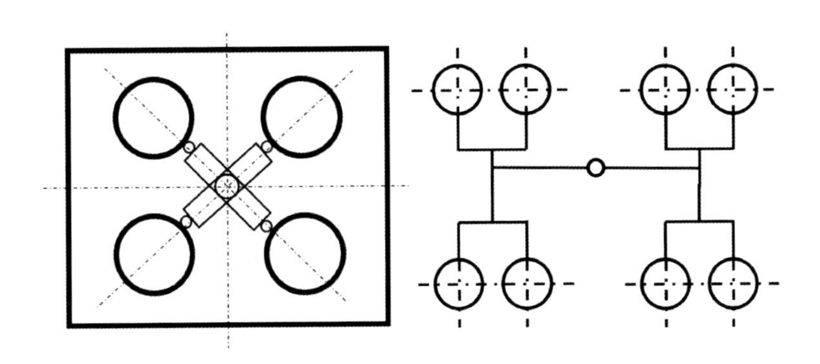

图 4-1　模具型腔的两种简单等距排列示意

**4. 分型面**

模具分型面直接影响橡胶制品的外观质量和尺寸精度、模具的加工制造难度和操作性能等各个方面，所以分型面设计是否合理是衡量模具结构优劣的重要标志之一。模具分型面的设计必须考虑橡胶制品的工作面、高度、外观和脱模等因素。

注射成型模具分型面设计原则[7]为：①分型面尽可能避开橡胶制品工作面，如图 4-2 所示；②在保证橡胶制品质量和注射成型机工艺要求的情况下，分型面越少越好；③避免分型面部位模具高度和型腔深度过大，如图 4-3 所示；④尽量采用平面、组合阶梯面、锥面等易加工和制作的分型面。

**5. 浇注系统**

注射成型模具浇注系统主要由主浇道、分浇道和浇口三部分组成。注射成型模具主浇道中心线和注射成型机喷嘴中心线重合，垂直于分型面，在主浇道中胶料流动方向不变。主浇道的形状一般选择上小下大的圆锥形（锥角 2°～6°），内壁表面粗糙度（Ra）小于 0.8 以下，这样有利于主浇道中胶料（凝料）随橡胶制品及分浇道的胶料一起拔出。注射成型机喷嘴头面一般为球面和锥面。当注射成型

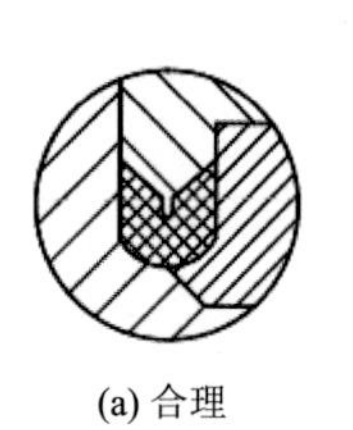
(a) 合理

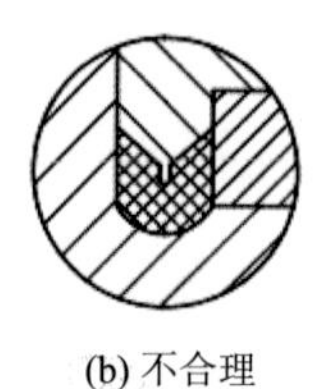
(b) 不合理

图 4-2 模具分型面位置（一）

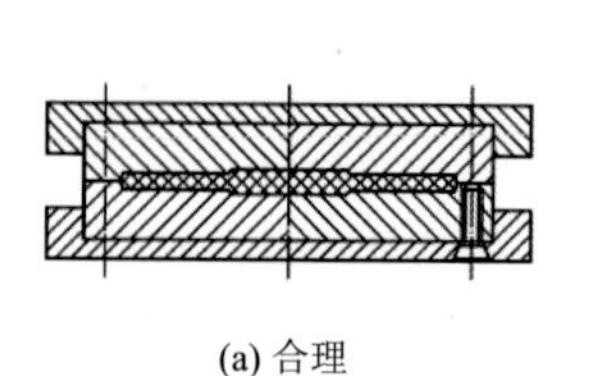
(a) 合理

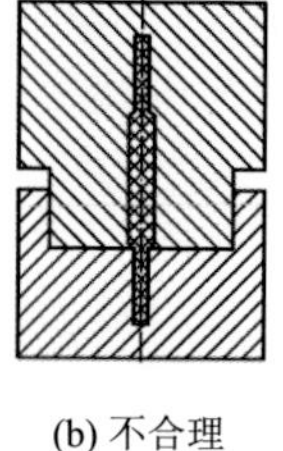
(b) 不合理

图 4-3 模具分型面位置（二）

机喷嘴头面为球面时，其半径与相接触的主浇道始端球面半径相同，或者前者小于后者 1～2 mm；为锥面时，要求两面紧密吻合。由于注射成型模具造价相对较高，要求使用寿命长，而主浇道与注射成型机喷嘴反复接触和碰撞，容易受损，因此一般将主浇道和模板设计成两部分，方便更换。此外，主浇道应尽量短，以缩短胶料注射时间，降低胶料消耗和压力，减少热量损失[8]。常用的浇道截面形状有圆形、半圆形和梯形等。为使胶料流动效果最好，要求胶料的流动率包括流经浇道的流动率最大，浇道截面最好为圆形，其次是梯形[9]。

分浇道是将主浇道的胶料沿分型面引入各型腔，单腔注射成型模具无分浇道。胶料通过分浇道时应尽快流到型腔，分浇道阻力越小越好。因此，分浇道的直径较大和长度较小，但分浇道的直径不宜过大，否则会导致胶料浪费。从进料口到主浇道的分浇道深度一般从 0.8 mm 过渡到 4 mm，分浇道的投影如图 4-4 所示。

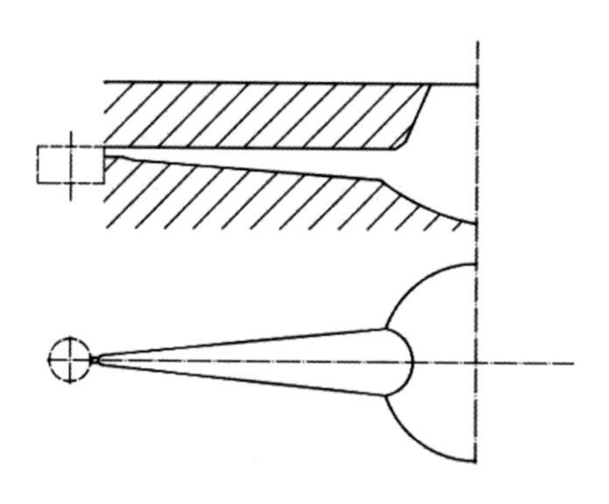

图 4-4 分浇道投影示意图

分浇道布局与模具型腔布局密切相关。为使胶料均衡地同时流入各个型腔，一般采用分浇道长度、形状和断面尺寸对应相等的均衡式结构。

浇口应在橡胶制品容许残留浇口痕迹之处，不损害橡胶制品性能。浇口形态对胶料流动的压力损失较小，避免或减少紊流，防止橡胶制品出现流痕或将其流痕减到最小。浇口的形式有直接浇口、侧浇口、盘式浇口、点浇口等。浇口应尽量小并易于制品脱模，放在制品最厚部位，保证产品外观质量。

### 4.1.3　橡胶注射成型工艺调控

橡胶注射模塑成型装备最早于20世纪40年代中期提出并获得了长期的发展，并于70年代初开始在工业中得到实际应用。该成型装备主要应用于生产制造汽车配件、电气绝缘零部件、连接器插座、密封件等橡胶制品。橡胶冷喂料注射模塑成型可以实现高温快速硫化，胶料进入模具型腔前经过充分的预热和塑化均化，橡胶制品在密封高压的模具型腔内硫化定型完成成型过程，优点是获得的制品质量均匀稳定，尺寸比较准确，可以实现全自动操作，与传统的模压法相比生产效率可提升十倍以上。目前，国际上生产制造橡胶注射模塑成型装备的主要厂家有：法国 REP（瑞普）公司、奥地利 MAPLAN（玛普兰）公司、德国 WP 公司、德国 STEINEL（施特朗）公司等。

橡胶硫化时的三个基本要素分别是温度、压力和时间。其中，温度指橡胶物料在模具型腔内的实际温度，对橡胶物料的流动状态和硫化质量有直接影响作用。在室温状态下，橡胶胶条经过螺杆塑化均化后通过高压注射经过冷流道或者热流道进入模具型腔，这一过程各阶段工艺参数都会不同程度地影响橡胶物料的流动状态、加热历程和最终温度。

橡胶注射模塑成型的温度参数包括注射机机筒温度、流道体温度和喷嘴温度等。橡胶注射模塑成型温度的设定原则是既能保证胶料具有较低黏度，即便于注射和流动，又能保证具有足够的焦烧时间，即胶料在注入模具型腔前没有发生焦烧现象。通常，温度设定越高，胶料黏度就越低，流动性就越好，硫化所需时间也就越短，所需注射压力也就越低；同时，胶料焦烧时间短，即注射模塑成型质量难以保证。硅橡胶穆尼黏度通常较低，当温度达到 50℃时具有良好流动性；注射硅橡胶时，一般设定注射模塑成型温度为 40～60℃。橡胶物料塑化时，除了接受注射机机筒热传递加热外，还要接受螺杆旋转产生的摩擦生热，橡胶物料实际温度略高于注射机机筒温度；橡胶物料实际温度升高程度与塑化时设定的参数有关，考虑到橡胶物料塑化后温度升高，注射机机筒温度和冷流道体温度设定值一般要比挤出机机筒温度高出 5～10℃，冷流道体喷嘴温度比冷流道体温度高出 5～10℃。

### 4.1.4　橡胶注射成型制品应用

**1. 医用橡胶制品**

医用橡胶制品早在 19 世纪就已开始在医学领域得到应用。根据应用条件差异，医用橡胶制品在物理、化学和生物学性能等方面的要求不尽相同，但基本的功能要求是相同的：不能对人体生命健康造成有害影响；生产制造工艺尽可能简便；具备制品功能性要求的结构强度。

医用橡胶制品的用材最初主要采用天然橡胶，该材料具有较好的弹性、机械强度、抗撕裂特性及耐疲劳等综合物理机械性能。但是天然橡胶有局限性，如耐油性和耐热性较差。天然橡胶内还含有多种蛋白质、多糖类物质，加上胶料中各种配合剂及其他低分子物质，经过一段时间后可能析出，会对生物体产生一定的危害。随着医学界对医用橡胶制品不断探索和研究，除了使用天然橡胶外，还可采用丁腈橡胶、丁基橡胶、异戊橡胶、聚氨酯橡胶和硅橡胶等。这些医用橡胶制品通过注射成型方式制备，在人工器官、医疗用品和药品装置等方面都取得了巨大进展，并得到广泛应用。

1）人工器官

人工器官属于长期置入型，无论是物理、化学还是生物学实验及临床应用，均应考虑植入物对组织的局部作用和全身作用、组织对植入物的作用及植入物应发挥的功能等多重因素，因此，对生物相容性和耐生物老化性均有很高的要求。此外，由于人工器官是与人体直接相接触的，所用高分子材料中的微量元素超过一定浓度后就会破坏机体正常的生理功能，带来各种有害反应，尤其是重金属元素在体内积累后会严重破坏机体的功能。因此，必须严格控制医用橡胶制品的重金属含量，保证其应用的安全性。

人工器官多采用硅橡胶和聚氨酯橡胶材料。硅橡胶显示出良好的抗凝血性，不会对细胞生长产生不良影响，加上其本身具有耐高温、耐老化、透明度高、无毒、无味、不致癌等系列优良特性，在心脏起搏器、心瓣中得到了大量应用，使得成千上万的患者获得了新生。同时，硅橡胶乳房、眼眶底托、鼻梁、耳廓及指关节等产品在20世纪60年代已广泛投入了临床应用。

医用硅橡胶制品的设计、生产和销售与普通硅橡胶制品基本上是相同的，但对所用材料、制造工艺、加工设备、生产环境和产品包装的要求比普通制品高。体内硅橡胶制品因应用于体内，其配方应力求简单，不必添加的辅助材料尽量不要添加，各种配合材料要求纯净，严禁加入有毒物质。通常使用的主要补强剂为白炭黑，硫化剂一般采用过氧化物，如2, 4-二氯过氧化苯甲酰和2, 5-二甲基-2, 3-二叔丁基过氧化己烷，在加工过程中为了方便操作及防止结构化倾向，往往需要加入少量的硅油和烷氧基试剂等操作助剂。

医用聚氨酯是一种介于一般橡胶与塑料之间的高分子材料，具有优良的曲挠疲劳寿命和物理机械性能，优良的血液相容性、可黏结性和抗血栓性，以及优异的力学性能，在医用生物材料中扮演着极为重要的角色，是最优异的生物材料之一。医用聚氨酯热塑性弹性体已用于制成一系列的医用制品，如人工心脏瓣膜和人工肺等。

2）医疗用品

医疗用品所用生胶需力求纯净。合成橡胶如反式 1, 4-聚异戊二烯制成有孔板材在加热条件（60～80℃）下软化定型作为骨折扭挫后取代石膏的新型固定材料，在国内已加工成制品供临床使用。其他的合成橡胶，如丁苯橡胶、丁腈橡胶、丁基橡胶和硅橡胶等根据各自的使用特性，结合生产工艺要求和经济核算等多方面考虑，可以采取单独使用或适量混合使用。

3）药品装置

随着人民生活水平的不断提高，健康问题日益受到重视。各种医药产品的需求量不断增加，对医用产品配套的橡胶瓶塞的要求越来越高，为了延长药品的有效使用储存期，要求达到更良好的密封性。为了适合各新品种药物的包装，要求制品具备更高的耐化学药品腐蚀性，因此以天然橡胶为主要原料的药塞已远远不能满足要求，而丁基橡胶和卤化丁基橡胶在最小的污染性、较低的透气和透水性、耐蒸汽和大气老化性、耐化学药品性、耐穿刺性、密封性和安全性等方面远远超过其他种类的橡胶。

医用橡胶制品的品种、数量正逐年增加，用途也在不断增多。随着技术的不断更新及研究的不断深入，今后会有质量更好、价格更低、使用更方便的医用橡胶制品不断满足医疗和患者的需求，并大量应用于临床医学，未来的应用前景十分广阔。

**2. 轨道交通**

随着我国城市轨道交通事业的迅猛发展，轨道交通的震动和噪声污染日益成为影响城市环境的突出因素，过量的震动和噪声会严重影响城市居民正常的工作和休息。为减少城市轨道对轨道上部或周围居民的干扰，改善车辆的动力学性能及提高旅客乘坐轨道交通工具的舒适性，在轨道结构设计中引入橡胶产品，以达到减震降噪的目的[10]。

1）减震降噪型钢轨

当列车车轮在钢轨轨顶滚动时，由于钢轨腹板的厚度较小，轨腰产生震动，噪声因震动向空气辐射而产生。为最大限度地减小钢轨腹板震动引起的噪声，在钢轨腹部硫化一层高阻尼橡胶板，同时，为增加震动质量，改善震动衰减，在橡胶板上再硫化一层钢板，以达到减震降噪的目的。这种橡胶型钢轨的关键技术除产品结构具有较好的减震能力外，还要求橡胶与钢轨、橡胶与铁板之间的黏结性要足够好，如果出现橡胶剥离，就会影响减震效果。

2）高弹性钢轨扣件

扣件是轨道结构中的重要部件，其作用是固定钢轨，保持轨距，防止发生相对于轨枕的纵、横向移动，并提供轨道适当的弹性，以满足减震降噪的要求。为使扣件具有良好的弹性刚度，在设计扣件时，在轨下垫和铁垫板之间分别设置橡胶板，以实现垂直方向具有较好的弹性。

国外发达国家早已在地铁、轻轨上大量使用轨道减震器；我国也早在20世纪90年代进行过简单防震，并在上海和广州地铁上进行了系列试用与推广。根据地铁运营测试结果，减震效果约为8 dB。但国产减震器会随着使用时间的延长，减震性能会大大降低。为使减震器具有较好的减震性能，必须努力降低产品的动静刚度比，优化橡胶材料的耐久性和抗老化性能等综合性能，并确保产品的成型工艺稳定性。

3）弹性短轨枕轨道

弹性短轨枕轨道又称低震动轨道（图4-5），由瑞士人Roger Sonneville发明，目前已在美国、德国、法国和日本等国家采用，而我国也已在广州地铁2号线上成功使用。它由短轨枕、橡胶包套和微孔橡胶垫组成。其中，橡胶包套外部结构呈方盆形，材料采用丁苯橡胶；而微孔橡胶垫所用的材料是三元乙丙橡胶，经过发泡加工制作成一个封闭的蜂窝状结构的减震垫块，具有耐久性好、维修量小、减震效果较好等优点。

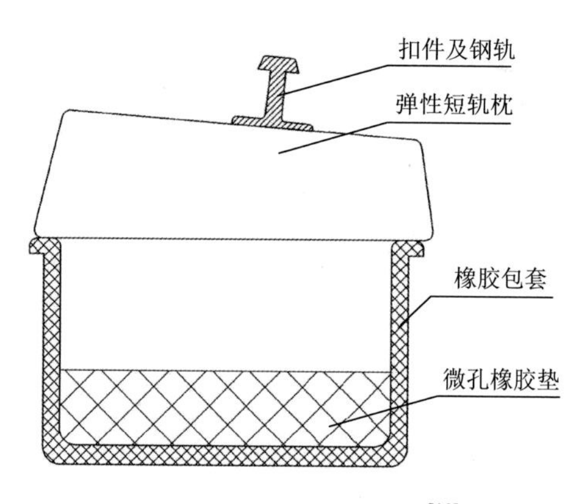


图4-5 弹性短轨枕轨道[10]

## 4.2 橡胶模压成型

### 4.2.1 模压成型基本原理

橡胶模压成型是将混炼胶坯置于模型中，采用平板硫化机在预定的时间、压力和温度条件下的压制工艺。其产品称为橡胶模压制品，简称模制品。

### 4.2.2 模压成型模具结构

橡胶模压成型模具结构如图4-6所示。模具分上模、中模和下模三部分。其中，上模部分包括上模座板1和上模芯3，上模芯3用螺钉2紧固在上模座板1上。哈夫块4与中模5之间采用锥面定位（角度取5°～10°），方便装模和脱模。哈夫块4与上模座板1之间也采用锥面定位。托模架6利用螺钉7固定在中模5上。下模芯10利用螺钉11紧固在下模座板8上。由于零件外侧有上下两个分型面，哈夫块需设置定位销9定位。

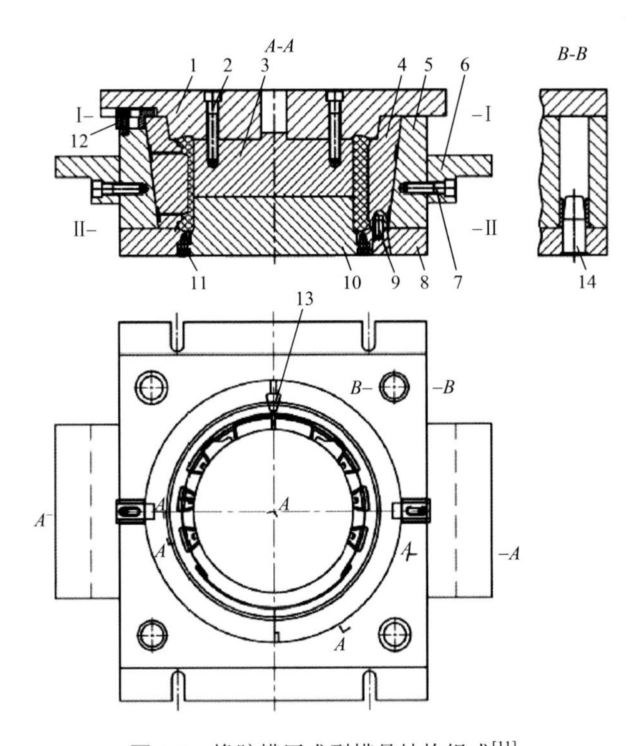


图4-6　橡胶模压成型模具结构组成[11]

1. 上模座板；2. 螺钉；3. 上模芯；4. 哈夫块；5. 中模；6. 托模架；7. 螺钉；8. 下模座板；9. 定位销；10. 下模芯；11. 螺钉；12. 压块；13. 侧型芯；14. 导柱

零件硫化结束后，首先从上模和中模之间分型面Ⅰ-Ⅰ处分型。再利用硫化设备脱模机构带动托模架6将整个中模连同哈夫块和零件一起从下模座板中脱出，实现分型面Ⅱ-Ⅱ处分型。将压块12向外侧拨开，用顶出工具将哈夫块连同零件一起从中模顶出，用撬棍将哈夫块向两侧分开，即可轻松取出零件。模具清理完毕后，将中模放到下模上，将左、右哈夫块放入中模内（两哈夫块与下模座板有定位关系，装模时不能装错），将侧型芯插入两哈夫块对接面处，最后将压块往内侧复位压住哈夫块。将已经加热好的圆形胶坯叠放整齐后放到下模芯上表面中间部位，手动缓慢合模，胶料经挤压后逐渐充满型腔，经几次排气后即开始自动硫化。

橡胶模压成型模具设计要点：

（1）零件内侧分型面位置选择在中间靠下位置，主要原因是考虑到：一方面，制备好的半成品橡胶胶坯放入后不会高出型腔，有利于合模后胶料不过早外溢；另一方面，合模过程胶料更容易往上流动实现充型。

（2）在哈夫块上设计排气孔，并连通哈夫块外表面的溢料槽。有利于实现胶料的流动，避免局部死角因困气产生气泡缺陷。

（3）因零件整个型腔分布在上模、中模和下模上，哈夫块必须设计定位销定位，以防沿圆周方向发生错位。

（4）在零件外围分型面一整圈边缘设计飞边槽和溢料槽，有利于修边和多余胶料的溢出。

（5）侧型芯放置在两哈夫块对接面处，用以成型零件开口槽。合模时先装入哈夫块再装入侧型芯。

按照上述设计要点所制备的模具结构紧凑合理，加工方便，加工完后试模一次成功。成型零件外观质量良好，达到技术要求。生产实践证明：模具结构设计合理，零件脱模方便，操作简单，可为同类结构零件的模具设计和硫化工艺提供参考。

### 4.2.3 模压成型制品质量控制方法

#### 1. 模压成型主要缺陷及其调整方法（表4-2）

**表4-2 模压成型主要缺陷及其调整方法**

| 制品缺陷 | 产生原因分析 | 解决方案 |
|---|---|---|
| 起泡（又称为“困气”“包风”） | 模压料固化不完全，空气没有排净，模具温度过高使物料中某种成分气化或分解 | 提高模具温度或延长保温时间、增加排气次数 |
| 缺料 | 模具配合间隙过大或溢料孔太大，脱模剂用量太多，操作太慢或太快 | 调整模具配合公差和溢料孔尺寸，调节适当的合模温度和加压时机 |
| 烧焦 | 模具温度过高，橡胶在合模过程中还没来得及充分流动就已经部分硫化失去融合能力 | 适当降低模具温度 |
| 翘曲 | 固化不完全、出模工艺不当、温度偏高导致过硫化 | 改善固化条件；重新设计模具，使顶出装置合理；适当降低模具温度或缩短硫化时间 |
| 表面无光泽 | 模具温度过高或过低、粘模、模具表面粗糙 | 调整模具温度，一般适当降低模具温度；使用合适的脱模剂；提高模具表面光洁度，应镀铬 |
| 粘模 | 模压料未加内脱模剂或加入不当，模具表面粗糙或新模未经研磨使用，压制压力过高 | 通过实验加入适量的有效的内脱模剂，提高模具表面光洁度，可用压塑粉试模后再压制玻璃钢，适当降低压力 |
| 斑驳表面 | 模具过热、颜料因过热而分解 | 降低模具温度 |

### 2. 大尺寸异形橡胶密封件真空模压成型工艺

橡胶制品具有较高的回弹性，飞机结构间的减震、密封通常会采用橡胶垫、橡胶圈等橡胶制品，温度要求不高的区域通常采用天然橡胶，高温区域的密封减震则采用硅橡胶制品[11]。相比于天然橡胶制品，硅橡胶制品具有更好的耐高低温、耐磨、耐老化性能，被广泛应用在飞机的关键部位。飞机上密封不严或密封失效极大地影响着飞行安全，因此，对密封起到关键作用的橡胶制品的表面质量及内部分子结构的结合强度，对飞机密封的效果至关重要。

典型工艺流程包括：首先准备混炼胶，去除隔离剂、返炼、出片、下料，然后准备工装及真空液压机，最后进行压制硫化、出模、修边、二段硫化等。在利用传统的平板硫化机采用模压法生产橡胶制品时，在高温受压的状态下混炼胶内部分子结构重新融合，分子间往往会产生细小间隙，模压成型后的制品不仅外观上存在孔隙缺陷，内部也容易产生气泡，成为制约产品性能的质量隐患[11]。在制品成型的过程中，真空罩式油压成型机能够提供稳定的额外真空压力，这会增大混炼胶在橡胶压模中的流动性，同时混炼胶内部的分子结构在重新融合的过程中会增加相邻分子间的结合力，从而减少成型后制品外表面质量差、内部存在气泡的情况。

### 3. 固体火箭发动机橡胶绝热结构件模压成型工艺

固体火箭发动机的绝热层一般采用耐烧蚀、耐热、低密度合成橡胶材料，按照图纸设计的形状及尺寸要求预制成型后贴入发动机黏接硫化的过程。在发动机端口部位，特别是连接喷管一端往往为工况最恶劣的部位，要经受高温粒子气流长时间的烧蚀及冲刷，因此对该部位的绝热层结构设计往往比较复杂（增厚、几何形凸台等）。为满足发动机绝热结构设计要求，绝热层的特殊结构形态通过模具压制成绝热结构件，绝热结构件是发动机整体绝热层的重要组成部分，其质量直接影响发动机性能，由此可见模压成型工艺对绝热结构件的质量起着关键的作用[12]。

对于这类环状绝热结构件模压成型普遍采用的工艺方法：①采用环状模具；②仅控制填胶质量，不控制填胶方式；③不考虑绝热层的出片方向与结构件径向收缩的关系。在生产中采用现有的模压工艺制作出的绝热结构件在贴入发动机硫化后绝热层外观出现凹陷，凹陷处绝热层厚度明显偏薄。这是由绝热结构件不致密及径向发生收缩导致缺胶所引起。

1）模具设计的适用性

模具设计对绝热结构件模压成型起着决定性的作用。绝热结构件的主要材料是橡胶，橡胶在模具中靠挤压、受热流动成型。模具设计必须从橡胶本身的性质出发，寻求较好的橡胶成型适用性。

2）橡胶的热传导

橡胶在外力作用下，若很快变形到一定值，保持这个值不变，则橡胶所受应力随时间增加而减小，此种现象称为应力松弛[13]。应力松弛是橡胶模压成型的基本原理，松弛时间反映了橡胶分子重排难易，式（4-1）[13]表达了松弛时间的影响因素：

$$\lg \tau_{\max} = 3.8 \lg M_{\mathrm{w}} - \frac{17.44(T - T_{\mathrm{g}})}{51.6 + T - T_{\mathrm{g}}} + \lg A \tag{4-1}$$

式中等号右边第一项与分子量有关，第二项与温度有关，第三项与胶种有关。一般发动机所用绝热层材料多为单一胶种，其分子量及胶种相同，由此可见温度对结构件的成型有很大影响。

模具的热传导是橡胶在模具中受热的关键。实际生产中使用平板硫化机作为热源设备，模具置于平板硫化机两个加热平板中间，若模具高度越高，两加热板间距越大，热量损失便越大，模具型腔内橡胶难以达到成型工艺所需的温度。因此，减少模具热量损失是关键所在。

3）模具内部的压力损失

橡胶在模具中受压受热运动，模具型腔内壁与橡胶摩擦生热，以及橡胶本身在流动中的动态损失而生热，这两种生热导致了压力损失[14]。压力损失可造成橡胶无法获得足够的动力来填充型腔，并且压力损失对排气也有不利影响，同样影响了结构件的致密度。

4）模具的排气

橡胶模具一般会在模具型腔附近设置溢胶槽，主要有两个作用：①使多余胶料排出型腔之外；②能使型腔和胶料中空气逸出[15]。采用环形模具的模压工艺采用的环形模具只能在上下模环圆周处设置单条溢胶槽，并且由于上下模的重力作用，起主要溢胶、排气作用的为上模溢胶槽，排气通道明显不足，对结构件的致密度带来很大影响。

5）橡胶胶料填充的合理性

橡胶胶料填充主要指绝热层材料在放入模具前的形态，应尽可能与模具型腔形状相似。这是因为橡胶在模具中的运动距离越小，橡胶与模具内壁摩擦越少，带来的压力损失就越小，有利于提高结构件的致密度。

6）绝热层的收缩性与取向关系

绝热片在通过炼胶机碾压时形成取向，出片方向是沿炼胶机压辊的滚动方向，通过炼胶机压辊的剪切，橡胶分子及所填充的纤维都得到了很好的取向，因此该方向的收缩性很小，而垂直于出片方向的橡胶收缩性很大，收缩率达1.8%[8]。环状绝热结构件径向尺寸是关键尺寸，因此应保证径向尺寸无收缩。

# 4.3 轮胎定型硫化

## 4.3.1　轮胎分类与基本结构

轮胎具有 100 多年的历史，自汽车发明以来，轮胎的性能随着汽车功能需求的不断升级而提升。轮胎的制造工艺及装备、结构花纹、材料配方等方面逐渐革新改进，向着低滚阻、高耐磨、抗湿滑、低噪声和废气排放少的安全环保的方向发展[16]。为了满足未来高性能汽车的绿色安全节能需求，轮胎作为汽车的重要部件，一种途径是通过改进现有的轮胎结构工艺与装备，制造更加安全、环保节能的轮胎；另外一种途径是完全舍弃现有的轮胎断面结构和制造工艺，设计新型轮胎[17]，如图 4-7 所示。

图 4-7　一种车用轮胎

为保证轮胎的正常使用，轮胎需要具备一定的性能，主要包括缓冲减震性、牵引性、紧急制动性、防噪声、耐磨性及耐老化性等。缓冲减震主要体现在轮胎的瞬时变形能力，吸收轮胎行驶时发生的震动。紧急制动是汽车遇到危险或其他特殊情况时，人车安全的重要保证，要求轮胎有足够大的摩擦系数。噪声主要分为气动噪声、泵浦效应、腔体共振噪声等[18]，材料的合理选择、轮胎花纹的优化设计可降低噪声[19]。耐磨性及耐老化性主要由轮胎材料及成型工艺决定，是影响轮胎寿命的主要因素。近几年，随科技水平及自然环境的要求，特别是汽车行业的快速发展，节能与环保逐渐成了轮胎行业发展的新课题。轮胎的环保问题主要体现三方面：一是降低汽车尾气排量，主要靠减小轮胎滚动阻力来实现；二是轮胎磨耗造成的轮胎胶料及添加剂对环境空气的危害[20]，这需要新型材料的开发与应用，代替有害材料；三是轮胎生产过程的节能环保。

**1. 轮胎结构**

1）充气轮胎结构

橡胶充气轮胎在结构上可分为有内胎轮胎和无内胎轮胎。有内胎轮胎主要由外胎、内胎和垫带组成；无内胎轮胎则只有外胎，没有内胎和垫带。无内胎轮胎具有更好的优越性，主要包括：①提高行驶的安全性，当轮胎扎刺穿孔时，能够维持行驶一段距离，中途修理较为方便，不需要拆卸轮辋，所以通常情况下不需要准备备胎；②无内胎轮胎柔软性更好，能够提高轮胎的缓冲性能，轮胎的舒适度较好；③在高速行驶条件下，无内胎轮胎生热小，轮胎行驶时自身散热快，温度低，能够提高轮胎的使用寿命。

橡胶轮胎应用的行业较多，按用途一般分为汽车轮胎、工程轮胎、农业轮胎、航空轮胎、力车胎及摩托车胎等，市面上应用最多的是斜交轮胎和子午线轮胎，分别如图4-8和图4-9所示。斜交轮胎的胎体由数层挂胶帘布组成，帘布层和缓冲层各相邻层帘线相互交叉排列，帘布层数通常为偶数，保证帘布均匀分布。斜交轮胎帘线与轮胎子午断面的交角通常取48°～55°。子午线轮胎的胎体帘线与外胎断面近似平行，帘线角度通常为0°，胎体帘线间无维系交点。

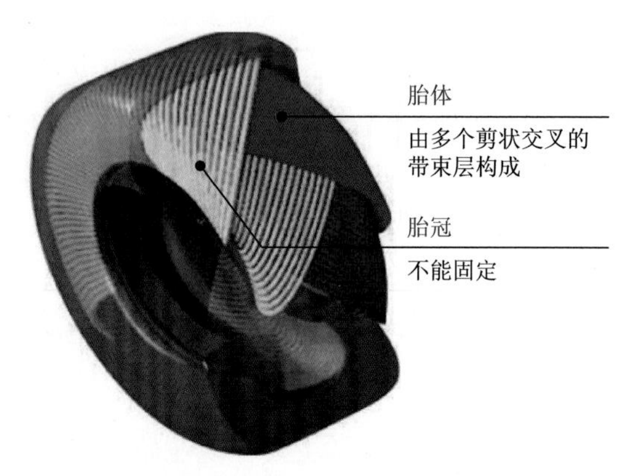


图4-8 斜交轮胎结构示意图

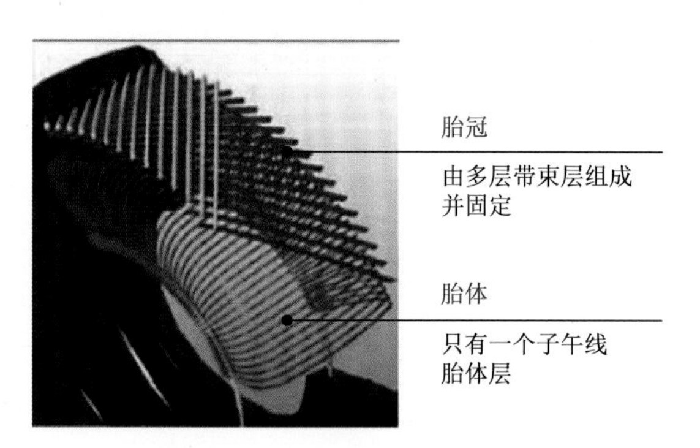


图4-9 子午线轮胎结构示意图

与斜交轮胎相比，子午线轮胎的优势主要有：弹性大，缓冲性能好，较为舒适；耐磨性好，轮胎寿命较长；滚动阻力小，节约能耗；附着性能好，轮胎制动性较强；承载能力较大，不易刺穿，安全性能较高等。但子午线轮胎也存在一些缺点：胎侧易发生裂口，侧向变形较大，汽车的侧向稳定性较差，制造技术要求高，生产成本也较高。

除普通轮胎结构外，为适用不同环境及使用条件，特殊结构的橡胶充气轮胎也被开发利用。低断面轮胎主要为提高汽车速度设计，其通过减小轮胎和轮辋的直径，降低汽车的重心，增加轮胎的轮辋宽度和断面宽度，提高轮胎侧向刚性，提升轮胎行驶的稳定性。低断面轮胎适合汽车高速行驶，胎体外缘曲线较为平缓，轮胎胎面与路面的接触面积较大，接触压力分布较为均匀，轮胎的牵引性和制动性较好；同时，轮胎生热低，寿命长；轮胎质量较轻，可减少耗油量。宽断面轮胎可提高负荷能力，其结构特点是：断面宽比常用轮胎宽 0.5～1 倍，断面高宽比为 0.6～0.75，行驶性能好，经济意义大，可改善车辆使用性能。另外，拱形轮胎、反弧形轮胎等特殊结构的轮胎在各个场合中也有应用，新一代子午线轮胎发展迅速，节能轮胎、绿色轮胎、环保型轮胎及具有传感器功能的智能轮胎也相继出现。

橡胶轮胎结构发展的总体趋势为：由有内胎轮胎变为无内胎轮胎，由斜交轮胎慢慢过渡到子午线轮胎，轮胎的性能不断提升，其结构也变得较为复杂。总体来讲，随着汽车行业及有关政策对轮胎要求的日益严格与苛刻，为适应当前时期下的行业变化，传统充气轮胎结构发展趋势为三化一体，三化是轮胎子午线化、无内胎化、低断面化，一体是三化共同实施于同一轮胎上，目前轿车已基本实现三化一体。

2）非充气塑料轮胎结构

随经济发展及对轮胎要求的增多，传统充气橡胶轮胎已经无法满足行业新需求，各轮胎企业及科研院所也陆续设计推出新型轮胎。其中，非充气塑料轮胎打破了传统轮胎的设计理念及限制，轮胎结构发生极大变化，具有革命化的意义。

对于非充气轮胎，国外各大公司设计研究的时间较早，米其林集团、普利司通公司等都已制造并推出了几代产品，各种非充气轮胎之间的结构互有差异，在不同使用环境下，发挥着非充气塑料轮胎的独特优势。

2005 年，法国米其林集团提出 Tweel 轮胎，其结构包括轮毂、轮辐、剪切带和胎面胶。Tweel 轮胎通过结构的优化设计，能够达到轮胎的基本性能，同样具有支撑能力、舒适性及安全性。同时，该轮胎可防扎刺爆胎、结构简单、滚动阻力小、易于翻新、噪声低，在军事领域能够抵抗一定的冲击。

3）外向型轮胎结构

汽车轮胎会随着汽车的发展，不断推陈出新，满足汽车对轮胎的更高、更广泛的要求。对于直压硫化定型硫化机，中心机构采用金属直压硫化内模。由于金属是高刚性材料，与柔性胶囊不同，不能大幅度变形，因此设计了斜面滑块机构使内模可以按照预定的运动方式收缩，完成脱模过程。然而轮胎断面为小开口，胎肩处宽度大，子口处宽度小，鼓瓦径向收缩过程仍会与轮胎内表面摩擦，脱模困难。为了解决金属内模顺利脱出轮胎，不划伤轮胎内表面的问题，参考铸造与注塑产品的设计，对轮胎的断面结构进行改进，提出外向型轮胎，如图 4-10 所示，为轮胎断面结构加上拔模斜度。

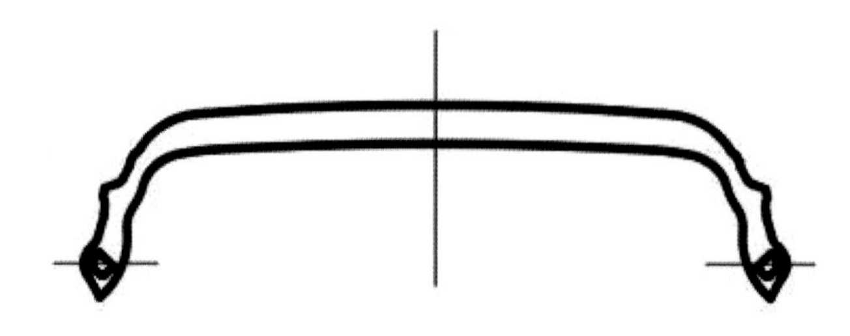

图 4-10　外向型轮胎结构

外向型轮胎是指轮胎产品在生产过程中，断面结构不断发生变化。如图 4-11 所示，首先在轮胎成型机的胎体鼓上贴合成型圆筒形的胎体，然后胎体膨胀在成型鼓上贴合带束层和胎面胶，成型为胎坯，胎坯在定型硫化机模具中定型硫化，成品轮胎为外向型轮胎。外向型轮胎在实际使用过程中，对子口施加压力安装上标准轮辋，最终轮胎实际工况下的形状变为普通断面轮胎的形状。

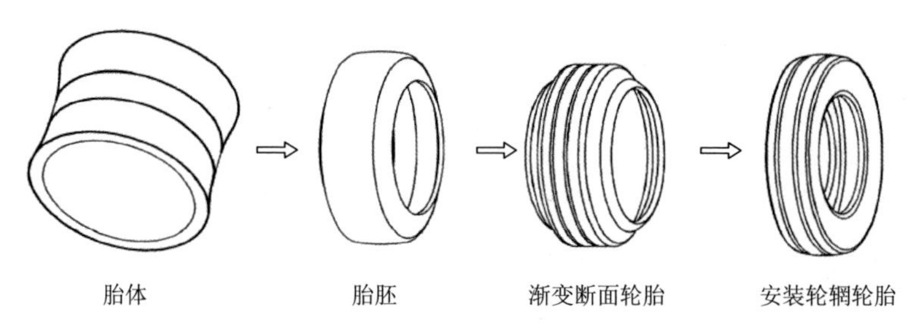


图 4-11　轮胎制造过程断面变化

### 2. 轮胎材料组成概况

随着汽车工业的飞速发展，轮胎行业也面临众多挑战与机遇，为满足新时期下对轮胎性能的要求，轮胎材料需要做出相应的研发与创新。橡胶轮胎的不同部分均采用不同的胶料，满足各结构的性能要求，最终达到轮胎的使用要求。同时，一些功能性的非充气轮胎也相继研发成功，其采用新型材料，达到轮胎的使用要求，并使轮胎具备了传统橡胶轮胎所不具备的特殊性能。

随着材料科学的飞速发展，轮胎材料的类型也在不断地更新和发展，其目的在于提高轮胎的使用性能。橡胶轮胎的构成主要包括：聚合物主体材料、配合剂材料及骨架材料等。其中，聚合物主体材料主要为橡胶材料及类橡胶材料，为轮胎的主要应用材料，占轮胎材料的最大比例；配合剂材料主要有增强补强剂、填充剂等；骨架材料主要包括纺织类材料、金属材料等。

目前，橡胶轮胎应用最为广泛，如斜交轮胎及子午线轮胎等。橡胶作为轮胎的主体材料，占轮胎质量的 40%以上，主要分为天然橡胶和合成橡胶两大类[21]。其中，天然橡胶主要包括环氧化天然橡胶、充油天然橡胶及接枝天然橡胶等[22]。天然橡胶气密性较好、黏合性和耐湿滑性较强。20 世纪，Pummer 将过氧酸与烯烃反应制备环氧化烯烃的方法应用于天然乳胶的改性初步制备环氧化天然橡胶，此后制备天然橡胶的方法和相关研究不断更新发展起来[23]。充油天然橡胶采用廉价的石油成分作为填充物，保持了原有天然橡胶的物理机械性能，提高了橡胶的加工性能，并具有良好的抗湿滑性能，适合应用于防滑轮胎。接枝天然橡胶是通过化学修饰使橡胶具备一些特殊的性能。接枝天然橡胶由两种不同的聚合物分子链组成主链和侧链，因此一般具有两种聚合物的综合性能，甚至产生一定的性能协同作用。通过在橡胶大分子上引入支链可以解决许多性能问题，如提高橡胶的耐磨性、耐寒性、耐热性及耐化学性等，同时还能够促进增强材料的黏结、黏合性能[24]。研究较多的为甲基丙烯酸甲酯（MMA）、丙烯腈、马来酸酐等单体的接枝共聚，如天然橡胶与丙烯腈接枝共聚后，耐油性和耐溶剂性提高；而天然橡胶与甲基丙烯酸甲酯的共聚物对于橡胶制品的补强性有极大提高[25]。

合成橡胶主要有丁苯橡胶、顺丁橡胶、丁基橡胶、异戊橡胶、乙丙橡胶等。丁苯橡胶属于不饱和非极性链橡胶，其性能接近天然橡胶，具有较好的加工性、耐磨性及耐老化性等[26]。其中，溶聚丁苯橡胶具有较好的抗湿滑性和较低的滚动阻力，同时其弹性较好、耐气候性强、永久变形小，属于绿色环保型胶[27]。顺丁橡胶的弹性较高，耐磨性较好，生热低，动态性能好，能与多种橡胶共混使用，主要有镍系顺丁橡胶、稀土顺丁橡胶、充油顺丁橡胶等，是目前满足高性能轮胎要求，并在轮胎行业中发展最快的几类顺丁橡胶类型[28]。异戊橡胶是为达到代替天然橡胶的目的而合成应用的，其具有纯度高、膨胀收缩率低、流动性好等优点，根据其引发体系可分为：烷基锂、钛系和稀土基异戊橡胶。稀土引发剂引发聚异戊二烯橡胶是近年来研究的重点。稀土基异戊橡胶的顺式含量高，分子链具有较高的立构度[29]。丁基橡胶主要用于轮胎的气密层及内胎，化学稳定性较好，但合成技术较为复杂，主要有普通丁基橡胶及卤化丁基橡胶等。丁基橡胶材料的制造采用阳离子聚合反应，需要引入一系列的反应引发剂，目前也是国内外研究的重点[30]。乙丙橡胶耐化学腐蚀性、电绝缘性较好，密度低，填充性高，但黏合性差，硫化速度较慢，通过改性并与天然橡胶黏合主要用于胎侧胶。合成乙丙橡胶主要采用溶液聚合、悬浮聚合体系和茂金属催化体系溶液聚合，主要有 EPDM、LEPR、四元 EPR 等品种，也可通过改性获得更多优异性能[31]。

炭黑为橡胶轮胎材料中用量仅次于橡胶的材料，是橡胶轮胎的主要填充物和补强材料。炭黑的主要作用为提高轮胎的综合性能和操控性，使轮胎获得较高的抗撕裂性能、耐磨性[32]。随着炭黑材料的应用发展，针对不同轮胎及不同使用条件的炭黑也相继出现，满足轮胎的性能要求，如白炭黑、高结构炭黑、反向炭黑、纳米结构炭黑等[33]。其中白炭黑粒子尺寸较小，比表面积大，填充后橡胶的拉伸性能、抗撕裂强度及耐磨性有明显提高。但是白炭黑极易聚集，在橡胶中难以分散，加工较为困难，需要对白炭黑进行进一步改性。

### 4.3.2 传统轮胎定型硫化

在轮胎制造工艺中，硫化工序是轮胎内部线型大分子结构发生交联变化的关键步骤，良好的硫化工艺装备对提升成品轮胎的各项性能有重要作用。目前硫化工序存在的问题主要为两个：一个是硫化不均匀，由于轮胎各部位厚度、胶料类型不一致，因此需要的硫化温度和时间不同，硫化时间过短或者过长都会影响胶料硫化程度，造成轮胎欠硫化或过硫化，轮胎各部位很难同时达到正硫化；另一个是成品轮胎精度低，胶料分布不均匀，需要配重铅块达到动平衡。生产工艺与装备是紧密相关的，工艺与装备的发展是相互促进的，因此针对以上两个问题，需要同时改进硫化工序的工艺与装备，改善轮胎胶料硫化的均匀性，进一步提高轮胎的力学性能；同时提高轮胎动平衡性能，改善胶料分布的均匀性，保证轮胎在高速行驶过程中具有良好的动平衡性能，减少离心力和震动。解决以上两个问题可以大幅提高成品轮胎的性能，满足汽车工业与航空工业对高性能轮胎的需求，减少因轮胎破坏造成严重的事故。

常规轮胎硫化工艺是将预成型好的轮胎胎坯放入模具中进行高温模压成型，在刚性金属外模具与充满热介质的柔性高分子材质的胶囊二者共同施加的压力和温度作用下，经过一定时间的交联过程，最终形成设定的轮廓和花纹，其性能得到大幅提升，如图4-12所示[34]。

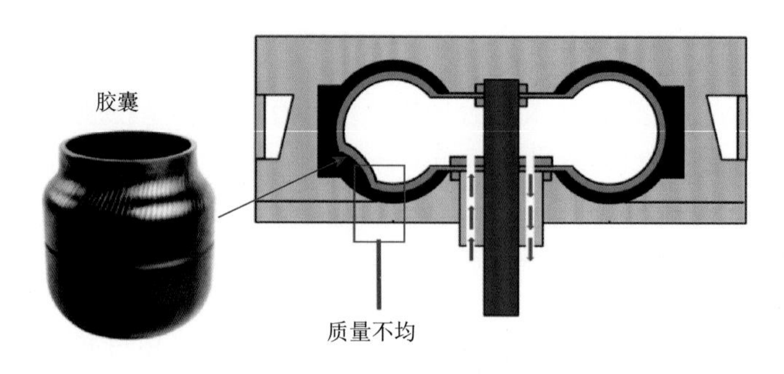


图4-12 常规轮胎硫化工艺示意图

作为多种橡胶材质复合而成的厚制品，导热性能比较差，无法保证轮胎硫化过程各个部位各个层次的硫化效应一致。通常，确定轮胎最佳硫化条件的依据是保证轮胎的各个部位各个层次的胶料处于平坦硫化阶段内，即芯部胶料的硫化效应大于平坦硫化期的最小硫化效应，表面胶料的硫化效应小于平坦硫化期的最大硫化效应[35]。

**1. 硫化工艺参数**

轮胎硫化工艺中，硫化温度、硫化压力和硫化时间是轮胎硫化工艺条件的三个主要参数。其中，轮胎的硫化外压是由硫化机为外模具施加锁模力得以保证，硫化内压则是通过往胶囊中充入一定压力的过热水、饱和蒸汽或氮气，进而传递给胎坯内腔。足够的硫化压力将有利于防止轮胎产生缺胶、胎内气泡等缺陷，提高成品胎的致密性，进而促进轮胎的各项物理机械性能得到提高。轮胎的硫化外温一般采用蒸汽、电阻丝或导热油等加热外模具的方式提供，硫化内温则是通过过热水或饱和蒸汽进行热传递提供。硫化温度与硫化时间呈现相互制约的关系，硫化温度高，所需的硫化时间短，但过高的硫化温度会使胶料尽早老化[36]。在实际生产中，在不产生“外部过硫、内部欠硫”的情况下，通常采用适当的方式如提升硫化温度等以提高轮胎硫化工艺效率。

**2. 硫化介质**

依照胶囊内的硫化介质来对轮胎硫化工艺进行分类，主要可分为：①过热水硫化，②过热水等压变温硫化，③蒸汽硫化，④蒸汽/氮气硫化。

1）过热水硫化

过热水硫化的工艺过程是首先往胶囊内充入一定量的低压高温蒸汽，一方面使胶囊沿胎坯舒展，对胎坯进行定型，另一方面使胶囊的温度快速升高，而后向胶囊中充入过热水提供硫化压力和硫化温度。在整个硫化过程中，过热水一直处于循环状态。该硫化工艺具有硫化压力和温度恒定的优点，但循环的过热水实际被吸收的热量很少，能源利用率低。此外，过热水的压力与温度互相制约，表现为高压低温，这种硫化工艺一般适用于胎体较厚的轮胎生产制造[37]。

2）过热水等压变温硫化

针对过热水硫化带来的高能耗及可能引发的轮胎内腔表面过硫现象，轮胎厂推出了过热水等压变温硫化工艺。与过热水硫化工艺相异的是，硫化过程中过热水不持续循环，这不仅降低了能耗，也可缩小轮胎表面与内部的硫化效应差异[38]。为了进一步提高轮胎表里硫化程度的均匀性，不少轮胎厂采取在不同的硫化阶段通入温度不同的过热水进行变温硫化。

3）蒸汽硫化

蒸汽硫化的工艺流程是在硫化初期往胶囊内充入并保持一定压力的饱和蒸汽，蒸汽在胶囊内不循环，直至硫化结束。与过热水相比，饱和蒸汽的潜热更大，因此能耗会下降。但是，饱和蒸汽压力较低，难以满足高性能轮胎在性能方面的要求。此外，在硫化过程中，高温蒸汽在放热过程中会产生冷凝水，存积在胶囊下部，从而导致轮胎上下对应部位硫化温度不同，易导致成品胎的动平衡、均匀性较差，以及轮胎一侧胶料耐磨性等性能降低[39]。

4）蒸汽/氮气硫化

蒸汽/氮气硫化工艺是近年来发展迅速的轮胎硫化工艺，其工艺流程如图 4-13所示。蒸汽/氮气硫化工艺采用氮气作为内压介质，蒸汽作为热媒介质，在很大程度上解决了过热水或饱和蒸汽互相制约的矛盾，能够实现高压高温硫化[40]。该硫化工艺在延续了蒸汽硫化低能耗的同时，硫化不均问题仍未能得到改善。此外，氮气泄漏也是蒸汽/氮气硫化中的常见问题[41]。

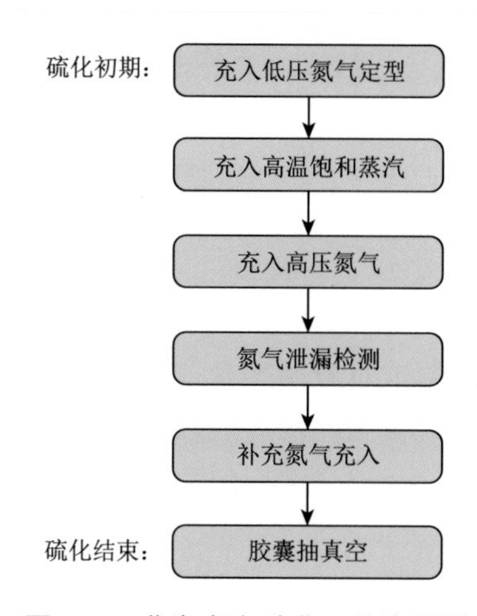


图 4-13　蒸汽/氮气硫化工艺流程图

上述几种传统硫化工艺均采用胶囊进行定型，由于胶囊具有高弹性及低刚性，在反复膨胀过程中容易出现尺寸重复精度低，而且其膨胀状态受限于硫化介质内压力大小和生胎成型精度，无法精密形成成品胎设计时的内轮廓。这些弊端都严重限制了胎坯在硫化时实现胶料均匀分布，由此影响到成品胎的动平衡和均匀性等性能[42]。

**3. 轮胎定型硫化机**

轮胎定型硫化机经历了硫化罐、个体硫化机等过渡发展后，轮胎定型硫化机成为时下最为普遍的轮胎硫化设备，采用中心机构实现轮胎硫化胶囊的自由膨胀，省去了机外安装胶囊或水胎的相应环节，生产效率得到大幅提升。

轮胎定型硫化机的传动结构形式主要分为机械传动和液压传动两种。机械式轮胎定型硫化机（图 4-14）是基于曲柄连杆机构进行设备的开合模过程，其合模力是通过曲柄连杆机构运动到死点位置，各零部件可以发生微小可逆变形。由于上模具运动轨迹的不同，机械式轮胎定型硫化机可分为垂直翻转式、垂直平移式和垂直升降式三种，并逐渐向垂直升降的形式发展。机械式轮胎定型硫化机具有造价低的特点，但由于曲柄连杆机构智能设置在硫化机的某一侧，存在硫化压力分布不均匀的现象[43]。液压式轮胎定型硫化机（图 4-15）在合模对中性、运动重复精度、合模力均匀性等方面均体现出明显的优势，伴随着对轮胎动平衡、均匀性要求的提升，其已逐渐成为发展的方向[44]。

图 4-14　机械式轮胎定型硫化机

图 4-15　液压式轮胎定型硫化机

作为轮胎定型硫化机的重要组成部分，轮胎硫化外模具由最初的两半模具逐渐发展为活络模具，从而实现了生胎与成品胎直径的一致性，也避免了轮胎在脱模过程中发生强制挤压，有利于生产精度的提升[45]。

轮胎定型硫化机的硫化室主要有蒸锅和热板两种，由于蒸锅的蒸汽消耗量大且开模能源浪费严重，由蒸锅向热板改造已成为轮胎厂和橡机厂的主要发展方向。现有的热板式硫化机的硫化外温普遍采用往上下热板、中模套充入高温蒸汽的方式获得，电阻丝、导热油等在热板上的应用也屡见不鲜[46]。随着绿色生产的大力推广，更为节能环保的加热方式已成为轮胎定型硫化机发展的迫切需求。

针对单模或双模轮胎定型硫化机一次只能硫化 1～2 条轮胎导致硫化生产效率不高的问题，逐渐发展出双层四模轮胎定型硫化机和轮胎定型硫化机组。双层四模轮胎定型硫化机[47, 48]可以将轮胎硫化工效提升一倍，但是没有从本质上解决传动装置、装卸胎机构和中心机构长期处于空置状态的问题。而轮胎定型硫化机组的出现为大幅提高硫化生产效率提供了可能。轮胎定型硫化机组主要分为公用机构可移动式和硫化模具可移动式两种类型。张正罗和黄福旺[49]创新地提出了一种公用机构可移动式的液压式轮胎定型硫化机组；彭道琪等[50]对移动公用机构的传动系统进行了结构改进；目前已开发出 16 模液压式硫化机组的样机[51]。公用机构可移动式硫化机组可以大幅提高轮胎硫化生产效率、减少占地面积且降低机器成本。公用机构可移动式硫化机组缺点在于一般只适用于单一规格产品的大批量生产，生产连续性受公用机构故障率影响较大。相较之下，三菱重工集团一直致力于开发模具可移动式硫化机组，并已将其用于卡车和公共汽车轮胎生产[52]。采用模具可移动式硫化机组，不仅能够实现轮胎硫化效率的大幅提升，相比于公用机构可移动式硫化机组，其优势在于可以通过增加一台备用公用机构来保证生产连续性，可以同时实现多种规格轮胎的硫化生产。但是轮胎定型硫化机组受设备加工精度、仪表控制和工艺条件等条件的限制，在国内发展缓慢，需要改进的地方仍有很多。

总体来讲，为了满足子午线轮胎日益增长的生产需求，轮胎定型硫化机的主机结构向着液压式发展，具备成本优势的电动螺旋式也成为一个发展方向。能够大幅提高轮胎硫化生产效率的轮胎定型硫化机组仍然有很大改进发展的空间。

**4. 中心机构**

轮胎定型硫化机的中心机构也称为胶囊操纵机构，是轮胎定型硫化机的重要组成部分。根据胶囊形式和收放方式的不同，中心机构可以分为翻转式的 A 型和 RIB 型及拉伸式的 B 型和 C 型。拉伸式 B 型胶囊形式由于对中性与稳定性较好已成为轮胎定型硫化机中心机构的主流。近年来，中心机构的改进主要集中在结构改进、密封性改进和节能性改进等方面。

在结构改进方面，谢义忠[53]提出一种套缸型伸缩式中心机构，该机构通过多级套缸装置大大降低中心机构的高度，使得整机结构更为紧凑，可应用在双层四模轮胎定型硫化机中。但是该中心机构结构复杂、密封点多且制造和维护成本高。庞国平和曾友平[54]创新地提出一种新型 RIB 型中心机构，完全摒弃推顶器和夹具的使用，使得中心机构结构紧凑，便于安装维护。在密封性改进方面，文献[55]提出一种密封效果可调整的中心机构密封装置，延长了 V 型密封圈组的使用寿命。文献[56]通过增设可调整中心杆与环座之间压缩量的螺纹套，克服了密封太紧导致中心杆升降阻力大的问题和密封太松导致蒸汽从缸盖孔喷出的问题。在节能性改进方面，谢义忠[57]在中心机构上、下夹盘间增设一个环形密封座，使得硫化介质所占空间减少，从而达到节能效果。

此外，针对液压驱动方式的轮胎定型硫化机存在造价高、液压油泄漏的问题，Fujieda 和 Murata[58]、张素萍和王百战[59]提出了滚珠丝杠驱动的中心机构，通过滚珠丝杠驱动方式替代液压驱动方式，在保障了对中精度和操作稳定性的同时，也避免了液压驱动方式的弊端。

中心机构的改进是建立在胶囊硫化技术的基础上，在提高密封性、增加对中精度、精简机械结构和降低能源消耗方面研究较多。正因为如此，胶囊技术的改进显得尤为重要。

**5. 胶囊硫化技术**

从 20 世纪 50 年代开始，机内胶囊定型逐渐取代机外水胎定型，如今胶囊已经是轮胎定型硫化机的一个重要部件，胶囊与硫化外模具协调配合保障轮胎硫化的质量和生产效率。胶囊硫化技术发展至今不断改进，但仍存在膨胀不彻底、结构不对称、硫化压力低和蒸汽冷凝水沉积等问题，严重影响硫化质量。针对这些问题，笔者提出了刚性内模具、刚性芯替代胶囊的新型硫化技术。

**6. 加热方式**

轮胎定型硫化机的硫化内压介质主要包括过热水、蒸汽和氮气。硫化加热在胶囊和加热室内进行。加热室是蒸汽消耗的主要部位，节能是加热室的重要考核项目[60, 61]。由于轮胎定型硫化机普遍采用热板式加热室，相关技术改进大多数集中在热板上，包括热板加热介质流道的优化设计[62]、电加热式热板[63]及电磁感应加热式热板[64]等，以实现减少温差、降低能耗的目的。除了热板改进，谢义忠[65]还提出了一种在隔热板和上、下加热托板之间增设中空室或真空室来实现节能保温的装置。

传统加热方式需要大量管路运送硫化内压介质，热能在运输过程中被大量消耗，同时还存在管道的泄漏问题。近年来出现新型加热方式应用在轮胎的硫化和预硫化上，如辐射加热硫化[66]、电磁感应加热硫化[67]等。针对新型加热方式而设计的加热装置和新型硫化机也越来越多。Gazuit[68]根据辐射硫化加热方式提出的一种用于辐射加热的轮胎定型硫化机（图4-16），通过内部加热机构释放射线结合外部加热机构提供的硫化介质来硫化轮胎，这一装置使得辐射加热方式从预硫化到硫化得以实现。相比于传统硫化加热方式，辐射加热硫化过程非常清洁、耗能较少且可以在室温下操作，硫化时间短。缺点在于辐射硫化需要结合新胶料配方才能充分发挥其优势。该技术在美国、日本等国家已经进入普遍应用阶段，而国内的轮胎企业对辐射加热硫化轮胎缺少一定的认可，仍然处于研究和初步应用的阶段[69]。

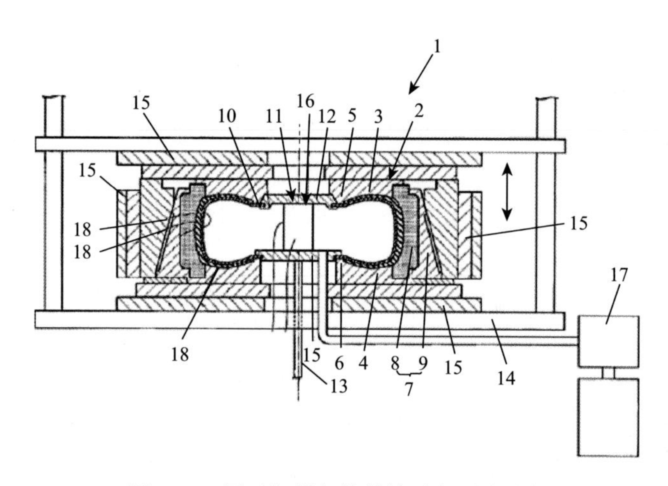


图4-16　用于辐射加热的轮胎定型硫化机

1. 硫化机；2. 模具；3. 上模；4. 下模；5. 上钢圈；6. 下钢圈；7. 胎面模具；8. 胎面瓦块；9. 活络模具；10. 胶囊；11. 中心机构；12. 夹环；13. 模具固定机构；14. 升降机构；15. 外部加热机构；16. 内部加热机构；17. 气体供应机构；18. 轮胎

### 7. 活络模具

轮胎定型硫化机外模具的内轮廓决定着轮胎成品的几何形状和参数。轮胎硫化外模具包括活络模具和两半模具。目前轮胎子午化率已达到90%以上，两半模具基本已被淘汰，活络模具的使用成为主流[70]。而很多两半模具轮胎定型硫化机由于没有活络模具操纵机构不得不面临淘汰。针对这一问题，张儒学[71]设计了一种在两半模具轮胎定型硫化机台上使用的子午线轮胎硫化活络模具，该活络模具不需要活络模具操纵机构，使得两半模具轮胎定型硫化机可以用于子午线轮胎的硫化生产。

目前大多数轮胎定型硫化机的活络模具在开合模过程中随着上横梁的升降而上下移动，因此存在活络模块高空坠落的安全隐患。针对这一问题，曾旭钊和郑伍昌[72]及谢义忠[73]均提出了下开式轮胎硫化活络模具，将活络模具设计成下开式，使得活络模块不会随着上横梁升降而上下移动，解决了普通活络模具的安全隐患，同时简化了模具机构，降低了硫化机升降机构的动力要求，降低了整机设备的损害程度，特别适用于巨型工程车子午线轮胎的硫化生产。桂林橡胶机械厂针对当前下开式活络模具操纵装置仅使用两个活络模具油缸驱动导致活络模具底部受力不均、工作不同步的问题，提出一种活络模具操纵装置，该操纵装置运行平稳，安装、调节和维护方便，可有效解决活络模具受力不均、工作不同步的问题[73]。

在轮胎朝着子午化发展的大趋势下，活络模具技术将更加成熟。下开式活络模具的出现丰富了活络模具的选择，今后活络模具改进的方向将集中在提高生产安全性、简化现有机构和降低制造成本等方向。

**8. 轮胎定型硫化机的发展趋势**

通过对轮胎定型硫化机的主机结构、中心机构、胶囊、加热方式和活络模具相关技术进行阐述和分析，从中不难发现，高效实用、简单可靠已经成为轮胎定型硫化机的基本要求，同时轮胎定型硫化机正朝着智能化、高性能化和节能化的方向发展，具体可分为以下几点。

（1）液压式轮胎定型硫化机占比不断提升。随着我国轮胎企业对液压系统认识不断加深，并且认识到液压式轮胎定型硫化机在设备故障率、硫化时间、硫化质量及成品轮胎废品率上已经明显优于机械式轮胎定型硫化机，综合成本具有显著优势。液压式轮胎定型硫化机更符合轮胎的子午化和高性能化趋势。

（2）轮胎定型硫化机的安全性能将进一步提升。轮胎定型硫化机为高温、高压设备，在操作中较易出现热烫伤及机械伤害事故。制定与国际标准一致的安全标准是当务之急。为了充分保障作业安全，除了严格做好安全措施之外，硫化机生产企业在进行硫化机结构改进时应该将安全性放在第一位。

（3）轮胎定型硫化机的节能仍是重大课题。蒸锅加热室的热板化、热板流道改进、热工管路的优化设计及氮气硫化工艺改进等在节能上都取得了一定的成效。辐射硫化工艺、电磁感应加热硫化工艺等新型硫化工艺的研究突破，使节能实现质的飞跃成为可能。节能是轮胎定型硫化机改进的永恒主题。

（4）轮胎定型硫化机的控制系统向群控化[74]、智能化和全自动化方向发展。轮胎定型硫化机群控化将更普及，轮胎制造实现全自动化将成为现实。今后新建的轮胎工厂的智能化、自动化和信息化程度也能在一定程度上体现了该厂的技术实力。

（5）全新概念轮胎制造工艺技术将改变当下轮胎定型硫化机的设计理念。例如，住友橡胶工业株式会社的成型、硫化两用刚性芯[68]；米其林集团的 C3M 技术和倍耐力轮胎有限公司的 MIRS 技术以成型鼓为核心，前者配置特种编织机和挤出机组，后者则是配备多台挤出机和机械手，两种技术均大大提高了生产自动化水平；美国固特异轮胎橡胶公司的 IMPACT 技术通过使用热成型机、改进控制系统、自动化材料输送和单元式制造可以实现轮胎的连续生产，并且能够兼容现有轮胎制造系统。此外还有德国大陆集团的 MMP 技术、普利司通公司的 BIRD 生产系统和 ACTS 全自动化生产系统等[75]，这些全新概念轮胎制造工艺技术打破了常规轮胎制造的塑/混炼、压延挤出、成型和硫化四大工序分别依次进行的固有思路，采用全新概念技术进行低成本、高精度生产，这将是未来轮胎制造机械发展的大趋势。

### 4.3.3 直压硫化技术

传统的轮胎硫化工艺是依靠胶囊来确定轮胎的内腔轮廓，由于胶囊的高弹性和低刚性，必然难以获得高度对称性的形状尺寸和高度均匀性的橡胶分布，从而导致轮胎的硫化精度不高，动平衡和均匀性偏差大。轮胎直压硫化的技术原理是将现有轮胎定型硫化机上的高弹性而低刚性的胶囊替代为具有可控胀缩功能的高刚性金属内模直压机构，经过膨胀动作后的内模直压机构作为成品胎的硫化内模具，实现轮胎内壁轮廓的精密硫化定型，硫化机的内外模具在锁模力的作用下直接对轮胎进行压迫，提供硫化压力。

**1. 导轨式直压硫化内模**

内模直压机构主要由一定数量的大鼓瓦和大鼓瓦支架、数量相同的小鼓瓦和小鼓瓦支架、楔形滑座、导向盘、滑动导轨副、限位块等组成。大鼓瓦支架和小鼓瓦支架的外侧分别与大鼓瓦和小鼓瓦固定连接，内侧通过滑动导轨副与楔形滑座滑动连接，下侧通过滑动导轨副与导向盘滑动连接。楔形滑座的中心与中心机构活塞杆固连，内模直压机构整体坐落在中心机构下环座上。

工作时，由中心机构下环座的上下升降确定内模直压机构的整体高度；在中心机构活塞杆的带动下，楔形滑座沿着竖直方向上移或者下移，进而在直线滑动导轨副的带动下驱使大鼓瓦支架和小鼓瓦支架沿着楔形滑座的斜面发生相对运动，在导向盘的限位作用下，大鼓瓦支架和小鼓瓦支架只能沿着水平方向运动，因此形成大小鼓瓦的胀缩运动。当大鼓瓦和小鼓瓦径向往外胀开到极限位置时，如图 4-17（a）所示，大鼓瓦和小鼓瓦的分割面紧密贴合，所有鼓瓦所形成的外表面轮廓与实验规格轮胎的内壁轮廓相一致，在锁模力的作用下，硫化机外模具紧压内模直压机构，并将锁模力通过大鼓瓦支架和小鼓瓦支架向待硫化轮胎施加压力使轮胎完成定型和硫化。当大鼓瓦和小鼓瓦径向往内运动到设置的极限位置，如图 4-17（b）所示，并通过小鼓瓦支架安装的限位块起到限位作用时，大鼓瓦和小鼓瓦分别在不同径向位置周向排布，且应保证所有大鼓瓦的外接圆直径小于成品胎的胎圈直径，以确保轮胎能顺利安装和卸取。由于大鼓瓦支架与楔形滑座的连接角度大于小鼓瓦支架与楔形滑座的连接角度，可以保证大鼓瓦与小鼓瓦在运动过程的互不干涉。

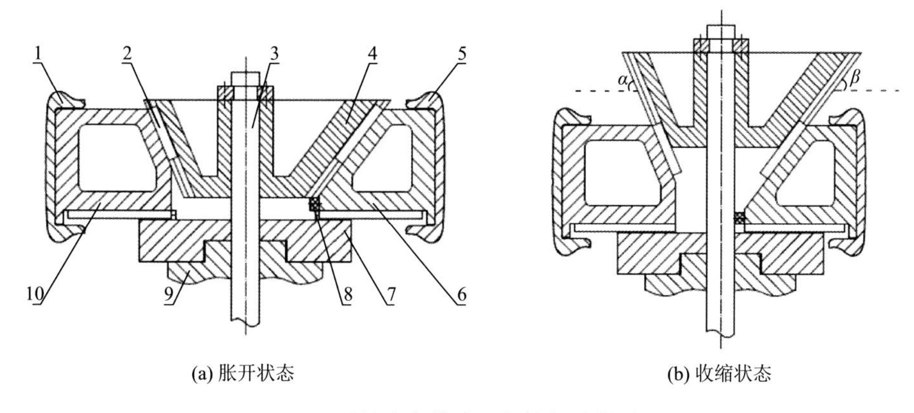


图 4-17　导轨式内模直压机构的结构原理图

1. 大鼓瓦；2. 滑动导轨副；3. 中心机构活塞杆；4. 楔形滑座；5. 小鼓瓦；6. 小鼓瓦支架；7. 导向盘；8. 限位块；9. 中心机构下环座；10. 大鼓瓦支架

## 2. 阶梯式直压硫化内模

阶梯式直压硫化内模结构如图 4-18 所示，底板限位盘固定在轮胎定型硫化机的底座上；活塞内杆与活塞外杆同轴；端盖与窄鼓瓦楔形块通过螺栓连接，端盖通过夹环固定在活塞外杆上，活塞外杆与窄鼓瓦楔形块通过端盖连接固定；宽鼓瓦楔形块通过螺栓与活塞内杆连接固定；宽鼓瓦与窄鼓瓦分别固定在宽鼓瓦支架

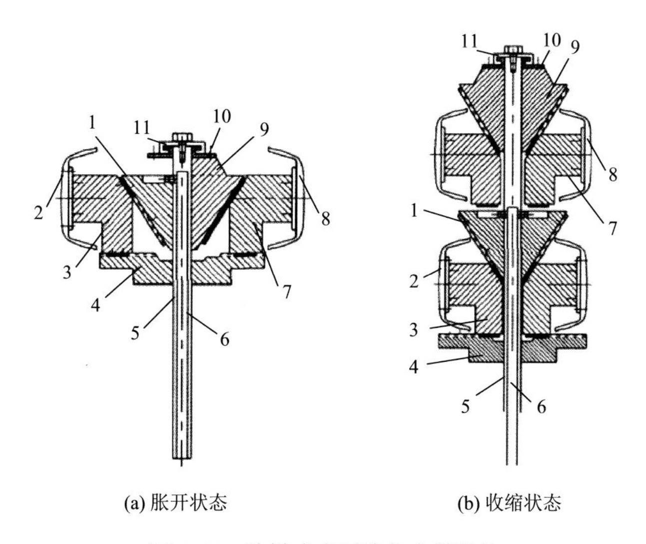


图 4-18　阶梯式直压硫化内模结构

1. 宽鼓瓦楔形块；2. 宽鼓瓦；3. 宽鼓瓦支架；4. 底板限位盘；5. 活塞外杆；6. 活塞内杆；7. 窄鼓瓦支架；8. 窄鼓瓦；9. 窄鼓瓦楔形块；10. 端盖；11. 夹环

和窄鼓瓦支架上；鼓瓦支架与底板限位盘通过 T 型导轨滑块方式接触，鼓瓦支架与楔形块同样是通过 T 型导轨滑块方式接触。

这种阶梯式直压硫化内模的工作过程（图 4-19）为：活塞外杆轴向向上移动，带动窄鼓瓦楔形块向上移动，窄鼓瓦楔形块的斜面向窄鼓瓦支架施加的力可以分解为轴向竖直向上的力和径向水平指向圆心的力，底板限位盘的 T 型导轨限制了鼓瓦支架竖直向上运动，因此窄鼓瓦支架带动窄鼓瓦径向收缩，完成收缩后窄鼓瓦支架脱离底板限位盘 T 型导轨的限制，由活塞外杆带动继续轴向向上移动，让出内部的空间。然后活塞内杆带动宽鼓瓦楔形块轴向向上移动，同样地，宽鼓瓦楔形块的斜面向宽鼓瓦支架施加的力可以分解为轴向竖直向上的力和径向水平指向圆心的力，底板限位盘的 T 型导轨限制了鼓瓦支架竖直向上运动，因此宽鼓瓦支架带动宽鼓瓦在底板限位盘的 T 型导轨上径向收缩，完成整个内模的窄鼓瓦和宽鼓瓦的收缩过程。

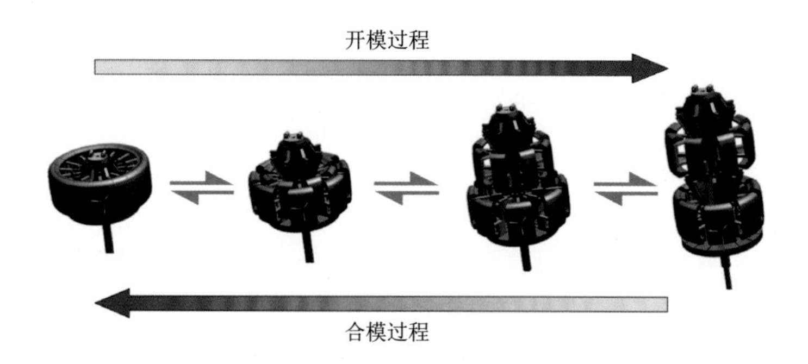


图 4-19　阶梯式直压硫化内模工作过程

### 3. 外向型直压硫化技术

外向型直压硫化技术主要是针对外向型轮胎硫化工艺，图 4-20（a）为内向型内模具，图 4-20（b）为外向型内模具，其机构主要不同点在于鼓瓦。外向型斜楔式轮胎直压硫化内模具，窄瓦楔形座与宽瓦楔形座在轴向上配合并且可以沿轴向相对运动。窄瓦楔形座的楔形面与宽瓦楔形座的楔形面交替设置，楔形面的数量与宽瓦及窄瓦数量一致。楔形面的角度决定着宽瓦、窄瓦收缩的速度，优选窄瓦楔形面与宽瓦楔形面角度相同。窄瓦楔形座的楔形面与窄瓦支架上侧的 T 型滑块配合，窄瓦支架底部的 T 型滑块与底板限位盘上侧面的导轨配合。宽瓦楔形座的楔形面与宽瓦支架一端的 T 型滑块配合，宽瓦支架底部的 T 型滑块与底板限位盘上侧面的导轨配合。窄瓦楔形座与窄瓦支架配合，宽瓦楔形座与宽瓦支架配合，窄瓦支架、宽瓦支架和底板限位盘配合构成一个稳定系统，瓦块支架和楔形座自由度均为零，底板限位盘固定不动，使得胀缩得以顺利进行。

端盖与窄瓦楔形座上侧面固定，并通过夹环和连接螺栓与活塞杆固定连接。活塞杆穿过宽瓦楔形座，在活塞杆中部设计有圆形凸台。窄瓦支架与窄瓦之间设置窄瓦筋板，通过螺栓固定连接，宽瓦支架与宽瓦之间设置宽瓦筋板，通过螺栓固定连接。

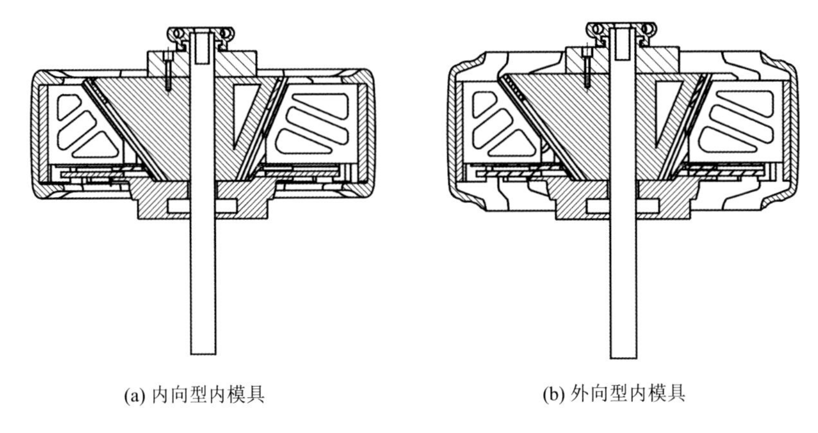

(a) 内向型内模具　　(b) 外向型内模具

图 4-20　内模具结构对比

对于外模具也是如此，针对外向型轮胎外轮廓结构有针对性的改进。图 4-21 为内向型和外向型外模具对比图，其中外向型外模具工作过程为：合模时，底座不动，液压缸往下压，上盖板和弓形座同时下降，当弓形座下降到底座时，上下模和上下侧模也逐渐下降，硫化机上盖继续带着模套向下移动，外模具导向条的作用也使得弓形座和花纹块向里收缩，当花纹块、上模、下模、上侧模、下侧模完全收缩与胎坯外表面接触时，达到完全合模状态，锁模后进行硫化。开模时，活络模具的上盖板带着模套、上模和上侧模向上提升，在提升的过程中，由于模套和弓形座有 15°的斜面夹角，以及它们之间的导向条，使弓形座带着花纹块产生径向的移动，从而使花纹块、弓形座脱离轮胎，脱模；硫化轮胎

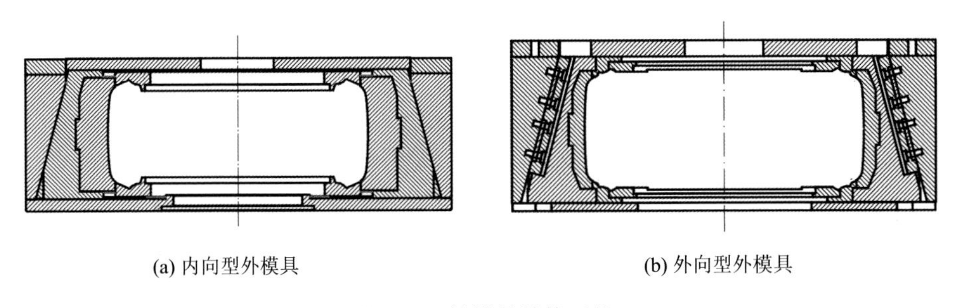

(a) 内向型外模具　　(b) 外向型外模具

图 4-21　外模具结构对比

随中心机构整体上移，待下胎侧完全脱离下钢圈时停止动作，此时上夹盘上移，硫化轮胎顺利取出。

### 4.3.4 电子束辐照预硫化

电子束辐照橡胶组分可实现一定程度的硫化，该工艺不改变原始轮胎生产工艺，仅用电子加速器对轮胎半部件进行辐照预硫化。电子加速器发射的高能电子束产生高活性粒子，使胶料在常温下交联形成三维结构，通过预硫化实现初步定型，经过进一步的加热加压工艺可显著提升轮胎性能和稳定性能。

轮胎电子束辐照预硫化技术的研究在国外始于20世纪50年代末。20世纪70年代，法国米其林集团、德国大陆集团、美国宝兰山公司等世界著名轮胎制造商纷纷在轮胎生产中使用了电子束辐照预硫化技术。在20世纪80～90年代，凭借可提高轮胎产品质量和生产效率、节约天然橡胶用量、降低单位生产能耗、减少温室气体和有害气体排放等诸多优点，欧美轮胎制造商开始大量应用该技术。据了解，继原美国费尔斯通公司在20世纪80年代建成世界上第一条轮胎电子束辐照预硫化生产线后，国外较大的轮胎制造商已陆续在轿车子午线轮胎的生产中采用该技术，其中在日本的普及率已达90%以上。一种电子束辐照预硫化装置如图4-22所示。

图4-22 电子束辐照预硫化装置[76]

**基本原理**　电子束辐照预硫化技术是通过电子加速器发射的高能电子束在橡胶基体中激活橡胶分子，产生橡胶大分子自由基，使橡胶大分子交联形成三维网状结构[77]。辐照预硫化无需添加硫化剂，在常温常压下就可以进行。辐射作用形成的原始化学产物除了离子、电子、激发分子外还包括自由基和某些分子产物，这些原始粒子都具有较高活性，可以发生裂解、重排、电子转移、脱氢和加成等多种反应。图 4-23 为高分子材料在辐射作用下可能发生的反应。

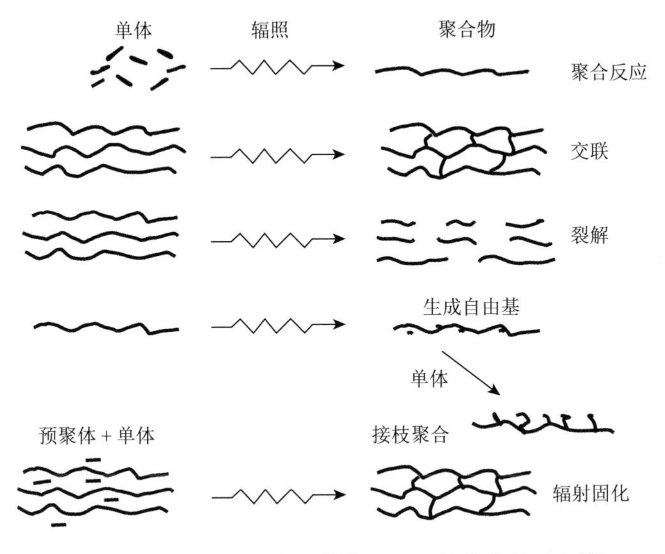


图 4-23　高分子材料在辐射作用下可能发生的反应[78]

橡胶辐射效应是一种竞争机理。在胶料被辐射时，分子间交联反应和降解反应同时发生，即一方面通过分子间的交联形成网络大分子，分子量不断增大；另一方面辐射导致化学键断裂，分子量减小。在交联与降解的竞争反应中，一定辐射剂量范围内，以交联反应为主的高分子材料称为辐射交联型高分子材料；相反以降解反应为主的高分子材料称为辐射降解型高分子材料。当辐射剂量超过一定范围，所有高分子材料都会出现辐射降解，性能变差。

### 4.3.5　电磁感应热压轮胎定型硫化

基于内模直压机构的高导磁性和高导热性，利用电磁感应加热装置对其进行加热，作为轮胎硫化的内温热源，实现快速升温、绿色供给，同时可通过电磁感应线圈排列形式的可控调节解决现有工艺难以消除的轮胎上下两侧硫化温差问题[79]。

高性能轮胎全电磁感应加热直压硫化技术是利用高刚性、高导热性的可控伸缩金属内模替代传统硫化胶囊，并创新采用电磁感应加热方式对内外模具同时加热，彻底取代传统热媒传热方式，以提高成品轮胎质量精度，缩短轮胎硫化周期及降低制造过程耗能[80]。

其中，内模由两组具有不同尺度参数的导引机构沿模具周向交替对称布置组成，并分别与宽瓦块、窄瓦块连接。当中心机构上环油缸驱动导引机构运动时，导引机构带动各瓦块沿径向伸缩。由于尺度参数不同，相邻宽瓦块、窄瓦块在伸缩过程中产生速度差及位移差，从而实现模具径向异步伸缩。当内模完全胀开，相邻瓦块紧密贴合，在外形上组成一个完整的圆，圆的直径等于成品轮胎内腔直径，而内模轴向轮廓曲线则与成品轮胎断面内轮廓曲线一致。当内模完全收缩，其外接圆直径小于成品轮胎胎圈直径，以保证卸胎顺利。内模电磁感应加热单元主要由线圈绕组组成，每一个瓦块背部固定一组电磁线圈，线圈呈两段左右对称布置，每段线圈中内置导磁体。为避免相邻磁场相互干扰，采用双路循环加热工作方式，宽窄瓦线圈交替工作时间可自由调节。

基于以上技术原理的高性能轮胎全电磁感应加热直压硫化机见图4-24。该设备具有创新设计的内、外模独立锁模机构，外模锁模力依靠两侧导柱上的油缸A施加，内模锁模力则依靠悬挂于横梁下方的油缸B施加。当施加外模锁模力时，油缸A的无杆端进油，由于上方闸块的限位作用，油活塞杆固定不动，而油缸A推动上箱体一起向下运动实现加压；当内模加压时，油缸B的无杆端进油，活塞杆通过向下推动导杆，间接对内模施压，而当卸载时，活塞杆回缩，导杆在弹簧作用下复位。

(a) 正面

(b) 背面

图4-24 全电磁感应加热直压硫化机

1. **轮胎定型过程分析**

采用直压硫化工艺的胎坯定型过程主要对带束层骨架材料的拉伸变形产生影响。在传统硫化工艺中，当活络模具刚好处于完全收缩时，胎坯冠部与模具花纹面接触，当胶囊通入饱和蒸汽后，胎坯继续膨胀，胎冠部胶料填充进花纹沟，骨架材料逐渐拉伸到最大直径位置。而在直压硫化工艺中，胎坯骨架材料先于花纹块到达极限位置，所以当活络模具收缩时，花纹块会挤压胎面，迫使胶料充入花纹沟，同时对骨架材料产生第二次径向作用力，见图 4-25。分析上述影响可能造成的结果是成品轮胎骨架材料局部偏移，帘线圆周方向呈波浪状，不连续，从而影响轮胎几何形状均匀性。

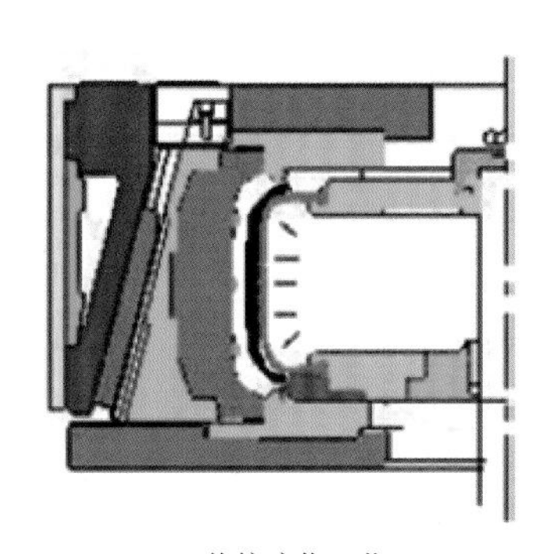

(a) 传统硫化工艺

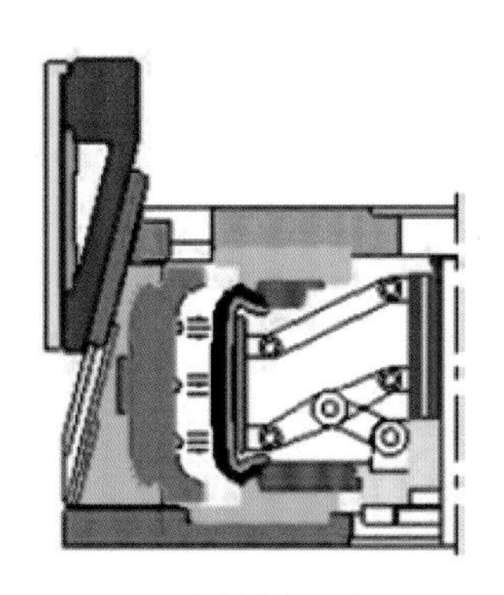

(b) 直压硫化工艺

图 4-25　胎冠与花纹块接触过程

通过轮胎成品 X 射线照片（图 4-26）能够清晰地看到，带束层钢丝帘线未出现折断、交错、偏移及稀线等缺陷，圆周方向上两侧带束层差级高度一致。进一步通过成品轮胎局部断面观察，为了便于区分各级骨架层边界，胎坯成型时在冠带层及带束层单侧贴敷红色薄胶片（图 4-27），在整个胎冠区域，冠带层、第一带束层、第二带束层均比较平坦，未呈现波浪状，各级骨架层相互平行没有交错，因此可以判断，直压硫化工艺定型过程并未对成品轮胎内部骨架材料形状产生影响。

2. **胶料物理机械性能**

轮胎力学性能主要表现在胶料的弹性、黏弹性、强度、老化和磨损等方面，其中弹性行为、拉伸强度、黏弹性行为等是影响轮胎承载能力、舒适度、滚动阻力、耐磨性等性能的决定因素。

胶料的弹性行为主要以硬度来表征，硬度高说明胶料抵抗外力作用下的形变量小。由表 4-3 可以看出，在相同的硫化温度条件下，采用直压硫化工艺的胎面胶硬度较标准胎略有提升，胎侧胶硬度则显著高于标准胎，表明硫化时高刚性金属内模为胎侧部位提供的直接压力比高弹性胶囊部件为胎侧提供的间接压力要大，使得该部位胶料的交联程度明显提升。

图 4-26 轮胎成品 X 射线照片

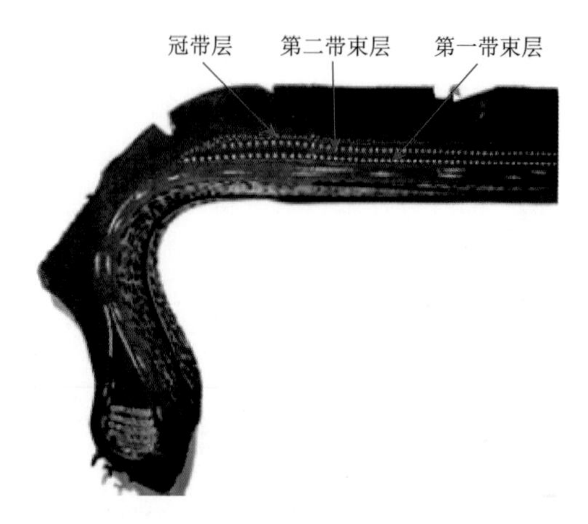


图 4-27 基于直压定型硫化工艺的轮胎断面

表 4-3 橡胶硫化硬度对比[80]

| 采样部位 | 传统硫化工艺 | 直压硫化工艺 |
|---|---|---|
| 胎面胶邵氏 A 型硬度（HA） | 58 | 59 |
| 胎侧胶邵氏 A 型硬度（HA） | 47 | 52 |

胶料的拉伸强度是指其抵抗拉伸破坏的极限能力，强度越高，在相同形变量下需要的力越大。该指标是影响轮胎使用寿命的重要因素。鉴于轮胎行驶滚动过程中胎侧胶拉伸-压缩变形特征尤其明显，因此以胎侧胶为采样点考察新工艺的影响。表 4-4 的测试结果显示，在相同硫化温度条件下，采用直压硫化工艺胶料的拉伸强度相比传统工艺提升 25.5%，300%定伸应力相比传统工艺提升 20%，充分说明金属模具直接加压方式能够明显改善橡胶与填料之间的相互作用及胶料的交联密度，从而使得硫化胶物理机械性能大幅提升。

表 4-4 胎侧胶强度对比[80]

| 工艺方法 | 拉伸强度/($N/mm^2$) | 断裂伸长率/% | 100%定伸应力/MPa | 300%定伸应力/MPa |
|---|---|---|---|---|
| 传统硫化工艺 | 13.7 | 649 | 1.3 | 4.4 |
| 直压硫化工艺 | 17.2 | 660 | 1.3 | 5.3 |

### 3. 动平衡均匀性测试

分别对传统硫化工艺及直压硫化工艺条件下的 100 条样胎进行测试比对，结果取均值后见表 4-5。采用直压硫化工艺制作的样胎动不平衡合值较标准胎降低 29.47%，说明采用高刚性金属内模的直压硫化方式较高弹性胶囊间接加压方式能更好地改善胎坯在硫化过程中的质量分布，提高成品轮胎的质量均匀性。

**表 4-5 基于不同硫化工艺的成品胎动不平衡度对比[80]**

| 工艺方法 | 静不平衡质量 | | 动不平衡合值 | |
|---|---|---|---|---|
| | 数值/g | 下降幅度/% | 数值/g | 下降幅度/% |
| 传统硫化工艺 | 1059.35 | 33.35 | 41.60 | 29.47 |
| 直压硫化工艺 | 706.03 | | 29.34 | |

分别对传统硫化工艺及直压硫化工艺条件下的批量样胎进行抽检测试，结果取平均值后如表 4-6 所示。基于内模直压硫化工艺的样胎的五项检测值均比传统硫化工艺制作的标准胎要低，其中径向力波动值降低 20.2%，侧向力波动值降低 43.9%，侧向力偏移值降低 17.7%，角度效应值降低 66.7%，锥度效应值降低 17.8%，说明高刚性金属内模加压方式相比传统胶囊加压方式能够提高轮胎几何尺寸对称度及均匀性，降低轮胎的径向力波动及侧向力波动，从而提高轮胎成品均匀性。

**表 4-6 轮胎均匀性检测结果对比**

| 工艺方法 | 径向力波动 | | 侧向力波动 | | 侧向力偏移 | | 角度效应 | | 锥度效应 | |
|---|---|---|---|---|---|---|---|---|---|---|
| | 数值/kgf | 下降幅度/% | 数值/kgf | 下降幅度/% | 数值/kgf | 下降幅度/% | 数值/kgf | 下降幅度/% | 数值/kgf | 下降幅度/% |
| 传统硫化工艺 | 10.34 | 20.2 | 9.21 | 43.9 | 19.48 | 17.7 | 0.15 | 66.7 | 19.50 | 17.8 |
| 直压硫化工艺 | 8.25 | | 5.17 | | 16.03 | | 0.05 | | 16.03 | |

注：1 kgf = 9.80665 N。

### 4. 模具温度均匀性

图 4-28 为通过在轮胎外表面埋设 8 个测温点间接考察外模套动态温度均匀性，结果显示，温差＜±2℃。图 4-29 为通过在轮胎内表面埋设 8 个测温点间接考察金属内模动态温度均匀性，结果显示，温差＜±1.5℃。

### 5. 橡胶硫化过程温度监测

为测量模具在工作状态下的温度差异，采用带料测温方法，即通过在硫化胎坯的内表面及外表面埋入热电偶来间接检测内模和外模的温度均匀性。实验胎坯测温点分布见图 4-30。

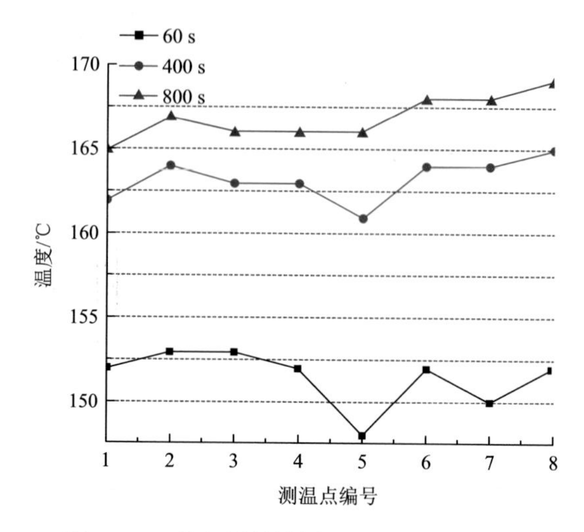


图 4-28 不同时刻外模套测温点温度分布图

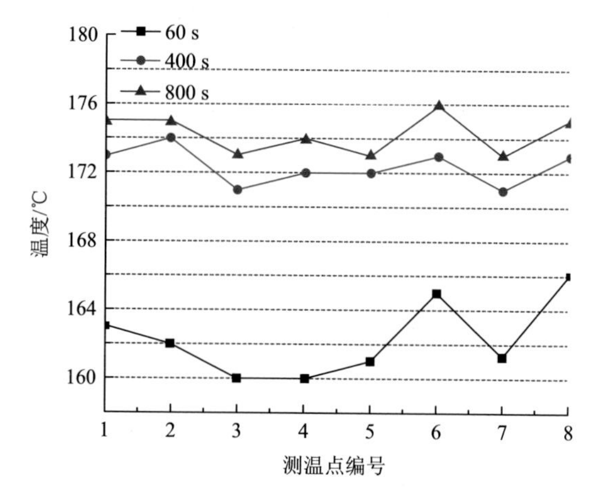


图 4-29 不同时刻金属内模测温点温度分布图

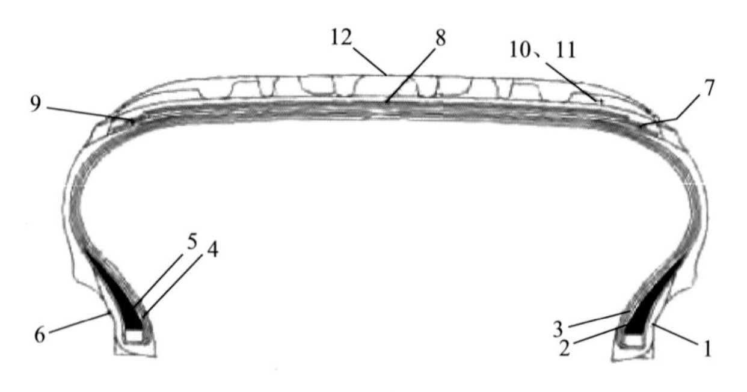


图 4-30 硫化测温埋线测温点分布图

在轮胎硫化过程中，上模、下模对应点硫化温度的均匀性是影响轮胎质量的关键因素，选取 2#/5#、3#/4#、1#/6#三组测温点，对比两种不同硫化工艺过程中不同时刻的温度差，三组点的温差随硫化时间变化曲线分别见图 4-31、图 4-32 和图 4-33。对比各图可见，2#/5#胶囊工艺和直压硫化工艺的温差最大值分别为 12℃和 5℃，3#/4#两种工艺温差最大值分别为 10℃和 3℃，1#/6#两种工艺温差最大值分别为 9℃和 5℃，子口外侧点两种工艺温差大致相同，另外两组点的温差直压硫化工艺比胶囊工艺均降低 7℃。由此可以看出，直压硫化工艺上下模的硫化温度差显著低于胶囊工艺，即直压硫化工艺轮胎硫化的均匀性显著提升。

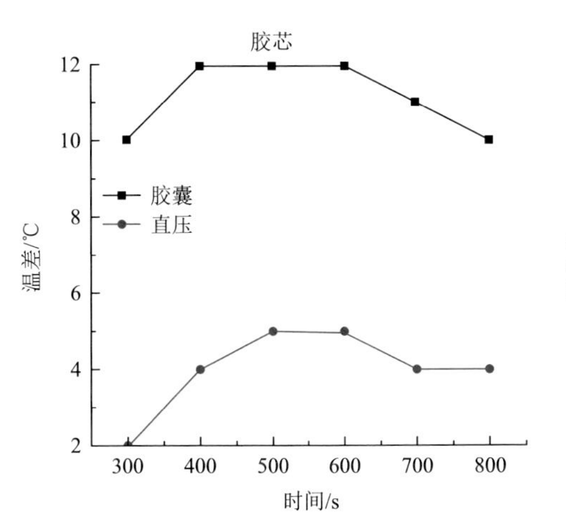


图 4-31　2#/5#温差随时间变化曲线

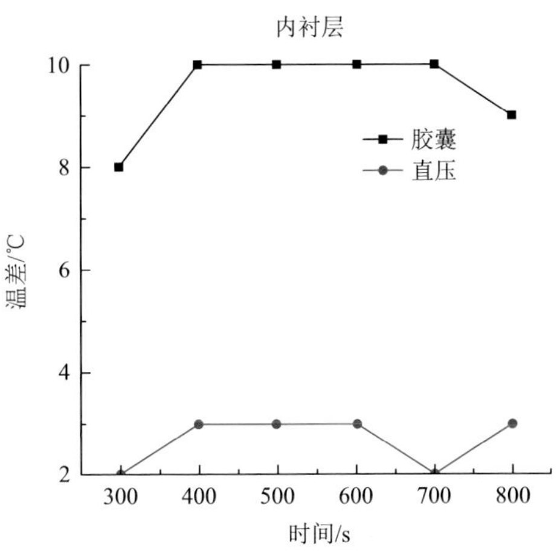


图 4-32　3#/4#温差随时间变化曲线

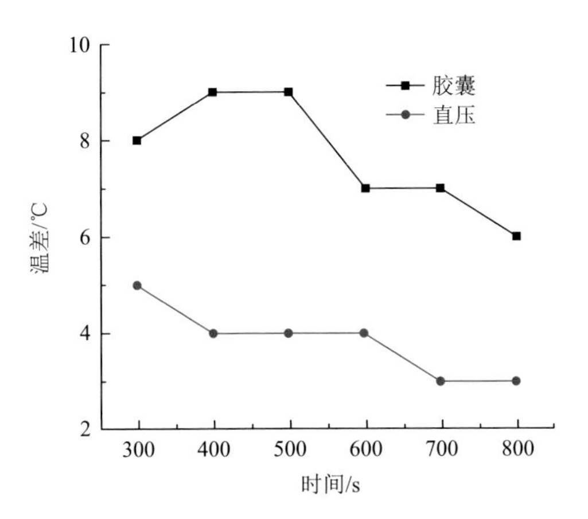


图 4-33　1#/6#温差随时间变化曲线

轮胎硫化过程中的另一关键参数为硫化时间，较快的升温速率和较高的硫化温度是缩短硫化时间、提高硫化效率的关键因素。对比了硫化薄弱点10#、8#、2#三点在两种不同硫化工艺条件下的升温过程，分别见图4-34、图4-35、图4-36。对比各图可见，10#的稳定硫化温度直压硫化较胶囊硫化提升11.5℃，两者达到100℃的时间大致相同；8#、2#达到100℃的硫化时间，直压硫化工艺分别缩短100 s和80 s，直压硫化工艺升温速率显著提升，最高硫化温度高于胶囊工艺。由此可以看出，直压硫化工艺的硫化效率显著优于胶囊硫化工艺。

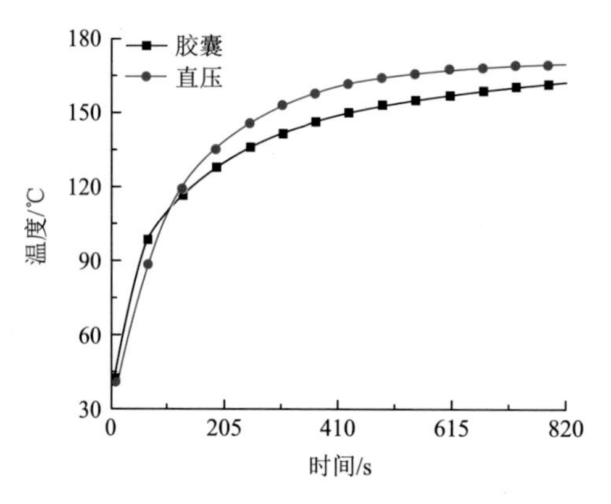


图4-34 10#不同硫化工艺的温度变化过程

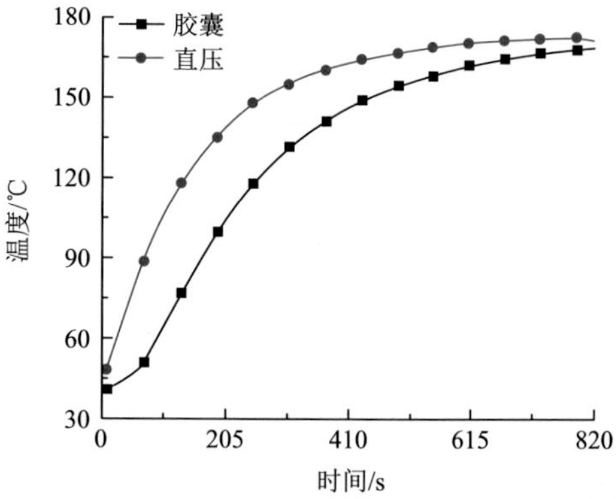

图4-35 8#不同硫化工艺的温度变化过程

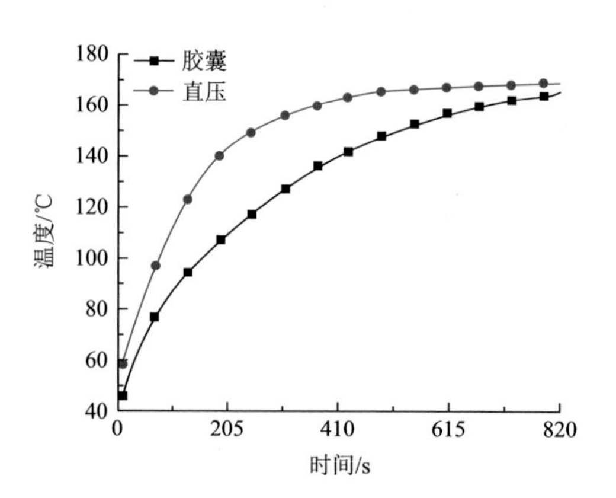


图4-36 2#不同硫化工艺的温度变化过程

6. **轮胎硫化效率**

根据两种硫化工艺定型步序的分析，在传统硫化工艺胎坯定型过程中上环需克服内部氮气压力而缓慢下降至胎坯高度位置，因此定型过程所消耗时间比较长，见表4-7，而两种工艺的开模后操作时间相差不大。从表4-7对比结果可知，直压硫化工艺不但能够提高模内硫化效率，而且能够节约一定的机外操作时间，两者累计计算，轮胎硫化成型周期可缩短36.3%。

表4-7　轮胎硫化效率对比[80]

| 工艺类型 | 定型时间 | | 模内硫化时间 | |
|---|---|---|---|---|
| | 数值/min | 降低幅度/% | 数值/min | 降低幅度/% |
| 传统硫化工艺 | 1.0 | 40 | 12.5 | 36 |
| 直压硫化工艺 | 0.6 | | 8.0 | |

### 7. 轮胎硫化能耗

硫化工序能耗占轮胎生产过程总能耗的60%以上。传统轮胎硫化工艺中，热媒在漫长的热工管路循环中存在大量的能量耗散，而且硫化时轮胎内腔需从导热率极低的胶囊内间接获得热能，导致传热效率低、硫化周期长。利用电磁感应加热技术，同时采用高导热的金属内模替代传统硫化胶囊，硫化时模具在高频交变磁场中自身产生涡流而生热，在这一过程中，电能均以热能形式输出，能源利用率高，传热速率快。

通过实际测算方法对感应加热硫化工艺与传统加热硫化工艺进行能耗对比。综合多家轮胎企业提供的动力数据，已知采用传统硫化工艺生产的半钢子午线轮胎，每千克轮胎消耗外温蒸汽量约12.57 kg，内温耗气量8.15 kg。以255/30R22规格轮胎为例，轮胎质量为13.944 kg，则单胎消耗蒸汽量约20.72 kg。而采用电磁感应加热硫化工艺，测得平均每条轮胎消耗电力2.88 kW·h，根据《轮胎单位产品能源消耗限额》（GB 29449—2012）规定，蒸汽折标准煤系数按0.1286 kg标准煤/kg，电力折标准煤系数按等价值1.229 t标准煤/(万kW·h)计算，则两种硫化工艺条件下每条轮胎消耗标煤量分别为2.66 kg和0.35 kg，见表4-8，即采用电磁感应加热硫化工艺，单胎硫化耗能较传统工艺节约86.84%。

表4-8　255/30R22规格轮胎单胎硫化能耗对比[80]（单位：kg标准煤）

| 硫化加热方式 | 内温耗能 | 外温耗能 | 总耗能 |
|---|---|---|---|
| 蒸汽硫化工艺 | 0.96 | 1.70 | 2.66 |
| 直压硫化工艺 | 0.13 | 0.23 | 0.35 |

### 8. 轮胎电磁感应微波硫化装备

在轮胎电磁感应直压硫化装备研究的基础上，笔者创新提出了一种轮胎电磁感应微波硫化装备[81]，如图4-37所示。该装备主要包括外模具和内部结构，外模具采用电磁感应加热，内部结构采用氮气膨胀加微波辐照穿透式加热。外模具包括底座、模套、上盖固定件、上盖、上侧模、上模、弓形座、导向条、减磨板、花纹块、轮胎结构、下模、下侧模和进气机构。内部结构包括磁控管、波导、搅拌器、成型鼓。外模具底座上安装着模套，模套与上盖固定件通过螺栓连接。为了保证模套在弓形座斜面上运动，导向条和减磨板通过螺栓与模套固定在一起，起到限位导向作用。底座上面分布着八个弓形座，弓形座内分别对应着八个花纹块，为了增大它们之间的接触面积，保持良好的导热性，接触面为斜面设计。其次与花纹块直接接触的为成型轮胎，外模具与轮胎直接接触成型的是花纹块、上侧模、下侧模、上模、下模。电磁感应加热决定着轮胎结构外部形状，内部结构取决于成型鼓对内衬层预硫化和微波硫化，成型鼓通过电磁感应加热对内衬层初步定型。最终硫化阶段还需要通入热氮稳压，采用微波辐照硫化。

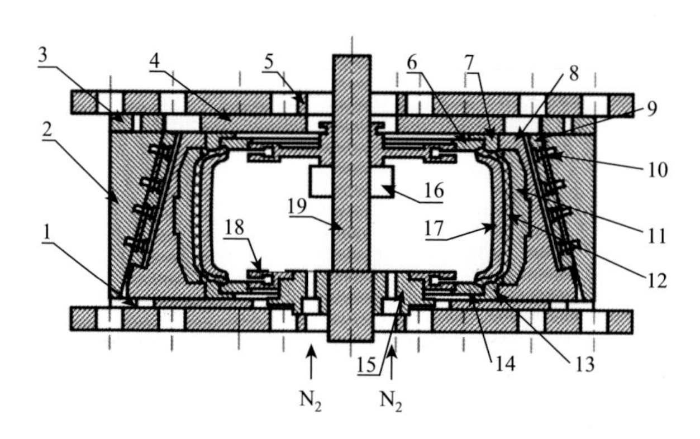


图4-37 一种轮胎电磁感应微波硫化装备的整体侧视截面图[81]

1. 底座；2. 模套；3. 上盖固定件；4. 上盖；5. 热板；6. 上侧模；7. 上模；8. 弓形座；9. 导向条；10. 减磨板；11. 花纹块；12. 轮胎结构；13. 下模；14. 下侧模；15. 进气机构；16. 搅拌器；17. 成型鼓；18. 密封结构；19. 活塞杆

采用这种轮胎硫化装备的硫化工艺方法如下：

第一步，成型鼓上预硫化内衬层。首先在成型鼓预包裹内衬层，用电磁感应加热系统对成型鼓加热实现内衬层预硫化定型。成型鼓上分布有导磁体和线圈，线圈槽由不具有导磁性的不锈钢或氧化铝制成，并且在成型鼓不同位置设有温度检测元件对温度实时监测。电磁感应加热将内衬层橡胶经过适当加工而制成的半成品在一定外部条件下通过电磁感应加热方式形成轮胎基本形状，形成预硫化内衬层，之后在预硫化内衬层上逐层包裹帘布层、耐磨层、胎体骨架层、冠带层、胎边、缓冲层，最后成型至带束层胎坯。

第二步，装胎坯。将现有轮胎定型硫化机中心结构上的硫化胶囊替换为成型鼓结构，直接将胎坯和成型鼓连同活塞杆装在硫化机上，并且成型鼓处于完全胀开状态，活塞杆上装配有搅拌器，搅拌器在炉腔内转动，从而改善波导管内传递的微波分布的均匀性。

第三步，在轮胎硫化过程，装置的底座不动，液压缸往下压，上盖板和弓形座同时下降，当弓形座下降到底座时，硫化机上盖板继续带着模套向下移动，导向条的作用也使得花纹块向里收缩，当花纹块完全收缩与胎坯外表面接触时，达到完全合模状态。锁模后，在进气机构处通入高温高压氮气，在硫化阶段密封结构保证腔内足够的温度和压力，还需要设置氮气加热装置及氮气循环装置，在两者之间设置单向阀控制氮气流向。然后磁控管将电能转化为微波能，微波通过波导管传递到腔体内部，再利用搅拌器叶片折射作用的周期性变化，将连续改变耦合口的激励状态，从而改善腔体内微波场分布的均匀性，使得胎坯硫化更均匀。搅拌器轴采用机械强度高的、介质损耗低的聚四氟乙烯非金属材料制成。活络模具加热采用电磁感应加热方式，高频交变电流通入感应线圈产生高频交变磁场，切割磁力线产生涡电流从而生热。线圈主要分布在上下热板及模套相应部位，线圈安装位置采取由外到内分四层，每层周向均匀布置，由外到内每层分别布置 12 个、8 个、4 个、4 个，共计 28 个线圈。另外，热板上开有与其他机构相配合的工艺孔，中心 1 个较大工艺孔，与外界进行热交换快。

第四步，卸胎。完成轮胎硫化后，硫化机中的氮气经气水分离器和冷冻式干燥处理之后进入氮气回收过滤器过滤，过滤后的氮气被输送至回收氮气储罐以备使用。活络模具开模时，硫化机的上盖板带着模具的模套和上模向上提升，在提升的过程中，由于模套和弓形座有 15°的斜面夹角，以及它们之间的导向条，使弓形座带着花纹块产生径向运动，从而使花纹块、弓形座脱离轮胎，脱模，取成品轮胎。

该装备采用外模具电磁感应加热和内部氮气膨胀加微波辐照穿透式加热，在外模具内部合理缠绕电磁线圈，硫化时通过高频交变电流，利用电磁感应效应实现外模具加热，温度均匀性更好；当使用微波硫化时，电磁波被物体各部位吸收转化为热能，避免因导热速度慢而产生较大的温度梯度，使得硫化温度更加均匀，而且对于微波硫化只有被加热物体吸收微波生热，不存在能源二次利用过程的再度浪费。

以扁平化为突出特征的高性能轮胎，作为绿色轮胎技术的延伸和发展，因具有良好的低滚阻性、高抗湿滑性、低噪声性和高耐磨耗性而越来越受到消费者的关注。2013 年世界高性能轮胎销量为 1.98 亿条，预计高性能轮胎销量将以 6.8%的复合年均增长率增长，到 2024 年将超过 4.08 亿条，而同期乘用轮胎和轻型载重轮胎的复合年均增长率为 4.5%。高端轮胎制造离不开精良的工艺装备，发展以金属模具定型为技术核心的轮胎直压硫化工艺为实现轮胎智能硫化提供了不可或缺的装备基础，有利于轮胎企业由低端同质化生产迈向高端差异化制造，对轮胎工业整体技术进步具有重要推动作用。

另一方面，生态环境已成为新常态发展的重要内容，国家在新型工业化、城镇化、信息化和农业现代化的“四化”基础上，现又加上了“绿色化”，最终形成了“五化”发展，对轮胎生产的生态环境提出了更高、更严格的要求。轮胎工业沿着循环经济的轨道向前健康发展，是当前和未来的重要课题和紧迫任务。因此推广轮胎电磁感应加热硫化工艺，为轮胎生产践行绿色制造理念提供了强有力的技术支撑，为低碳经济时期轮胎工业的发展开辟了新的方向。

### 4.3.6 注射模塑硫化

近年来汽车工业的迅猛发展，轮胎保有量的增加，导致大量废旧轮胎产生，多数废旧轮胎被直接回收重新加工成新产品，这是一种节约材料的手段，但同时也浪费了大量的能量和材料，很多轮胎在胎面磨损后还可以通过再制造继续使用，且再制造的能源节约量、材料节约量等都远比直接回收要大。由于受限于现有轮胎成型工艺，轮胎在再制造过程中需要先模压硫化制造胎面带，并制造相应的胎面胶，用于黏接胎面和胎坯；然后再对胎坯进行打磨，确保胎坯与胎面接触的曲面平整，同时需要对胎面上的孔洞等缺陷进行修补。待所有前处理工序完成后，再进行贴胎面胶处理，将胎面通过胎面胶贴在胎坯表面，裁去边缘多余的胎面得到再制造新胎。该工艺复杂，工序较多，能量和材料损耗较大，而且主要为人工操作，操作过程中极易造成动平衡不佳。胎面胶通常使用的材料与轮胎的材料不一致，材料间容易出现互相分离的界面，在轮胎高速运转过程中易导致胎面与胎坯间的分离，造成交通事故。传统的轮胎成型装备及成型工艺已无法满足高精度、高可靠性及高可再制造性的要求，笔者创新地提出一种高精度高适用性轮胎注射模塑工艺及装备，如图4-38所示，主要包括注射模塑系统、合模系统、加热冷却系统和控制系统等。注射模塑系统包括塑化装置和注射装置，用于注射模塑物料的塑化及注射。其中，合模系统（图4-39）包括内模、活络模具、模座、移模油缸、锁模油缸和移模机构等，其中内模主要包括夹环、宽瓦楔块、宽瓦、宽瓦支架、底板限位盘、活塞外杆、活塞内杆、导轨槽、宽瓦斜导轨滑块、窄瓦支架、窄瓦斜导轨滑块、窄瓦、窄瓦楔块、端盖、底板滑块。加热冷却系统分布于活络模和内模中，实现轮胎的硫化，内模的宽瓦和窄瓦中布置有电磁线圈。控制系统包括加热冷却控制及注射模塑装置、合模系统的控制。

在装胎坯前需要进行胎坯清洗和再制造性检测，检测步骤如下所述：

（1）胎坯清洗：包括去除旧轮胎的废胎面，清理胎坯上的杂质，包括嵌入的石子、碎片等，清理胎坯上被破坏的孔洞等，清理完成后需要对胎坯上即将与胎面接触的地方进行打磨，保证接触面无杂质、光滑。该工艺路线所述胎坯清洗工艺不需要对与胎面接触的那一个曲面进行修平，只需要清理上面的杂质，不需要修补孔洞。

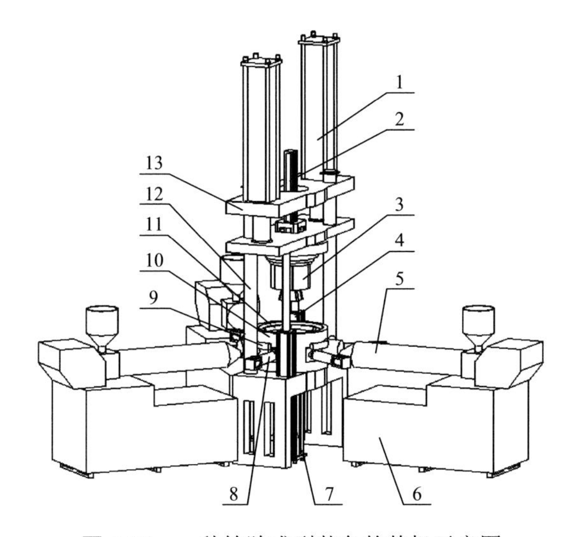


图 4-38 一种轮胎成型装备的整机示意图

1. 锁模油缸；2. 内模移模油缸；3. 阶梯式金属内模具；4. 动模板移模油缸；5. 塑化装置；6. 控制系统；7. 活络模移模油缸；8. 注射装置；9. 分配流道；10. 模座；11. 活络模具；12. 拉杆；13. 机架

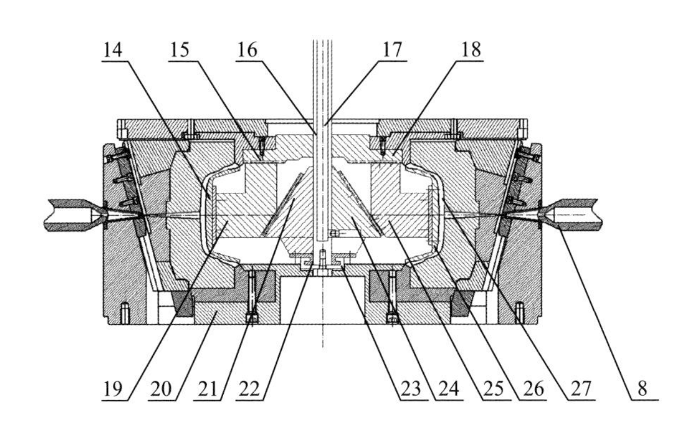


图 4-39 一种轮胎成型装备的合模装置结构示意图

8. 注射装置；14. 窄瓦；15. 底板滑块；16. 活塞外杆；17. 活塞内杆；18. 底板限位盘；19. 窄瓦支架；20. 外模端盖；21. 窄瓦楔块；22. 端盖；23. 夹环；24. 宽瓦楔块；25. 宽瓦支架；26. 宽瓦；27. 注射模塑硫化胎坯、新胎坯或再制造胎坯

（2）再制造性评估：利用专业评估手段评估胎坯上的裂纹、胎坯老化程度等，确定胎坯是否有继续再制造的必要。如果利用再制造方法带来的价值较低，则舍弃再制造；如果再制造价值较高，则继续该工艺路径。

（3）装胎坯：将阶梯式金属内模收缩至极限位置，抱紧活塞内杆与外杆，将经过打磨及通过再制造评估的再制造胎坯装至硫化机台上（所述装胎坯过程可以根据需要在胎坯外包裹一层涂胶帘布，用以增强连接，防止恶劣环境中胎面断裂）。通过驱动内模移模油缸的活塞内杆与活塞外杆使内模胀开至极限状态，固定胎坯。

注射模塑成型轮胎的工艺路线如下所述：

（1）装胎坯：将阶梯式金属内模收缩至极限位置，抱紧活塞内杆与外杆，将在轮胎成型机上成型至带束层的新胎坯装至硫化机台上处于收缩状态的阶梯式金属内模外。然后通过驱动内模移模油缸的活塞内杆与活塞外杆使内模胀开至极限状态，固定胎坯。

（2）注射模塑硫化：动模板移模油缸带动动模板沿拉杆向下运动，待轮胎与活络模具在同一高度时，通过活络模移模油缸的活塞杆拉动活络模具向下运动并抱住胎坯进入模座中。此时锁模油缸仍处于无压状态，待动模板移模油缸将动模板拉到与模座接触位置时，即达到完全合模位置时，给锁模油缸供给压力油，锁模，等待注射模塑。在进行胎坯前处理的同时，橡胶注射模塑系统的塑化装置将生胶塑化，并通过螺杆将添加相如硫化剂、硫化促进剂、防老剂、炭黑等促进硫化和结构增强材料等与基体相生胶进行均化混炼，得到可注射模塑的混炼胶，并通过混炼胶分配流道注入注射模塑系统的注射装置中。锁模后，通过注射模塑系统的注射装置将混炼胶注入模内，由于注射模塑的高压和生胶的高黏度使生胶与胎坯紧密贴合，注射模塑完成后保压，窄瓦和宽瓦内都布置有电磁加热线圈，能够实现轮胎的内模加热，同时通过活络模具的加热冷却系统加热活络模具促进硫化过程获得胎面，胎面和胎坯紧密连接形成注射模塑硫化轮胎。

（3）卸胎：待硫化完全后，撤掉锁模油缸的油压，通过动模板移模油缸与活络模移模油缸协同作用推动活络模具沿模座的滑槽向上移动，活络模具被打开；同时通过内模移模油缸推动移模机构向下运动来缩回鼓瓦，完成脱模。取出轮胎后进行动平衡等测试，各项测试合格后得到产品轮胎。

注射模塑成型技术采用阶梯式内模的注射模塑硫化一步成型工艺代替新胎制造过程中制造生胶胎圈、模压硫化成型胎面等工艺，也可代替再制造过程中模压硫化胎面、胶黏剂制造、平整接触面、胎坯径向缺口修补、胎面贴合等多步成型工艺，简化了成型步骤。原位注射模塑成型的胎坯与胎面接合面截面形式可以多样化，接触面不要求为周向环形规整面，即胎坯表面可以添加纤维网、嵌件等材料，再制造胎坯表面可以含有需要填补的孔洞等，不同位置处截面可以不一致。注射模塑成型可在成型再制造胎面时利用原位成型优势成型出胎肩以包覆胎坯，从而为胎坯提供一定的保护。成型过程中为同种材料贴合，降低了材料间的界面效应，使轮胎工作过程中胎面不易位移和脱落。环向阵列多点注射模塑有益于提高动平衡性，制造精度更高。相对于传统轮胎再制造工艺，采用注射模塑成型再制造工艺可根据轮胎使用环境的不同提供混有不同增强相的混炼胶。该技术采用阶梯式内模有效地拓宽了轮胎金属硫化内模所能适用的轮胎规格范围。

### 4.3.7　轮胎定型硫化工艺影响因素及控制方法

轮胎胎坯在硫化机中的硫化生产中，需要经历内外模具的加热与加压过程，进而使得橡胶内部发生交联反应。橡胶是热的不良导体，而轮胎又是由多种不同胶料组合而成，各部分胶料具有不同的配方工艺，这就导致了轮胎不同部位的导热系数不同。又因为轮胎横截面的形状结构较为复杂，更加加剧了温度的不均匀性，使得其制品在实际生产中呈现的是一个不等温的硫化过程，即在相同的时间里，轮胎内部不同部位的温度具有较大差异，接近加热模具表面处的外侧胶料温升较快，却不能及时将温度传递到轮胎胶料内部，造成了内外的温差，从而导致硫化程度不同，使得硫化工艺难以控制。在硫化过程中，随着时间的推进，轮胎胶料都存在着欠硫、正硫、过硫的阶段，理想的工艺是轮胎各部分胶料都达到正硫，但在实际生产中往往难以达到，而欠硫会导致轮胎制品性能严重下降，所以轮胎生产厂家在硫化工艺的制定过程中，必须杜绝欠硫的出现。本着宁过硫勿欠硫的原则，往往在轮胎上选取硫化的薄弱点，通过确保薄弱位置处的胶料达到或超过安全点的时间，来保证整个轮胎胶料度过欠硫阶段，进而制定与之相应的工艺流程。

以 255/30R22 规格轮胎为例，对传统硫化方式与电磁感应直压定型硫化工艺进行比较。传统硫化方法采用主流的基于等压变温原理的氮气胶囊硫化工艺，硫化条件如表 4-9 所示，轮胎硫化的内、外模具采用蒸汽加热，蒸汽温度分别为(210±4)℃和(178±2)℃，胶囊内部蒸汽压力为 1.7～1.9 MPa；$N_2$ 压力为 2.4～2.6 MPa。

**表 4-9　胶囊硫化工艺[82]**

| 工艺步序 | 步序名称 | 步序时间/min |
|---|---|---|
| 1 | 蒸汽进入（1.9 MPa） | 4.5 |
| 2 | 氮气进入（2.5 MPa） | 5.7 |
| 3 | 氮气检漏 | 1 |
| 4 | 补充氮气 | 1 |
| 5 | 排空 | 0.8 |
| 总时间 | — | 13 |

胶囊工艺采用的是蒸汽加热的方式，这在轮胎硫化中是十分普遍的，其中蒸汽自身含有汽化潜热，使得储存能量较多可以提供足够的热量，而氮气主要负责保持压力，作为加热保压的介质本身较为廉价，但工艺本身依然存在不足，使得压力与温度存在着一定制约关系。在硫化过程中热量的传递使得饱和蒸汽冷凝成

水，聚集在胶囊底部，会造成上下模具存在局部的温差，对硫化的轮胎造成影响；而氮气由于压力较高，容易造成泄漏，需要在硫化过程中进行检漏，延长了硫化的过程。有研究显示，在轮胎硫化过程中随着蒸汽通入时间增加，轮胎内外表面的温差也在不断增大，最大的温差可以达到30℃，且硫化过程中需要匹配相应的管路，锅炉等设备，成本较高。

255/30R22规格轮胎直压硫化工艺相比于胶囊硫化工艺的区别主要有两点：一方面是加热方式的改变，采用电磁感应加热，通过对设置在外模和内模线圈中通入高频电流进而生热的方式替代了传统的蒸汽加热方式。电磁加热相比于饱和蒸汽具有更快的响应速度和加热速率。但集肤效应使得中频电磁加热热量主要产生于靠近线圈一端的金属表面，使得热量以热传导的方式传递给胶料。另一方面是金属内模具替代了胶囊内模。材料的不同导致导热系数的巨大差异，胶囊是热的不良导体，其热导率小于0.4 W/(m·K)，而40Cr的热导率可以达到44 W/(m·K)。同时由于替代了蒸汽加热的方式，也解除了温度和压力的对应关系，使得硫化时间、硫化温度、硫化压力可以单独进行控制和设定，进而使探究硫化工艺的过程变得更加方便。

参考胶囊内模的加热参数，确定内外模具的硫化温度为178℃。硫化压力主要是根据硫化合模步序确定。直压硫化过程中，机械手夹持胎坯移动到金属内模上，收缩的金属内模先进行胀开，然后加压对胎坯定型限位，外模逐渐下降合模加压。内外压力主要影响轮胎制品的形状，适当提升压力可以在保证制品形状的前提下，减少胶边，提升轮胎的外观质量，所以设定硫化压力为2.6 MPa。硫化时间主要受到硫化温度的影响，轮胎内外表面与模具接触，如果硫化温度高，硫化时间过长会造成表面过硫，设定直压工艺的硫化时间为11～12 min。

### 4.3.8 高性能轮胎成型发展趋势

轮胎是汽车重要的配件，随着汽车工业的发展，轮胎工业也得到了快速发展。在轮胎工业发展过程中，随着中国经济的快速崛起，中国的轮胎工业发展也走到了世界前列，但是中国轮胎企业与普利司通公司、米其林集团公司、美国固特异轮胎橡胶公司等国际轮胎巨头相比，在产品质量、技术水平、市场和服务方面都存在一定的差距。中国轮胎工业总体上大而不强，缺乏高端品牌产品，特别是随着原材料价格的上涨和劳动力成本的增加，以及美国等对中国实施的反倾销和反补贴等贸易壁垒的影响，中国轮胎产品的市场竞争力不断下降[83]。为提高竞争力，智能制造国家战略为轮胎工业的发展指明了方向。

**1. 智能轮胎**

智能轮胎是一种智能化的轮胎，能够自动获取与传输有关自身及所处环境的信息，并能够对这些信息做出正确判断和决策，然后根据决策结果执行相应的操作，从而提高汽车的安全性、经济性、舒适性和排放性。轮胎自身信息包括轮胎压力、温度、摩擦、震动、磨损和老化等状态信息和自身的身份信息，轮胎所处环境信息包括路面状况和车速等。目前的智能轮胎研究主要包括轮胎压力监测[84]、轮胎温度监测[85]、轮胎摩擦监测[86]、轮胎爆胎预警与控制[87]、轮胎状态自动调节[88]、轮胎历程可追溯性记录[89]等。

智能轮胎主要由轮胎模块与车内中央模块组成，其中轮胎模块由安装在轮胎内的传感器、处理器和无线发射器组成，车内中央模块由车内的无线接收器、处理器与显示装置组成[90]。轮胎模块的传感器测量轮胎的压力和温度等状态信息，测量信息经过处理器简单的处理之后，通过无线发射器发射出来。车内中央模块的无线接收器接收 4 个轮胎模块发送的信息，处理器对获得的信息进行判断处理之后，通过显示装置显示必要的信息，在轮胎状态异常时发出报警信号，提醒驾驶人注意，及时进行处理。

**2. 轮胎智能制造的机遇**

智能轮胎是利用信息技术对传统轮胎制造技术进行改造的产物，可以促进轮胎智能制造过程信息技术和制造技术的深度融合，为轮胎智能制造创造快速发展的机遇[90]。

（1）智能轮胎状态监测方法为轮胎生产、仓储、运输、销售和维修服务提供便利，实现了轮胎产品全生命周期的数据管理。智能轮胎可以在轮胎生产过程中嵌入传感器芯片，该传感器芯片可以记录轮胎产品的身份信息和使用信息，在轮胎生产、仓储、运输和维修服务过程中，都可以根据传感器芯片的信息对产品进行跟踪和网络化信息管理。在轮胎使用过程中，轮胎内的传感器芯片进行轮胎状态信息的监测和收集，根据收集的轮胎状态信息可以进行轮胎的故障诊断，为客户提供维修提醒等增值服务，增加轮胎产品的价值。另外，收集的轮胎状态信息也可以为轮胎性能改进提供参考依据，从而促进轮胎设计过程的不断优化。

（2）智能轮胎爆胎预警与控制方面的建模和仿真研究，可以为轮胎设计过程提供更多的参考，加快轮胎新产品的数字化设计和虚拟仿真过程，优化轮胎产品的性能，减少实验测试的次数，降低设计的成本。非充气轮胎和防爆轮胎为轮胎新产品的结构设计提供了创新的思路，可以根据汽车类型和客户个性化需求，设计不同类型的轮胎结构，进行轮胎生产制造过程的流程改造，提高产品的技术含量，增强企业的品牌价值，实现轮胎产品的多样化和多功能化。

（3）智能轮胎状态自动调节系统的研究，可以实现轮胎在不同路面状况、不同轮胎压力和不同速度下的状态信息收集，分析轮胎在不同状态下的性能变化，统计汽车驾驶人的驾驶习惯，从而建立轮胎产品服务的数据库和轮胎性能变化的数据库，为轮胎性能优化设计和测试奠定基础。另外，基于收集的数据设计虚拟化的仿真系统，可以为客户提供多样化的服务，展示轮胎产品在不同路况和行驶状况下的性能变化，扩展轮胎产品的服务价值，满足客户个性化的需求。

**3. 轮胎智能制造的挑战**

虽然智能轮胎技术为轮胎智能制造提供了极好的发展机遇，但是智能轮胎还处于发展初期，功能还比较简单，应用还不广泛，在轮胎材料和制造技术、传感器和芯片技术、实验测试技术及智能化应用方面都存在一定的挑战[90]。

（1）智能轮胎的传感器和芯片嵌入安装在轮胎内，对轮胎的材料和制造工艺提出了很高的要求。轮胎制造过程的高温高压环境极易造成传感器和芯片性能的下降和损坏，因此，需要进行轮胎制造工艺和流程的改进，以适应传感器和芯片的安装要求，减小对传感器和芯片的影响，延长传感器和芯片的使用寿命。另外，传感器和芯片的安装对轮胎整体刚度和弹性会产生一定影响，需要进行轮胎新材料和结构的研究，降低传感器和芯片安装对轮胎性能的影响。

（2）智能轮胎的传感器和芯片通过无线方式进行信号的传输，轮胎内高温和潮湿的环境以及轮胎的旋转与震动对传感器的性能要求很高，无线传输过程对传感器的抗干扰性能要求也很高，因此，需要不断提高传感器和芯片的技术水平。另外，传感器和芯片要长时间工作，需要采用电池供电，电池的寿命限制了传感器的使用寿命，并且电池的体积和质量比较大，增加了轮胎旋转的动态负载，成为汽车高速行驶的安全隐患，废弃的电池还会造成环境污染，因此，无源轮胎传感器是发展的必然方向。但是，目前的无源传感器技术还不成熟，传感器体积比较大，测量精度不高，抗干扰能力不强，安装不方便，因此，需要进行传感器设计、制造和封装技术的研究，减小传感器的体积，提高传感器的测量精度和抗干扰能力，从而为无源传感器和芯片在轮胎制造过程的胎面嵌入安装奠定基础。

（3）轮胎的性能一般通过室内实验台测试获得，但是在轮胎的实际运动过程中，路面状况、载荷、纵滑、侧偏、侧倾等特性都在变化，室内实验台的测试结果与实际情况总会存在一些差异。另外，对于爆胎过程的测试，出于安全性和测试成本考虑，很难在真实环境下进行重复性的爆胎实验。因此，目前的轮胎测试技术还不完善，随着智能轮胎技术的发展，需要不断增加新的测试手段，研究新颖的测试技术，获取更多的轮胎实际运行状态数据，进行轮胎性能的分析和新产品的改进。

（4）轮胎的智能化水平依赖于轮胎的状态信息和相关的智能诊断与控制算法。目前的智能轮胎获取的轮胎状态信息有限，基于轮胎状态信息的诊断过程简单，很少采用智能化的控制算法，因此，智能化水平不高。为了提高轮胎的智能化水平，需要结合汽车辅助驾驶及无人驾驶系统、汽车智联网和其他汽车主动控制系统，收集更多的汽车和轮胎状态信息，综合利用收集的信息建立轮胎智能分析大数据分析平台，为轮胎智能制造过程的轮胎性能分析、故障维护和其他个性化服务提供数据支持。

为适应工业4.0和《中国制造2025》，中国轮胎工业必将进入智能制造时代，实现轮胎制造过程的自动化、信息化、网络化和智能化，提高轮胎的智能化水平，而智能轮胎作为一种先进的轮胎技术，符合智能化和信息化的发展趋势，因此，智能轮胎技术为轮胎制造过程的智能化提供了极好的发展机遇。基于智能轮胎的信息可以为轮胎优化设计、制造工艺和流程改造、运输和维护服务的网络化和个性化奠定基础，但是智能轮胎技术发展还处于初级阶段，轮胎材料和制造技术、传感器和芯片技术、实验测试技术及智能化应用方面还存在一定的局限性。随着信息技术、智能技术和网络技术的发展，智能轮胎必将成为推动中国轮胎工业转型升级进入智能制造时代的重要力量。

## 参考文献


[1] 张惠敏. 橡胶注射成型技术[J]. 特种橡胶制品，2005，40（5）：33-36.

[2] 胡华南. 橡胶模具的设计及应用[J]. 模具技术，2006，24（3）：25-27，35.

[3] 郑洪喜，毛智琛. 橡胶注射模的设计程序[J]. 模具制造，2006，6（10）：70-72.

[4] 魏剑. 注塑机锁模力的计算[J]. 塑料制造，2007，32（5）：142-143.

[5] 吕晓东，吝伟伟，葛旋. 橡胶注射成型模具的设计[J]. 橡胶科技，2015，13（11）：43-46.

[6] 陆军，陈中燕. 浅谈橡胶注射模具的设计[J]. 特种橡胶制品，2010，31（4）：39-41.

[7] 许发樾. 橡胶模具设计应用实例[M]. 北京：机械工业出版社，2004.

[8] 张秀英. 橡胶模具设计方法与实例[M]. 北京：化学工业出版社，2004.

[9] 林鹏. 橡胶注射模具（二）[J]. 模具技术，1995，13（4）：54-60.

[10] 黄友剑，赵熙雍，李金卫. 橡胶产品在城市轨道交通中的应用[J]. 橡胶科技，2004，2（20）：3.

[11] 刘莹. 大尺寸异形橡胶密封件真空模压成型工艺研究[J]. 设备管理与维修，2021（10）：3.

[12] 李月常，郑光虎，罗国芳，等. 固体火箭发动机绝热结构件模压成型工艺改进研究[J]. 广东化工，2018，45（11）：45-47.

[13] 梁星宇，周木英. 橡胶工业手册：第三分册　配方与基本工艺[M]. 北京：化学工业出版社，1992.

[14] 那洪东. 橡胶在模具内的流动，硫化行为及其模具设计[J]. 世界橡胶工业，2011，38（8）：28-35.

[15] 虞福荣. 橡胶模具设计制造与使用[M]. 北京：机械工业出版社，1996.

[16] 于清溪. 轮胎的绿色特性与发展[J]. 橡塑技术与装备，2013，39（1）：21-32.

[17] 杨卫民. 轮胎设计与制造工艺创新的发展方向[J]. 橡塑技术与装备，2013，39（2）：515-521.

[18] 高晓东. 全塑轮胎结构设计及成型工艺的研究[D]. 北京：北京化工大学，2017.

[19] 葛剑敏，范俊岩，王胜发，等. 低噪声轮胎设计方法与应用[J]. 轮胎工业，2006，26（2）：79-84.

[20] 王丽丽. 环保型轮胎的发展[J]. 轮胎工业，2012，32（5）：259-262.

[21] 徐立志. 汽车轮胎橡胶材料概述[J]. 化学工程与装备，2016，45（7）：217-218.

[22] 李汉堂. 高性能轮胎用橡胶材料的发展[J]. 现代橡胶技术，2014，40（4）：1-10.

[23] 何灿忠. 高性能轮胎专用胶——环氧化天然橡胶及其纳米增强材料的结构与性能研究[J]. 海南大学，2014，32（1）：124.

[24] 波塔波夫 E E，什瓦尔茨 A G. 弹性体的化学改性[M]. 北京：中国石化出版社，1998.

[25] 董智贤. 马来酸酐接枝改性天然橡胶的制备及应用研究[D]. 广州：华南理工大学，2013.

[26] 胡波. 丁苯橡胶磨耗性能的影响因素及机理探讨[D]. 青岛：青岛科技大学，2009.

[27] 李锦山，黄强，赵玉中. 溶聚丁苯橡胶技术现状及发展建议[J]. 弹性体，2007，17（4）：69-73.
[28] 刘红霞. 稀土顺丁橡胶的生产现状及发展前景[J]. 精细与专用化学品，2014，29（8）：16-19.
[29] 任月庆. 新型合成异戊橡胶的反应增塑，接枝改性及其结构动态演变过程研究[D]. 北京：北京化工大学，2015.
[30] 张静，谢涛. 丁基橡胶合成技术研究进展述评[J]. 化学工业，2012，30（3）：1-7.
[31] 崔小明. 乙丙橡胶生产技术发展趋势及市场分析[J]. 化工新型材料，2010，38（9）：77-80.
[32] 彭旭东，郭孔辉，丁玉华，等. 轮胎磨耗机理及炭黑对磨耗的影响[J]. 合成橡胶工业，2003，26（3）：136-140.
[33] 李汉堂. 轮胎工业用填充材料及填充体系[J]. 橡塑技术与装备，2009，35（9）：5-17.
[34] 梁守智，张丹秋. 橡胶工业手册：第四分册 轮胎[M]. 北京：化学工业出版社，1989.
[35] Sun S，Liu L，Xue S，et al. Investigation of computer-aided engineering of silicone rubber vulcanizing（Ⅰ）: vulcanization degree calculation based on temperature field analysis[J]. Polymer，2003，44（2）：319-326.
[36] Labban A E，Mousseau P，Deterre R，et al. Temperature measurement and control within moulded rubber during vulcanization process[J]. Measurement，2009，42（6）：916-926.
[37] 谭德征. 轮胎硫化工艺的优选[C]. 全国轮胎技术研讨会，成都，2004.
[38] 魏荣贺. 轮胎的等压变温硫化工艺[J]. 轮胎工业，2008，28（7）：431-433.
[39] 王英双，汪传生，何树植. 轮胎硫化介质的比较[J]. 特种橡胶制品，2003，24（2）：34-37.
[40] Kuberda K A. Tire curing with steam/nitrogen system reduces costs and enhances reliability[J]. Elastomerics，1990，122（7）：16-19.
[41] 高勇，王茂英，张皓. 氮气硫化工艺在半钢子午线轮胎生产中的应用[J]. 轮胎工业，2012，32（2）：107-110.
[42] 王传铸，邓世涛. 浅谈产生轮胎动平衡和均匀性原因及改进措施[J]. 橡胶科技市场，2004，2（17）：29-31.
[43] 陈维芳，余召赐. 轮胎硫化机行业[J]. 中国橡胶，2011，27（4）：23-25.
[44] Rong L. Design and research of hydraulic station of hydraulic tire curing press[J]. Advanced Materials Research，2012，507（4）：172-175.
[45] 崔海波. 子午线轮胎活络模具的设计研究与三维动态过程模拟[D]. 青岛：青岛科技大学，2007.
[46] Okada K，Toshima M，Murata T. Tire curing press with electrical heating[J]. Kobe Steel Engineering Report，2008，58（2）：51-56.
[47] 丁振堂，殷晓，梁月龙，等. 液压半钢四模硫化机：CN102303384B[P]. 2013-09-18.
[48] 谢义忠. 全自动双层四模轮胎硫化机及其硫化方法：CN104908179B[P]. 2017-07-07.
[49] 张正罗，黄福旺. 新型多模结构的液压式轮胎硫化机：CN104760172B[P]. 2017-08-25.
[50] 彭道琪，黄建中，赵向明，等. 轮胎硫化机组：CN2668368Y[P]. 2005-01-05.
[51] 张锡成，段振亚，石文梅. 轮胎定型硫化设备的研发现状与发展趋势[J]. 橡塑技术与装备，2010，36（9）：18-23.
[52] Fukuda H，Yusa J. Tire vulcanizer and tire vulcanizing system：US9156219（B2）[P]. 2015-10-13.
[53] 谢义忠. 套缸型伸缩式中心机构：CN102126270B[P]. 2013-07-10.
[54] 庞国平，曾友平. 轮胎硫化机中心机构：CN203637062U[P]. 2014-06-11.
[55] 王卫峰，胡润祥，秦淑君. 轮胎硫化机中心机构密封装置：CN203611407U[P]. 2014-05-28.
[56] 朱理波，黄桂强. 一种轮胎硫化机中心机构密封装置：CN205736072U[P]. 2016-11-30.
[57] 谢义忠. 一种节能轮胎硫化机及轮胎硫化工艺：CN103481422B[P]. 2016-03-16.
[58] Fujieda Y，Murata T. Center mechanism of tire vulcanizer and control method for the same：8100, 679[P]. 2012-01-24.

[59] 张素萍，王百战. 轮胎定型硫化机滚珠丝杠中心机构：CN205915710U[P]. 2017-02-01.
[60] 张忠明. 轮胎定型硫化机蒸锅式硫化改造为热板式硫化[J]. 橡塑技术与装备，2007，33（3）：44-46.
[61] 于清溪. 轮胎硫化机的现状与展望[J]. 中国橡胶，2007，23（22）：8-19.
[62] 谢义忠. 一种节能型轮胎硫化热板装置及其工作方法：CN105690628B[P]. 2018-06-22.
[63] 庞国平. 电热式轮胎硫化机热板：CN202965034U[P]. 2013-06-05.
[64] 杨卫民，张金云，张涛，等. 轮胎硫化外模具电磁感应加热装置：CN103538188B[P]. 2016-09-07.
[65] 谢义忠. 新型硫化机节能保温装置：CN202071265U[P]. 2011-12-14.
[66] Punnarak P，Tantayanon S，Tangpasuthadol V. Dynamic vulcanization of reclaimed tire rubber and high density polyethylene blends[J]. Polymer Degradation & Stability，2006，91（12）：3456-3462.
[67] Hanson G W，Patch S K. Optimum electromagnetic heating of nanoparticle thermal contrast agents at RF frequencies[J]. Journal of Applied Physics，2009，106（5）：054309.
[68] Gazuit G. Tire vulcanizing apparatus：3550196[P]. 1970-12-29.
[69] 王玉海，周天明. 电子辐照预硫化技术在轿车子午线轮胎中的应用[J]. 轮胎工业，2012，32（12）：750-754.
[70] 杨顺根. 我国轮胎硫化机设备的发展历程[J]. 橡塑技术与装备，2016，42（5）：25-30.
[71] 张儒学. 普通定型硫化机用子午线轮胎硫化模具：CN102267203B[P]. 2014-09-03.
[72] 曾旭钊，郑伍昌. 巨型工程车子午线轮胎下置式活络模具：CN201158117[P]. 2008-12-03.
[73] 谢义忠. 节能型下开模式轮胎硫化活络模结构：CN204546841U[P]. 2015-08-12.
[74] 龙毅，刘福文，杨佳洲，等. 轮胎定型硫化机活络模操纵装置：CN102990833B[P]. 2015-05-06.
[75] 苏博. 国外轮胎企业“新概念”技术简介[J]. 中国橡胶，2009，25（1）：15-17.
[76] 任乔伟，谭苗，杜凡，等. 电子束辐照预硫化技术在轮胎轻量化中的应用[J]. 橡胶科技，2021，19（6）：283-285.
[77] 鲍矛，矫阳，康兴川，等. γ 射线辐射预硫化天然橡胶的研究[J]. 同位素，2008，21（2）：114-116.
[78] 何小海，董毛华，谢春梅. 电子束辐射硫化的原理及应用[J]. 轮胎工业，2010，30（1）：42-46.
[79] 刘斐，杨卫民，张金云，等. 新型轮胎内模直压硫化机构设计[J]. 北京化工大学学报（自然科学版），2015，42（2）：95-101.
[80] 张金云，刘肖英，邓世涛，等. 高性能轮胎直压硫化技术的开发[J]. 中国塑料，2018，32（5）：84-91.
[81] 杨卫民，陈浩，焦志伟，等. 一种轮胎电磁感应微波硫化装备及方法：CN114290581A[P]. 2022-04-08.
[82] 翟子程. 轮胎直压硫化机的优化设计及工艺研究[D]. 北京：北京化工大学，2018.
[83] 于清溪. 轮胎工业生产现状与未来发展[J]. 橡塑技术与装备，2016，42（1）：7-15.
[84] 张守燕. 奥迪轮胎压力监测系统剖析[J]. 汽车维修技师，2009，9（9）：21-23.
[85] Zhang X，Wang Z，Gai L，et al. Design considerations on intelligent tires utilizing wireless passive surface acoustic wave sensors[C]. Fifth World Congress on Intelligent Control and Automation（IEEE Cat. No. 04EX788），IEEE，2004，4：3696-3700.
[86] Li L，Wang F Y，Zhou Q. Integrated longitudinal and lateral tire/road friction modeling and monitoring for vehicle motion control[J]. IEEE Transactions on Intelligent Transportation Systems，2006，7（1）：1-19.
[87] 傅建中，石勇. 轮胎气压监测与爆胎自动减速系统[J]. 汽车工程，2006，28（2）：199-202.
[88] Adams B T，Reid J F，Hummel J W，et al. Effects of central tire inflation systems on ride quality of agricultural vehicles[J]. Journal of Terramechanics，2004，41（4）：199-207.
[89] 刘川来，董兰飞，滕学志. 智能轮胎在车队信息化管理中的应用[J]. 中国橡胶，2013，29（23）：22-25.
[90] 张向文，王飞跃. 智能轮胎——轮胎智能制造的机遇与挑战[J]. 科技导报，2018，36（21）：38-47.

# 高分子基复合材料模塑成型

## 5.1 模压成型

模压成型工艺是将“定量的模压料”粉状、粒状或纤维状等塑料放入金属对模中，在一定的温度和压力作用下成型制品的一种方法。在模压成型过程中需加热和加压，使模压料熔化或塑化、流动充满模具型腔，并使树脂发生固化反应。其原理是把加热、加压、赋形等过程依靠被加热的模具的闭合而实现，具体流程如图 5-1 所示。

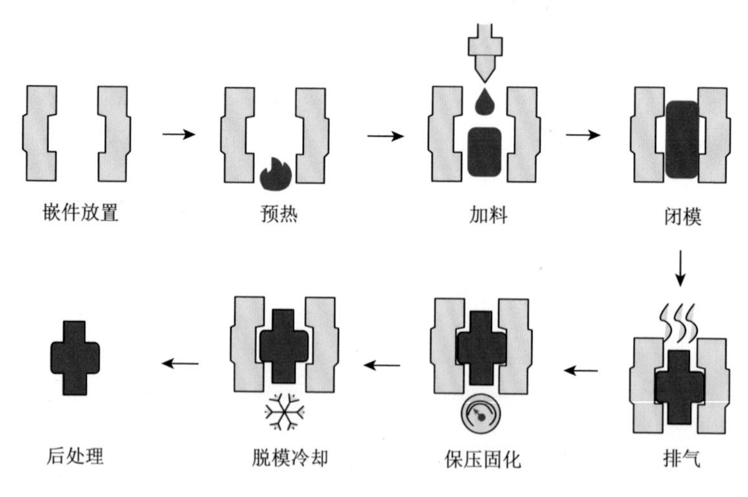


图 5-1 模压成型工艺过程

模压成型工艺是塑料加工工艺中最古老的成型方法，由于使用历史长，成型技术已相当成熟，目前在热固件塑料和部分热塑性塑料氟塑料、超高分子量聚乙烯、聚酰亚胺等加工中仍然是应用范围最广且居主要地位的成型加工方法。模压热固性塑料时，置于型腔中的热固性塑料在热的作用下，先由固体变为熔体，在压力下熔体流满型腔而取得型腔所赋予的形状，随着交联反应的进行，树脂的分子量增大，固化程度随之提高，模压料的黏度逐渐增加以至变为固体，最后脱模成为制品。对于热塑性塑料的模压，在前一阶段的情况与热固性塑料相同，但是由于没有交联反应，所以在流满型腔后，须将模具冷却使得熔融塑料变为具有一定强度的固体才能脱模成为制品。由于热塑性塑料模压时模具需要交替地加热与冷却，生产周期长，因此热塑性塑料制品的成型一般选用注射模塑法更为经济，只有在模塑较大平面的塑料制品或因热塑性塑料的流动性差难以用注射模塑法时才采用模压成型。

在模压料充满模具型腔的流动过程中，不仅树脂流动，增强材料也要随之流动，所以模压成型工艺的成型压力较其他工艺方法高，属于高压成型。因此，它既需要能对压力进行控制的液压机，又需要高强度、高精度、耐高温的金属模具。

采用模压成型工艺生产制品时，模具在模压料充满模具型腔之前处于非闭合状态。用模压料压制制品的过程中，不仅物料外观形态发生了变化，而且结构和性能也发生了质的变化，但增强材料基本保持不变，发生变化的主要是树脂。因此，可以说模压成型工艺是利用树脂固化反应中各阶段的特性来实现制品成型的过程。当模压料在模具内被加热到一定温度时，其中树脂受热熔化成为黏流状态，在压力作用下黏裹纤维一道流动直至填满模具型腔，此时称为树脂的“黏流阶段”。继续提高温度，则树脂发生化学交联，分子量增大。当分子交联形成网状结构时，流动性很快降低，直至表现一定弹性。再继续受热，树脂交联反应继续进行，交联密度进一步增加，最后失去流动性，树脂变为不溶不熔的体形结构，到达了“硬固阶段”。模压成型工艺中上述各阶段是连续出现的，其间无明显界限，并且整个反应是不可逆的[1]。

模压成型工艺具有生产效率高，制品尺寸精确、表面光洁且价格低廉，多数结构复杂的制品可一次成型，不需要辅助加工（如车、铣、刨、磨、钻等），制品外观及尺寸的重复性好，容易实现机械化和自动化等优点。模压成型工艺的主要缺点是模具设计制造复杂，液压机及模具投资高，制品尺寸受设备限制，一般只适合制造大批量的中、小型制品。

### 5.1.1　模压成型基本原理

模压成型热固性塑料部分聚合时，置于模具型腔内的塑料被加热到一定温度后，其中的树脂熔融成为黏流态，并在压力作用下黏裹着纤维一起流动直至充满整个模具型腔而取得模具型腔所赋予的形状，此即充模阶段。热量与压力的作用加速了热固性树脂的聚合（或称为交联，一种不可逆的化学反应），随着树脂交联反应程度的增加，塑料熔体逐渐失去流动性变成不熔的体型结构而成为致密的固体，此即固化阶段。聚合过程所需的时间一般与温度有关，适当提高温度可缩短固化时间。最后打开模具取出制品，此时制品的温度仍很高。可见采用热固性塑料模压成型制品的过程中，不但塑料的外观发生了变化，而且结构和性能也发生了质的变化，但发生变化的主要是树脂，所含增强材料基本保持不变。因此可以说，热固性塑料的模压成型是利用树脂固化反应中各阶段的特性来成型制品的。

在模压成型中，除模具加热外，另一种热源是合模过程中产生的摩擦热。这是因为合模会使塑料产生流动，其局部流动速度会很高，从而转变成摩擦热。对于热固性塑料的模压成型，还有一种热量输入发生在后固化阶段（或称为熟化阶段，一般为在135℃下进行2 h然后在65℃下再进行2 h）。这是因为许多热固性塑料制品脱模后在升高的温度下放置一段时间继续完善交联，可改善其电气性能和机械性能。不进行后固化，热固性模压成型制品可能要在很长时间数月甚至数年完成最后的交联，尤其是对于酚醛模压料。后固化可适当缩短制品在模具型腔内的固化时间，提高生产效率[1]。

### 5.1.2 模压成型工艺过程

模压成型的全过程可以划分为以下五个阶段[2]。

1）原材料准备阶段

原材料准备阶段即制备模压料或预浸料坯。这一阶段可能包括使树脂混合、使树脂与填料或纤维混合在一起或使增强织物或纤维与树脂浸渍。原材料准备阶段通常要控制模压料的流变性能，还要控制纤维与树脂之间的黏结。

2）预热阶段

对于某些热固性塑料，预热是在模具外采用高频加热完成的，可在模压料置于模具型腔内后但在合模与流动开始之前进行。热固性塑料经预热后进行模压成型，可降低模压压力，缩短成型周期，提高生产效率，改善模压料固化的均匀性，从而提高制品的性能。

3）熔体充模阶段

这一阶段从塑料开始流动至模具型腔被完全充满时为止。模压成型中物料流动的量是较少的，但是对制品的性能影响很大。流动控制着短纤维增强塑料中增强纤维的取向，从而对制品的机械性能有直接影响，即使对于未增强的塑料，流动也对热传递起重要作用，从而控制制品的固化。在某些模压成型过程中，尤其是包含层压的过程中，初始的模压料就已充满模具型腔，基本上没有流动。

4）模内固化阶段

这是紧接熔体充模的一个阶段，即制品在模具内固化。不过，对于热固性模压料，有些固化在充模过程中就开始发生了，而固化的最后阶段也可以在制品脱模后的“后固化”加热过程中完成。通常模内固化要将模压料由黏流态可以流动以充满模具型腔，转变成固态足够硬以便从模具内取出。这一阶段要发生大量的热传导，因此重要的是要弄清热传递与固化之间的相互作用。根据模压料类型、预热温度及制品厚度的不同，热固性塑料的固化时间由数秒至数分钟不等。

5）制品脱模和冷却阶段

这是模压成型的最后一个阶段。这一阶段对制品是否发生变形及残余应力的形成会有影响。产生残余应力的一个原因是制品不同部位之间的热膨胀存在差异。因此，即使制品在模压成型的温度下是无应力的，在冷却至室温的过程中也会形成残余应力，从而使制品变形。对于黏弹性聚合物，在确定这些应力将如何松弛方面温度分布与冷却速度是重要的参数。有时为了保证制品有较高的尺寸精度，制品脱模后被置于防缩器或冷压模内进行后处理。

图 5-2 展示了典型的热固性塑料模压成型周期中模板的位置随时间的变化情况。装料后合上模具，在阳模尚未触及模压料前，应尽量采用高的合模速度（*A*—*B* 段）以缩短成型周期和避免热固性模压料过早固化；阳模触及模压料后，合模速度应降低（*B*—*C* 段）；最后以较快的速度完全合模（*C*—*D* 段）。合模时间由几秒至数十秒不等。热固性塑料模压成型过程中，在合模加压后，将模具松开少许（*D*—*F* 段）并停留一段时间（*F*—*G* 段），以排出模具型腔内的气体。排气有利于缩短固化时间，提高制品性能。

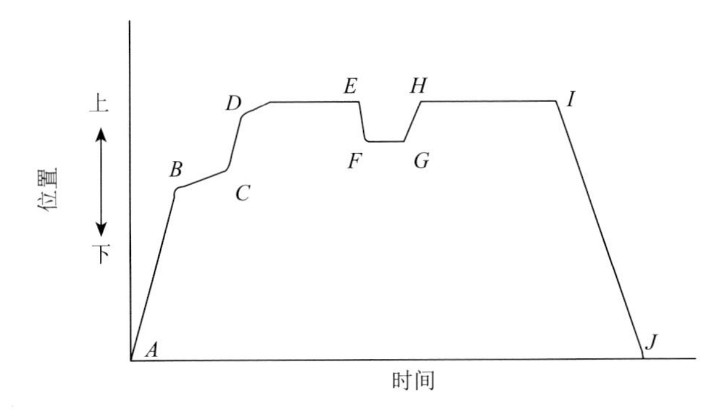


图 5-2　典型的热固性塑料模压成型周期中模板的位置示意图[2]

*A*：周期始点；*A*—*B*：高速合模；*B*—*C* 慢速合模；*C*—*D*：高速完全合模；*D*—*E*：加压；*E*—*F*：开模；*F*—*G*：排气；*G*—*H*：合模；*H*—*I*：固化；*I*—*J*：开模；*J*：周期终点

模压成型的优缺点如下所述。

1）模压成型的优点

（1）原料的损失小（通常为制品质量的2%～5%）。

（2）由于模具型腔内的塑料所受的压力较均匀，在压力作用下所产生的流动距离较短，形变量较小，且流动是多方向的，因此制品的内应力很小，从而制品的翘曲变形也很小，机械性能较稳定。此外，模压成型中不像在注塑模具浇口或流道处那样存在很高的剪切应力区，故对含增强纤维的模压料不会出现注塑中经常会发生的充模过程中纤维被剪碎的现象，这样模压料中可加入较多且较长的增强纤维，模压成型制品中纤维的长度可以较长，从而制品可保持高的机械性能和电气性能。正因为这样，模压成型技术的不少进展是直接或间接地涉及采用树脂基复合材料生产高强轻质的结构制件。而注塑中仅能加入含量低且长度短（一般小于3 mm）的增强纤维。

（3）由于模压料的流动距离短，故模具型腔的磨损很小，模具的维护费用也就较低。

（4）成型设备的造价较低，其模具结构较简单，制造费用通常比注塑模具或传递成型模具的低，故适于多品种、小批量制品的生产，制品的成本也就较低。正因为这样，不少研究者采用模压成型试制新产品，或对新的聚合物材料和树脂基复合材料的性能进行研究，以缩短试制周期。

（5）特别适合成型不得翘曲的薄壁制品。壁厚小至0.6 mm的制品也可模压成型，但通常推荐壁厚最小取1.5 mm。模压成型还可生产壁厚相差较大的制品。

（6）可成型较大型平板状制品。模压所能成型的制品的尺寸仅由已有的模压机的合模力与模板尺寸所决定。

（7）制品的收缩率小且重复性较好。

（8）由于不需要像注塑那样考虑浇注系统的布置，且成型压力要比传递成型的低，故可在一给定的模板上放置模具型腔数量较多的模具，以提高生产效率。

（9）可以适应自动加料与自动取出制品，自动模压成型广泛用于生产小制品。

2）模压成型的缺点

（1）对存在凹陷侧面斜度或小孔等的复杂制品，可能不适合采用模压方法成型。因为这要求模具的结构较复杂，还可能发生熔体在较高压力作用下流动时使模具销轴、侧芯等弯曲甚至折断。对于壁厚大于9 mm的制品，尤其是厚壁小面积的制品，采用传递成型更有利。

（2）由于一般模压料熔体的黏度很高，要使其完全充模可能存在问题。为了保证熔体能完全充模，可能必须把模压料置于模具型腔内的一个最佳位置，有时要把模压料预制成特殊形状的料坯，这对模具没有提供一种把模压料限制在某一特定位置的措施时，显得特别重要。

（3）固化阶段结束并开模取出制品时制品的刚度不同是要考虑的一个重要问题。例如，三聚氰胺甲醛制品的硬度、刚度很高，酚醛制品较柔软，未增强聚酯制品的刚性则相当差。这样一套模具模压成型无斜度或甚至有适度凹陷的酚醛制品时，工作得可能很好；但同样的模具对三聚氰胺甲醛而言，开模要求高得多的压力，可能会使制品凹陷处龟裂；而模压聚酯制品时，模具需要设置较多的顶杆。

（4）难以成型具有很高尺寸精度要求的制品（尤其对于多型腔模具），建议采用传递成型或注塑方法。

（5）模压成型制品的飞边较厚，去除飞边的工作量大，尤其模压料含增强纤维时。

### 5.1.3　模压成型制品质量控制方法

**1. 模压温度控制**[3]

模压温度是模压成型时所规定的模具温度，这一工艺参数确定了模具向模具型腔内物料的传热条件，对物料的熔融、流动和固化进程有决定性的影响。电气用纤维增强不饱和聚酯片状模塑料/块状模塑料（SMC/BMC）在模压过程中的温度变化情况较复杂，由于塑料是热的不良导体，物料中心和边缘在成型的开始阶段温差较大，这将导致固化交联反应在物料的内外层不是同时开始。

表层料由于受热早先固化而形成硬的壳层，而内层料在稍后的固化收缩因受到外部硬壳层的限制，致使模压制品的表层内常存有残余压应力，而内层则带有残余拉应力，残余应力的存在会引起制品翘曲、开裂和强度下降。因此，采取措施尽力减小模具型腔内物料的内外温差，消除不均匀固化是获得高质量制品的重要条件之一。

SMC/BMC 的模压温度取决于固化体系的放热峰温度和固化速率，通常取固化峰温度稍低一点的温度范围为其固化温度范围，一般为 135～170℃，并通过实验来确定。固化速率快的体系取偏低点的温度，固化速率慢的体系取偏高些的温度。成型薄壁制品时取温度范围的上限，成型厚壁制品可取温度范围的下限，但成型深度很大的薄壁制品时，由于流程长，为防止流动过程中物料固化，也应取温度范围的下限。在不损害制品强度和其他性能指标的前提下，适当提高模压温度，对缩短成型周期和提高制品质量都有利。当模压温度过低时，不仅熔融后的物料黏度高、流动性差，而且交联反应难以充分进行，从而使制品强度不高、外观无光泽、脱模时出现粘模和顶出变形。

**2. 模压压力控制**[3]

模压压力通常用模压压强（MPa）来表示，即玻璃钢液压机施加在模具上的总力与模具型腔在施压方向上的投影面积之比。模压压力在模压成型过程中的作用，是使模具紧密闭合并使物料增密，以及促进熔料流动和平衡模具型腔内低分子量物质挥发所产生的压力。对于压缩率大的模压料，使其增密时要消耗较多的能量，因而成型时需用较高的模压压力，故模压粉状料比模压料坯的压力高，而模压 SMC/BMC 又比模压粉状料的压力高。当模压熔融黏度高、交联速率快的物料，以及加工形状复杂、壁薄、深度或面积大的制品时，由于需要克服较大的流动阻力才能使模具型腔填满，因而需要采用较高的模压压力。

高的模压温度会使交联反应加速，从而导致熔料黏度迅速增高，故需用高的模压压力与之配合。高的模压压力虽具有使制品密度增大，成型收缩率降低，促使快速流动充模，克服肿胀和防止气孔出现等一系列优点，但模压压力过大会降低模具使用寿命、增加液压机功率消耗、增大制品内残余应力。因此加工热固性塑料模压制品时，多采用预压、预热、适当提高模压温度等，以避免采用高的模压压力。若不适当地提高预热温度或延长预热时间，则致使在预热过程中物料已部分固化流动性降低，不仅不能降低模压压力反而要用更高的模压压力来保证物料填满模具型腔。

**3. 模压时间控制**[3]

模压时间也称为压缩模塑保温保压时间，是指模具完全闭合后或最后一次放气闭模后，到模具开启之间，物料在模内受热固化的时间。模压时间在成型过程中的作用主要是使获得模具型腔形状的成型物有足够的时间完成固化。固化是指热固性塑料成型时体型结构的形成过程，从化学反应的本质来看固化过程就是交联反应进行的过程。但工艺上的“固化完全”并不意味着交联反应已进行到底，即所有可参与交联的活性基团已全部参加反应。这一术语在工艺上是指交联反应已进行到合适的程度，制品的综合物理力学性能或其他特别指定的性能已达到预期的指标。显然，制品的交联度不可能达到 100℃而固化程度却可以超过 100℃，通常将交联超过完全固化所要求程度的现象称为“过熟”，反之称为“欠熟”。

模压时间的确定与 SMC/BMC 的固化速率、制品的形状和壁厚、模具的结构、模压温度和模压压力的高低，以及预压、预热和成型时是否排气等多方面的因素有关，在所有这些因素中以模压温度、制品壁厚和预热条件对模压时间的影响最为显著。合适的预热条件由于可加快物料在模具型腔内的升温过程和填满模具型腔的过程，因而有利于缩短模压时间，提高模压温度时模压时间随之缩短，而增大制品壁的厚度则要相应延长模压时间。在模压温度和模压压力一定时，模压时间就成为决定制品性能的关键因素，模压时间过短树脂无法固化完全、制品欠熟因而力学性能差，外观缺乏光泽，脱模后易出现翘曲变形等。适当延长模压时间不仅可克服以上的缺点，还可使制品的成型收缩率减小并使其耐热性、强度性能和电绝缘性能等均有所提高。但过分地延长模压时间又会使制品过熟，不仅生产效率降低、能耗增大，而且会因过度交联使收缩率增加而导致树脂与填料间产生较大的内应力，也常常使制品表面发暗起泡，严重时会出现制品破裂。

### 5.1.4　玻璃纤维增强热塑性复合材料模压成型

近年，随着汽车工业、交通运输业迅速发展，节能环保愈发受到各国重视。复合材料替代金属能够显著降低汽车质量，因此对复合材料的需求越来越多，随之产生的回收问题也日益严重。纤维增强热塑性复合材料是以玻璃纤维、碳纤维、芳纶纤维及其他材料增强各种热塑性树脂的总称，国外称其为 FRTP（fiber reinforced thermoplastics）[4]。与热固性树脂基复合材料相比，热塑性复合材料具有高韧性、高抗冲击和损伤容限、无限预浸料存储期、短成型周期、高生产效率、易修复、废品可回收再利用等众多优点[5]，成为各国研究及应用的热点。

国际上玻璃纤维增强热塑性复合材料（glass fiber reinforced thermoplastics，GFRTP）仍为热塑性复合材料的主打产品，已占复合材料总量的 1/4 以上，而且近期稳步增长[4]。连续纤维增强热塑性复合材料（CFRTP）是 20 世纪 70 年代初开发的一种聚合物基复合材料。连续纤维可采用玻璃纤维、碳纤维、芳纶纤维等，其中又以玻璃纤维较为常用。近年来，连续玻璃纤维增强热塑性复合材料（continuous glass fiber reinforced thermoplastics，CGFRTP）越来越受到各国重视，研究应用十分活跃[6]。

汽车轻量化是实现汽车节能减排的有效手段，欧美国家和地区玻璃纤维增强复合材料的应用比例较高，其中欧洲走在前列，国内在此方面的应用还有很大的空间，详见表 5-1。

**表 5-1　塑料复合材料（以玻璃纤维增强复合材料为主）在汽车上的用量[7]**

| 国家 | 单车用量/kg | 比例/% |
|---|---|---|
| 德国 | 300～365 | 约 22.5 |
| 法国、美国 | 220～349 | 约 16.5 |
| 日本 | 126～150 | 约 10 |
| 中国 | 90～110 | 约 8 |

#### 1. 国内外汽车行业连续玻璃纤维增强热塑性复合材料应用情况

连续玻璃纤维增强热塑性复合材料在国外的跑车、SUV 及轿车上已经有批量应用。

德国博泽（Brose）集团采用朗盛集团 Tepex® dynalite 材料及短玻璃纤维增强 PA6 制造的全塑料制动踏板，采用复合模塑工艺一次注塑成型，应用于保时捷

Panamera NF 和宾利 Continental GT 车型上，使用单向纤维预浸料、织物纤维预浸料作为主受力结构，使得制动踏板在满足对安全部件要求极高的机械性能的同时，充分挖掘轻量化结构的潜能，与钢质踏板相比质量减少了 50%[8]。

法雷奥（Valeo）集团采用朗盛集团 Tepex® dynalite 连续玻璃纤维增强热塑性复合材料，为奔驰 GLE SUV 制造的前端支架，质量比采用钢板制成的同类设计降低30%，同时提供了出色的碰撞性能和扭转刚度。由于不需要在发罩锁扣周围进行加强，并且将进气口集成在前端框架内，因此该项技术应用成本增加相对较少[9]。

长安福特福克斯的门模块系统供应商德国博泽集团，采用广州金发碳纤维新材料发展有限公司连续玻璃纤维增强热塑性复合材料结合长纤维增强热塑性复合材料的混合材料方案，替代传统钢材或单一长纤维 PP 的方案，配套新型混合工艺成型生产线（模压＋注塑）实现了热塑性复合材料门基板的制造生产，实现集成玻璃升降导轨。与钢材及长纤维 PP 门系统相比，热塑性复合材料门模块可以有效降低质量 5 kg/车或 2 kg/车，这也是国产连续玻璃纤维增强热塑性复合材料首次应用于量产车型[10]。

近几年，国内一些主机厂和供应商也在探索连续玻璃纤维增强热塑性复合材料应用研究，例如，北京市碳纤维工程技术研究中心利用热压注塑一体化工艺试制电池箱上盖；再如，国内某供应商应用 PP 基材织物纤维预浸料和 PP 短纤注塑制造备胎舱。

**2. 玻璃纤维毡增强热塑性复合材料[11]**

玻璃纤维毡增强热塑性复合材料（glass mat reinforced thermorplastic，GMT）是指以热塑性树脂为基体，以玻璃纤维毡为增强骨架的新颖、节能、轻质的复合材料，是目前国际上极为活跃的复合材料开发品种，被视为世纪新材料之一。

GMT 一般可以生产出片材半成品，然后直接加工成所需形状的产品。GMT 具备复杂的设计功能及出色的抗冲击性，同时易于组装和再加工，并因强度和轻巧性而备受赞誉，使其成为替代钢并减小质量的理想结构部件。

1）GMT 材料的优点

（1）比强度高。GMT 的强度与手糊聚酯玻璃钢制品相似，密度为 1.01～1.19 g/cm$^3$，比热固性玻璃钢（1.8～2.0 g/cm$^3$）小，因此具有更高的比强度。

（2）轻量化并节能。用 GMT 材料制作的汽车门自重可从 26 kg 降到 15 kg，并可减少背部厚度，使汽车空间增大，能耗仅为钢制品的 60%～80%，铝制品的35%～50%。

（3）与热固性片状模塑料对比，GMT 材料具有成型周期短、冲击性能好、可再生利用和储存周期长等优点。

（4）冲击性能优异。GMT 吸收冲击的能力比 SMC 高 2.5～3 倍，在冲击力作用下，SMC、钢和铝均出现凹痕或裂纹，而 GMT 却安然无恙。

（5）高刚性。GMT 中含有 GF 织物，即使有 0.0062 英里/h 的冲击碰撞，仍能保持形状。

2）GMT 材料在汽车领域的应用

GMT 片材比强度高、可制得轻质部件，同时设计自由度高、碰撞能量吸收性强、加工性能好，从 20 世纪 90 年代开始在国外被广泛应用于汽车工业。而随着燃油经济性、可回收性和易加工性要求不断提高，汽车行业用 GMT 材料市场也将继续稳步增长。

目前，GMT 材料在汽车工业中的应用广泛，主要有座椅骨架、保险杠、仪表板、发动机罩、电池托架、脚踏板、前端、地板、护板、后牵门、车顶棚、行李托架、遮阳板、备用轮胎架等部件，如图 5-3 所示。

图 5-3 韩国韩华集团高级 GMT 材料在汽车上的应用

（1）座椅骨架。福特汽车公司 Mustang 2015 款福特跑车（图 5-4）上的第二排座椅靠背压缩成型设计由一级供应商/加工商 Continental Structural Plastics 公司采用 Hanwha L&C 的 45%单向玻璃纤维增强的玻璃纤维毡热塑性复合材料和 Century Tool & Gage 的模具，模压成型，成功地满足了极具挑战性的保持行李负载条件下的欧洲安全法规 ECE（联合国欧洲经济委员会汽车法规）。

该部件需要进行100多次有限元分析（FEA）迭代才能完成，从早期的钢结构设计中省去了五个零件，并且在更薄的结构中每辆车可减重3.1 kg，也更易于安装。

图5-4 福特汽车公司Mustang 2015款福特跑车

（2）车尾防撞梁。现代全新途胜2015款全车尾的防撞梁（图5-5）为GMT材质，相比钢材材质产品质量更轻、缓冲性能更好，在减轻车重、降低油耗的同时，保证了安全性能。

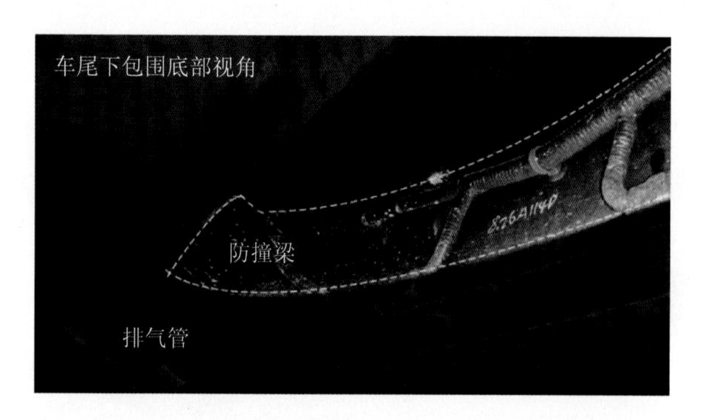


图5-5 现代全新途胜2015款全车尾的防撞梁

（3）前端模块。梅赛德斯-奔驰（Mercedes-Benz）在其S级豪华双门轿跑车中选择瑞士Quadrant Plastic Composites AG公司GMTex™织物增强热塑性复合材料作为前端模块元件（图5-6）。

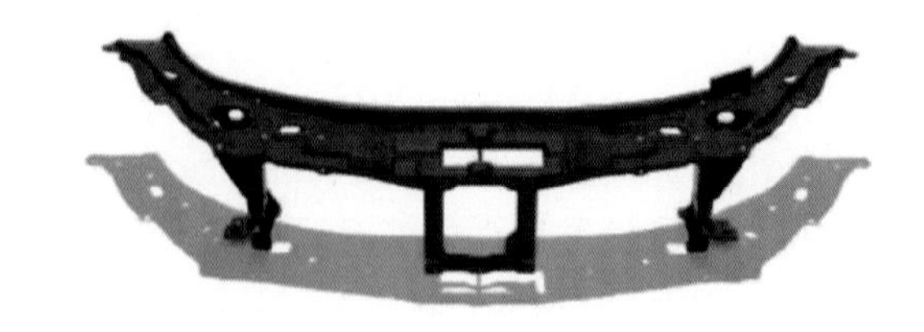

图5-6 梅赛德斯-奔驰S级豪华双门轿跑车的前端模块

（4）车身下护板。由瑞士 Quadrant Plastic Composites AG 公司用高性能 $GMTex^{TM}$ 制造的车身下护板应用于梅赛德斯越野特别版（图 5-7）。

图 5-7　瑞士 Quadrant Plastic Composites AG 公司制造的车身下护板

（5）尾门骨架。GMT 尾门结构除了可以实现功能集成和减轻质量的通常优势外，GMT 的可成型性也实现了钢或铝不可能实现的产品形式，应用于日产 Murano、Infiniti FX45 等车型（图 5-8）。

图 5-8　一款尾门骨架

（6）仪表板框架。采用 GMT 制造仪表板框架（图 5-9）的新概念已在福特汽车公司的几种型号上使用：如沃尔沃 S40 和 V50，马自达 3 和福特 C-Max。这些复合材料能够实现广泛功能集成，特别是通过将车辆横梁以薄钢管的形式装配在模制件中，并且与传统方法相比，质量大大减轻，且无需增加成本。

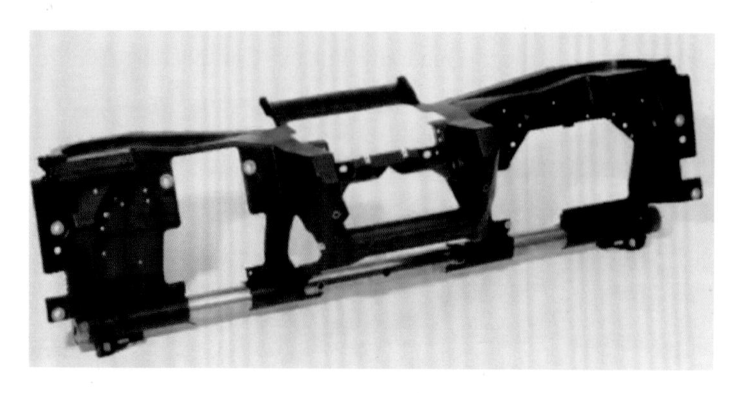

图 5-9 一款仪表板框架

### 5.1.5 玻璃纤维增强热固性复合材料模压成型

树脂基复合材料因具有高模量、高强度等优异的力学性能等特点而被广泛应用在交通运输、航空航天及体育器材等领域[12]。复合材料的性能主要取决于基体树脂，基体树脂的发展直接影响着复合材料的研究与应用[13]。环氧树脂由于优异的力学性能、良好的耐化学性及出色的可加工性等成为聚合物基复合材料中最常用的树脂基体[14]。预浸料模压（PCM）法是环氧树脂的重要应用形式之一，首先将玻璃纤维增强材料与环氧树脂进行浸渍并制备成复合材料中间体，然后按照制品大小对预浸料进行裁剪并以一定的铺层方式置于预热模具内，在一定温度和压力下使模压料固化为复合材料制品。PCM 工艺适合用于尺寸较大且结构复杂制品的成型，具有生产效率高、制品质量稳定的特点[15]。复合材料成型过程中基体树脂的交联和固化程度决定着复合材料的性能，对于复合材料固化工艺而言，能够精确控制工艺参数是决定复合材料成型质量的关键性因素。因此，对 PCM 工艺参数的研究在于通过对基体树脂固化动力学的研究，对模压工艺参数中固化压力、固化温度及固化时间等工艺条件进行设计与优化。

### 5.1.6 碳纤维增强热塑性复合材料模压成型

模压成型在热塑性复合材料制品的制备过程中得到广泛应用，图 5-10 为碳纤维增强热塑性复合材料模压成型工艺示意图。

热塑性模塑料的模压成型是将模塑料预热后置于模具中，加压赋予设计的形状并冷却定型后得到制品，涉及的设备包括模塑料预热装置、压机、模具、模温控制系统。连续纤维增强的热塑性复合材料中增强材料的形式包括连续纤维毡、连续纤维编织物、单向连续纤维。在模压成型过程中，胚料的尺寸及在模具上的铺放方式、模塑料的预热温度、模具温度、压机的合模速度、保压时间等是需要

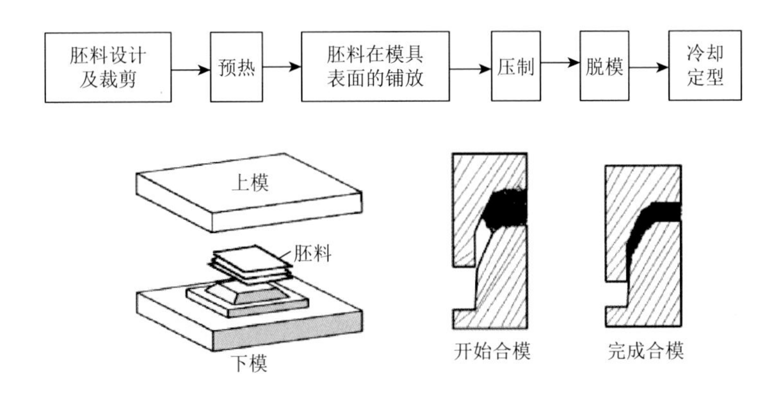


图 5-10　碳纤维增强热塑性复合材料模压成型工艺示意图[16]

控制的工艺参数。成型过程中还需要注意充模流动时模塑料的流动能力，流动过程中纤维与聚合物基体的分离行为及纤维骨架的变形和弯曲。为了扩充热塑性复合材料的应用领域，针对不同种类 CFRTP 的模压成型工艺的参数不足问题进行了大量研究工作，对连续碳纤维增强聚醚醚酮（CF/PEEK）、连续玻璃纤维增强聚丙烯（GF/PP）、连续玻璃纤维毡增强聚丙烯及连续纤维与长纤维组合增强热塑性复合材料的模压成型工艺进行了研究，研制出的汽车保险杠防撞梁等多种零部件已在北汽 BJ40 等车型中获得应用，与株洲时代新材料科技股份有限公司合作研制的连续玻璃纤维增强尼龙刹车踏板也通过了相关的性能测试[17]。

周翔等[18]对 GF/PP 复合纤维织物的蜂窝板及层压板的模压成型工艺进行研究，获得了优化的工艺参数。华南理工大学[19]以剑麻纤维、玄武岩纤维、聚乳酸为原料，通过模压成型工艺制备了性能优异的复合材料板材，研究发现纤维铺放角、纤维铺放位置及纤维改性对最终模压制备的板材性能均有很大影响。Almeida 等[20]研究了模压成型中加工参数和预浸料质量对 CF/PEEK 复合材料的影响，指出预浸料半成品的制备会导致树脂经历更多的热历程，引起树脂的热降解，降低树脂流动性和弱化浸渍效果。Angiuli 等[21]开发了生产成本较低、浪费较少并且自动化水平较高的连续模压成型（CCM）工艺，使用数值模拟，通过红外热成像和感应焊接对成型过程进行了升级。Hangs 等[22]对长纤维和连续纤维组合模压成型的基本流程进行了研究。Poppe 等[23]使用一种新的实验台来研究树脂渗透对纤维织物横向压缩行为的影响，开发了一种对树脂流动和织物变形之间完全耦合的三维模型，该模型可以较好地预测模压过程中的平均流体压力。Tanaka 等[24]开发了适用于连续纤维增强热塑性复合材料的树脂传递模压工艺，研究了此成型工艺的工艺条件对热塑性树脂在连续纤维织物中浸渍性能的影响。

#### 1. 真空袋模压成型

以热固性复合材料热压罐成型为基础，一种新型的适合热塑性树脂基复合材料的真空袋模压成型工艺被开发，如图 5-11 所示。真空袋模压成型是一种成本较低的简便成型方法。预浸料铺层放在模具上后，利用真空袋及密封胶密封，然后对预浸料铺层加热、抽真空，预浸料在大气压力及温度作用下成型，冷却后脱模即可得到所需形状的制品[25]。目前该成型工艺已广泛应用于航空、航天器件的制造。

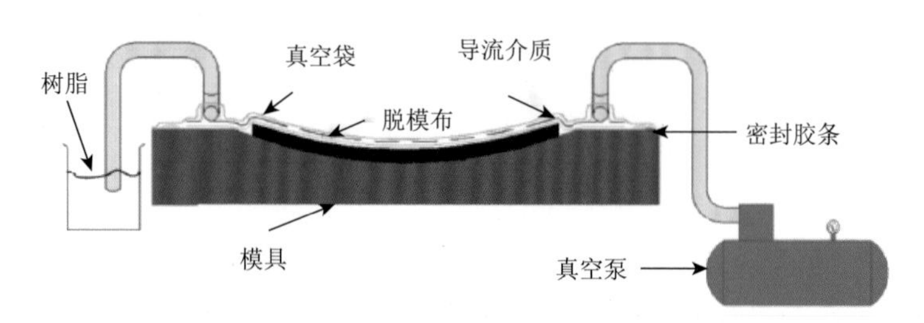


图 5-11　真空袋模压成型示意图[26]

## 2. 热塑性复合材料π型件的制备

碳纤维增强聚醚醚酮复合材料 π 型件的制备工艺流程主要为：①首先制备碳纤维增强聚醚醚酮复合材料层合板；②根据异形件的结构尺寸对碳纤维增强聚醚醚酮复合材料层合板进行切割；③将切割后的碳纤维增强聚醚醚酮复合材料层合板在烘箱中加热至熔点（380～390℃）；④将加热后的碳纤维增强聚醚醚酮复合材料层合板快速转移至安装在热压机上已经预热好的模具上，加压成型，冷却脱模、裁剪边角毛料获得异形件。异形件模具如图 5-12 所示。

图 5-12　碳纤维增强聚醚醚酮复合材料 π 型件的制备模具[26]

在制备前期出现如下问题：①碳纤维增强聚醚醚酮复合材料 π 型件难以脱模。在模具设计环节，要考虑到碳纤维的负热膨胀特性，预留充足的脱模空间。②碳纤维增强聚醚醚酮复合材料π型件表面撕裂。研究发现，当π型件表面铺层为±45°时，会造成面板上表面沿±45°纤维方向裂开，并且临近表面铺层沿宽度方向收缩。

经分析，原因为上表面变形最大，且纤维方向与变形方向不一致导致开裂。此外，在变形过程中，上表面存在较大的拉伸变形，由于表面±45°层的原因，上表面材料难以抵抗在拉伸变形中产生的剪切作用，出现了颈缩现象，因而表面铺层宜采用 0°铺层。③碳纤维增强聚醚醚酮复合材料 π 型件表面褶皱、轻微翘曲。制备过程中发现如果按照计算的厚度制备复合材料层板，进而热变形会导致 π 型件面板下部产生褶皱。其原因：一是在热变形过程中，材料整体在长度方向上被拉伸，宽度不变，由此在厚度上会产生缺料的情况；二是在使用初始模具加工时，无法很好地对面板施加载荷，导致 π 型件上面板成型质量不高，易出现轻微翘曲。因此，在制备 π 型件时要适当增加铺料层数，并且在模具设计上要考虑施压足够的成型压力以保障成型质量。

针对上述问题，对 π 型件模具进行了改进。改进后的模具如图 5-13 所示，由此制备的异形件如图 5-14 所示。该异形热塑性复合材料结构件可以用作航天航空飞行器连接支架，与传统热固性复合材料相比，具有成型周期短、韧性好、抗疲劳特性好、可重复利用等优点。

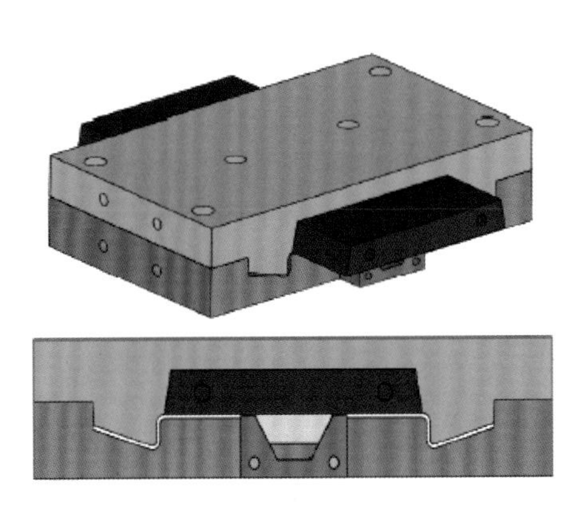

图 5-13　改进后的 π 型件模具[26]

图 5-14　碳纤维增强聚醚醚酮复合材料 π 型件[26]

基于碳纤维增强聚醚醚酮复合材料 π 型件的制备过程，设计了碳纤维增强聚醚醚酮复合材料的工字型支架的成型模具，如图 5-15 所示。采用相似的工艺，制备了碳纤维增强聚醚醚酮复合材料工字型支架，如图 5-16 所示。

图 5-15 碳纤维增强聚醚醚酮复合材料工字型支架成型模具[26]

图 5-16 碳纤维增强聚醚醚酮复合材料工字型支架[26]

考虑首次探索碳纤维增强聚醚醚酮复合材料点阵空间结构的制备工艺，并结合碳纤维增强聚醚醚酮复合材料的可反复加热成型的特性，设计了一种点阵芯子，其单胞结构形式如图 5-17 所示。基于模具热压制备工艺，设计的制备碳纤维增强聚醚醚酮复合材料点阵芯子的模具如图 5-18 所示，由上下模具、两个限位销和两个定位销组成。

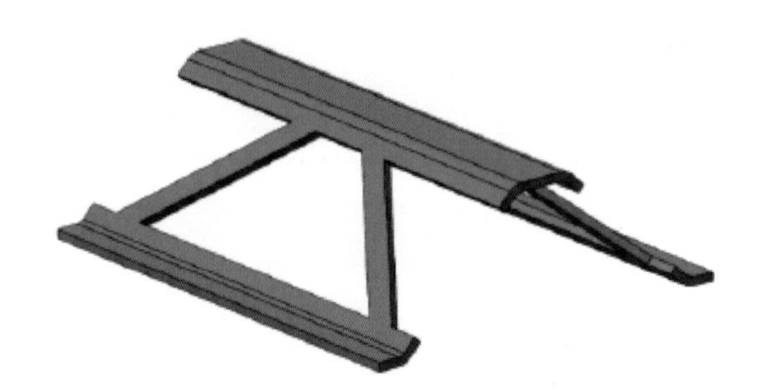

图 5-17 点阵芯子的单胞结构[26]

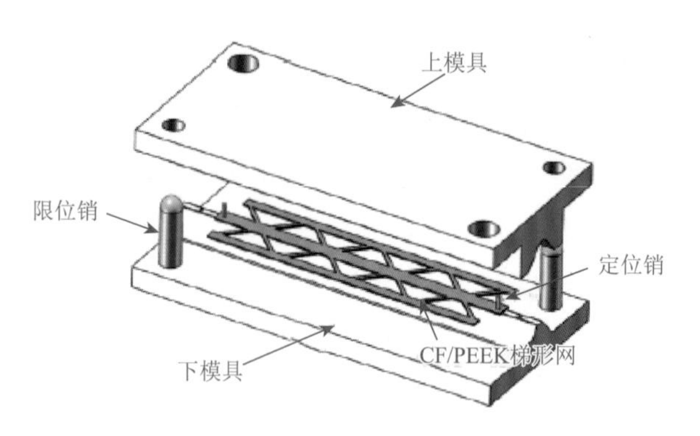


图 5-18 碳纤维增强聚醚醚酮复合材料点阵芯子的制备模具[26]

碳纤维增强聚醚醚酮点阵芯子制备工艺流程大致如图 5-19 所示。①热压模具预处理。在热压之前，先用丙酮对模具进行清洗，然后将脱模剂均匀涂抹在模具表面。②制备碳纤维增强聚醚醚酮复合材料板。③利用高压水切割机，将碳纤维增强聚醚醚酮复合材料板切割成梯形网。④固定模具。将步骤①中处理后的上模具固定在热压机上面板上，下模具放在热压机下面板上但不固定，借助限位销进行预合模以保证上下模具完全对齐，确定下模具的位置。⑤将步骤③中切割好的碳纤维增强聚醚醚酮复合材料板梯形网的表面也涂上脱模剂，并放置在下模具上，用模具上的定位销对其定位，防止热冲压过程中碳纤维增强聚醚醚酮复合材料板梯形网左右移动。⑥对模具进行预热，温度设定在 380～390℃，待模具温度达到设定温度后，保温 5 min 左右以保证碳纤维增强聚醚醚酮复合材料板梯形网充分软化，然后快速合模，进行冲压成型。随后在保压状态下自然冷却至室温，脱模得到碳纤维增强聚醚醚酮复合材料点阵芯子，如图 5-20 所示。

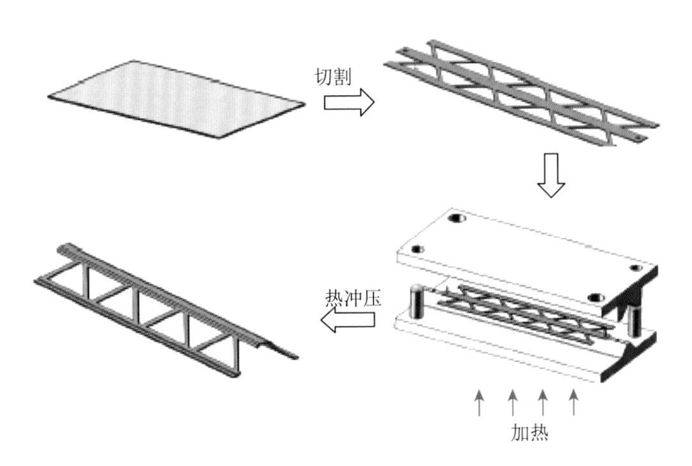


图 5-19　碳纤维增强聚醚醚酮复合材料点阵芯子制备工艺流程[26]

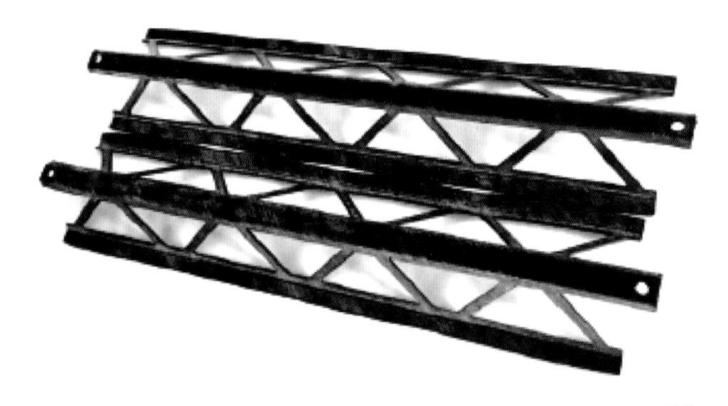

图 5-20　制备的碳纤维增强聚醚醚酮复合材料点阵芯子[26]

传统的点阵夹芯结构对于面板和芯子的连接一般采用金属焊接（金属点阵结构）或胶接（热固性复合材料点阵结构），焊料和胶接剂的引入都会额外增加结构质量。本节利用碳纤维增强聚醚醚酮复合材料具有可反复加热、熔融连接的特性，在面板和点阵芯子的连接问题上摒弃了传统的连接方式，提出了一种热压连接技术，无需引入任何辅助的连接材料。针对此连接技术，设计了一套面芯连接辅助装置，如图 5-21 所示。由此制备的碳纤维增强聚醚醚酮复合材料点阵夹芯结构如图 5-22 所示。

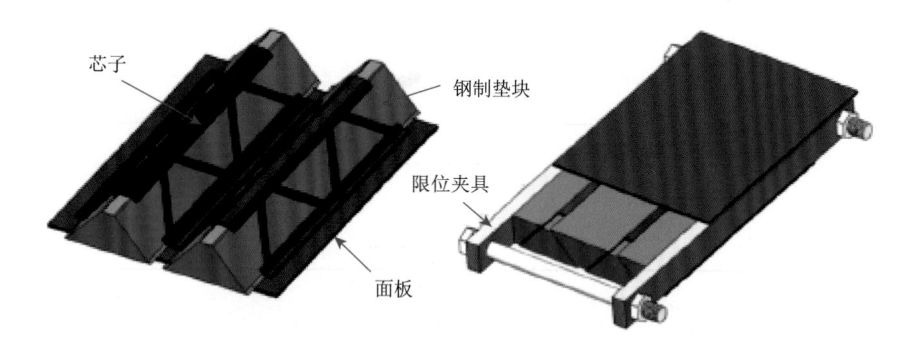


图 5-21 碳纤维增强聚醚醚酮复合材料面芯连接的辅助装置[26]

图 5-22 碳纤维增强聚醚醚酮复合材料点阵夹芯结构[26]

### 3. 热塑性复合材料在汽车车身结构件上的应用开发[27]

连续纤维增强热塑性复合材料具有较好的机械性能，目前多通过模压工艺实现成型，但是受工艺特性限制，无法满足一些特殊结构的成型要求。对于这类复杂结构，目前多采用注塑成型的方式，但使用的纤维长度仅 3 mm 左右，制品的机械性能较差，较难满足车身结构件的使用要求[28]。如果将模压工艺与注塑成型的方式结合起来，以连续纤维增强热塑性复合材料为骨架，并通过注塑成型的方式实现复杂结构的成型，则可同时满足汽车零部件对性能和结构的需要，进一步拓展热塑性复合材料在汽车结构件上的应用。

1）模压-注塑座椅横梁的选材设计

该中型车座椅横梁由前座椅前横梁、前座椅后横梁、后座椅横梁等构成。以前座椅后横梁为例，该零部件如图5-23所示，由横梁本体、左侧加强件和右侧加强件3部分组成，尺寸规格为589 mm×140 mm×110 mm。该零部件采用传统钣金结构，将3个独立钣金件焊接在一起，并通过螺接方式与座椅连接，是典型的车身梁类结构件，总体质量为1.85 kg。

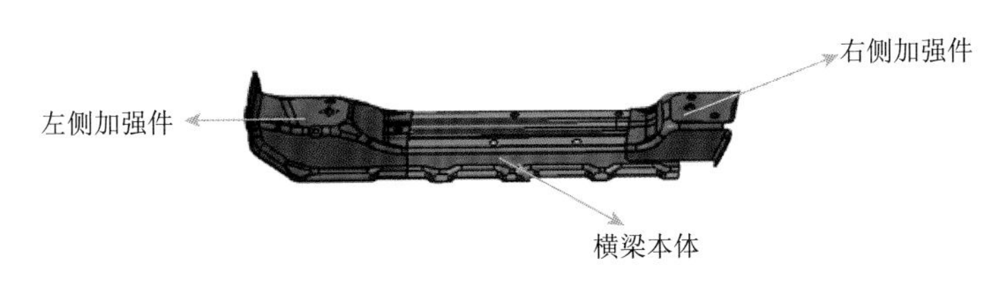


图5-23　某B级轿车前座椅后横梁[27]

模压-注塑复合材料主要涉及增强纤维和热塑性树脂的选择。对于模压-注塑混合结构，为了确保模压层与注塑层之间的界面性能，模压区域和注塑区域宜选用相同的树脂体系。而常用热塑性树脂中，POM、PEEK、聚醚酮酮（PEKK）等材料流动性差，很难满足注塑成型过程中的充模要求，且材料成本过高，因此不宜考虑；而流动性较好的PP、PA6、PA66等材料中，综合表5-2中对不同树脂性能-成本的对比分析，PA6具有更优异的性价比，且性能可以满足汽车零部件的应用要求，因此作为首选树脂材料。

**表5-2　不同树脂性能-成本对比[27]**

| 材料 | 密度/(g/cm$^3$) | 价格/(元/kg) | 拉伸强度/MPa | 比强度 | 单价比强度 | 拉伸模量/GPa | 比模量 | 单价比模量 |
|---|---|---|---|---|---|---|---|---|
| 聚丙烯 | 1.1 | 18 | 80 | 73 | 4.1 | 6.2 | 5.6 | 0.31 |
| PA6 | 1.4 | 25 | 160 | 114 | 4.6 | 9.6 | 6.9 | 0.28 |
| PA66 | 1.5 | 35 | 185 | 123 | 3.5 | 10 | 6.7 | 0.19 |

注：表中数据均为添加30%玻璃纤维后的复合材料数据。

2）模压-注塑座椅横梁的结构设计

原始的座椅横梁钣金件由横梁本体、左侧加强件和右侧加强件、2个焊接螺母及1个焊接加强板等6个部件组成，各部件之间通过焊接方式连接在一起。改为模压-注塑复合材料结构后，成功地将原有的6个部件简化为1个零部件，并在注塑过程中将螺母预埋到零部件上。集成结构如图5-24所示。

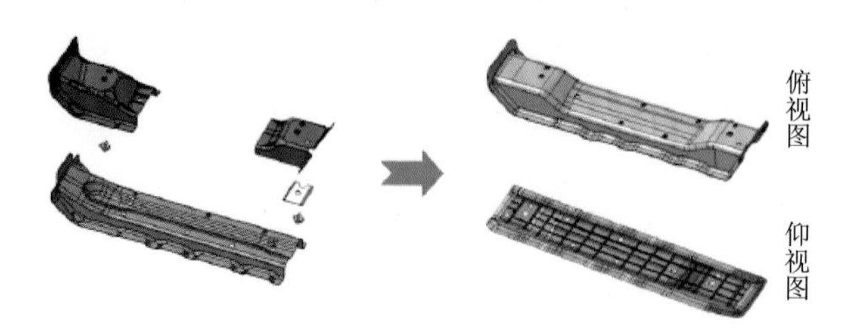


图5-24 座椅横梁集成设计方案[27]

从集成设计方案可以看到，横梁的上部为模压结构，起到主要载荷的承载作用，并与周边零部件连接；横梁的下部为注塑筋结构，主要对零部件的扭转刚度进行补强。

根据座椅横梁受力需求及原钣金件结构，对复合材料座椅横梁进行了变厚度设计。

从图5-24可以看到，座椅横梁钣金件的左右两侧，横梁本体与加强件有较大区域的重叠结构，并通过焊接方式构成封闭截面，因此整体结构刚度更高，改为复合材料结构后需要增加铺层厚度，以满足性能需求；横梁中间区域仅由横梁本体构成，为单层钢板结构，刚度较低，可以适当减少铺层厚度，降低材料质量和成本。

变厚度的设计方案如图5-25所示，其中左侧和右侧为加厚层，本体壁厚为4.05 mm，共23层；中段为减薄层，本体壁厚为3.55 mm，共21层；注塑区域壁厚为2 mm。

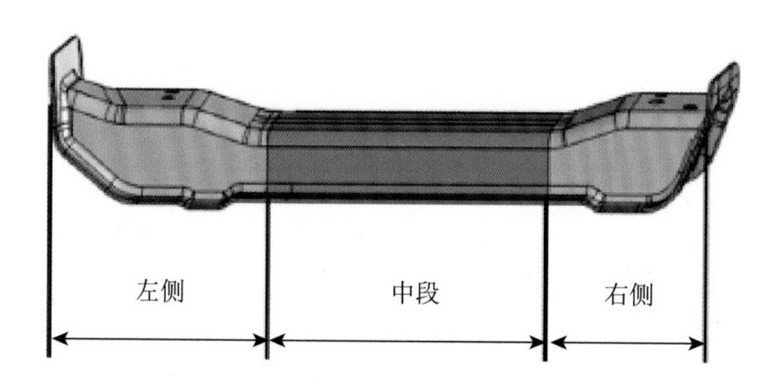


图5-25 座椅横梁变厚度设计方案[27]

通过进行结构优化设计，复合材料座椅横梁的总体质量为1.23 kg，与原钣金件的1.85 kg相比，实现减重30%以上。

替换为复合材料后，座椅横梁无法与地板及周边零部件进行焊接，因此改为胶黏的方式，胶黏区域如图5-26所示。

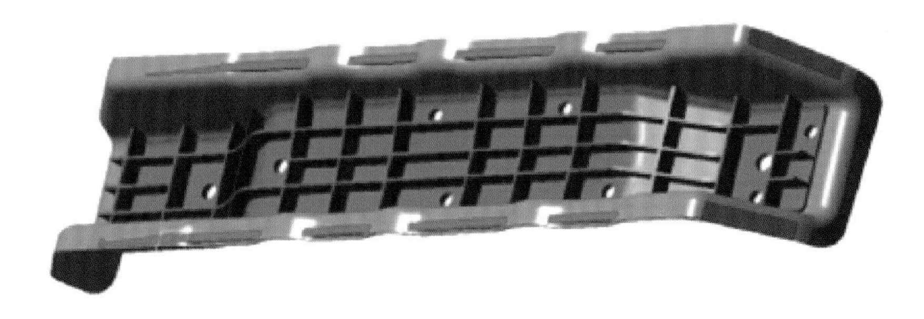

图 5-26　座椅横梁胶黏区域设计方案[27]

通过胶黏的方式，既可以满足零部件的结构连接性能需求，还可以对复合材料与钢材的界面起到隔离作用，降低碳纤维增强热塑性复合材料与钢接触部分可能产生的电化学腐蚀风险。同时，胶层还可以与复合材料协同作用，进一步降低震动对乘员舱的影响，降低车内噪声。

3）模压-注塑座椅横梁的工艺制造

复合材料座椅横梁采用模压 + 注塑的混合成型工艺，工艺流程如图 5-27 所示。

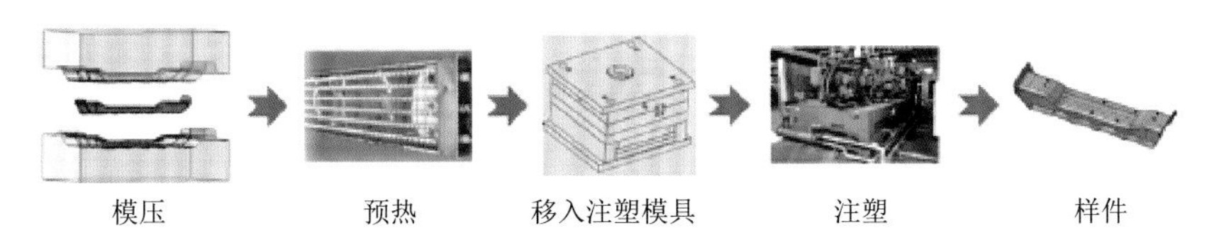


图 5-27　座椅横梁的工艺制造流程[27]

座椅横梁成型工艺的具体步骤如下：

（1）根据铺层设计方案，将连续纤维增强 PA6 预浸料进行铺层，将铺层好的复合材料板材进行预热，待树脂软化后移入模压模具，压制成座椅横梁预成型件；

（2）取出模压预成型件，进行裁边、打孔、预埋等处理，并通过红外加热等形式对预成型件进行二次预热；

（3）在较高温度条件下，将预热后的模压预成型件快速移入注塑模具，进行注塑加筋处理；

（4）开启注塑模具，取出最终的零部件。

通过二次预热，可有效提升注塑过程中注塑筋与模压件的界面结合性能。但预热后的模压件移动较为困难，且移动时间过长将会导致表面温度降低，难以达到预期目标，因此需要通过机械手臂自动完成，以提高工艺的一致性和稳定性。

### 5.1.7 碳纤维增强热固性复合材料模压成型

由于导管叶片结构形式复杂、尺寸精度和表面精度要求高，目前金属叶片成型工艺主要有磨削加工、高速铣削、五轴加工等，而复合材料叶片多采用真空辅助成型、注射成型、模压成型[29]等工艺[30]。模压成型工艺是将一定量的模压料（预混料或预浸料）加入（或铺放）金属模具型腔内，在预定的温度和压力条件下逐渐固化成型，然后将制品从模压模内取出，再进行必要的辅助加工即得到最终制品。这是复合材料构件生产制造中最实用而又高效的成型方法，具有可重复性好、生产效率高，模压制品质量可靠、性能稳定、尺寸精度高、表面光洁无需二次修饰等优点，多数结构复杂的制品可一次成型。

在采用多层二维平面层层堆叠的碳纤维预浸布铺布形式成型三维空间叶片之前，需要预先裁剪出二维平面的碳纤维预浸布。裁剪轮廓是以三维空间叶片尺寸离散展为二维平面基本尺寸作为基准。但是由于该叶片的曲率和厚度变化较大，无论从叶片正面还是背面都难以通过精确计算进行展平。基于本节研究中的叶片尺寸规格，采用反推法在三维软件中将叶片展平，再分层展平叶片，绘出展平叶片的尺寸，然后用不锈钢薄板制作比例为 1∶1 的叶片。此外，由于铺层的轮廓线决定了产品的外形尺寸精度，设计时应适当缩小扩展，减少后期打磨量。每个叶片可以拆分为大小不一的若干碳纤维预浸布。

1）叶片模压模具设计

导管叶片成型涉及多方面的工艺技术，包括叶片展平技术、模具设计与制造技术、成型工艺参数优化等[31]。其中，模具设计与制造是影响模压制品最终质量精度和成型效率的重要因素。由于叶片三维空间跨度、曲率和叶片厚度变化较大，如图 5-28 所示，模压模侧向会受一定的力和力矩，所以模具的结构设计必须合理可靠。本节研究的复合材料叶片模具设计主要可分为：叶片结构分析、模具材料选择、模具型腔初步设计、模具模框总体设计、叶片基准选定、分型面设计、精度分析、型腔分块设计和装配及叶片模具制造与成型等。

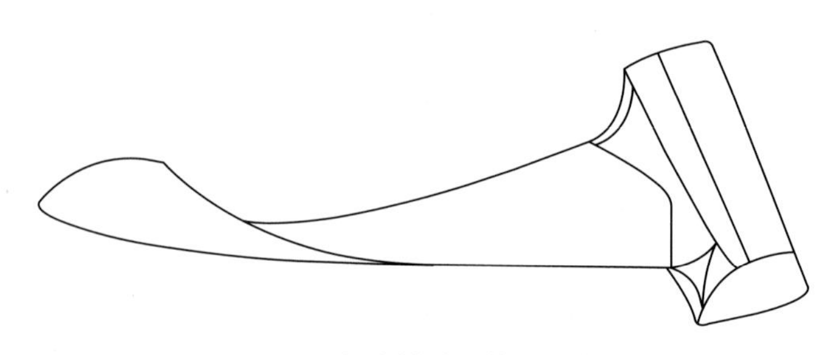

图 5-28 复合材料导管叶片模型

2）模具型腔总体设计

通常，复合材料模压成型的模具结构由单一的上模、下模组成，而对于具有较高曲率的叶片结构，采用简单的阴阳模和单一的轴向或径向加载难以完成整体结构的模压过程。通过结合导管叶片所具有的特性，改变了传统的模压模具结构。一方面，由于成型过程中要求受力均匀，尤其是制品具有空间角度型面和过渡圆角，需要增加辅助模具结构来完成；另一方面，树脂的黏度较高且纤维材料的收缩率较低，因此模压模型腔选为不溢式。叶片采用整体包覆成型，所需模压压力较大，故将型腔高度设计为 140 mm。如图 5-29 所示，叶片轮廓除特别要求尖角、直角外，均以圆角过渡设计。根据叶片尺寸的要求初步设计型腔基本尺寸：长度为 360 mm，宽度为 250 mm。

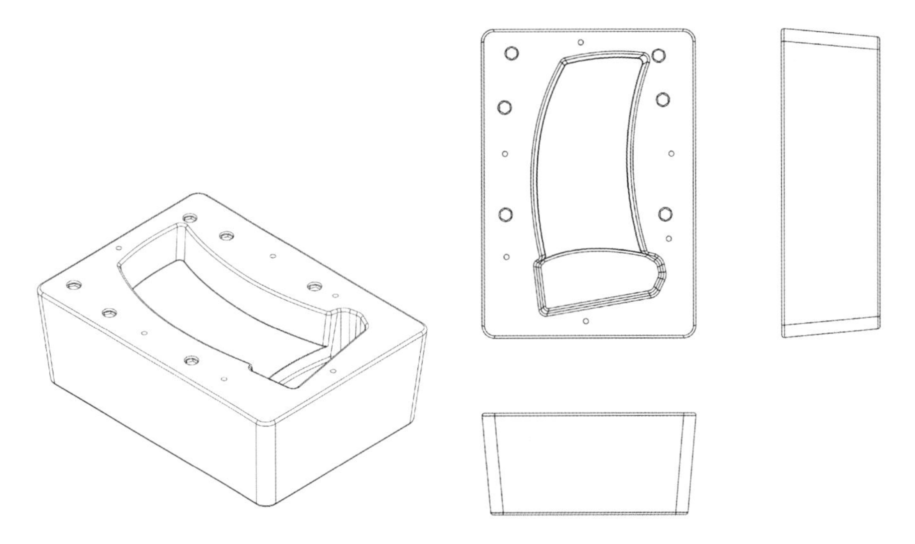

图 5-29　模压模具型腔模型

3）模压模具总体结构设计

在完成上述工作的基础上开始模具模框总体结构的设计，应充分考虑现有设备条件、工艺性、可操作性和自动化程度。本节研究中模压机为 500 t 压力机，上压板可动、下压板固定，故而模具采用固定式压塑模，上模、下模分别固定在压力机的上压板、下压板上。上压板的下降对上模施压提供模压压力，上升带动上模提升完成型芯与型腔分离，下压板的顶杆将型腔完整顶出为叶片后续脱模做准备。

用三维软件构建的模具总体结构模型如图 5-30 所示。导管叶片模压模具的设计主要组成部分如下：①成型装置：包括上模（可动）、下模（固定）、型腔、型芯；②加热装置：加热板；③支撑装置：包括固定板、垫板、支承板、支承块；④顶出及导向机构：包括导柱、顶杆、导套；⑤连接杆：包括各部分螺钉。叶片压制时下模在压力机中心位置固定。脱模时，由压力机的顶杆将阴模型腔完整顶出。

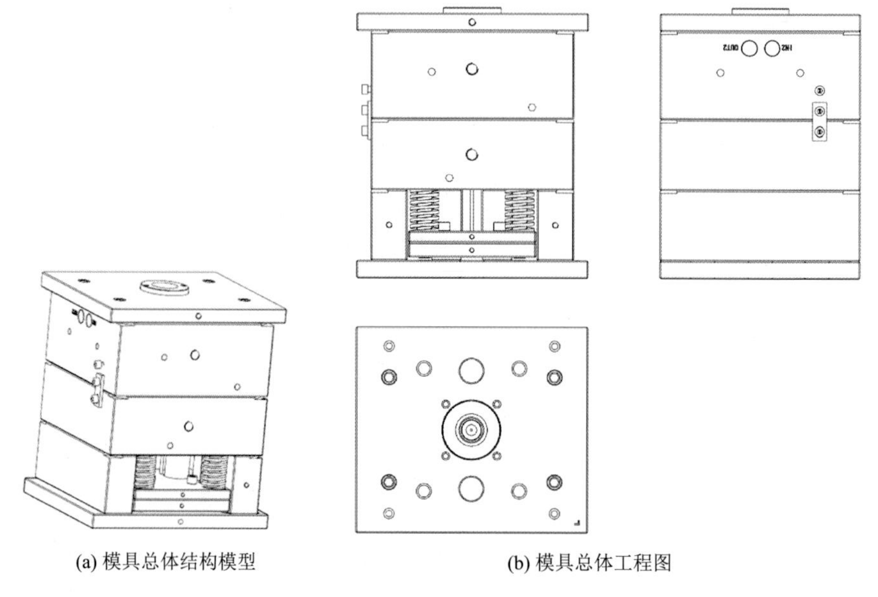

(a) 模具总体结构模型　　(b) 模具总体工程图

图 5-30　模压模具总体结构图

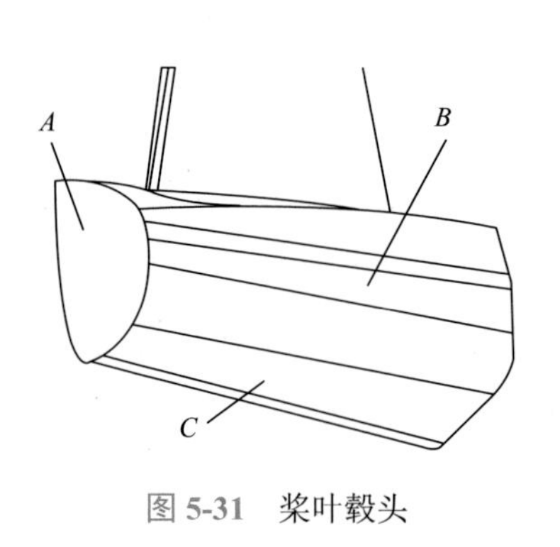


图 5-31　桨叶毂头

4）叶片基准选定

叶片通过毂头榫接到推进轴上，为了减少导管高速旋转时产生的震动和不平衡离心力疲劳破坏，需要对装配叶片后的导管进行震动校核和推进轴系校中，而叶片的装配精度是满足校核要求的关键因素。装配精度取决于叶片毂头上选定的基准，本节研究选定三个基准面，如图 5-31 所示 *A*、*B*、*C* 三个平面。

5）分型面设计

首先，将桨叶毂头部分的三个定位基准布置在同一块型腔内（图 5-32），保证基准的可靠性。然后，按照叶片部分在模具内优化的摆放位置确定成型模具型腔的型线及分型面。摆放位置的优化要着重考虑碳纤维预浸布能最大化设计、铺布的剪口/顺序/边界及铺层对接和搭接等。

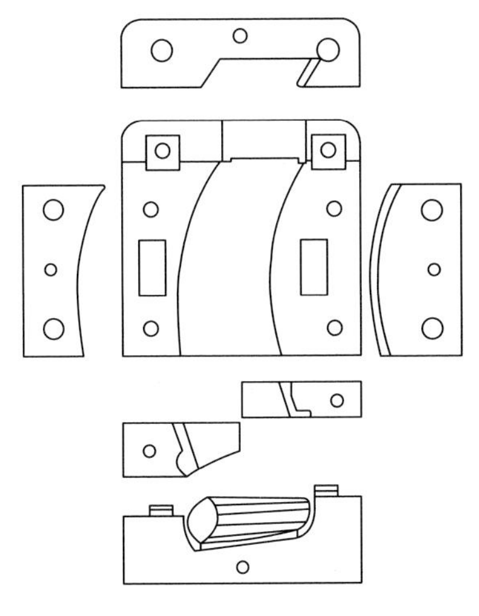

图 5-32 型腔组合模块

6）精度设计

为了降低复合材料导管叶片旋转时的摩擦阻力，需要保证叶片具有光滑表面，也就要求成型模具紧贴叶片一面精度高、表面质量好。本节研究的模压成型中，型腔作为叶片的铺贴面，如图 5-33 所示，所以要求其内部的精度高、表面质量好，故将阴模型腔内表面粗糙度设计为 Ra≤0.8，以保证叶片成型后的表面精度满足设计要求，避免装配时所产生的尺寸偏差和其他影响质量的不确定因素。

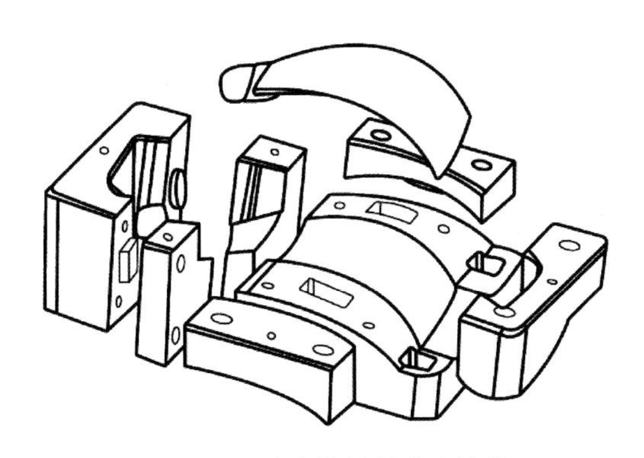

图 5-33 叶片模具型腔及组装

7）型腔结构详细设计及装配

为了提高模具的工艺性和可操作性，如铺层和脱模的方便性，需对分型面进行拆分得到分块组合结构形式的型腔，如图 5-33 所示。这种形式既提高了装配精度，又有利于模具的加工成型，从而缩短了模具加工周期。而模具型腔是复合材料构件几何形状的保证，本节研究的大量实验表明，带平面台阶结构的型腔仅适用于流动性比较好的材料，如SMC或者RTM灌注产品；带尖角结构的型腔适用于铺布工艺，而且便于剪切布料。型腔组块组装后放入模框，在脱模时使整个型腔和叶片同时被顶出，以防对叶片产生翘曲变形等破坏，最后将型腔拆解取出叶片，见图5-33。

8）叶片模具制造与成型

由于本节研究所设计的复合材料导管叶片模压模具要求具有较高的强度和刚度，较高的尺寸精度和装配精度，以及内外表面的光洁度，因此采用热处理提高模具的疲劳寿命和刚度；采用可转位球头铣刀加工叶片模压模和可转位的硬质合金铣刀加工型腔、芯的定位基准面，保证模压模的制造精度，提高加工效率；对模具型腔表面采用高频淬火的热处理方式，改变模具型腔表面的金属组织结构，获得较高的硬度和耐磨性；然后对表面进行镀铬处理，进一步增强模具的耐腐蚀性，更有利于产品的脱模。

9）模压成型叶片

在生产时，先将模具预热到设定的温度，然后铺放碳纤维预浸布，再升温加压，为了排出纤维缝隙内的气泡和多余的树脂，成型过程中需要适当排气，继续升温加压，压制出碳纤维复合材料导管叶片。

## 5.2 树脂转移模塑成型

树脂转移模塑成型（RTM）工艺是一种专门用于开发生产高性能纤维增强聚合物基复合材料的新型技术，为复合材料液体成型（LCM）技术的一种[32]。利用树脂转移模塑成型工艺生产出的零部件表面质量良好、外形尺寸精准，在制造高纤维体积分数大型复杂构件的同时还能保证较高的效率。该技术的应用在一定程度上解决了传统预浸料工艺存在的高制造成本、低层间剪切强度和抗冲击损伤能力差的缺点[33]。

### 5.2.1 树脂转移模塑成型基本原理

树脂转移模塑成型是一种专门用于复合材料生产制造的封闭式模板成型技术。其工艺成型的基本原理为：将反应性液体树脂体系利用压力驱动，注入预先铺放好纤维预制体的密闭模具型腔中，树脂流动浸渍纤维的同时排出模具型腔中的气体；在保压状态下对模具加热升温，引发树脂固化反应，在界面效应的影响下树脂与纤维增强体结合成具有特定功能、理化性能优异的复合材料结构件[34]。其优点众多，因此国内外学者均对该工艺进行了大量研究。

国外早在20世纪中期就开始了对树脂转移模塑成型工艺的研究和探索：在日

本，1970 年之后的 20 年间树脂转移模塑成型工艺飞速发展，到了第三代树脂转移模塑成型工艺，其生产效率几乎与 SMC 片状模塑料成型工艺相当，制品强度和可靠性也达到了超高标准[35]。在韩国，为提高碳纤维与尼龙的界面结合强度，Lee 等开发了一种火焰表面处理方法来去除碳纤维中的水分，并提出了最佳的热塑性树脂转移模塑成型（T-RTM）工艺条件，具体工艺如图 5-34 所示，保证最大力学性能的同时极大提高了生产效率[36]。放眼欧洲，近期法国里昂大学的 Dkier 等[37]研究设计了一种用于制备玻璃纤维增强热塑性复合材料的反应挤出-树脂转移模塑成型（HT-ERTM）高温混合工艺，配备特殊介电传感器可原位跟踪其反应演变及流动特性，同时根据时间、温度和摩尔质量确定其黏度。该工艺在 2 min 的处理窗口内反应转化率可达 85%，特别适合航空航天的高温领域应用。

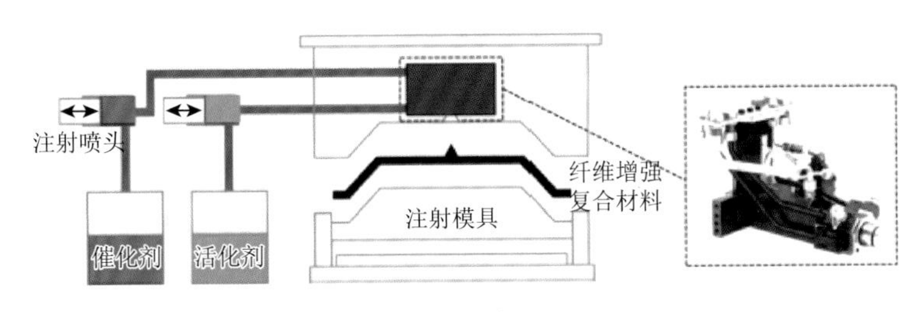


(a) 工艺示意图

(b) 实际T-RTM系统

图 5-34　T-RTM 工艺

在国内，为解决树脂转移模塑成型制件成型缺陷，孟祥福等[38]从真空度、注射压力和注射流量三方面入手研究了其形成机理；张国利等[39]提出 5 种注胶改进工艺。此外，台湾清华大学[40]还开发出了一种利用预测控制模型和优化算法实时控制树脂转移模塑成型设备中树脂填充压力的程序，有效保证了树脂转移模塑成型产品的质量。针对纤维树脂浸渍问题，张建明[41]提出了一种树脂转移模塑成型-模压工艺。相比传统树脂转移模塑成型工艺，使用该方法制作的平面试样孔隙率明显降低，压缩强度、弯曲强度、层间剪切强度等力学性能提高显著。杨旭静等[42]则将超声波引入树脂转移模塑成型工艺，认为在织物流动过程中加以超声波激励，可清除纤维丝表面杂质，增强纤维表面极性，进而提高树脂渗透率及制件性能。

树脂转移模塑成型技术经过多年的发展出现了不少的衍生工艺，包含高压树脂转移模塑成型工艺[HP-RTM，分为高压注射树脂转移模塑成型工艺（HP-IRTM）和高压压缩树脂转移模塑成型工艺（HP-CRTM）[43]]、真空辅助树脂转移模塑成型工艺（VARTM）、轻质树脂转移模塑工艺（L-RTM）、多个插入式衬模树脂转移模塑工艺（MIT-RTM）、真空辅助树脂浸渍模塑工艺（Seeman 树脂浸渍技术）、共注射树脂转移模塑法（CIRTM）、柔性辅助树脂转移模塑工艺、溶剂辅助树脂转移模塑成型工艺及树脂注射循环树脂转移模塑成型、零注射压力树脂转移模塑成型等。一些常见树脂转移模塑成型衍生工艺见表5-3。

**表5-3　树脂转移模塑成型衍生技术[32]**

| 名称 | 工艺介绍 |
| --- | --- |
| HP-IRTM | 填充时间大幅缩短，生产效率显著提高，制品纤维体积分数大、表面质量良好，为避免因注入速度过快导致制品变形、产生孔洞，可以使用高压釜在真空状态下注入树脂，降低制品孔隙率的同时使孔隙大小的分布变得更窄 |
| HP-CRTM | 所需模具硬度要求较低，工艺分两步：第一步，上模表面和纤维预制体之间留有间隙，之后抽真空；第二步，闭合模具压缩，间隙完全闭合后得到最终制品 |
| VARTM | 属于单面成型工艺，适合用于生产大型制件。树脂负压吸入，有效避免浸渍纤维预制体产生气泡等缺陷，且流动性更好，有利于充分浸渍纤维预制体。其工艺简单，只需要单面刚性模具，且质量轻、成本低、无需外加热，并能有效降低挥发性有机物对环境的污染 |
| L-RTM | 结合了RTM和VARTM成型工艺，利用真空辅助降低树脂黏度以提高树脂流动性和对纤维增强材料的浸润性；半刚性材料的上模能够重复利用，有效避免了VARTM工艺过程中真空袋浪费的现象和由此产生的环境污染问题 |
| MIT-RTM | 可将发生在模具型腔内部的工序进行分解，部分移出模具型腔外来完成，成型效率提高3倍以上；插入式衬模成本低，毁后易补，适合大批量生产高质量产品 |
| Seeman 树脂浸渍技术 | 增强纤维上铺放高渗透介质纤维以提高渗透性；能有效缩短树脂注入时间，减少层压板压力和厚度梯度差异 |
| CIRTM | 工艺要求进行共注射的树脂体系能够在相同的工艺温度下进行注射，在相同的固化条件下进行固化。单个加工步骤即可实现制备多层、多种树脂共同注射固化，生产效率和制品结构完整性极大提高 |

### 5.2.2　树脂转移模塑成型装备结构

树脂转移模塑成型工艺装备主要由注射设备、固化设备、模具三部分组成，各组成部分对制品的最终成型都起着重要作用。为此，国内外学者对其成型设备做了大量改进。

针对模具抽真空时增强材料被抽吸到排气模块上，树脂不能顺利排出空腔的现状，德国 Matthias Grote[44]研发了一种用于使用 RTM 方法制造纤维增强塑料部件的模具，有效减少了上述情形的发生。欧洲 Continental Structural Plastics 公司[45]研发了一种单个或多个槽注射和排出树脂的 RTM 系统，树脂注端口在型腔和树脂储存器之间供一个或多个连续通道，数字控制器选择性地激活注射端口，以单独、成组或成对的任意顺序将树脂注入型腔中，具有很高的集成度和成型效率。荷兰 Rijswijk 等[46]开发了一种用于生产热塑性复合材料的新型树脂体系和设备，原理如图 5-35 所示。该成型系统可制造厚尺寸的热塑性复合材料，具有设备成本低、加工周期短、可回收利用等特点。日本东丽株式会社[47]发明了一套用于 RTM 的预制件的制造装置，其中只有第一模具设有加热机构，与增强纤维基材接触的第二模具导热性极低，在保证高精度制造结构复杂制件的同时，能够以低散热量和高加热效率的方式实现能源的节约。

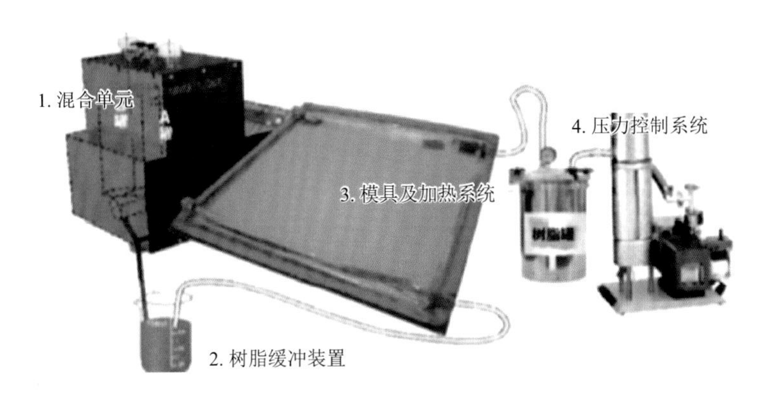


图 5-35　加工原理图

国内关于 RTM 装备的研究主要集中在 RTM 注射设备、模具和一体化成型方面。为弥补常见注射设备存在的不足，北航（四川）西部国际创新港科技有限公司、香港科大霍英东研究院、惠州市海龙模具塑料制品有限公司分别从响应和注射流量速度、实时调控注射压力和精确计量树脂注入量、体系混合及进胶残留三个方向进行完善，研发出三款优点不同的注射装置，保证注胶效率的同时提高了制品质量[32]。

模具是 RTM 工艺成型技术的关键，其开发应该遵循结构简单合理、功能齐全的原则，模具内部应配备可靠的加热冷却系统、配套的抽真空系统和合理的注胶口出胶口位置，并应尽可能降低模具的成本[48]。围绕当前模具存在的加热冷却效率低和更换部件成本高、结构复杂笨重及制品脱模困难、树脂填充不均匀且压力较大等问题，西安飞机工业（集团）有限责任公司、上海复合材料科技有限公司、惠州市海龙模具塑料制品有限公司利用各自优势分别对模具进行开发，并成功改善了上述情况[32]。

在RTM生产设备的集成化方面，我国与西方发达国家相比差距很大，高精度的生产线主要依赖于国外进口。为突破这一现状，我国科研工作者做了大量工作，部分见表5-4。

**表5-4 一体化装备及生产线[32]**

| 研究单位 | 设备名称 | 优势 |
| --- | --- | --- |
| 航天特种材料及工艺技术研究所 | 复合材料翼面的集成RTM设备 | 一台设备即可完成全部工序，自动化水平和生产效率大幅提高 |
| 中国运载火箭技术研究院 | 高温RTM一体化成型设备 | 可保证高温树脂的充分灌注充模，操作方便，生产效率大幅度提高 |
| 东风设计研究院有限公司 | HP-RTM连续生产线 | 该生产线生产节拍将高达20JPH（单位时间工作量），大大满足了多元化市场的需求 |

### 5.2.3 树脂转移模塑成型工艺

**1. 树脂转移模塑成型工艺应用**

进入21世纪，RTM工艺在各个行业被广泛应用。在军事工业方面，从空军雷达天线罩到海军舰艇显控台，RTM工艺的应用使得设备在满足特殊功能需要的同时，更能减少零件数量。在汽车制造行业，利用RTM工艺生产B柱、引擎盖等结构不仅可以减轻车身整体质量、满足环保要求，还能大大缩短制品成型周期。在航空航天领域，舱壁隔板、后货舱门等次承力结构均可采用RTM工艺成型，将先进复合材料应用于飞机主承力结构并提高其用量，已成为一项衡量飞机先进性的重要指标[49]。

**2. 软模辅助树脂转移模塑成型工艺**

软模辅助树脂转移模塑成型工艺的基本原理是在未膨胀的软膜上铺放好增强预成型体，放入刚性阴模中，在注入树脂后，软膜受控膨胀，法向挤压尚未凝胶的纤维/树脂复合体；同时加热，使纤维增强树脂固化成型，脱模，经后处理得到产品[50]，如图5-36所示。控制软模膨胀的方式，可采取加热软模使芯模膨胀或向密闭的柔性芯模中充气的方法，前者称为热膨胀软模辅助树脂转移模塑成型工艺，后者称为气囊辅助树脂转移模塑成型工艺。

软模辅助树脂转移模塑成型工艺的优点是[51]：

（1）通过软模对预成型体的挤压作用，使复合材料制品的纤维体积分数较传统树脂转移模塑成型工艺得到了大幅提高（达到60%以上），且对降低孔隙率有一定的作用。

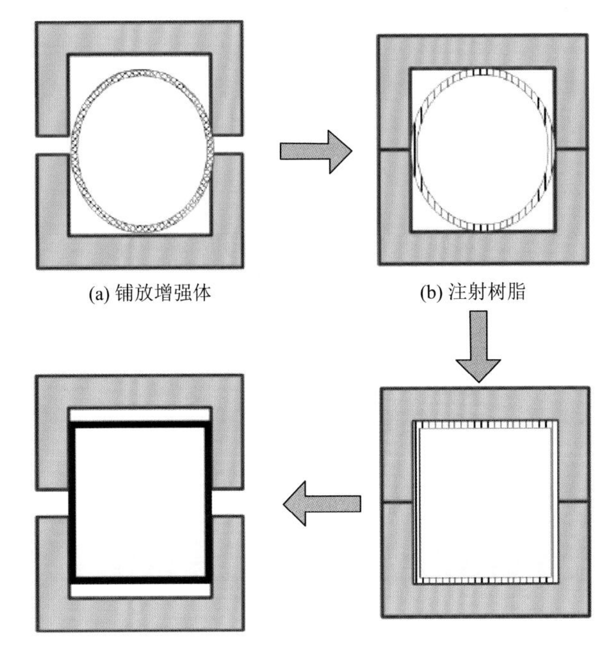


图 5-36　软模辅助树脂转移模塑成型工艺原理示意图[51]

（2）能够以较低成本整体成型大尺寸、复杂结构的复合材料构件。

（3）由于复合材料制品套合在具有一定伸缩性能的柔性模上，具有复杂内部结构的复合材料制品脱模比较方便。

但是软模辅助树脂转移模塑成型工艺也存在一些局限[52]：

（1）成型复合材料制品形式受限。软模法向膨胀挤压的同时，制品外表需要刚性阴模限位，故该工艺主要用于成型空心的类回转体结构。

（2）复合材料制品内腔尺寸不易精确控制。制品内腔尺寸不是由刚性模具成型，尺寸精度受软模膨胀性能的影响较大，不易精确控制。

（3）对于热膨胀软模辅助树脂转移模塑成型工艺而言，随着温度升高，芯模膨胀力增大，但树脂黏度也逐渐升高，不利于树脂的流动浸润；对于气囊辅助树脂转移模塑成型工艺，气囊厚度有限，可能会因为膨胀不均匀，导致复合材料构件厚度不均或者筋板结构位移。

### 3. 真空辅助树脂转移模塑成型工艺

真空辅助树脂转移模塑成型（vacuum assisted RTM，VARTM）工艺的基本原理是在普通树脂转移模塑成型工艺基础上，对铺放好纤维增强材料的模具型腔进行密封处理，并在出胶口连接真空泵；在树脂注入模具型腔的同时抽真空，完成树脂注射、固化成型、脱模，经后处理得到产品[53]，如图 5-37 所示。模具型腔抽真空不仅提高了树脂充模的压力梯度，增强了树脂流动的驱动力，提高了预成型体中树脂的表观流动和树脂在纤维束间的流动速度，更重要的是排出了模具型腔和预成型体中的气体，尤其是排出了纤维束中的气体，有利于纤维的完全浸润，从而减少复合材料制品的缺陷。

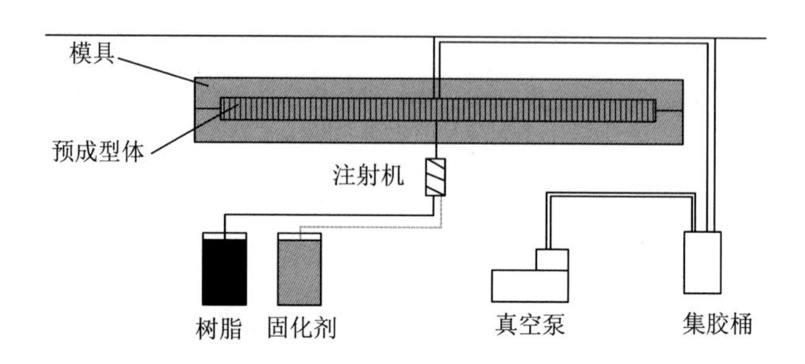


图 5-37　VARTM 工艺原理示意图[53]

此外，真空辅助树脂转移模塑成型的衍生工艺真空导入模塑工艺（vacuum infusion molding process，VIMP）在大尺寸构件整体成型领域应用范围很广。VIMP是利用真空袋在单面硬质模具上密封纤维增强体，依靠抽真空产生的压力差，压紧增强体，树脂依靠真空负压从注胶口流到出胶口，如图 5-38 所示。

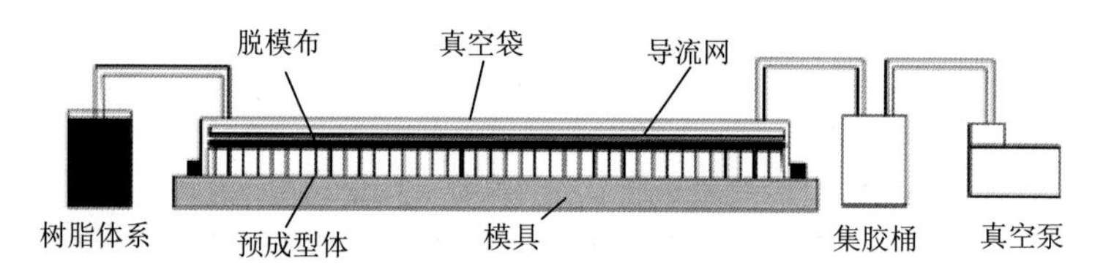


图 5-38　VIMP 工艺原理示意图[54]

与传统的树脂转移模塑成型工艺相比，VIMP 工艺有如下优点[55]：

（1）可以只需要单面模具，模具制作更加简单；

（2）真空的使用可提高纤维体积分数，使制品纤维体积分数更高[54]；

（3）真空有助于树脂对纤维的浸渍，使纤维浸渍更充分；

（4）真空有排出纤维束内空气的作用，使纤维的浸润更充分，从而减少了微观孔隙的形成，得到孔隙率更低的复合材料制品；

（5）可以制备较大尺寸的复合材料构件。

但是 VARTM 工艺提高纤维体积分数的能力较有限，且制备厚截面、大尺寸构件时成型周期较长，这在一定程度上限制了其在大承力结构件方面的广泛应用[56]。

**4. 高压树脂转移模塑成型工艺**

HP-RTM 工艺的原理是在刚性模具型腔内铺放设计好的纤维预成型体，然后在真空辅助下，利用注射设备提供的高压将树脂注入闭合模具型腔内，最后利用液压机提供的高压完成树脂的浸渍和固化，脱模，经后处理得到制品[57]，如图 5-39 所示。该工艺是一种高效化、大规模生产高性能热固性树脂复合材料制品的树脂转移模塑成型工艺技术。HP-RTM 工艺的优点主要包括[58]：①树脂充模时间短，可使用快速固化树脂体系，可缩短工艺周期，极大地提高了成型效率；②高压注射和固化，有利于排出空气，降低产品孔隙率；③制品表面质量好、尺寸精度高、工艺稳定性和重复性较高。

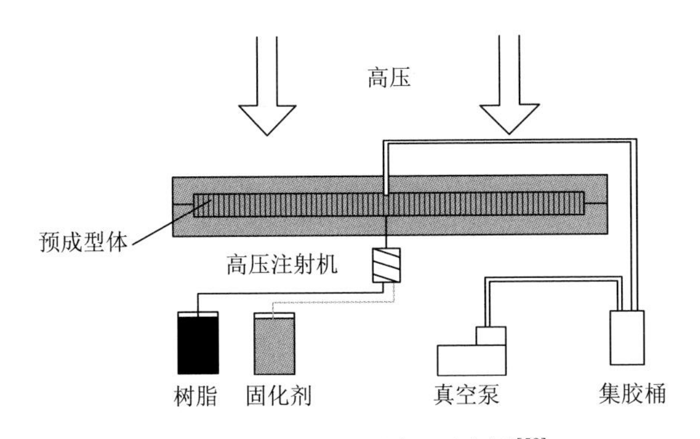


图 5-39　HP-RTM 原理示意图[59]

但是 HP-RTM 工艺存在如下缺点[59]：

（1）高压注射对注射设备要求极高，设备成本很高（注胶压力可达 15 MPa）；

（2）树脂高速流动不利于纤维的浸润，且易导致纤维预成型体移位，使用预定型剂会影响制品最终性能；

（3）无法有效提高制品的纤维体积分数，对提高复合材料制品的力学性能作用不大。

除了通过上述改进的树脂转移模塑成型工艺克服传统树脂转移模塑成型工艺的缺点以外，也有研究人员研究通过改变注胶、出胶方式，设计注胶口、出胶口及流道或者优化工艺参数等方法提高树脂转移模塑成型制品的力学性能，这些研究对控制和减少树脂转移模塑成型复合材料制品的缺陷、降低孔隙率也有一定的效果[60]。

## 5.3　注射模塑成型

### 5.3.1　单聚合物复合材料注射模塑成型

单聚合物复合材料（single polymer composites，SPC）是将同一种或改性后的同一种聚合物通过热压或注塑的方法将基体与增强相复合到一起，提升只能采用某种单一材料成型结构的制件的力学性能，并且该复合制件具有可回收循环使用和良好的界面结合性等优点，目前已被广泛应用于各行各业[61]。

传统的单聚合物复合材料是先制备基体，再通过化学浸渍、改性，物理拉伸、纺丝等手段获得具有一定力学性能的增强相，利用基体与增强相的熔点不同，通过热压将两者结合在一起。该方法容易导致已获得力学性能的增强相在高温下出现熔化和解取向等现象，从而导致复合制件的力学性能无法达到预期。而模内共注塑手段是通过注塑的方式将增强相注入带有沟槽的基体中来制备单聚合物复合材料，利用聚合物在狭长的通道中流动时受到剪切力的作用，分子链产生取向，从而获得具有一定强度的增强相。该方法避免了传统热压法所产生的缺陷。

但通过注塑获得的增强相的力学性能无法准确量化，聚合物在注塑过程中，以及注塑工艺（包括熔体温度、模具温度、注射速度等）均对制件的性能有一定影响。由于注塑过程中熔体在模具中的流动行为无法获知，为了得到注塑工艺参数与制件性能的关系，大连理工大学姜开宇课题组利用可视化设备，拍摄得到熔体在基体沟槽中的流动状况，处理后得到熔体的流动前沿速度，将其与制件的拉伸性能对比，得到了熔体前沿流动速度变化梯度和波动程度越大，制件力学性能越好的结论。

由以上结论可知，通过模内注塑的方式制备具有一定力学性能的单聚合物复合材料制件的方法是可行的。在此基础上可以加以发散应用，为了更好地应对更复杂多变的环境，尤其是一些小微的环境中，单聚合物复合材料的尺寸和结构也更加多样，尺寸和结构的变化对制件力学性能的影响，以及不同尺寸结构制件的模内共注塑成型的可能性均有待进一步研究。

聚合物的自增强特性是高分子材料具有的一种特性，不需要添加任何其他增强剂，而是靠自身较长的分子链、链段，以及结晶聚合物的晶片在一定加工条件下受到剪切力的作用，逐渐沿力的方向平行排列产生一定的取向，形成高强度、高模量的微纤维，从而提高了聚合物在该方向上的力学性能，有些聚合物甚至能产生超过工程塑料或特种工程塑料的力学性能。由于不需要添加其他物质，这种性能可以被用于各种对材料种类有特定要求的场合。

**1. 注射成型获得聚合物自增强性能**

早期的注射获得自增强是借用高压环境以成型复合材料。20 世纪 70 年代时，Kubat 等用 500 MPa 的注射压力来注射成型高分子量级的 HDPE，制得在流动方向上模量最大值达到 3.4 GPa 的制件；后又使用同样高的注射压力成型超高分子量聚乙烯（UHMWPE），由其制得的试件的杨氏模量和拉伸强度分别达到了 12 GPa 和 260 MPa，该试样的差示扫描量热法（DSC）测试曲线在 137℃处出现了高温峰，表明试样中形成了串晶。

但高压成型对设备的要求较高，于是学者们研发了能够在常压下注射成型获得聚合物自增强的方法：拉伸流动法和剪切控制法[62]。

拉伸流动法与挤出成型相近，原理如图 5-40 所示，是依靠固定在注塑机头的截面形状和尺寸变化的长形喷嘴，以及熔体在进入型腔之前需要流经的较长的流道，来实现熔体内分子链的逐渐伸展取向，并且喷嘴和流道截面尺寸的变化对分子链也会产生一定的剪切作用。但熔体离开注塑机后失去了热源，温度下降，会导致熔体黏度逐渐增大至冷却，因此熔体在模具内流动的过程中要控制好模具的温度。

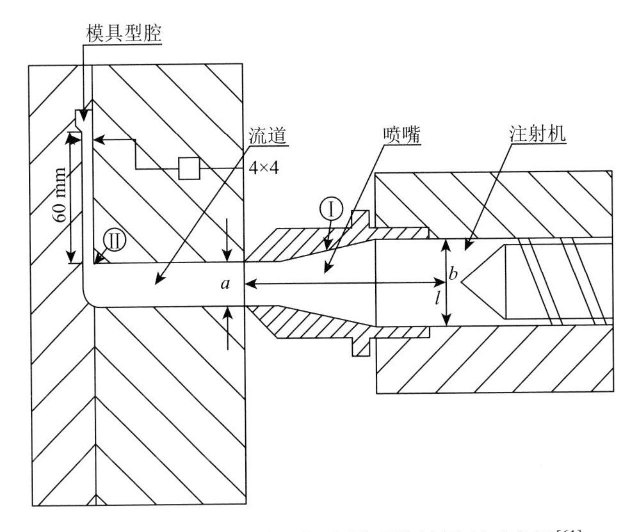


图 5-40　拉伸流动法获得自增强特性原理示意图[61]

*a* 表示浇口流道直径；*b* 表示注塑机机筒内流道直径；*l* 表示喷嘴流道内流体流动距离

Bayer 等[63]通过对这种拉伸注射成型的方法进行研究，获得了拉伸强度高达 150 MPa 的聚乙烯自增强试件，通过光学折射和 DSC 实验等手段对其微观结构检测后发现，串晶的形成是导致聚乙烯试样力学性能增强的主要原因。Ehrenstein[64]据此将模具温度控制在片晶和串晶熔点之间的范围内，促进串晶的大量形成，获得拉伸强度和模量等参数远高于常规注塑试件的 5～8 倍的高分子量 HDPE 制件。益小苏等[65]通过改变注塑工艺参数获得大量制件，通过实验测试其力学性能与注塑工艺变化的关系，并观测和分析了试件微观结构和断裂机理，得出串晶之所以能够导致试件的力学性能提高，主要是由于其结构能够使分子链断裂的活化能发生改变。

剪切控制法是通过控制注塑机的压力与模具的温度，在熔体注射进入特殊构造的模具型腔后，对其施加外力使熔体在型腔内不断循环流动，在型腔壁面的剪切作用下，熔体外层和芯部的分子链均能产生取向，进而获得自增强的效果。

Becker等研制了推-拉注射成型（push-pull injection moulding）技术，将一定量的熔体常规注入模具型腔后，保压头一侧活塞向内推动熔体在模具型腔和流道中循环一圈，靠近壁面的熔体受到剪切力的作用产生取向后冷却凝固，只剩下芯部高温熔体依旧能够流动，此时活塞推拉重新注入新的高温熔体，如此反复后，熔体逐层向内凝固直至整个型腔和流道都被填满，如此获得的试样不仅没有熔接痕，其强度还提高了50%以上。

Ogbonna[66]利用此原理开发了剪切控制取向注射成型（SCORIM），在注塑机料筒与喷嘴制件增设了高温动态保压头（图5-41），将定量的熔体通过高温保压头注入型腔中，两侧活塞反方向按一定频率推拉，熔体在型腔中不断往复流动，熔体逐层凝固在型腔壁上直至充满型腔，获得多层高取向试样。而试样的力学性能可以通过调整活塞频率、保压头的温度和模具的温度来加以控制。Bevis等利用该方法成型了等规聚丙烯（iPP），获得的自增强试样比普通试样强度增加了60%，杨氏模量增加了75%。Guan等[67, 68]在此基础上，将保压头与模具型腔相连接（图5-42），开发了类似的动态保压注射成型（oscillating packing injection molding）工艺，制得的高分子量HDPE试样的模量由1 GPa提高至5 GPa，拉伸强度由23 MPa提升至93 MPa。

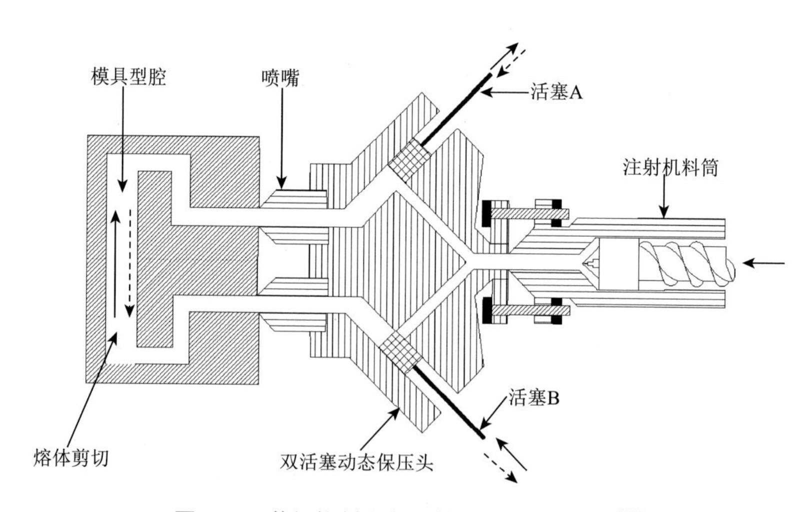


图5-41　剪切控制取向注射成型装置示意图[61]

此外，Bevis等在SCORIM结构的基础上，增设了一套注塑机螺杆、动态保压头、活塞和浇口，其连接流道分别垂直于型腔的四个壁面（图5-43），两组活塞反向推拉，最终在两个互相垂直的方向分别形成多层的取向。采用此成型iPP制得的试样冲击强度较普通注塑成型试样高74%。

申开智、姜朝东等[69]利用图 5-43 所示装置，通过对比动态保压和静态保压所得试样发现，熔体在往复流动中不仅能够获得沿流动方向的取向，在垂直于流动方向也能获得取向，且两方向的力学性能与保压压力、熔体温度、模具温度、保压周期的变化有关。通过扫描电子显微镜等实验设备观测试样微观结构发现，该方法制备的 HDPE 试样之所以能够具有双向自增强效果，是由于其内部的晶串结构之间存在互锁作用。

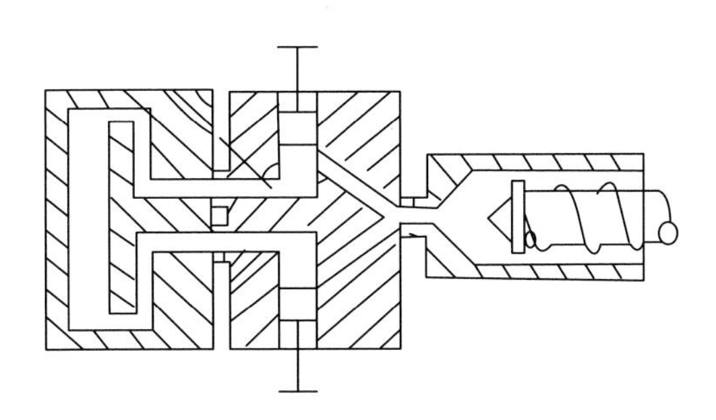

图 5-42　动态保压注射成型装置示意图[61]

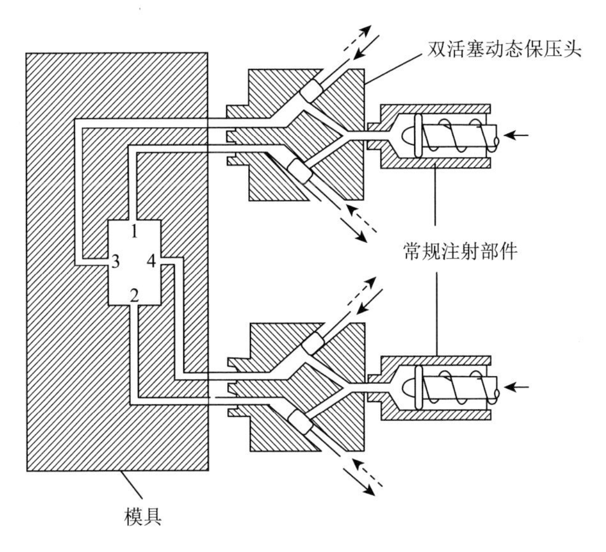


图 5-43　双向动态保压装置[61]

除了单向的拉伸取向外，有学者曾研发过周向或径向取向拉伸方法[70]。注塑机将熔体注入圆形的模具型腔后，型腔在外力的作用下旋转或径向移动，迫使熔体内分子链沿周向或径向取向，制得如图 5-44 所示取向分布的试样。但由于模具型腔的转动或移动需要较大的动力和克服较大的摩擦力，因而在实际生产中难以广泛应用。

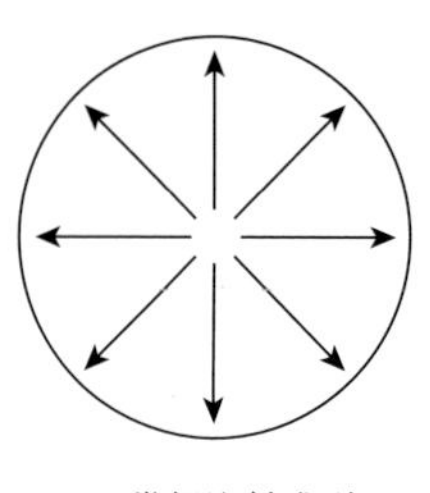
(a) 常规注射成型

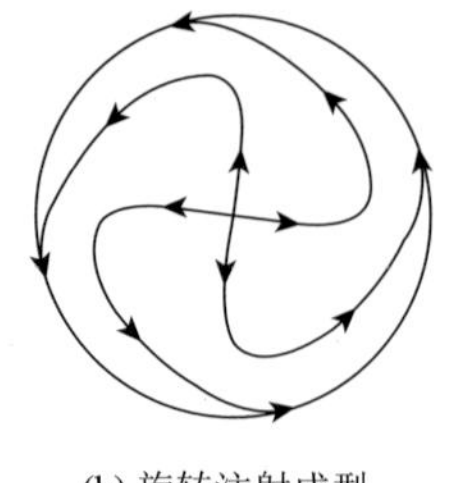
(b) 旋转注射成型

(c) 摆动注射成型

图 5-44 周向和径向拉伸法[61]

虽然注射成型能够获得高度取向的串晶，并能够制备复杂产品，是最常见最简便的工艺手段，但经常会产生分子链松弛和剪切力减弱。串晶的含量通常用剪切层厚度来表征，但剪切层厚度在制品中所占比例通常小于 10%。Jiang 等[71]在竹子坚固的外壳和高韧性芯部的启发下，发明了熔融顺序注射成型（MSIM）法，用来制备具有不同厚度剪切层的聚合物产品。主要特点是模具具有多个副腔可以实现多熔体注入（图 5-45），先将型腔充满熔体，但没有进入副腔，然后在相同的压力下注入额外的熔体，与第一次没有冷却的芯层熔体混合，此时会产生强烈的流动剪切，形成各种结构的晶体，同时，先前的熔体被推进副腔中。通过调整时间间隔，最多可以实现四次熔体注入。该技术能够实现定量控制串晶的形成及制备厚剪切层的皮芯结构。

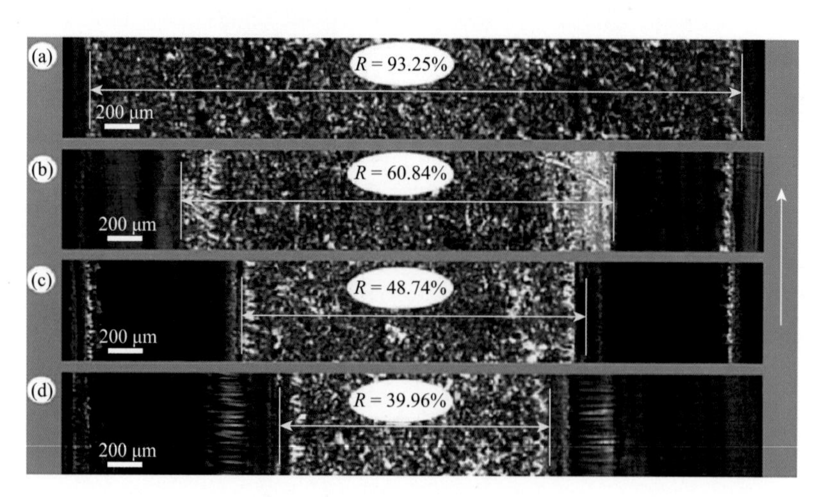


图 5-45 MSIM 试样显微结构[61]

$R$ 为芯层占整体试样的厚度比

## 2. 挤出成型获得聚合物自增强性能

挤出自增强的手段主要为凝胶纺丝、模口牵伸、静压挤出、辊压牵引等[72]，主要原理为使熔体在凝固态时在外力的作用下产生较大的形变而获得取向，另一种为使熔体在挤出机内获得分子链取向，并保持这种状态挤出成型。

Odell 等[73]最早通过毛细管制备聚乙烯纤维，这种“细丝”的模量可达 50～90 GPa，结晶度超过 80%。他们发现在纤维中产生了大量的互锁的串晶结构，与拉伸直接获得的伸直的链状晶结构不同，串晶含有的伸直链状晶较少，但在链状晶周围含有大量的横向相互啮合的片晶，这极大地提高了纤维的抗拉强度。

Pornnimit 和 Ehrenstein[72]通过在挤出机上加装了锥形模口，制得拉伸强度 160 MPa，弹性模量 17 GPa 的自增强 HDPE，通过反复调整成型参数，发现模口处聚合物的温度梯度控制在 30～40 K，以较低的挤出速度获得的试样内部伸直链状晶的取向程度较好。

申开智等[74]设计了芯棒旋转挤压法（图 5-46）制备高强度 HDPE 管材，旋转环形模成功控制高分子链的取向，在适当的温度、压力和芯棒旋转速度下，管材能够获得高达 90 MPa 的周向强度。通过差示扫描量热法和 X 射线散射实验分析可知，试样强度的增加主要源于分子链在圆周上获得高取向的串晶结构。

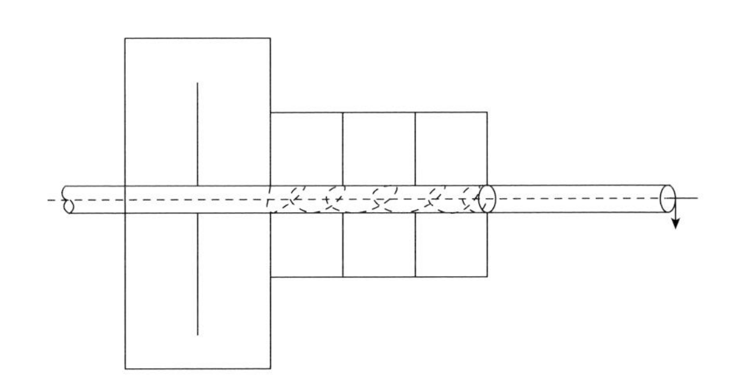

图 5-46　芯棒旋转挤出模具[61]

綦宝文等[75]利用柱塞式挤出机，通过控制拉伸应变速率，在低于 PP 熔点的 145～155℃时制得拉伸强度高于普通挤出片材 10 倍的自增强 PP 片材。并通过 DSC、X 射线衍射（XRD）等实验观测了制件的微观结构，发现该自增强 PP 片材的结晶度有很大提高，分子链沿拉伸方向高度取向，并生成了大量 α 晶体。

朱武等[76]自行开发了挤出模具，通过制备高密度聚乙烯（HDPE）来研究挤出温度对挤出自增强棒材性能的影响。通过 DSC、广角 X 射线衍射（WAXD）等实验观测微观结构后发现，挤出温度越低，自增强后的棒材的晶格尺寸和结晶度较普通挤出棒材有很大提升，且制件内产生了大量微纤结构，其抗拉强度和抗弯强度都是未增强棒材的 10 倍。

除了依靠机械结构本身对熔体施加剪切力外，近年来，机械振动和超声波振动被越来越多地应用到注塑、挤出等加工手段中，熔体在注塑机喷嘴、流道、模具型腔中受到的剪切力与流动方向施加的振动力相结合，不仅能更大地提升制品的力学性能，还能控制熔体的流动状态从而控制注塑成型制品的质量。

将振动运用于注射成型时，常见动态振动注射或保压的原理是利用周期性的振动能够诱导分子链的取向和拉伸，以及控制晶体的生长和取向，分子链在振动时会产生大量的热，延缓了熔体在喷嘴和流道等位置的冷却速度，还可以减少熔体夹杂气泡或缩孔缩松等缺陷，因而制品的质量通常较好。超声波振动辅助注射的原理是利用超声波既能够诱导球晶的生长，也能震碎球晶，有利于熔体和凝固态之间的传热，熔体的快速冷却有利于形成微小晶核，导致制品具有较强的抗冲击能力和防止应力开裂能力[77]。Ibar[78]利用压力振动注塑聚丙烯获得伸长率提高80%的制件。Ogbonna[66]利用低频剪切振动制得厚 110 mm、20%玻璃纤维增强的PEEK 无缺陷制件。

将振动运用于挤出成型时，振动多施加在挤出机的机头上，方向为沿熔体的挤出方向、垂直挤出的方向，或旋转振动。申开智等[74]采用旋转振动挤出法，通过挤出机机头芯棒的旋转，产生使分子链取向的剪切力，经实验发现，制件沿周向产生了串晶，并且随着芯棒振动频率的增加，分子链取向程度也增加，极大地提高了挤出管材的强度和表面质量。不同于原来的熔体只能在挤出时施加振动，瞿金平和周南桥[79]发明了一种螺杆可以振动的挤出机，熔体在熔融阶段也可以加入振动，极大地降低了熔体在挤出时的黏度，改善了聚合物的可成型性。

**3. 单聚合物复合材料成型的国内外研究现状**

1975 年，Capiati 和 Porter[80]首次提出了单聚合物复合材料（SPC）的概念，按照不同增强相的物理特点可以分为一维纤维增强、二维片材或织物增强和三维编织物增强；按照增强相的排布可以分为一维 SPC、二维 SPC 和三维 SPC[81]；按照聚合物材质可以分为聚烯烃类、脂类、酰胺类 SPC 等[82]。SPC 的成型方式最早有热压法和烧结法，随着大量研究又得到注射法和液体复合成型法。

薄膜层合法是将纤维层和基体材料薄膜逐层叠加后（图 5-47），由于基体薄膜材料的熔点低于增强相纤维，当温度加热到基体材料熔点以上时，加压使薄膜熔

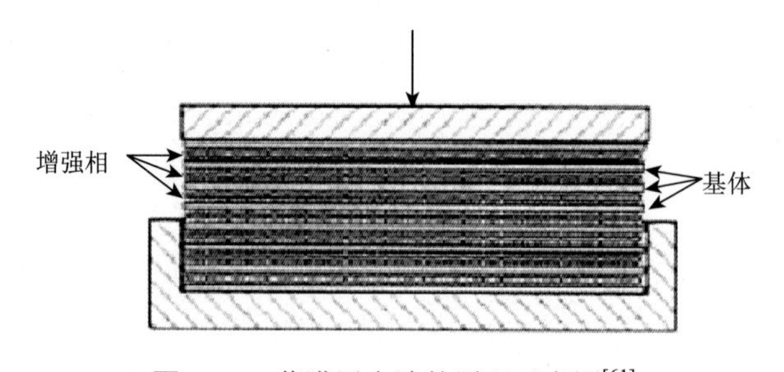


图 5-47　薄膜层合法的原理示意图[61]

化黏接成一体，而增强相纤维则浸润分布于基体内。要实现同一种材料熔点不同，依据不同类型的聚合物材料，可以通过化学手段调整其分子链（HDPE、LDPE 等）或晶体（PP、PA 等）的结构、形状和分布。例如，Wang 等[83]利用较大的过冷度制得了非晶相聚萘二甲酸乙二醇酯（PEN）颗粒，以此来制作基体薄膜得到 PEN 基 SPC，拉伸强度提高了 2.6 倍。

Hine 等[84]发明了制备单组分 SPC 的直接热压法（图 5-48），直接加热编织后的纤维整体，利用纤维内外层温度不同，加热时外层熔化黏接成为基体，芯层则温度较低保持原有状态成为增强相。但通过该方法制得的 SPC 材料受纤维织物孔隙率和密度影响，力学性能存在差异。Swolfs 等就该问题通过大量实验发现，预制纤维织物的密度越低，SPC 制品的拉伸强度越低，对比不同的铺设纤维方法来看，斜纹编织的纤维织物加工后力学性能最好。Wu 等[85]在此基础上又加入了厚度方向 SPC 制品性能的研究，证明了三维纤维织物的 SPC 制品的性能要优于一维、二维 SPC 制品。

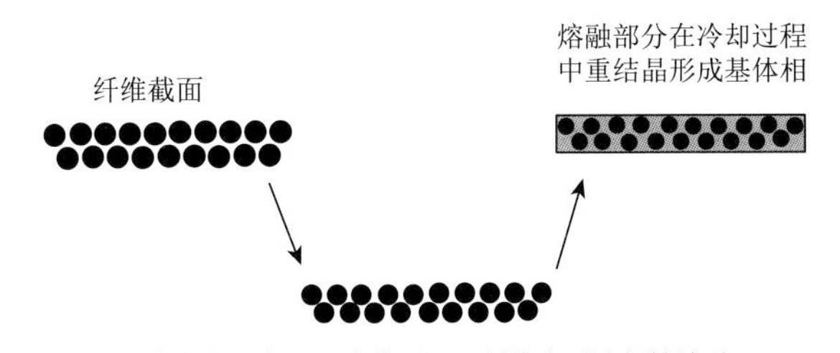


图 5-48 直接热压法原理图[84]

由于预制纤维织物热压后存在间隙对 SPC 制品的性能不利，Hine 等[86]将直接热压法和薄膜热压法相结合，在纤维织物中间铺设薄膜，加热后的薄膜熔化填补了纤维之间的空隙，扩大了可加工温度范围，保护纤维不会过热损伤，加强了纤维制件的黏结性，有利于提高 SPC 制品的整体性能。Swolfs 等[87]用该方法制备了 PP 基 SPC，经实验证明，与没有薄膜的 SPC 相比，冲击实验的破坏区域面积更小，耐冲击性能大大提高。

Teishev 等[88]发明了溶液浸渍法，利用熔点不同制备了超高分子量聚乙烯（UHMWPE）纤维（熔点 150℃）单向增强的 HDPE 基（熔点 150℃）SPC 片材，但在热压之前，将 UHMWPE 纤维预先在含 5%的 LDPE 的二甲苯溶液中浸渍一段时间，干燥后在不同温度下热压成 SPC 片材。经力学实验测试，SPC 试样的压缩强度为 36 MPa，加工温度对其影响不大，拉伸强度最大（1 GPa）出现在 130℃，拉伸弹性模量最大（35 GPa）出现在 120℃。与熔融浸渍法不同，该方法的优势在于不需要熔点很低的基体材料，利用的是溶解在溶剂中的基体材料在浸渍后能够包裹在纤维的表面。但该方法对溶剂有一定要求，因此存在局限性。

热塑性纤维增强相与热塑性基体复合制备复杂形状的三维制件多采用注塑成型，但由于需要控制熔体温度在增强相与基体熔点范围之间，使可加工的温度范围变得很窄，并且增强相纤维在基体材料中均匀分布也有很大的困难。Kmetty 等[89]提出将聚合物纤维与基体材料薄膜堆叠制成预浸渍颗粒，注塑后得到的制品均匀性和机械性能都有很大的改善。Swolfs 等利用复丝缠绕和薄膜堆叠技术将 PP 基体薄膜与 PP 纤维丝结合，压缩成预浸渍注塑成型用粒料，再注塑成型制品，在 160℃成型温度时 SPC 制品力学性能最好，基体和增强纤维边界结合性好，屈服强度为 30 MPa，拉伸模量最高达 1000 MPa。

传统注塑成型用复合材料颗粒采用的是压缩成型法，但压缩成型限制了产品的形状，延长了处理时间，并且需要专门的成型设备。Andrzejewski 等[90]研究出通过挤出的方法制备低熔点聚丙烯基高强度聚丙烯增强纤维为增强相的单组分颗粒，证实了生产具有纤维结构颗粒的可能性，并通过拉伸实验和动态力学分析等机械实验证明了加入的纤维含量越高，获得制品的性能越好，当纤维含量达到 40%时，拉伸强度为 30 MPa，高于纯基体制件 11%，弹性模量为 1.5 GPa，高于纯基体制件 15%。

液体复合成型技术利用的是化学手段，ε-己内酰胺（ECL）原位阴离子聚合形成 PA6，后通过树脂转移模塑技术将其移出，并将其浸渍后热压成型。Gong 等[91]成功利用该方法制备出 PA 基 SPC 制品，其弯曲强度和拉伸强度的峰值分别达到 155 MPa 和 154 MPa。Nadya Dencheva 等[92]制备的 PA 基 SPC 制品，当增强相纤维质量分数为 15%～20%时，断裂应力增加了 70%～80%，断裂伸长率增加了 1.5～1.9 倍。

陈晋南等[93]研究了挤出成型制备 SPC 制品，基体材料在挤出机内加热至熔融状态后通过挤出机机头模口挤出，当熔融的料体逐渐冷却到黏流态温度以下，变为准熔融状态时，将预先准备好的增强纤维混入熔体中共同向前挤压得到 SPC 制品。这种方法成型周期短，可批量连续生产，但由于增强相是靠机械物理混合，得到的 SPC 制品的质量和性能则无法保障。

王建等[94]将传统的注塑方法和热压方法相结合，提出了新的注塑成型制备 SPC 制品的方法。预先通过拉伸、纺丝、化学处理的方式获得力学性能高于原材料的纤维增强相，将其放入模具型腔中固定，通过注塑机将高温熔融的基体材料注入模具型腔，经过保压后，基体材料全部填充纤维空隙，冷却凝固后得到质量较好的 SPC 制品。注塑成型与传统的制备方法相比操作简单、周期短，但高温的基体容易导致预制的增强相纤维熔融，或削弱原有分子链取向导致制品达不到预期的力学性能。

随着时代的发展，各种复杂应用环境对制品提出了更多要求，更多可以用于生产 SPC 的材料被开发出来。聚己内酯是一种高性能的组织工程替代材料，尽管性能优良，但机械强度较弱，而提高强度的传统方法是向基体中添加冶金粉末，但经实验证明，冶金粉末会使细胞的增殖受到抑制。Han 等[95]采用缠绕和热压相结合的方法，将熔融纺丝制备聚己内酯纤维作为增强相，与熔点较低的基体结合成 SPC 制件，实验测得其杨氏模量和断裂强度分别比纯基体材料提高了 59%和 250%。

聚乳酸是最有前景的热塑性生物聚合物之一，具有良好的机械性能、生物降解性和高工业生产能力。Somord 等[96]通过对静电纺丝制得的 PLA 纤维团进行热压，首次开发了自增强聚乳酸（SR-PLA）纳米复合材料膜。热压期间设定温度后，热压时间从 10 s 增加到 60 s，经过 DSC 和扫描电子显微镜（SEM）、拉伸实验等证明，热压时间对制品的性能影响最大。与各向同性的 PLA 膜相比，SR-PLA 具有更高的结晶度，更稳定的微晶结构，以及更高的玻璃化转变温度，拉伸强度、韧性和延展性也有明显提高。

传统高级复合材料通常使用的是碳纤维、玻璃纤维等，破坏应变很高，没有软化点。Schneider 等[97]研究发现，自增强聚乙烯基复合材料除了拉伸与压缩性能与本体聚合物相比有明显的优势，当有应力施加时会产生线性应变，当整体应变大于 10%时，试样最终失效。在压缩过程中，复合材料最初是纤维屈服，应变过高时纤维弯曲失效。应力-应变响应超过 10%时表明这种复合材料具有高应变的弹性，是一种高效的吸能材料。

大连理工大学杨磊、王龙飞等[98]在研究了大量前人的科研工作后，提出了 SPC 模内自增强成型方法，并设计了简易制备模内自增强成型 PP SPC 的方法：在使用一个模具的基础上，分别加工基体成型镶块和增强体成型镶块，使用基体成型镶块制备基体件后更换增强相成型镶块，放入基体件进行二次注射获得 SPC 制件。为了保证二次注射熔体能够获得较强的剪切，试样轮廓与截面尺寸如图 5-49 所示，阴影部分为半开的增强相，其余部分为带有沟槽的基体；可视化模具如图 5-50 所示，部件 11 为可更换的成型镶块。

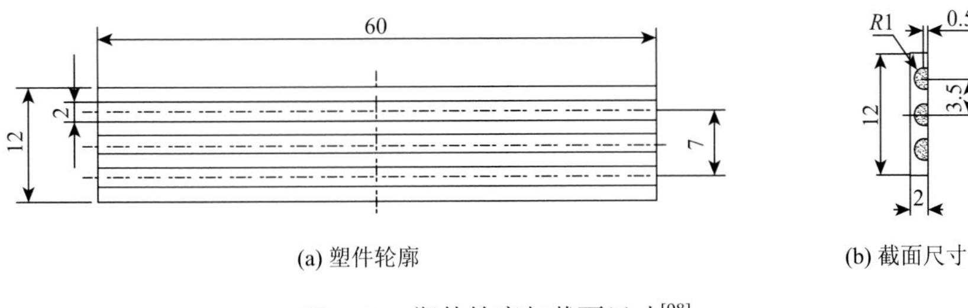


(a) 塑件轮廓　　(b) 截面尺寸

图 5-49 塑件轮廓与截面尺寸[98]

图中数值单位均为 mm

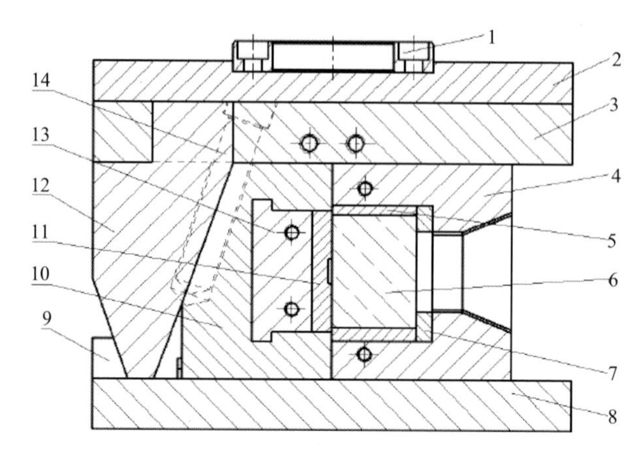


图 5-50 可视化模具装配图[98]

1. 定位圈；2. 定模底板；3. 定模板；4. 可视化模块；5、7. 视窗垫块；6. 石英玻璃；8. 动模底板；9. 反锁紧块；10. 型腔模块；11. 型腔镶块；12. 锁紧块；13. 镶块固定板；14. 斜导柱

对通过以上方法制备的SPC制件和普通注塑制得的平板制件分别进行拉伸实验，得到的试样拉伸强度如图 5-51 所示，并得到了以下规律：无论采用哪种成型工艺参数，自增强的 SPC 制件的力学性能均高于普通平板制件的力学性能，力学性能最好的 SPC 制件拉伸强度高于普通平板制件 24%，表明这种通过二次向带有沟槽的基体件注射增强相制备 SPC 从而提高 SPC 制件力学性能的方法是有效的；随着注射速度的增加，SPC 制件的拉伸强度越高，表明熔体高速的流动有利于分子链的取向；熔体温度过高会使 SPC 制件整体的拉伸强度下降，表明温度过高对

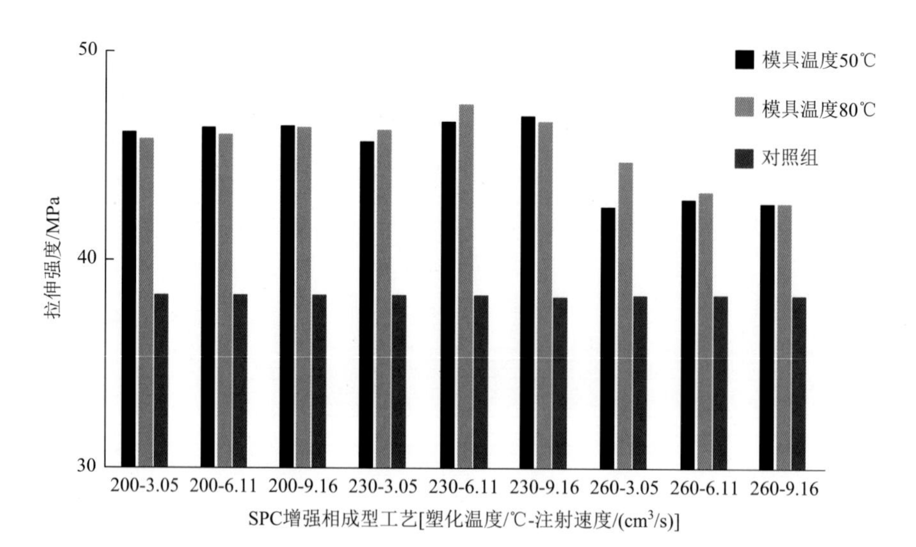


图 5-51 SPC 制件的拉伸强度[98]

分子链的取向有一定的削弱作用；模具温度对 SPC 制件的拉伸强度没有显著影响，较高的模具温度延长了制件的冷却时间，不利于分子链取向的保持，但有利于增强相与基体界面的融合，两者共同作用于制件的强度。

为了研究注塑工艺参数对制件性能的影响，张琰[61]自行开发了一套可视化装置，包括高速摄像机、注塑机、可视化模具、照明装置、数据采集器等，记录下熔体在基体沟槽和金属沟槽中流动的全过程后，利用 Photoshop 软件处理图片并进行测量计算，得到该过程中熔体前沿流动速度变化曲线。其中熔体温度 200℃、模具温度 50℃时在基体沟槽中注射对应的不同注射速度的前沿流动速度曲线如图 5-52 所示，利用软件拟合每条曲线的趋势线，用趋势线斜率来表征熔体速度的变化梯度，并计算曲线与趋势线之间围成的面积来表征熔体速度的波动情况，趋势线斜率与面积如表 5-5 所示。

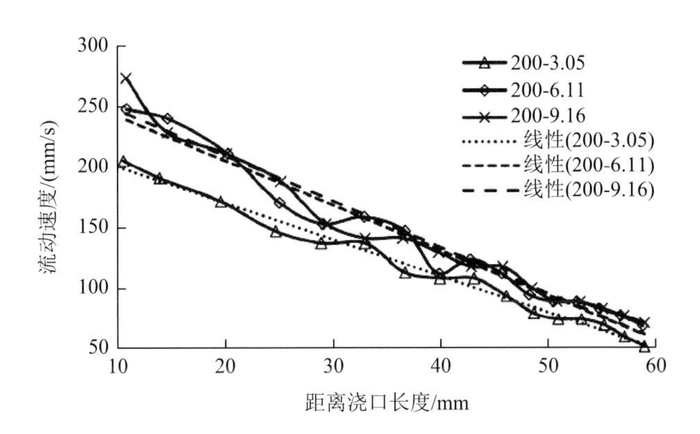


图 5-52　塑化温度为 200℃时不同注射速度对应的熔体前沿的流动速度曲线[61]

**表 5-5　PP 熔体在聚合物和金属沟槽中的流动曲线数据[61]**

| 实验组 | 测量面积/像素 | | 趋势线斜率 | |
|---|---|---|---|---|
| | 金属 | 基体 | 基体 | 金属 |
| 200-3.05 | 2456 | 3464 | −3.0046 | −3.3901 |
| 200-6.11 | 4595 | 8025 | −3.6998 | −4.0443 |
| 200-9.16 | 4218 | 5990 | −3.7929 | −3.2540 |
| 230-3.05 | 9044 | 10662 | −0.7913 | −1.4176 |
| 230-6.11 | 10828 | 17896 | −3.7088 | −3.7050 |
| 230-9.16 | 8856 | 13510 | −6.9809 | −6.4656 |
| 260-3.05 | 1320 | 1268 | 0.4574 | 0.3267 |
| 260-6.11 | 8084 | 5160 | −0.0894 | −0.5908 |
| 260-9.16 | 9278 | 8038 | −3.3950 | −4.2646 |

对比熔体在基体和金属沟槽中流动的速度曲线得到以下结论：相同工艺参数下，熔体在金属沟槽中流动的速度比在基体沟槽中流动速度慢；熔体在基体中流动前沿速度梯度的绝对值小于在金属中的值，即金属沟槽中熔体流速下降更快。金属热传导系数大，熔体散热快，能量散失快，黏度逐渐增大，降速加快，而且熔体温度越低，二者相差越大。对比熔体在基体和金属沟槽中速度波动情况发现，熔体温度较低时，熔体在基体中的速度波动小于在金属沟槽中的波动，熔体温度较高时则相反。基体边界在高温二次注射的熔体的作用下发生二次熔融，导致熔体与基体表面的黏附力降低，熔体的壁面滑移程度较大，熔体波动小；温度过高时，基体边界与熔体大量相融，分子链缠结，阻碍熔体前进，导致熔体的壁面滑移程度较小，熔体会产生较大的波动。

单聚合物复合材料模塑成型实例：

1）聚丙烯纤维的熔融纺丝法制备

自20世纪60年代以来，熔融纺丝法获得了长足发展，目前已成为工业上制备高强度PP纤维最常用的方法之一。用具有高分子量和低熔体流动指数的PP树脂作为熔融纺丝的原料，联合熔融状态下的喷头拉伸和固体状态下的拉伸过程制备高强度 PP 纤维，这一过程已被工业领域广泛应用，成为熔融纺丝制备高强度PP纤维的固定流程[99]。但是，对于具有高流动指数的聚合物树脂，由于高流动性聚合物材料的分子链较短，松弛过程较快，喷头拉伸不适合作为高流动性聚合物树脂的熔融纺丝过程。

将聚丙烯物料加入到活塞式挤出机的机筒中，在设定温度下恒温1 h后，以5 m/h的恒定速率挤出聚丙烯熔体成为长丝，在空气中冷却，然后用牵引轮卷绕收集长丝。为了最大化减小分子链在熔融状态下的取向，牵引轮与喷丝头距离应尽可能短且卷绕速率应与熔体挤出速率相等[100]。该工艺过程如图5-53所示。

为了均匀连续地挤出长丝，选择合适的挤出工艺条件至关重要。钟磊和梁基照[101]指出，在挤出过程中，尤其是在喷丝孔中，熔体的剪切流动和细流纺丝线上的拉伸流动与纤维成型最为相关。这两种流动直接影响纤维的直径和均匀性，而影响这两种流动的工艺参数主要有纺丝温度、剪切速率、卷绕速率等。

通常情况下，在空气或其他介质的冷却作用下，在距离喷丝板较短距离处挤出的原丝可达到纤维的最终直径。这一过程中，原丝上的轴向速度梯度较大，造成原丝中产生抗拉应力。较大的轴向速度梯度和短时间内形成的巨大拉伸比使原丝的抗拉应力趋于单根纤维的极限抗拉强度，对纤维的可拉伸性能和最终强度造成不利影响[102]。Sheehan 和 Cole[103]也指出，在纺丝过程中，原丝分子链的取向越多，原丝的可拉伸性能越低，造成拉伸后纤维的最终机械强度越小。因此，应尽可能地降低卷绕速率，减小原丝上的速度梯度，以尽可能地提高纤维的最终强度。本节实验中，由于熔体的重力作用，在挤出原丝的冷却过程中，聚丙烯熔体

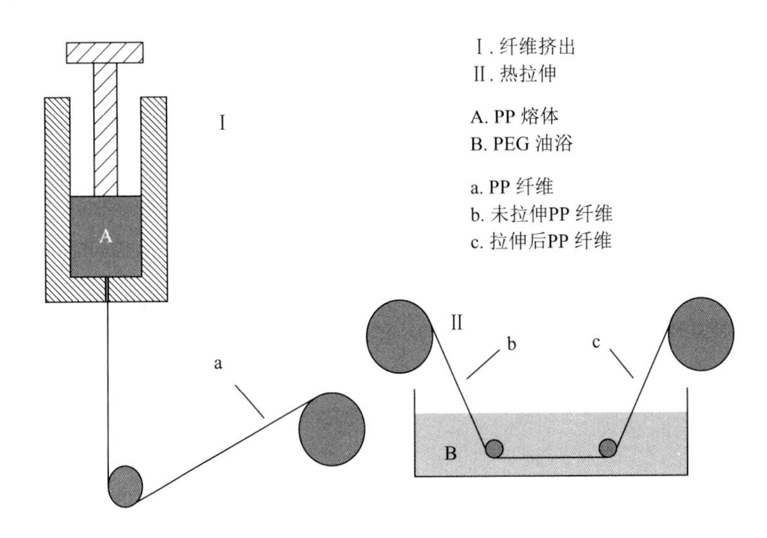


图 5-53　高流动性 PP 树脂的熔融纺丝过程示意图[100]

仅发生了较小程度的拉伸。将挤出速度和卷绕速率设定为相同数值，尽可能地避免在熔体状态下原丝分子链过多取向，保证了原丝的可拉伸性能。

由于纤维分子链的取向多发生在纤维的拉伸过程中，故纤维的拉伸过程决定了其最终机械性能。众多学者已研究了纤维的热拉伸工艺，结果表明，在纤维的热拉伸过程中，热拉伸的温度和拉伸比是影响纤维最终性能最重要的条件[104]。纤维的最大拉伸比由其断裂情况决定。当拉伸温度为 130℃、140℃和 150℃时，聚丙烯纤维最大可被拉伸至 19 倍。但在此拉伸比下，纤维拉伸过程并不稳定，在纤维断裂前不足以获得足够长的可供测试的样品。为了获得较为稳定的拉伸过程，选取较小的拉伸比 18×，实验证明，在此拉伸比下，纤维拉伸过程较为稳定，不易断裂。

纤维热定型处理过程主要受热处理温度、张力和处理介质的影响。由于热处理温度需高于第一段热拉伸的温度 130℃，低于经过第一段热拉伸的纤维的熔点 168.8℃，故选取 140℃、150℃和 160℃作为热定型温度。由于温度较高，为了避免纤维发生松弛，需要对纤维施加一定的张力，故选取 1.0、1.2 和 1.4 的拉伸比使纤维处于绷紧状态。当拉伸比为 1.0 时，纤维的强度和模量均随热定型温度的升高而降低，这可能是因为 1.0 的拉伸比所提供的张力不足以制约在高温下纤维分子链的松弛。当拉伸比为 1.2，热定型温度为 140℃时，较第一段拉伸的纤维的强度，热定型后纤维的强度保持不变，模量轻微下降。在较低的热定型温度下，纤维的分子链没有足够的运动性使其进一步取向或结晶。当拉伸比为 1.2，热定型温度为 160℃时，纤维的强度和模量均较第一段热拉伸下降。在此条件下热定型纤维的取向因子为 0.81，小于第一段拉伸的纤维的取向因子0.82。这是因为在过高的热定型温度下，分子链的松弛作用显著，大于分子链的重排和取向，导致了纤维的强度和模量下降。当拉伸比为1.4，热定型温度为140℃和150℃时，纤维的强度和模量均较第一段拉伸下降，这可能是因为过多的拉伸增加了纤维中出现瑕疵的可能性。当拉伸比为1.4，热定型温度为160℃时，纤维发生断裂。

2）聚丙烯单聚合物的注射模塑成型工艺

注塑成型是传统树脂基复合材料加工中应用最广泛的方法之一。将传统树脂基复合材料加工方法与单聚合物复合材料相结合，成为该领域的发展趋势。Kmetty[105]用薄膜层压法制备了预浸料坯，将预浸料坯注塑成型制备了聚丙烯单聚合物复合材料。该方法同样受到模压成型的制约，制备预浸料坯的加工温度范围较小，成型周期较长。因此，目前还未出现真正意义上的注塑成型方法制备的单聚合物复合材料。

将聚丙烯粒料加入注塑机机筒中，在电热圈加热和螺杆旋转塑化作用下将材料塑化熔融。用剪刀将聚丙烯纤维布裁剪成型腔形状，尺寸与型腔尺寸一致，用双面胶将修剪好的纤维布放入模具型腔中，固定后合模，在一定的注射压力下将熔融塑化好的基体树脂注入型腔内，保压一定时间后，冷却使其固化成型，开模取出成型件，修剪毛边，得到聚丙烯单聚合物复合材料样品。

（1）温度对成型的影响。随着注射温度的升高，聚丙烯单聚合物复合材料的样品质量持续增大。在浸润过程中，在纤维布中树脂基存在两种尺度的流动：一种是熔体在纤维束与纤维束之间的流动，该流动尺度较大，为相对宏观的流动；另一种是熔体在组成纤维束的单根纤维间的流动，该流动尺度较小，为相对微观的流动。当注射温度升高时，注入型腔中熔体的温度也相应升高，熔体黏度降低。当注射温度在200～260℃范围内升高时，较低的熔体黏度提高了熔体的流动性，有利于熔体渗透进入纤维束之间及纤维束内单根纤维之间，在熔体冷却失去流动性之前，渗透进入纤维布中的熔体质量增大，聚丙烯单聚合物复合材料的样品质量也相应增大。当注射温度由200℃升高到260℃时，聚丙烯单聚合物复合材料样品的质量仅升高了7.6%。这是因为型腔中熔体冷却较快，在流动状态下，熔体浸润纤维的时间较短，黏度的降低对提高浸润性的作用不是十分显著，所以聚丙烯单聚合物复合材料样品的质量提高幅度不大。当注射温度升高至270℃以上时，复合材料样品的质量出现了较大幅度的升高，较200℃条件下提高了12.8%。这是因为此时熔体温度过高，型腔中的纤维布熔融较多，在注射压力的作用下压实，形成了密度较纤维布大的聚丙烯基体，使得聚丙烯单聚合物复合材料样品的质量出现了较大程度的提高。

（2）注射压力对成型的影响。注射压力是螺杆顶部对熔体所施加的压力，其作用是克服熔体从料筒流向型腔，给予熔体充模的速率及压实熔体。注射压力是影响制品性能的主要因素之一。当注射压力过大时，会出现胀模、溢料等不良现象，还会引起较大的压力波动，易使制品出现气泡和银纹等现象。当注射压力过低时，成型过程中会因压力损失过大导致型腔压力不足，使熔体难以充满型腔。因此，研究注射压力对聚丙烯单聚合物复合材料性能的影响是制备具有优良性能聚丙烯单聚合物复合材料制品的关键因素之一。

当纤维受到压力作用时，其熔点可出现相应程度的提高，纤维出现过热现象。当注射压力和保压压力均增大时，型腔中的纤维布的熔点可能提高，抑制了纤维的熔融，提高了纤维的增强作用。提高压力有利于提高聚丙烯单聚合物复合材料的拉伸性能。当注射压力设定值为 207 MPa，实际压力值为 127.7 MPa 时，聚丙烯单聚合物复合材料的拉伸强度和拉伸模量达到最大值，分别为 94.2 MPa 和 1012 MPa。

（3）注射速度对成型的影响。注射速度是充模过程中决定制品性能和质量的关键因素之一。当注射速度较快时，即高速充模，熔体充模时间短，熔体通过喷嘴、浇注系统进入型腔过程中产生大量摩擦热，使熔体温度升高。当充模过快时，嵌件后部的熔接往往不好，致使制品强度下降。当慢速充模时，充模时间长，先进入型腔的部分熔体冷却较快，黏度增大，增大了后续充模需要的压力，容易造成充模不均匀。因此，选择合适的注射速度是控制聚丙烯单聚合物复合材料制品性能的关键因素之一。

（4）保压时间对成型的影响。保压阶段是指从熔体充满型腔时起到螺杆开始后退的一段时间。在这段时间内，熔体因为冷却而收缩，但是螺杆继续缓慢向前移动，使料筒中的熔体继续注入型腔，以补充因熔体冷却收缩而留出的空间，保持型腔中熔体的压力不变。保压阶段对提高制品的密度、减小制品的收缩、克服制品表面缺陷都有着重要的意义。

### 5.3.2 玻璃纤维增强高分子复合材料注射模塑成型

热塑性塑料因为具有良好的可加工性及可回收循环利用性，其制品在日常生活中随处可见。但由于热塑性塑料在强度和硬度等机械性能方面与金属材料仍存在一定差距，因此热塑性塑料制品一般都是作为非结构件使用，难以作为结构件去承受载荷，极大地限制了热塑性塑料在工业上的推广。20 世纪 50 年代，美国创新性地将玻璃纤维与聚苯乙烯材料进行复合，此举大幅度增强了其硬度和强度，为后续纤维增强热塑性复合材料的应用打开了新思路[106]。

在纤维增强热塑性复合材料的早期发展阶段，所选用的基材为常见聚合物材料，如聚丙烯、聚乙烯、尼龙等，添加在基材中的增强纤维主要是玻璃纤维。成型过程通常是先将已剪切过的长度较短的玻璃纤维加入到基体中，再经过注射模塑成型、挤出等加工方式成型成最终制品。但是添加进入树脂原料中的原始纤维长度较低，并且纤维和树脂基体在成型前没有进行表面处理，导致玻璃纤维在与树脂复合过程中保留长度受损严重，制品中纤维保留长度一般只有 0.2～0.4 mm，难以达到理想的增强效果[107]。

由于纤维表面处理技术手段的提高，长纤维增强热塑性复合材料目前已经解决上述两类问题，并且得到了长足的发展[108]。良好的纤维浸渍技术使得加工前的粒料中纤维长度大幅度增加，使得加工后制品中纤维保留长度也得到相应提高。当制品中的纤维保留长度越长，此时材料中纤维的增强效果越好，并且经浸渍后纤维与树脂结合状况更优，也使得长纤维增强塑料的力学性能较短纤维增强塑料有大幅度提升[109]。

1）玻璃纤维增强高分子复合材料

玻璃纤维增强高分子复合材料在汽车、家电和航天等领域都得到了极大的推广。行业内对长纤维增强塑料制品的定义是：使用添加长度大于等于 10 mm 增强纤维的材料，进行各种后续加工工艺而制成的产品。长纤维增强塑料制品性能得到了大幅度的提升，并在性能上能一定程度地代替金属材料[110]。

按照玻璃纤维增强高分子复合材料成型技术的特点，可将目前行业内常见的材料分为三类：玻璃纤维毡增强热塑性复合材料（GMT）、长纤维增强高分子复合材料（LFT-G）与直接成型的长纤维增强高分子复合材料（LFT-D）。

LFT-G 粒料，是一种在短纤维增强热塑性复合材料（SFT）技术基础上，通过创新生产工艺和生产方式，诞生的一种具有长玻璃纤维长度的产品。SFT 粒料经过注塑成制品后，制品中纤维保留长度一般都小于等于 1 mm。这导致了材料的拉伸强度、冲击强度存在一定欠缺，没有很大的市场使用空间。通过工艺改进后，生产的 LFT-G 粒料分为两种：一种直径大约为 3 mm，长度为 12 mm，用于注塑成型；另一种直径相同，但长度变为 25 mm，用于压塑成型。为了使粒料中较长的纤维得以保存，研究人员对用于 LFT-G 粒料注塑成型的注塑机也进行了很多改良，保证加工过后的制品中的纤维长度得到较大提升。并且 LFT-G 较 SFT 材料注塑成型后制品中纤维保留长度大，因此 LFT-G 材料制品的抗冲击性能也显著提高[111]。

GMT 片材，是一种片状原料，通常是由三层热塑性树脂薄膜层复合两层连续玻璃纤维毡或短切玻璃纤维毡制成。预浸渍片材的成型和制品的压塑成型决定了该工艺制成的产品性能[112]。

LFT-D 材料与另外两种长玻璃纤维生产加工技术相比，其核心区别是半成品步骤被省去了，并且在基材的选择上也呈现出多样性。在 LFT-D 技术中，纤维的含量和长度连同其聚合物基体都同时被加工成最终产品的结构，以满足生产的需求[113]。

随着加工技术和手段不断进步，强度明显提高的长纤维增强塑料的应用领域将会被不断拓宽，尤其在乘用车轻量化发展的过程中。由于长纤维增强塑料良好的强度和硬度，将被广泛应用于替代质量较大的金属材料制成的结构件、半结构件，在汽车行业发展中发挥重要的作用[114]。

2）玻璃纤维增强高分子复合材料的特点

（1）耐腐蚀性好。纤维增强复合材料（FRP）是良好的耐腐蚀材料，对于大气、水和一般浓度的酸碱，盐及多种油类和溶剂都有较好的抵抗力，已经被广泛应用于化工防腐的各个方面，正在取代碳素钢、不锈钢、木材、有色金属等材料。

（2）质轻高强。FRP 的相对密度在 1.5～2.0 之间，只有碳素钢的 1/5～1/4，但是拉伸强度却接近甚至超过碳素钢，而强度可以与高级合金钢相比，被广泛应用于航空航天、高压容器及其他需要减轻自重的制品中。

（3）电性能好。FRP 是优良的绝缘材料，用于制造绝缘体，高频下仍能保持良好的绝缘性。

（4）热性能好。FRP 导电率低，室温下为 1.25～1.67 kJ，只有金属的 1/1000～1/100，是优良的绝热材料。在瞬间超高热情况下，FRP 是理想的热保护和耐烧蚀材料。

（5）工艺性能优良。可以根据产品的形状来选择成型工艺且工艺简单可以一次成型。

（6）可设计性好。可根据需求充分选择材料来满足产品的性能和结构等要求。

（7）弹性模量低。FRP 的弹性模量比木材的大 2 倍但比钢材的小 10 倍，因此在产品结构中常感到刚性不足，容易变形。解决的方法，可以做成薄壳结构；夹层结构也可以通过高模量纤维或加强筋形式来弥补。

（8）长期耐温性差。一般 FRP 不能在高温下长期使用，通用聚酯树脂的 FRP 在 50℃以上强度就会明显下降。

（9）老化现象。在紫外线、风沙雨雪、化学介质、机械应力等作用下容易导致性能下降。

（10）层间剪切强度低。层间剪切强度是靠树脂来承担的，所以较低。可以通过选择工艺，使用偶联剂等方法来提高层间黏结力，在产品设计时尽量避免层间因剪切强度低而受损。

3）玻璃纤维增强高分子复合材料的优点

（1）玻璃纤维增强高分子复合材料的耐热温度比不加玻璃纤维高很多，尤其是尼龙类塑料。

（2）玻璃纤维增强高分子复合材料的收缩率低，刚性高。

（3）玻璃纤维增强高分子复合材料不会出现应力开裂，同时抗冲性能提高很多。

（4）玻璃纤维增强高分子复合材料的强度，如拉伸强度、压缩强度、弯曲强度，都很高。

（5）其他助剂的加入，使得玻璃纤维增强高分子复合材料的燃烧性能下降很多，大部分材料不能点燃，是一种阻燃材料。

4）玻璃纤维增强高分子复合材料的缺点

（1）玻璃纤维增强高分子复合材料中玻璃纤维的加入，使得塑料变成不透明的，不加玻璃纤维前是透明的。

（2）玻璃纤维增强高分子复合材料比不加入玻璃纤维的塑料韧性降低，脆性增加。

（3）玻璃纤维增强高分子复合材料由于玻璃纤维的加入，所有材料的熔融黏度增大，流动性变差，注塑压力比不加玻璃纤维的要增加很多，为了正常注塑，所有玻璃纤维增强高分子复合材料的注塑温度要比不加玻璃纤维以前提高10～30℃。

（4）由于玻璃纤维和助剂的加入，玻璃纤维增强高分子复合材料的吸湿性能大大加强，原来纯塑料不吸水的也会变得吸水，因此注塑时都要进行烘干。

（5）在注塑过程中，玻璃纤维能进入塑料制品的表面，使得制品表面变得很粗糙，斑斑点点。为了获得较高的表面质量，最好注塑时使用模温机加热模具，使得塑料高分子进入制品表面，但不能达到纯塑料的外观质量。

（6）玻璃纤维增强以后，是硬度很高的材料，助剂高温挥发后是腐蚀性很大的气体，对注塑机的螺杆和注塑模具的磨损和腐蚀很大，因此生产使用这类材料的模具和注塑机时，要注意设备的表面防腐处理和表面硬度处理。

### 5.3.3 碳纤维增强高分子复合材料注射模塑成型[115]

碳纤维增强热塑性复合材料粒料注塑成型法是碳纤维增强热塑性树脂复合材料制造生产最普遍的方法，由于工艺简单、生产方便、成本较低，在实际生产中得到了广泛的应用。粒料是重要的工业中间产品，可以在市场上购得，为降低生产成本，制造碳纤维增强热塑性复合材料所用的碳纤维大多数为大丝束类型。碳纤维增强热塑性复合材料粒料的制造方法是先将碳纤维上浆、短切处理为长度为3～6 mm的短纤维，然后再与热塑性树脂均匀混合、挤出成条后再切短成粒。其中，使短切碳纤维均匀分散在热熔的基体树脂中及保持大丝束碳纤维在切短过程中长度的均匀性是决定碳纤维增强热塑性树脂复合材料粒料质量的关键性技术。该粒料中碳纤维含量一般为5%～30%。其中，制品性质的要求决定了碳纤维的规格、含量及基体树脂粒料的种类。

2020年5月21日，日本东丽株式会社宣布开发出了适合注塑成型工艺的高拉伸模量碳纤维，以及采用该纤维增强的热塑性粒料。新产品能够使结构复杂的轻量化刚性部件生产更为高效，对环境的影响更小，大大提升了成本效益。

## 参考文献


[1] 梁国正，顾媛娟. 模压成型技术[M]. 北京：化学工业出版社，1999.

[2] 李建. 模压成型纤维增强环氧片状模塑料的研究[D]. 武汉：武汉理工大学，2009.

[3] 谢家佑. SMC 模压成型超微型汽车车身设计初探[C]. 中国硅酸盐学会第九届玻璃钢/复合材料学术年会，长春，1991.

[4] 肖德凯，张晓云，孙安垣. 热塑性复合材料研究进展[J]. 山东化工，2007，36（2）：15-21.

[5] 孙银宝，李宏福，张博明. 连续纤维增强热塑性复合材料研发与应用进展[J]. 航空科学技术，2016，27（5）：1-7.

[6] 唐倬，吴智华，牛艳华，等. 连续玻璃纤维增强热塑性塑料成型技术及其应用[J]. 塑料工业，2003，31（6）：1-4.

[7] 刘建才，曹渡，李剑，等. 塑料复合材料在汽车轻量化中的创新应用[J]. 现代零部件，2013（12）：39-42.

[8] Canadian Plastics Group. All-plastic brake pedal receives SPE award[J]. Canadian Plastics，2016，74（6）：11.

[9] 王昌斌，方程，李晔. 国内外连续玻纤增强热塑性复合材料现状[J]. 汽车文摘，2020，58（9）：12-16.

[10] 佚名. 金发科技热塑性复合材料汽车轻量化产品成功量产[J]. 模具制造，2018，18（9）：14.

[11] 武峰，张发军. 热塑性复合材料在汽车外饰件上的应用现状分析[J]. 科技创新导报，2018，15（35）：93-94.

[12] 阮班超，史同亚，王永刚. E 玻璃纤维增强环氧树脂基复合材料轴向拉伸力学性能的应变率效应[J]. 复合材料学报，2018，35（10）：2715-2722.

[13] 乌云其其格. 一种自粘性预浸料用高温固化环氧树脂研究[J]. 高科技纤维与应用，2017，42（1）：37-40，57.

[14] 陶雷，闵伟，戚亮亮，等. 增韧改性环氧树脂固化动力学研究及 TTT 图绘制[J]. 复合材料科学与工程，2020，47（10）：21-29.

[15] 吴凤楠，刘阔，贾志欣，等. SMC 与 PCM 复合材料模压件力学性能[J]. 工程塑料应用，2020，48（12）：118-122.

[16] 王子健，周晓东. 连续纤维增强热塑性复合材料成型工艺研究进展[J]. 复合材料科学与工程，2021，48（10）：120-128.

[17] 单毫，李敏，郭兵兵，等. 工艺条件对粉末浸渍 CF/PEEK 预浸料层压板力学性能的影响[J]. 上海航天，2019，36（S1）：127-134.

[18] 周翔，薛平，吴晓娜，等. 连续玻纤增强聚丙烯片材复合蜂窝板材制备及力学性能研究[J]. 塑料工业，2015，43（12）：78-82.

[19] 梁行. 连续剑麻纤维/玄武岩纤维混杂增强聚乳酸层压复合材料的制备与性能研究[D]. 广州：华南理工大学，2018.

[20] Almeida O D，Bessard E，Bernhart G. Influence of processing parameters and semi-finished product on consolidation of carbon/PEEK laminates[C]. 15th European Conference on Composite Materials，Venice，Italy，2012.

[21] Angiuli R，Dell'Anno F，Cosma L，et al. SPARE project-improvement of continuous compression moulding process for the production of thermoplastic composite beams[J]. IOP Conference Series Materials Science and Engineering，2021，1024（1）：012024.

[22] Hangs B，Reif M，Henning F，et al. Co-compression molding of tailored continuous-fiber-inserts and inline-compounded long-fiber-thermoplastics（PPT）[C]. 12th Annual Automotive Composites Conference and

Exhibition 2012（ACCE 2012），Troy，Michigan，USA，2013：481-499.

[23] Poppe C，Albrecht F，Krauβ C，et al. A 3D modelling approach for fluid progression during process simulation of wet compression moulding-motivation & approach[J]. Procedia Manufacturing，2020，47（C）：85-92.

[24] Tanaka K，Hirata A，Katayama T. Continuous fiber reinforced thermoplastics molding by melted thermoplastic-resin transfer molding process[J]. Journal of the Society of Materials Science，Japan，2019，68（8）：628-635.

[25] 蔡浩鹏 王钧，段华军. 热塑性复合材料制备工艺概述[J]. 玻璃钢/复合材料，2003，30（2）：51-53.

[26] 胡记强，王兵，张涵其，等. 热塑性复合材料构件的制备及其在航空航天领域的应用[J]. 宇航总体技术，2020，4（4）：61-70.

[27] 段瑛涛，王智文，栗娜，等. 热塑性复合材料在汽车车身结构件上的应用开发[J]. 汽车工艺与材料，2020，35（4）：14-18.

[28] 朱熠，滕腾，王泽庆. 模压型热塑性复合材料在汽车上的应用研究[J]. 汽车工艺与材料，2015，30（12）：40-43，47.

[29] 刘海鑫，徐佳，朱坤，等. 碳纤维复合材料导管叶片模压模具设计[J]. 玻璃钢/复合材料，2016，43（9）：91-95.

[30] 张鸿名. 船用复合材料螺旋桨成型工艺研究[D]. 哈尔滨：哈尔滨工业大学，2009.

[31] 李义全，逄增凯，孟占广，等. 大型风电叶片模具型面控制研究[J]. 玻璃钢/复合材料，2014，41（2）：53-55.

[32] 王佳明，贾明印，董贤文，等. 树脂传递模塑成型工艺研究进展[J]. 塑料工业，2021，49（11）：9-14，43.

[33] 景新荣，刘向丽，苏霞. RTM 成型工艺技术应用及加工工艺性研究浅析[J]. 橡塑技术与装备，2015，41（24）：132-135.

[34] 张国利，张策，史晓平，等. 复合材料树脂传递模塑注胶工艺调控方法与技术[J]. 纺织学报，2019，40（12）：178-184.

[35] 高建辉. 三维机织复合材料结构振动分析技术研究[D]. 南京：南京航空航天大学，2006.

[36] Lee J，Lim J W，Kim M. Effect of thermoplastic resin transfer molding process and flame surface treatment on mechanical properties of carbon fiber reinforced polyamide 6 composite[J]. Polymer Composites，2020，41（4）：1190-1202.

[37] Dkier M，Yousfi M，Lamnawar K，et al. Chemo-rheological studies and monitoring of high-$T_g$ reactive polyphtalamides towards a fast innovative RTM processing of fiber-reinforced thermoplastic composites[J]. European Polymer Journal，2019，55（17）：1608-1612.

[38] 孟祥福，陈美玉，明璐. RTM 工艺参数对复合材料缺陷控制的影响[J]. 热加工工艺，2018，47（20）：123-125.

[39] 张国利，张策，史晓平，等. 复合材料树脂传递模塑注胶工艺调控方法与技术[J]. 纺织学报，2019，40（12）：178-184.

[40] Tsinghua University. Method for real-time controlling resin transfer molding process：201514612837[P]. 2017-07-25.

[41] 张建明. RTM-模压工艺制备厚截面复合材料研究[D]. 长沙：国防科学技术大学，2018.

[42] 杨旭静，张良胜，李茂君，等. 碳纤维复合材料超声振动辅助 RTM 工艺的浸润特性[J]. 复合材料学报，2021，38（12）：4161-4171.

[43] 王跃飞. 碳纤维增强复合材料 HP-RTM 成型工艺及孔隙控制研究[D]. 长沙：湖南大学，2017.

[44] Matthias Grote. Moulding tool and method for manufacturing a fibre reinforced composite article：EP20130184282[P]. 2015-10-21.

[45] Dominique B，Philippe B，Marc-Philippe T. Continuous channel resin transfer molding with rapid cycle time：EP3562654A1[P]. 2019-11-06.

[46] Rijswijk K V，Teuwen J J E，Bersee H E N，et al. Textile fiber-reinforced anionic polyamide-6 composites. Part Ⅰ：the vacuum infusion process[J]. Composites Part A：Applied Science and Manufacturing，2009，40（1）：1-10.

[47] Toyokazu H，Masaaki Y，Ryuzo K. Preform fabrication apparatus，fabrication method，and preform fabricated with same method：WO2012114933A1[P]. 2012-02-14.

[48] 柯俊，吴震宇，史文库，等.复合材料板簧制造工艺的研究进展[J]. 汽车工程，2020，42（8）：1131-1138.

[49] 徐东明，刘兴宇，杨慧. 低成本真空辅助成型技术在民用飞机复合材料结构上的应用[J]. 航空制造技术，2014，57（23）：3.

[50] 张明龙，尹昌平，梁济丰，等. 复合材料柔性 RTM 工艺的研究进展[J]. 材料导报，2007，21（z2）：244-246.

[51] 彭超义，曾竟成，肖加余，等. 基于柔性模辅助 RTM 技术的整体推力结构的分析与设计[J]. 玻璃钢/复合材料，2006，33（3）：4.

[52] 孙赛，刘木金，王海，等. RTM 成型工艺及其派生工艺[J]. 宇航材料工艺，2010，40（6）：21-23.

[53] 乔东，胡红. 树脂基复合材料成型工艺研究进展[J]. 塑料工业，2008，36（s1）：11-13.

[54] 崔辛，刘钧，肖加余，等. 真空导入模塑成型工艺的研究进展[J]. 材料导报，2013，27（17）：14-18.

[55] 马俊龙. 复合材料 LCM 整体成型工艺发展及应用[J]. 科技创新与应用，2015，5（10）：109.

[56] 齐燕燕，刘亚青，张彦飞. 新型树脂传递模塑技术[J]. 化工新型材料，2006，34（3）：36-38.

[57] 周刚，陈良，朱正平. 一种适用于碳纤维汽车零部件的快速成型高压 RTM 工艺：CN104552980A[P]. 2015-04-29.

[58] 马金瑞，黄峰，赵龙，等. 树脂传递模塑技术研究进展及在航空领域的应用[J]. 航空制造技术，2015，483（14）：56-59.

[59] Siddiqui M A，Koelman H，Shembekar P S. High pressure RTM process modeling for automotive composite product development[C]. Symposium on International Automotive Technology，2017.

[60] 康宁，汤之乙. 进出口因素对稳压腔 RTM 充模工艺的影响[J]. 塑料工业，2015，43（7）：43-47.

[61] 张琰. 单聚合物复合材料模内自增强成型特性的实验研究[D]. 大连：大连理工大学，2019.

[62] 申开智，姜朝东，李效玉，等. 几种采用熔体注射成型实现聚合物自增强的方法[J]. 高分子通报，2000（3）：1-7.

[63] Bayer R K，Zachmann H G，Umbach H. Properties of elongational flow injection-molded polyethylene. Part 1：influence of mold geometry[J]. Polymer Engineering & Science，2010，29（3）：186-192.

[64] Ehrenstein G W. Eigenverstärkung von thermoplasten im schmelze-deformationsproze[J]. Macromolecular Materials & Engineering，1990，175（1）：187-203.

[65] 胡永明，王惠民，益小苏. 自增强聚乙烯材料及其研究现状[J]. 高分子通报，1992，5（2）：85-92.

[66] Ogbonna C I. The self-reinforcement of polyolefins produced by shear controlled orientation in injection molding[J]. Journal of Applied Polymer Science，1995，58（11）：2131-2135.

[67] Guan Q，Shen K，Ji J，et al. Structure and properties of self-reinforced polyethylene prepared by oscillating packing injection molding under low pressure[J]. Journal of Applied Polymer Science，1995，55（13）：1797-1804.

[68] Guan Q，Zhu X，Chiu D，et al. Self-reinforcement of polypropylene by oscillating packing injection molding under low pressure[J]. Journal of Applied Polymer Science，1996，62（5）：755-762.

[69] 姜朝东，申开智，方八军. 在单方向往复低剪切力场中生成双向自增强 HDPE 试样的研究：（Ⅰ）试样制备及工艺条件对力学性能的影响[J]. 塑料工业，1998，29（1）：15-19.

[70] Zachariades A E，Chung B. New polymer processing technologies for engineering the physical and mechanical properties of polymer products[J]. Advances in Polymer Technology：Journal of the Polymer Processing Institute，

1987，7（4）：397-409.

[71] Jiang J，Liu X，Lian M，et al. Self-reinforcing and toughening isotactic polypropylene via melt sequential injection molding[J]. Polymer Testing，2018，67（5）：183-189.

[72] Pornnimit B，Ehrenstein G W. Extrusion of self-reinforced polyethylene[J]. Advances in Polymer Technology，1991，11（2）：91-98.

[73] Odell J A，Grubb D T，Keller A. A new route to high modulus polyethylene by lamellar structures nucleated onto fibrous substrates with general implications for crystallization behaviour[J]. Polymer，1978，19（6）：617-626.

[74] Jiang L，Ji J，Guan Q，et al. A mandrel-rotating die to produce high-hoop-strength HDPE pipe by self-reinforcement[J]. Journal of Applied Polymer Science，1998，69（2）：323-328.

[75] 綦宝文，侯俊，王薇莉，等. 固相挤出自增强聚丙烯的性能与结构研究[J]. 四川大学学报（自然科学版），2012，49（3）：654-660.

[76] 朱武，黄苏萍，周科朝，等. 温度对熔体挤出自增强HDPE棒材显微组织和力学性能的影响[J]. 材料科学与工艺，2008，27（2）：284-286，289.

[77] 瞿金平，秦雪梅. 高分子材料成型加工过程的自增强[J]. 广东化工，2005，32（11）：7.

[78] Ibar J P. Control of polymer properties by melt vibration technology：a review[J]. Polymer Engineering & Science，2010，38（1）：1-20.

[79] 瞿金平，周南桥. 聚合物电磁动态塑化挤出方法及设备研究[C]. 1995年全国高分子学术论文报告会论文集（上集），广州，1995：29-32.

[80] Capiati N J，Porter R S. The concept of one polymer composites modelled with high density polyethylene[J]. Journal of Materials Science，1975，10（10）：1671-1677.

[81] Karger-Kocsis J，Bárány T. Single-polymer composites（SPCs）：status and future trends[J]. Composites Science and Technology，2014，92（4）：77-94.

[82] Kmetty A，Barany T，Karger-Kocsis J. Self-reinforced polymeric materials：a review[J]. Progress in Polymer Science，2010，35（10）：1288-1310.

[83] Wang J，Chen J，Dai P. Polyethylene naphthalate single-polymer-composites produced by the undercooling melt film stacking method[J]. Composites Science & Technology，2014，91（2）：50-54.

[84] Hine P J，Ward I M，Olley R H，et al. The hot compaction of high modulus melt-spun polyethylene fibres[J]. Journal of Materials Science，1993，28（2）：316-324.

[85] Wu N，Liang Y，Zhang K，et al. Preparation and bending properties of three dimensional braided single poly(lactic acid)composite[J]. Composites Part B，2013，52（9）：106-113.

[86] Hine P J，Olley R H，Ward I M. The use of interleaved films for optimising the production and properties of hot compacted，self reinforced polymer composites[J]. Composites Science and Technology，2008，68（6）：1413-1421.

[87] Swolfs Y，Zhang Q，Baets J，et al. The influence of process parameters on the properties of hot compacted self-reinforced polypropylene composites[J]. Composites Part A：Applied Science and Manufacturing，2014，65A：38-46.

[88] Teishev A，Incardona S，Migliaresi C，et al. Polyethylene fibers-polyethylene matrix composites：preparation and physical properties[J]. Journal of Applied Polymer Science，2010，50（3）：503-512.

[89] Kmetty A，Barany T，Karger-Kocsis J. Injection moulded all-polypropylene composites composed of polypropylene fibre and polypropylene based thermoplastic elastomer[J]. Composites Science and Technology，2012，73（1）：72-80.

[90] Andrzejewski J，Szostak M，Barczewski M，et al. Fabrication of the self-reinforced composites using co-extrusion

technique[J]. Journal of Applied Polymer Science，2015，131（23）：205-212.

[91] Gong Y，Liu A D，Yang G S. Polyamide single polymer composites prepared via *in situ* anionic polymerization of ε-caprolactam[J]. Composites Part A：Applied Science and Manufacturing，2010，41（8）：1006-1011.

[92] Dencheva N，Denchey Z，Pouzada A S，et al. Structure-properties relationship in single polymer composites based on polyamide 6 prepared by in-mold anionic polymerization[J]. Journal of Materials Science，2013，48（20）：7260-7273.

[93] 陈晋南，姚冬刚，王建，等. 一种单聚合物复合材料制品挤出成型方法和挤出成型设备：102744892B[P]. 2014-12-31.

[94] 王建，陈晋南，毛倩超，等. 一种单聚合物复合材料制品注塑成型方法及设备：102529016B[P]. 2015-09-09.

[95] Han L，Xu H，Sui X，et al. Preparation and properties of poly(ε-caprolactone) self-reinforced composites based on fibers/matrix structure[J]. Journal of Applied Polymer Science，2017，134（16）：44673.

[96] Somord K，Suwantong O，Tawichai N，et al. Self-reinforced poly(lactic acid) nanocomposites of high toughness[J]. Polymer：the International Journal for the Science and Technology of Polymers，2016，103（20）：347-352.

[97] Schneider C，Kazemahvazi S，Åkermo M，et al. Compression and tensile properties of self-reinforced poly(ethylene terephthalate)-composites[J]. Polymer Testing，2013，32（2）：221-230.

[98] 杨磊，姜开宇，王龙飞. 物理可视化技术在聚合物模塑成型分析中的应用[J]. 精密成形工程，2016，8（1）：1-6，36.

[99] Nadella H P，Spruiell J E，White J L. Drawing and annealing of polypropylene fibers：structural changes and mechanical properties[J]. Journal of Applied Polymer Science，1978，22（11）：3121-3133.

[100] 毛倩超. 注塑制备聚丙烯和聚乙烯单聚合物复合材料[D]. 北京：北京理工大学，2015.

[101] 钟磊，梁基照. 熔融纺丝法研究聚乙烯熔体的拉伸流变性能[J]. 中国塑料，2010，24（11）：72-75.

[102] 王兵，赵家森. EVA/PP 共混体的熔融纺丝工艺研究[J]. 天津纺织工学院学报，1999，18（1）：26-29.

[103] Sheehan W C，Cole T B. Production of super-tenacity polypropylene filaments[J]. Journal of Applied Polymer Science，2010，8（5）：2359-2388.

[104] Sakurai T，Nozue Y，Kasahara T，et al. Structural deformation behavior of isotactic polypropylene with different molecular characteristics during hot drawing process[J]. Polymer，2005，46（20）：8846-8858.

[105] Kmetty A. Development and characterisation of injection moulded，all-polypropylene composites[J]. eXPRESS Polymer Letters，2012，7（2）：134-145.

[106] 叶鼎铨. 玻璃纤维增强热塑性塑料的发展概况[J]. 中国塑料，2005，19（2）：8-11.

[107] 郝晓霞. LFT 浸渍模具及纤维预处理装置的开发及性能研究[D]. 北京：北京化工大学，2019.

[108] 段召华，陈弦. 长玻纤增强复合材料的浸渍技术的发展研究[J]. 塑料工业，2008，36（S1）：221-224.

[109] 王秋峰，周晓东，侯静强. 长纤维增强热塑性复合材料的浸渍技术与成型工艺[J]. 纤维复合材料，2006，23（2）：43-46.

[110] 杨洋，见雪珍，袁协尧，等. 先进热塑性复合材料在大型客机结构零件领域的应用及其制造技术[J]. 玻璃钢，2017，47（4）：1-15.

[111] 李梦. 长玻纤增强聚丙烯注塑成型的研究[D]. 北京：北京化工大学，2017.

[112] 陈二龙，周玉，陈辉. GMT 材料制造与应用研究进展[J]. 宇航材料工艺，2002，32（3）：11-15.

[113] 郭金明，谈述战，于水，等. 长纤维增强热塑性塑料制品技术及应用进展[J]. 塑料，2013，42（6）：4.

[114] 林斗丽. 长玻纤增强塑料在汽车上的应用研究[J]. 轻型汽车技术，2010，38（11）：26-28.

[115] 陶振刚. 碳纤维复合材料注塑成型性研究[D]. 上海：上海工程技术大学，2015.

第6章

# 高分子材料模塑成型3D复印技术原理

## 6.1 高分子材料模塑成型3D复印技术原理概述

在以模具为成型空间的模塑成型过程中，高分子材料（聚合物）经历了由液态或柔韧的原材料充模到固化成型的相变过程。高分子材料的比容（$V$，密度的倒数）建立了材料属性与制品形状之间的关系。模具型腔形状空间内部的高分子材料的比容分布均匀性是引起制品收缩和翘曲的主要因素，也决定了最终制品的形状、尺寸偏差、形位公差及使用性能。因此，高分子材料比容的调控是模塑成型的关键[1]。高分子材料3D复印技术主要通过3D扫描或3D建模的手段完成制品模型及其模具的设计，进一步基于高分子材料的属性，掌握高分子材料比容在压力和温度交互影响的演变过程规律，从而提前预测适应模具型腔的制品成型过程，进而调整模型和模具形状及尺寸参数，适配实现成型过程的机器设备及工艺参数。高分子材料3D复印技术涉及模型、材料、模具、机器及过程控制的系列化设计方案。

聚合物的比容主要受压力和温度两个过程参数的影响，其 $PVT$（压力-比容-温度）关系描述了聚合物比容随温度和压力的改变而产生的变化情况，作为聚合物的基本性质，也用来说明聚合物模塑过程中与温度、压力、密度等相关的现象，以及制品加工中可能产生的翘曲、收缩、气泡、疵点等的原因，在聚合物的生产、加工及应用等方面有着十分重要的作用[1]。聚合物的 $PVT$ 数据提供了模塑成型过程中熔融或固态的聚合物在温度和压力范围内的压缩性和热膨胀性等信息。聚合物 $PVT$ 关系是进行制品模塑成型流动分析、模具设计和过程控制及工艺分析的主要依据。以聚合物 $PVT$ 关系为核心的模塑成型过程计算机模拟与控制为我国精密模塑成型工艺的设计及设备的研制提供了数据、检测、控制等多方面的依据，引领着模塑成型朝精密智能化方向发展。高分子材料 3D 复印技术可基于聚合物 *PVT* 关系的测试数据和模型建立智能过程控制系统，通过对压力和温度等过程参数的控制实现模塑成型过程中聚合物的比容控制，进而实现制品的形状及性能的控制。

## 6.2　聚合物的 *PVT* 关系

### 6.2.1　聚合物的 *PVT* 关系及其应用领域

聚合物的 *PVT* 关系是进行制品注塑成型流动分析、注塑成型制品模具设计和注塑成型过程控制及工艺分析的主要依据，在聚合物加工成型领域尤其是精密注塑成型领域的作用日趋重要。图 6-1 是非结晶聚合物和半结晶聚合物的 *PVT* 关系曲线图[2]。从图中可以看出，当材料温度增加时，比容由于热膨胀性也随之增加；当压力升高时，比容由于可压缩性而随之降低。在玻璃化转变温度点时，由于分子具有了更多的自由度而占据更多的空间，比容的增加速率变快，因此图中可以看到曲线斜率的明显变化。因而也可以通过聚合物 *PVT* 关系曲线发现体积出现突变时的转变温度。比容在不同温度和压力条件下的变化体现了聚合物在温度和压力变化条件下结构的变化。在温度变化过程中，无论是非结晶聚合物还是半结晶聚合物都会由于分子热运动发生结晶转变或玻璃化转变而产生明显的体积变化，而半结晶聚合物由于在结晶过程中质点的规整排列体积会有较大变化。因此，可以

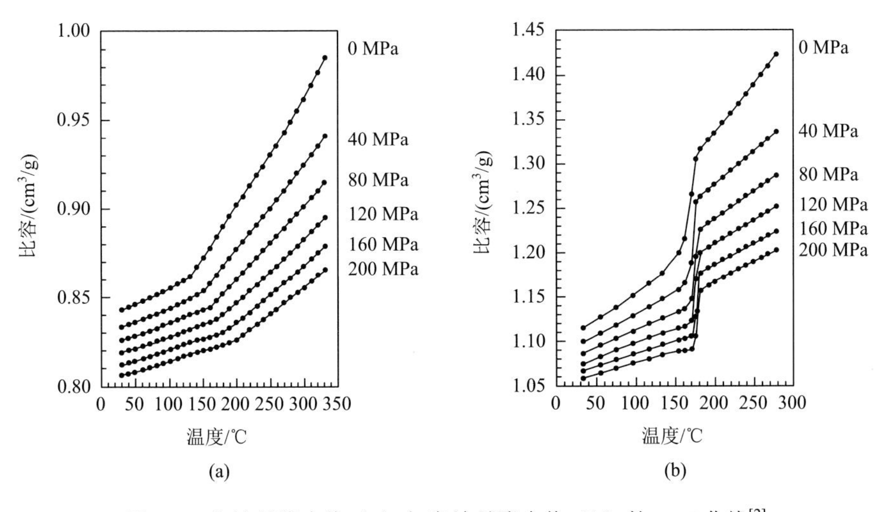


图 6-1　非结晶聚合物（a）与半结晶聚合物（b）的 *PVT* 曲线[2]

看到非结晶聚合物和半结晶聚合物的*PVT*关系存在很明显的不同。在更高的温度下，半结晶聚合物在进入熔融状态时比容有一个突升，这是原来结构规则且固定的结晶区受到温度的影响而变得可以随意自由移动造成的。

聚合物*PVT*曲线通过比容的变化，给出了塑料在注塑成型过程中的收缩特性，通过*PVT*曲线可以看出聚合物的温度、压力对比容的影响，进而获得可以直观了解聚合物密度、比容、可压缩性、体积膨胀系数、*PVT*状态方程等方面的信息[3]。对于聚合物*PVT*关系的研究，不仅可以用来说明注塑成型过程中与压力、密度、温度等相关的现象，分析制品加工中可能产生的翘曲、收缩、气泡、疵点等缺陷的原因，获得聚合物加工的最佳工艺条件，更快捷方便地确定最佳工艺参数，还可以用来指导注塑成型过程控制，提高注塑成型装备的控制精度，以制得高质量的制品[4]。

聚合物*PVT*关系的应用领域可以归结为以下几个方面[5]：

（1）预测聚合物共混性；

（2）预测以自由体积概念为基础的聚合材料及组分的使用性能和使用寿命；

（3）在体积效应伴随反应的情况下，估计聚合物熔体中化学反应的变化情况；

（4）优化工艺参数，以代替一些通过实验或经验操作误差建立的参数；

（5）计算聚合物熔体的表面张力；

（6）研究状态方程参数，减少分子结构的相互关系；

（7）研究与气体或溶剂相关材料的性质；

（8）相变本质的研究。

### 6.2.2 聚合物的*PVT*关系在模塑成型过程中的应用

#### 1. 聚合物*PVT*关系描述注射模塑成型过程

在注射模塑成型工艺条件下，聚合物的成型过程可以通过其*PVT*关系曲线进行描述[6]。非结晶聚合物成型过程中关系的变化描述如图6-2（a）所示：①机筒中的材料在常压（0.1 MPa）条件下被加热到熔融温度，材料的比容沿常压（0.1 MPa）线从常温（点*A*）上升至熔融温度（点*B*）；②材料在注射压力作用下被瞬时注入模具型腔中，此过程可以看作是一个等温增压的过程，比容在压力作用下降低至点*C*，其比容值接近于常压（0.1 MPa）、玻璃化转变温度（$T_g$）条件下的比容值；③材料在模具中冷却，同时保压压力随之变小，此过程可以看作是一个等容降温降压的过程，到达点*D*时，压力降低为常压，制品可以被顶出模具型腔，此时温度低于玻璃化转变温度。随后，制品在常压下继续冷却至室温，返回点*A*。理想的情况是在冷却期间浇口处没有材料流动，这样可以生产出无残余应力的制品。

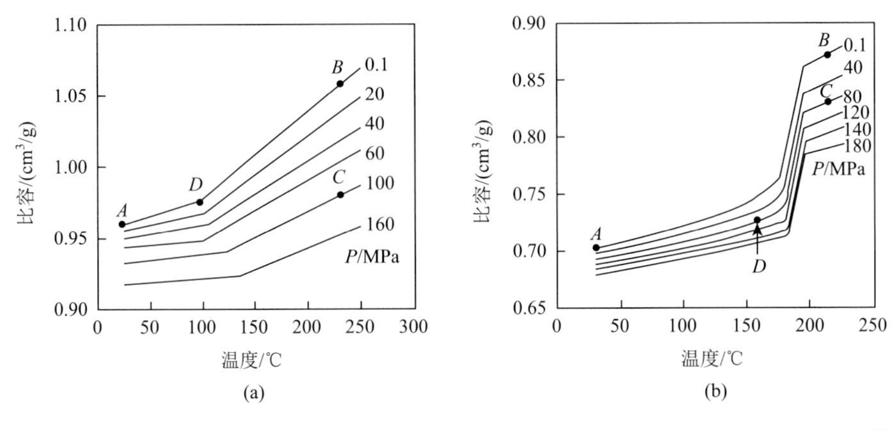


图 6-2　非结晶聚合物（a）与半结晶聚合物（b）的 *PVT* 曲线对注塑成型过程的描述[6]

半结晶聚合物成型过程描述如图 6-2（b）所示：①机筒中的材料在常压（0.1 MPa）条件下被加热到熔融温度，材料的比容沿常压（0.1 MPa）线从常温（点 *A*）上升至熔融温度（点 *B*）；此过程将产生近乎 25%的体积增加。②材料在注射压力作用下被瞬时注入模具型腔中，此过程可以看作是一个等温增压的过程，比容在压力作用下降低至点 *C*，其比容值仍然比常压（0.1 MPa）、常温条件下的比容值大很多。③在保压压力下，熔融的材料在模具中开始结晶，体积发生很大变化，需要额外的熔融材料通过浇口进入模具型腔以补充体积的减小（否则制品中将填充不足）。④结晶结束时（点 *D*），制品冷却为固体，并可以被顶出模具型腔。在结晶温度（点 *D*）和室温（点 *A*）条件下的比容值之差即反映了制品的收缩量。

可见，在注塑成型应用中，掌握这两种聚合物的 *PVT* 行为非常重要。聚合物在固化期间（填充完成后）：对于非结晶聚合物，保压压力随时间降低；而对于半结晶聚合物，保压压力则保持常数；对于非结晶聚合物，浇口在填充完成后即刻冻结，而对于半结晶聚合物，浇口直到结晶完成后才冻结。相对于非结晶聚合物，半结晶聚合物的成型过程更加复杂。因此，在分析与控制过程中需要特别考虑对于半结晶聚合物成型的制品和模具设计。

**2. 聚合物 *PVT* 关系在精密注射模塑成型过程控制中的作用**

精密注射模塑成型技术的研究，涉及注塑成型设备、模具、工艺和材料等多个方面，是一项复杂的系统工程。要使注射模塑成型在“精密化、高效化、轻薄化”发展方向上有新的突破，首先必须利用先进的实验方法和手段深入探究成型过程中聚合物状态变化的内在规律；与此同时，还需要从注射模塑成型的基本原理出发，研究新的成型加工工艺及控制技术，进一步提高注射模塑成型过程中聚合物熔体参数，尤其是 *PVT* 关系的可控性。在注射模塑成型过程中，聚合物被加热成熔融态，并在很高的压力下注射到模具型腔中，经历了从高温、高压到迅速冷却和压力下降的过程。之后由熔融态转变为固态，同时聚合物的各种物性参数也经历了一连串剧烈的变化，这都和温度、压力有很大的关系。特别是聚合物的比容 $V$ 决定着最终成型制品的性能和质量。若最终成型制品的密度太小，会导致强度不够；若密度不均匀则会产生内部残余应力发生翘曲变形等。

能够使每次成型的制品总是保持相同的质量（即相同的取向、残余应力和收缩率），是注射模塑成型加工控制的目标[7]。达到这个目标的基础就是聚合物 *PVT* 关系曲线，其描述了熔体比容与温度和压力的关系。聚合物的比容决定了最终注射模塑成型制品的质量和尺寸；能够控制聚合物比容的重复性，就能控制最终注射模塑成型制品的质量和尺寸重复精度。因此，能够保证成型制品质量与模具中聚合物的压力和温度变化途径同 *PVT* 曲线相关联，就能够很好地完成聚合物成型过程控制优化的目的。

**3. 聚合物 *PVT* 关系在注射模塑成型 CAE 数值模拟中的作用**

塑料制品的几何形状和模具型腔内的熔体流动情况非常复杂，这导致试模的价格昂贵，影响了生产效率和产品质量。收缩、翘曲变形、缩痕是塑料注射模塑成型件很容易出现的缺陷。要使一个注射模塑成型制品达到要求的质量，就要准确地分析它的收缩率和变形量。这样才能提高成型周期，降低报废率，达到好的经济效益[8]。伴随着塑料加工技术的提高和计算机技术的发展，模具的计算机辅助设计/制造/工程（CAD/CAM/CAE）需要开发大量的模拟软件分析塑料熔体的流动、冷却和应力应变。在塑料加工工业中，注塑成型 CAE（计算机辅助工程）技术得到了广泛应用。注射模塑成型 CAE 技术能够使设计师在模具制造之前，对产品的整个注射模塑成型过程进行模拟分析，找出未来产品可能发生的缺陷，并对产品或模具设计加以修改，以提高一次试模的成功率，降低时间和成本的消耗。这不但可以预测复杂零件的最佳浇口位置，同时还可以提供对应模具结构所采用的理想的注射模塑成型工艺方案和参数。

注射模塑成型 CAE 技术可以解决注射模塑成型技术中的许多问题，可以模拟聚合物注射模塑成型的整个过程。其程序是：由 CAD 建立要分析的产品模型，基于有限元分析原理，利用 CAE 各种软件对建立的模型进行有限元网格划分；根据流变学和热力学原理，分析计算注射模塑成型过程的压力分布、温度分布、冷却时间、保压时间等，利用聚合物关系及状态方程计算体积收缩和翘曲变形情况，解决流动平衡问题，确定浇口的数量和位置、流道的尺寸、焊线位置、气泡、疵点、冷却系统的冷却条件，给出优化的工艺参数，进行结构应力分析，确定制品的承载和刚度能力，对材料及注射模塑机的性能提出要求[9]。

但也有许多亟待解决的问题。许多著名的塑料注射模塑成型 CAE 软件，如 Moldflow、Moldex 3D 等软件包，给出了许多可供使用的物性本构方程和状态方程等，也提供了不少常用聚合物的物性参数，这些物性参数的准确可靠性成为数值模拟结果与实际差别大小的关键因素。对聚合物的生产、加工及应用起着重要指导作用的基本热力学参数包括比容、热膨胀系数、等温压缩系数和结晶温度等[10]。其中，聚合物的 *PVT* 关系是得到这些参数的重要数据之一。聚合物的 *PVT* 关系在其加工成型领域尤其是精密注射模塑成型领域日趋重要。像 Moldflow、Moldex 3D 等许多注射模塑成型 CAE 软件都需要应用到聚合物的 *PVT* 相关参数，来预测模拟塑料制品成型时会产生的收缩、翘曲等缺陷行为，并指导模具设计及优化注射模塑成型加工条件和控制工艺等。

当利用注射模塑成型 CAE 软件进行模拟分析时，如果采用国外提供的聚合物性能的数据进行模拟计算，只能得到相当粗略的结果。在当今 CAD/CAE/CAM 技术飞速发展的时代，只有采用能够真实反映聚合物加工过程中实际情况的 *PVT* 数据，计算机模拟的结果才会准确。

## 6.3　聚合物 *PVT* 关系测试模式及过程

### 6.3.1　聚合物 *PVT* 关系的基本测试模式

聚合物 *PVT* 关系的测定可通过等压、等温和等容三种测试模式获得。因为等容模式的测试条件很难获得，实际应用较少，但以这种模式测试得到的数据在注射模塑成型过程特别是保压阶段等容过程中更适用。聚合物 *PVT* 关系的测试过程通常是在等温或等压模式下进行的，这些过程中又由升压、降压、冷却及加热阶段组成。等温测试过程中可分为加压或降压过程，加压过程中可分为加热或冷却阶段，同时降压过程中又可分为加热或冷却阶段。因此等压和等温测试模式可分为：等压降温-升压、等压降温-降压、等压升温-升压、等压升温-降压、等温升压-降温、等温升压-升温、等温降压-降温、等温降压-升温八种不同的测试过程。这样分类虽然不是很确切，但可以形象地描述进行聚合物 *PVT* 关系测定的组成过程。以下是对等温和等压两种基本测试模式的详细描述。

（1）等压模式：在保持压力恒定的情况下，以某一冷却和加热速度改变温度，测量体积随温度的变化而产生的变化量；当温度变化一个循环后，再选取另一恒定压力值，再次改变温度进行新一轮的测试。如果采用升温，对于半结晶聚合物，需要知道样品的初始结晶结构，以便对测试的比容有个参考点。通过上面的测试后，将得到一系列的 *PVT* 测试数据，根据这些测试数据可以绘制出聚合物 *PVT* 关系曲线图。对于直接加压法，最好采用降温冷却的测试过程，因为可以保证材料完全熔化以填满测试室。等压过程的优点是可以准确地表达聚合物的相转变过程。

（2）等温模式：在保持温度不变的状态下，改变压力，测试随压力的变化而产生的体积变化量；当压力变化一个循环后，再选取另一恒定温度值，再次改变压力进行新一轮的测试。采用升温过程，也同样需要知道样品的初始结晶结构作为比容变化的参考点。对于直接加压法，通常采用的是降温冷却的测试过程，即首先将测试样品加热到某一温度，在保持温度恒定情况下施加压力并测量体积的变化，进而降低温度后再重复前述过程。

### 6.3.2 聚合物 *PVT* 关系的过程依赖性

聚合物的性质具有显著的过程依赖性[11]。聚合物的比容除了受压力和温度影响外，还与时间历程有关，传统的测试标准早已过时。其实这个问题早在1995年就被指出[12]，但一直没有得到全面系统分析和实验验证。聚合物 *PVT* 行为的过程依赖性也可能是目前Moldflow和Moldex 3D等商业模流分析软件模拟精度仍不够高的主要原因。随着精密智能注射模塑成型的发展，聚合物 *PVT* 行为的准确描述及应用必须考虑其过程依赖性。

王建等[13, 14]研究了不同测试模式及过程条件下聚合物的 *PVT* 行为，揭示了聚合物 *PVT* 关系的过程依赖性，阐明了温度和压力变化及变化速率对聚合物比容的影响规律。使用商用 *PVT* 测试仪（PVT500，GÖTTFERT）[图6-3（a）和（b）]和等压/等温测试模式，在不同降温/升温速率（最高 10℃/min）和升压/降压速率（最高 92 MPa/s）条件下测试了聚丙烯（PP）半结晶聚合物和丙烯腈-丁二烯-苯乙烯共聚物（ABS）非结晶聚合物的 *PVT* 行为，系统全面揭示了半结晶聚合物和非结晶聚合物在不同升温/降温/升压/降压过程、不同压力和温度变化速率时的 *PVT* 关系变化规律[图6-3（c）]。发生相态转变是聚合物 *PVT* 行为的直接反映。①研究揭示了升温/降温过程和不同温度变化速率条件下半结晶聚合物与非结晶聚合物有着不同的相转变经历：相同压力下，半结晶聚合物在降温过程中的相变温度（结晶温度）低于升温过程中的相变温度（熔融温度），这与差示扫描量热分析结果一致[11]；而非结晶聚合物在降温过程中的相变温度（玻璃化转变温度）较升温过程高；快速冷却会引起半结晶聚合物滞后结晶，这与“过冷特性”有关；而非结晶聚合物不结晶，快速冷却会加速（玻璃化）相转变；快速加热会减慢半结晶聚合物和非结晶聚合物的相转变，这与加热过程中的分子链松弛有关。②研究揭示了升压/降压过程和不同压力变化速率条件下半结晶聚合物和非结晶聚合物的比容具有相似的变化规律：在任何相态下，降压过程的比容均比升压过程小；比容变化速率随压力变化速率的增加而减小；在高温液态，比容变化速率随压力升高而减缓，随压力的降低而加快；在低温固态，比容变化随压力升高和降低均呈减缓趋势。聚合物比容随压力变化的过程依赖性可与体积松弛特性和黏弹性建立联系。

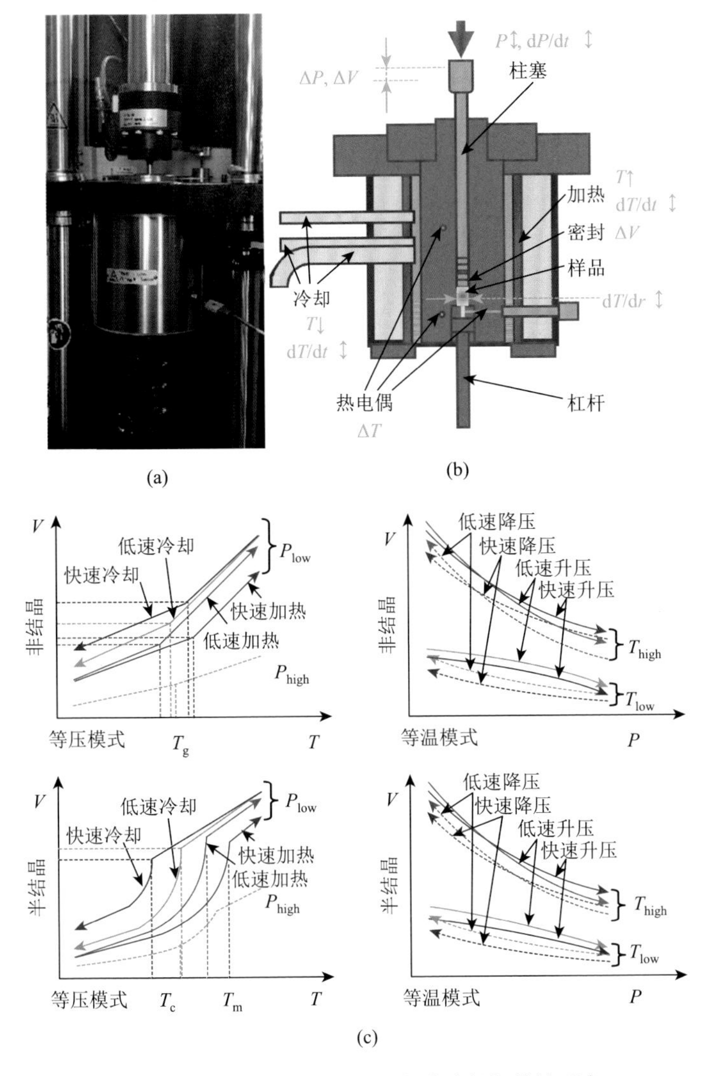


图 6-3　热塑性聚合物 *PVT* 关系过程依赖性研究

（a）商用 *PVT* 测试仪；（b）测试仪示意图及过程参数；（c）非结晶聚合物和半结晶聚合物在等压和等温两种测试模式下的过程依赖性 *PVT* 关系

## 6.3.3　构建注射模塑成型条件测定聚合物 *PVT* 关系的新方法

针对常规测试模式不能有效反映实际聚合物成型条件的问题，提出了通过构建注射模塑成型条件测定聚合物 *PVT* 关系的新方法[14]。通过选择起始温度、保压压力、保压结束温度和冷却速度来控制商用 *PVT* 测试仪模拟注射模塑成型过程，对应工艺参数为注射温度、保压压力、保压时间和冷却时间［图 6-4（a)]。通过

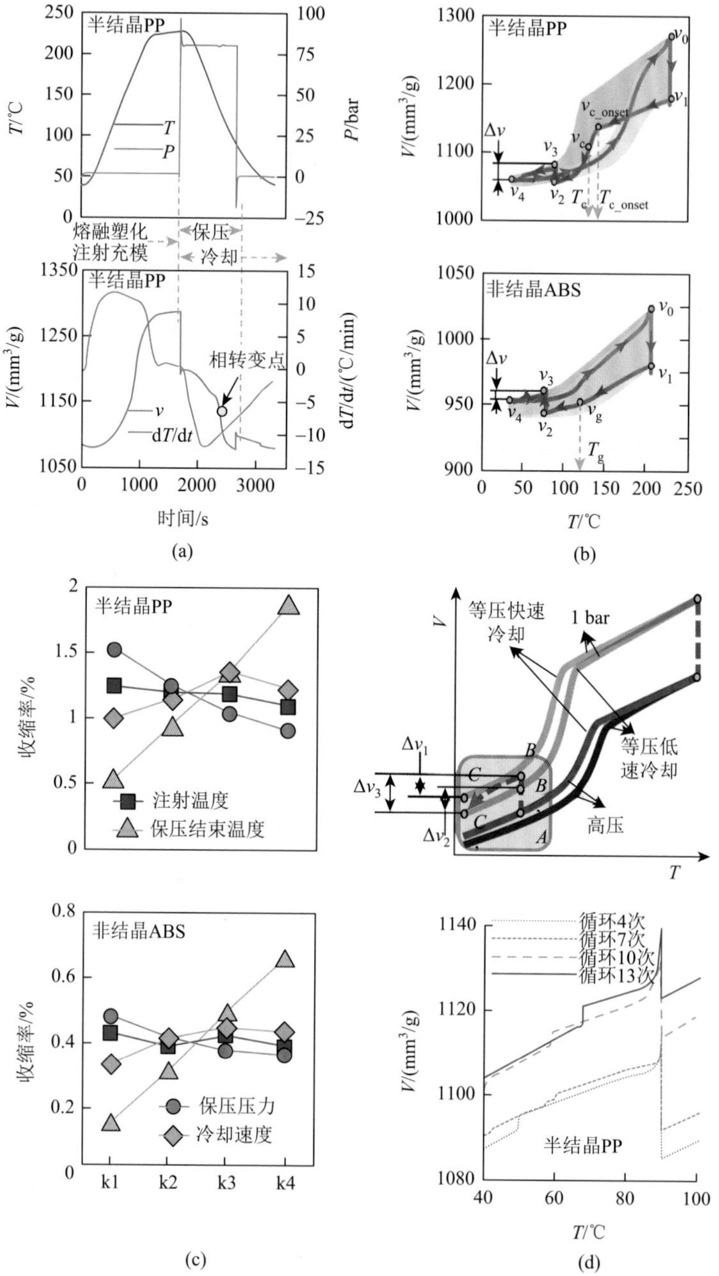

图 6-4 构建注射模塑成型过程测定热塑性聚合物 *PVT* 关系的新方法

（a）通过商用 *PVT* 测试仪构建的压力、温度变化及测到的冷却速度和比容变化；（b）构建的单次注射模塑成型过程中半结晶和非结晶聚合物的比容随温度的变化路径；（c）构建的注射模塑成型参数（注射温度、保压结束温度、保压压力和冷却速度）对聚合物收缩率的影响；（d）在冷却速度变慢时聚合物比容的非线性变化曲线在模拟的注射模塑成型过程中监测聚合物比容的变化［图 6-4（b）］，全面揭示了注射模塑成型过程中聚合物的比容与工艺参数及制品收缩之间的关系［图 6-4（c）］。通过实验设计法，阐明了注射温度、保压压力、保压时间和冷却时间等关键注射模塑成型工艺参数对聚合物相转变和收缩的影响规律，特别揭示了冷却速度的变化对比容变化路径的影响［图 6-4（d）］：当相转变发生后聚合物的比容随冷却速度的变慢不会继续其原来快速冷却的路径而是向缓慢冷却路径过渡，呈现非线性变化，比容变化曲线反映的收缩会随冷却速度的变慢而加快。因为忽略了冷却速度的显著影响，常规 *PVT* 测试方法和模型都没有预测过上述揭示的实验现象及规律。此外，高温会导致较高的聚合物比容，但是起始温度即注射温度对于相转变温度及对应相转变时的比容变化则鲜有人研究。通过构建的测试方法，阐明了起始温度对于聚合物比容变化的影响：更高的起始温度可引发聚合物冷却过程中在更早发生相转变，即相变温度更高，对应相转变时的比容也更高。

## 6.4　聚合物 *PVT* 关系测试技术

研究聚合物 *PVT* 关系首先要对其进行测试。聚合物 *PVT* 关系测试仪是用于测定聚合物比容 $V$（密度的倒数）与压力 $P$、温度 $T$ 的函数关系的实验仪器，其基本原理比较简单，但是在实际实施上则比较困难。因为聚合物的加工一般不是在常温常压下进行的，而在高温高压条件下这些参数的测定就成为人们普遍关注的一个问题。另外，对于注射模塑成型工艺，要能真正实现 *PVT* 最佳保压和冷却的控制过程，对温度、压力等参数进行测控的装置必须具有高精度、高灵敏度，这样实验结果才能准确可信。而且系统要有良好的气密性，微量的气体渗入或者微量的样品渗出都会给实验结果带来很大影响。因此，聚合物 *PVT* 关系的测定对仪器的要求很高，一般的实验装置很难达到要求[15]。聚合物 *PVT* 关系的测试技术就是解决上述问题的一个重要环节。

### 6.4.1　聚合物 *PVT* 关系常规测试技术

聚合物 *PVT* 关系常规测试技术主要有两种：直接加压（piston-cylinder）技术和间接加压（confining-fluid）技术。这两种测试技术在国内又分别称为柱塞技术和封闭液技术。它们各有优缺点，从基本原理上可将这两种测试技术分别归结为直接加压和间接加压两种测试方法（图 6-5）。随着测试技术的发展，研究者又以这两种常规测试方法为基础，进行了技术改进，以适应更高的测试条件要求，达到测试的更高精度。还有许多研究者以这两种常规方法原理为基础，进行了专门的 *PVT* 测试仪器的设计制造，以完成某些相关课题的研究。另外，基于注塑机/

挤出机等设备，结合超声波、X射线等技术的*PVT*测试也成为聚合物*PVT*关系测试技术的发展方向。以下针对这些相关测试技术进行详细的说明与分析。

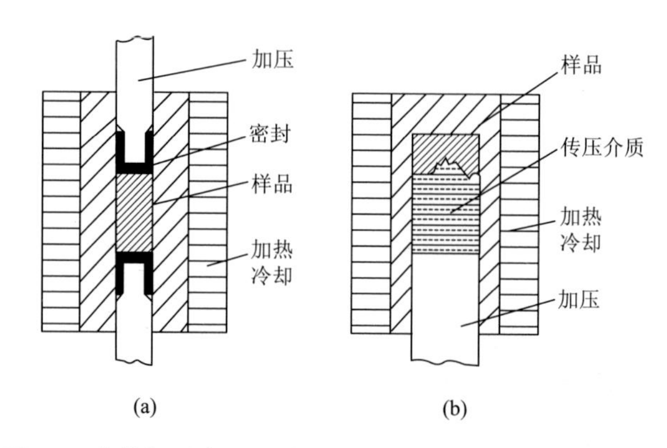


图6-5 直接加压法（a）与间接加压法（b）测量原理示意图

#### 1. 直接加压法（piston-cylinder/piston-die技术）

采用这种测试方法的设备主要由样品室、加热冷却系统、加压动力系统、传感器和数据采集控制系统等几部分构成。直接加压法就是在测试时将聚合物样品放入样品室中，将其上下密封，密封后通过柱塞对其进行加压。利用加热冷却系统实现对样品室中样品的加热和冷却操作。压力、温度参数分别通过压力传感器和温度传感器测得。对于被测样品的体积，由于测试腔体的横截面一定，因此相应的体积变化可通过柱塞的直线位移变化而计算得到。

直接加压法相对于间接加压法出现较晚一些，此种方法的优点是原理和实施过程都比较简单，未引入任何非样品物质，以密封垫或密封环取代了间接加压法中起封闭作用的液体介质，从而既保证了系统的气密性，又省去了诸多校准步骤，密封垫或密封环的校准可以通过仪器自动完成，保证了实验的安全性和可操作性。但是在这种装置中被测样品内部存在温度梯度，而且需要实现可靠的密封以防止样品熔体的泄漏。因此，仪器的制造加工要求较高，柱塞和样品室的间隙必须很小，密封垫的加工精度也很高。另外，采用直接法的测试仪器都有一个共同特点，就是采用活塞推进式进行加压，这样会产生被测聚合物受压不均的情况[16]。根据Zoller和Fakhreddine的研究[17]，直接加压法只有在材料的剪切系数比体积模量更小时（即聚合物在熔融状态下）得到的结果才准确。然而，当结晶度增加时，由于样品的结晶增长，材料会变得像橡胶或固体；当温度和压力改变时，粘贴在筒壁上的材料的压力与中心处的压力是不同的，这就对测试结果有比较大的影响，会得到不准确的测试结果。因此，需要应用一种防止摩擦的润滑剂来减小摩擦力，此润滑剂不能与被测聚合物发生反应。

Chang 等[18]将这种技术应用在德国胜沃德（SWO）公司的 PVT100 设备上，图 6-6 是 PVT100 的工作原理示意图。采用直接加压法的 *PVT* 测试产品还有日本 TOYOSEIKI 公司的测试仪等。

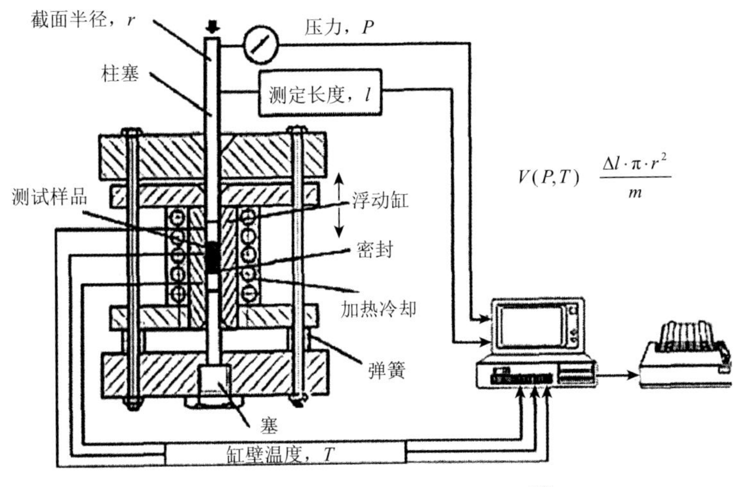


图 6-6　PVT100 工作原理示意图[19]

*m* 表示测试样品的质量

**2. 间接加压法（confining-fluid 法）**

采用这种测试方法的设备主要由样品室、封闭液传压介质、加热冷却系统、加压动力系统、传感器和数据采集控制系统等几部分构成。在间接加压法中，将测试样品放入样品室内，在样品室内充入液体介质，使样品完全浸在液体介质中，样品浮于液体中，加压动力系统驱动柱塞通过液体介质对聚合物样品间接进行加压。利用加热冷却系统实现对样品室中样品的加热和冷却操作。压力、温度分别通过压力传感器和温度传感器测得。体积的变化通过位移变化计算得到，位移通过位移传感器测得。

间接加压法的最大优点是起封闭作用的液体介质保证了系统良好的密封性，使外部气体不会浸入到样品中，样品处于流体静压状态下；而且采用传压介质可使内部达到较高的真空度，还可以使被测试样品受力均匀。因此，这种测试技术得到的实验结果具有较高的准确度。通常采用的传压介质是汞，采用汞的优点是它和被测试聚合物之间的物理化学作用小，压缩系数小，传递压力直接，计量精度高等；而且可以避免直接加压法中的泄漏和摩擦问题。

间接加压法的缺点在于设备结构和测试过程实施都非常复杂，而且也存在明显的不足：①样品要在测试前进行预处理，以排出样品中的残余气体；②在测试过程中样品始终与传压介质接触，传压介质可能会与样品产生交互作用，它们之间交互作用的大小对实验结果影响很大；③所测定得到的比容为相对值，因为传压介质的体积也会随压力和温度而变化，因此被测试样品的体积变化需要通过对液体体积变化的测量分析获得，由相对的体积变化减去传压介质的体积变化才能得到所测试比容的绝对值，为此还要做烦琐的计算和校正工作；④传压介质通常采用汞和苯等，其毒性较大，这些传压介质的引入也会给实验操作带来一定困难，并对实验的安全性造成影响；⑤直接加压法测定时温度可达 420℃，而间接加压法由于使用汞，温度上限不能超过汞的沸点 350℃[5]。

采用间接加压法的产品有：Moldflow[20]使用的 Gnomix 公司研制的 *PVT* 测试仪，是由 Zoller 等[21]在 1976 年共同开发的（图 6-7）；Quach 和 Simha[22]在 1971 年研发了 *PVT* 测试仪（图 6-8），测试温度范围为 5～55℃，压力可达 280 MPa；Barlow[23]在 1978 年研发了一种基于间接加压法的测试仪（图 6-9），测试温度范围为 5～55℃，压力可达 280 MPa，但是对比容的测试精度不高。Sato 等[12]基于此法开发的 *PVT* 测试仪，温度范围为 40～350℃，压力可达 200 MPa，比容测试精度为±0.2%，温度精度 300℃以下为±0.3℃，压力测试精度 100 MPa 以下为±0.1 MPa，100 MPa 以上为±0.25 MPa。图 6-10 是其设计的 *PVT* 测试仪示意图，结构与 Gnomix *PVT* 测试仪相仿。

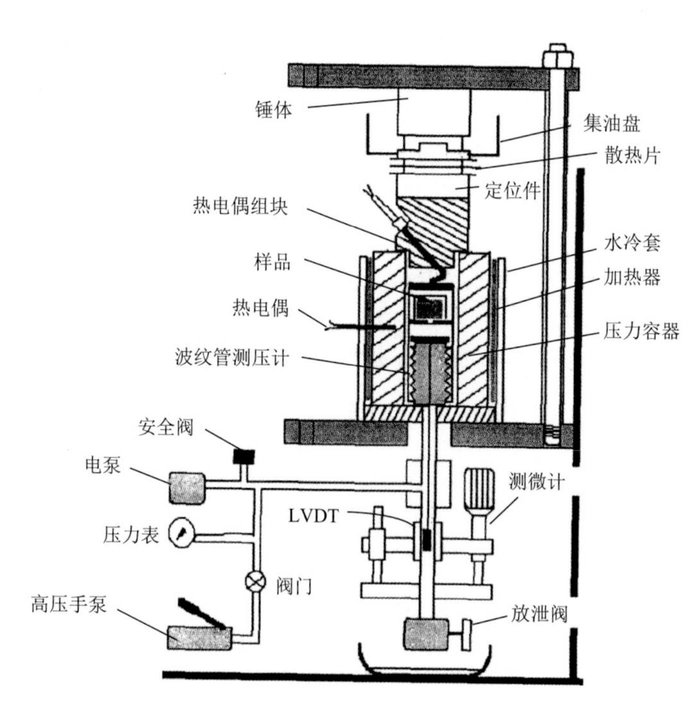


图 6-7　Zoller 等开发的 Gnomix *PVT* 测试仪[21]

LVDT 表示线性可调差动变压器

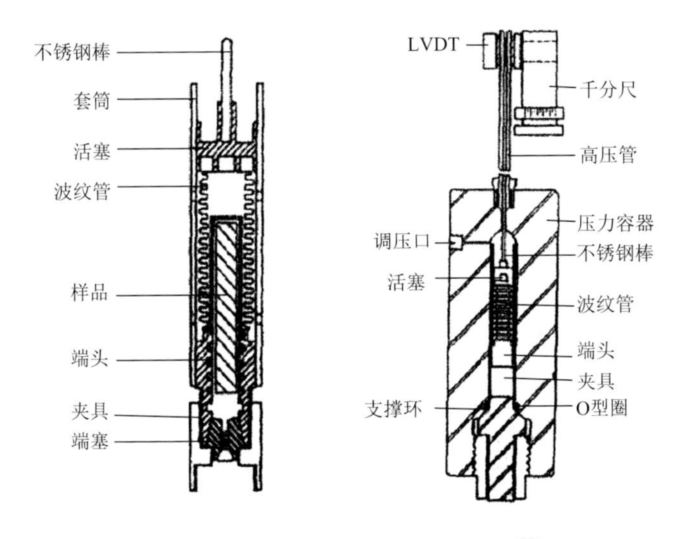


图 6-8　Quach 等开发的 *PVT* 测试仪[22]

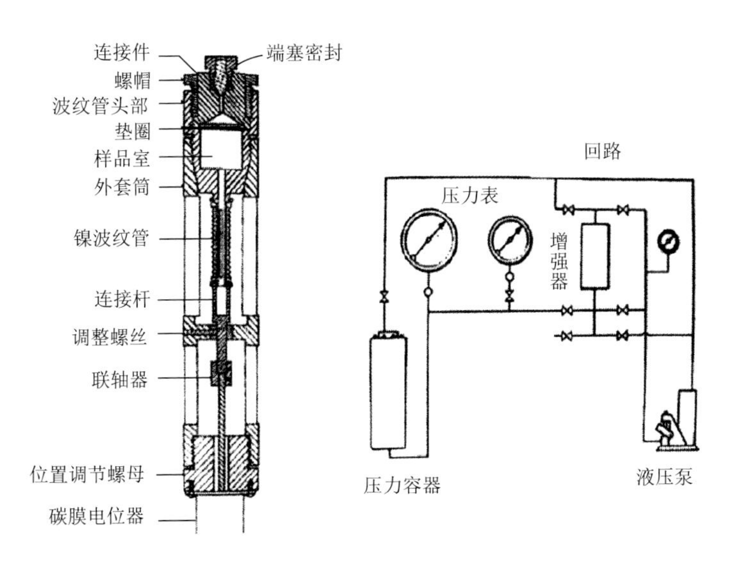


图 6-9　Barlow 开发的 *PVT* 测试仪[23]

### 6.4.2　改进的聚合物 *PVT* 关系测试技术

常规的聚合物 *PVT* 关系测试技术只能在相对较低的冷却速度条件下进行，但是注射模塑成型等聚合物加工过程都是在高压的快速冷却条件下进行的，压力和冷却速度对最终制品的质量起到关键作用[24]。图 6-11 显示了在不同冷却速度条件下，聚合物的 *PVT* 关系曲线[25]。图中说明，在更高的冷却速度条件下，熔融前的聚合物的比容也更高；非结晶聚合物的转变温度相对较高，而半结晶聚合物的熔融温度则较低。对于高压条件，常规的测试技术已经不难实现，因此在快速冷却速度下进行聚合物 *PVT* 关系的测试成为发展方向。

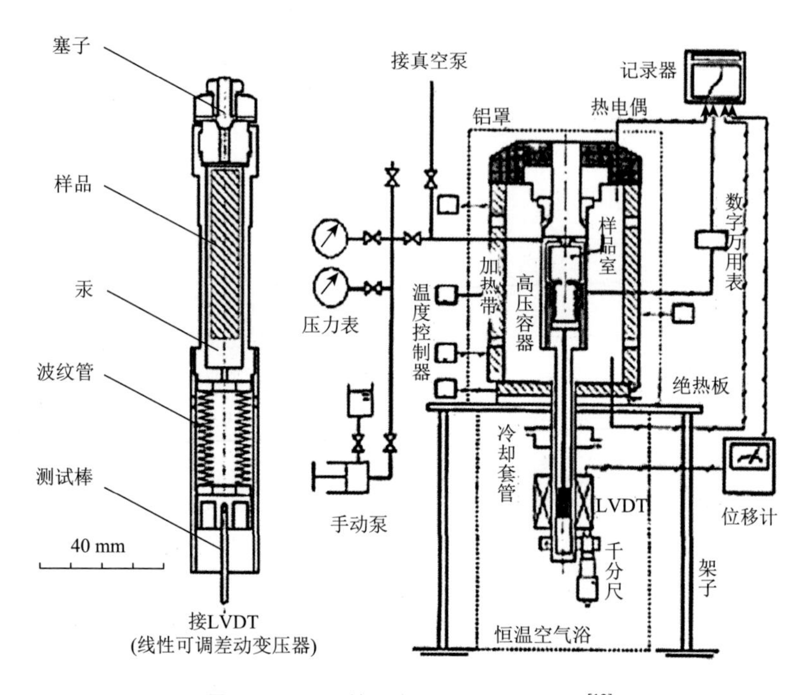


图 6-10 Sato 等开发的 *PVT* 测试装置[12]

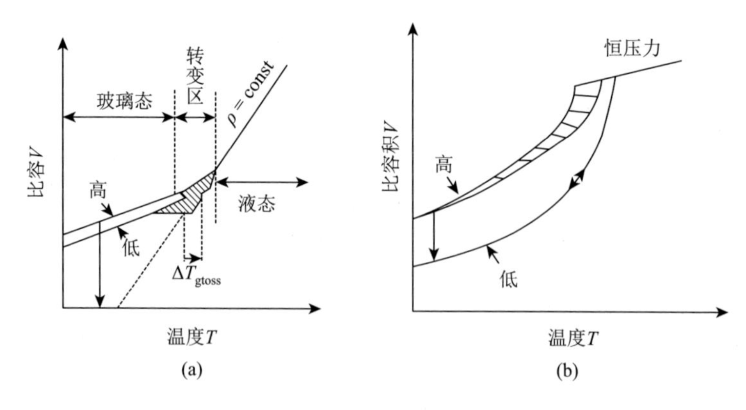


图 6-11 在不同冷却速度条件下非结晶聚合物（a）与半结晶聚合物（b）的关系曲线[25]

Menges 和 Thienel[25]早在 1977 年就开发了一种聚合物 *PVT* 关系测试仪（图 6-12），能够达到聚合物加工成型条件所需要的冷却速度和压力。其快速冷却条件通过一个可移动的筒状缸体实现，但由于当时设备条件所限，并没有得到准确的测试结果。Piccarolo[26]运用一种从侧面测试样品温度的方法在快速冷却条件下对半结晶聚合物进行了测试研究。Bhatt 和 McCarthy[27]为了进行注射模塑成型的计算机数值模拟计算，开发了一种聚合物 *PVT* 关系测试仪，此测试仪考虑了模具中的应力状态及影响聚合物熔体注射模塑成型的冷却速度等实际加工条件。Imamura 等[28]在不同的冷却速度（最高可达 100℃/min）条件下对聚合物 *PVT* 关系进行了相关研究，并通过计算机模拟了这些冷却速度对 *PVT* 关系的影响。Lobo[29]尝试采用常规的聚合物 *PVT* 关系测试仪，结合 DSC 测试方法和 K 系统热传导率测试装置，测试了快速冷却条件下半结晶聚合物的比容。英国国家物理实验室（NPL）的 Brown 和 Hobbs[30]提出了一种在快速冷却（冷却速度达 250℃/min）和高压（达 250 MPa）条件下测试聚合物 *PVT* 关系的方法。英国国家物理实验室的 Chakravorty[8]按照这种方法以直接加压法为基础开发了 *PVT* 测试仪（图 6-13）来测试工业加工条件下的聚合物 *PVT* 性质。这种设备冷却速度可达 300℃/min，压力达 250 MPa。Luyé 等[31]讨论了半结晶聚合物比容的测试方法，分析了不同冷却速度、压力及温度条件对聚合物比容变化的影响。Zuidema 等[20]基于间接加压法开发了一种设备（图 6-14），来分析冷却速度对聚合物 *PVT* 关系的影响，其冷却速度可达 3600℃/min，而最高压力只为 20 MPa。van der Beek 等[32]开发了一种 *PVT* 膨胀计（图 6-15），来研究比容与压力、温度

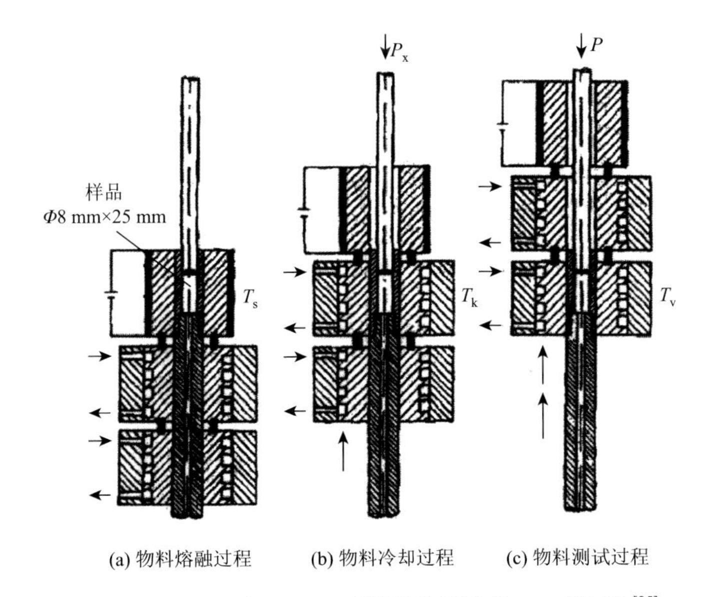


图 6-12　Menges 和 Thienel 研发的快速冷却 *PVT* 测试仪[25]

$P_x$：冷却时的压力；$P$：测试压力；$T_s$：熔化温度；$T_v$：测试温度；$T_k$：冷却时的温度，$T_s \geq T_v \geq T_k$

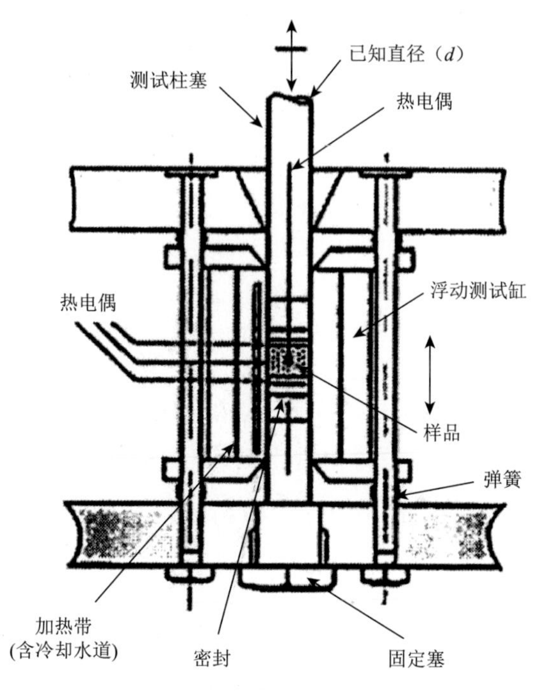


图 6-13 英国国家物理实验室改进的快速冷却和高压 *PVT* 测试仪[8]

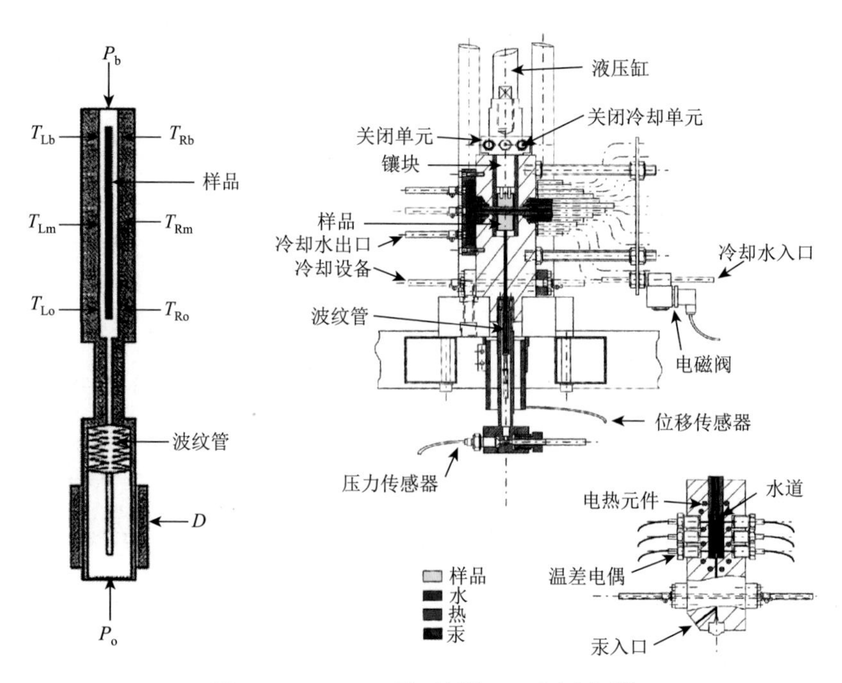


图 6-14 Zuidema 等研制的 *PVT* 测试仪[20]

之间的关系，压力可达 100 MPa，温度可达 260℃，冷却速度可达 6000℃/min。这种 *PVT* 膨胀计是基于直接加压法，结合一种拉伸测试机设计制造的。Kowalska[33]利用差示扫描量热仪测试方法结合低速冷却下的 *PVT* 测试数据得到了聚合物在快速冷却条件下的 *PVT* 关系。

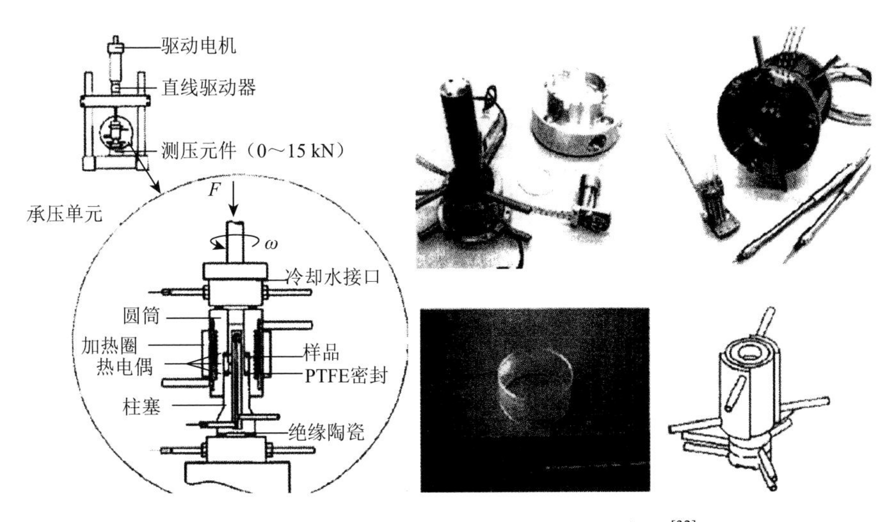


图 6-15　van der Beek 等研制的 *PVT* 测试装置[32]

### 6.4.3　聚合物 *PVT* 关系在线测试技术

在实际生产过程中，对于设计加工操作者，利用加工成型设备这样一个有力工具进行聚合物 *PVT* 关系测试是一种具有很大发展潜力的技术。由于其没有借助传压介质，因此在原理上也属于直接加压法。

Nunn[34]最早利用注塑机，通过注塑机中安装有止逆阀的螺杆对机筒中的聚合物进行加压，通过测定螺杆位移的变化来确定加压过程中被压聚合物熔体的体积变化。该装置主要作为一种注射模塑成型自适应控制装置，兼有聚合物 *PVT* 关系测试的功能，具体结构见图 6-16。Chiu 等[35]研发了一种在利用计算机控制的注塑机上取得聚合物 *PVT* 数据的方法，即利用注塑机的机筒及模具型腔作为承压样品室、螺杆作为加压柱塞及各种传感器和控制器，在不同压力和温度条件下来测定聚合物比容的变化，具体结构见图 6-17。Park 等[36]利用发泡挤出机和齿轮泵，研制了一种可以在线测试熔融状态下聚合物和聚合物/$CO_2$ 溶液的 *PVT* 性质的膨胀计（图 6-18），可以用来研究聚合物在混有气体情况下的 *PVT* 性质。这种膨胀计基于挤出机设备，可以经济而又准确地测试聚合物熔体的性质。

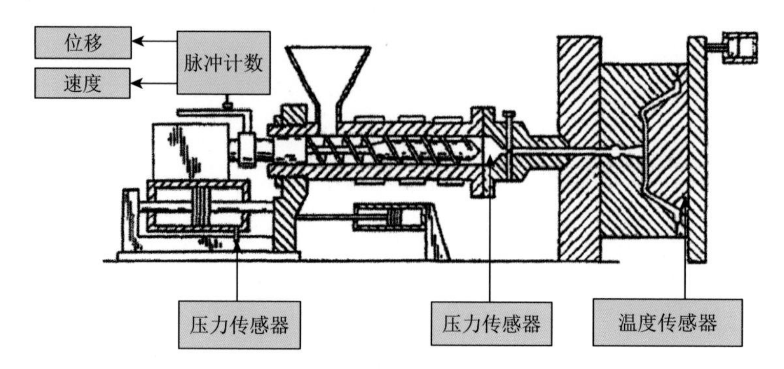


图 6-16 Nunn 开发的注射模塑成型加工自适应控制装置[34]

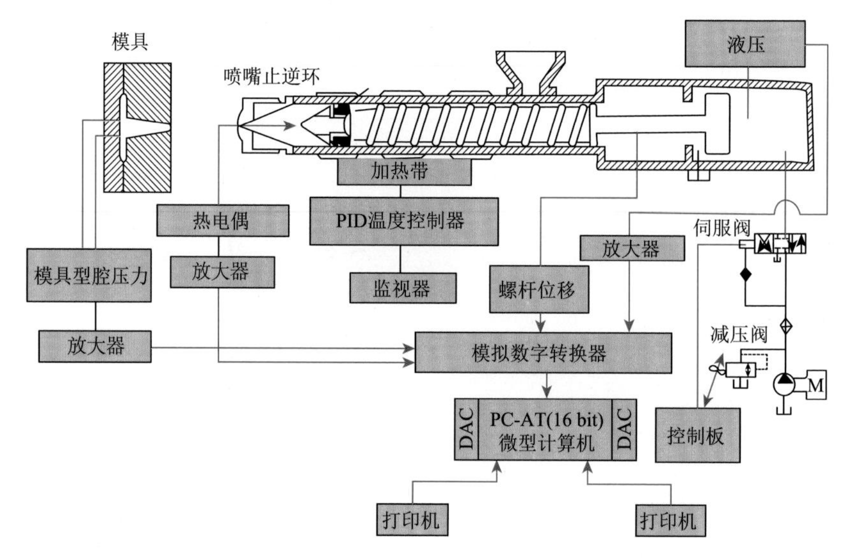


图 6-17 Chiu 等开发的计算机控制注射模塑成型系统[35]

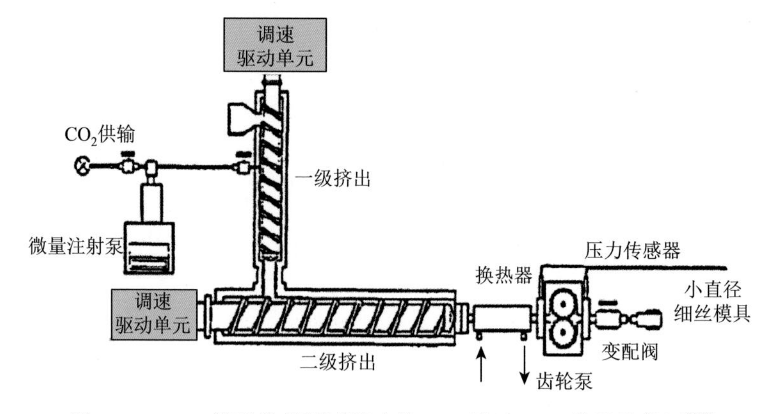


图 6-18 Park 等开发的测试聚合物/$CO_2$ 溶液 *PVT* 数据的装置[37]

### 6.4.4　其他聚合物 *PVT* 关系测试技术

Thomas 等[38]研发了一种超声波设备，可以通过测定超声波速率来适时地得到聚合物的 *PVT* 关系。这种设备用来校准聚合物 *PVT* 关系与超声波速率之间的关系，以解释工业化生产中聚合物产生超声波速率的变化现象。Kim 等[39]也通过超声波设备来研究聚合物的 *PVT* 关系和超声波在注塑成型制品质量预测中的应用。研究结果表明，这种技术可以通过测试注射模塑成型过程中不同聚合物的超声波响应来监测模具中聚合物的固化过程。Michaeli 等[40]开发了一种利用射线检测聚合物比容变化的方法（图 6-19），可以在不同冷却速度条件下测得聚合物的 *PVT* 关系，还可以测试聚合物/$CO_2$ 溶液的关系。以上这些测试设备因为采用了较特殊的测试技术手段，所以经济适用性不强。

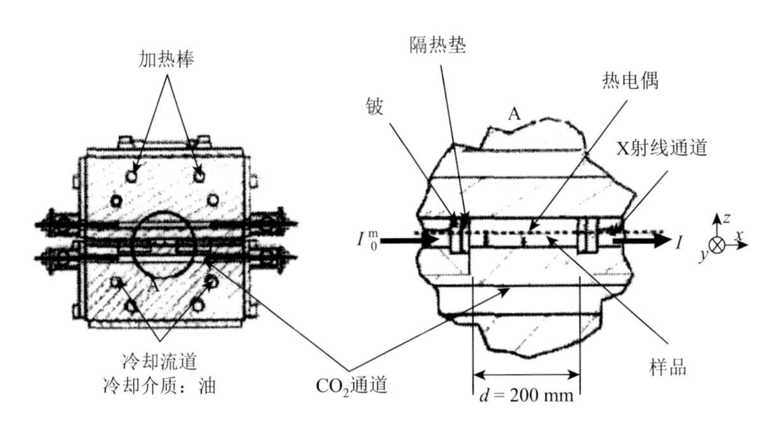


图 6-19　Michaeli 等研制的利用 X 射线测试聚合物 *PVT* 数据的装置[40]

## 6.5　基于注射模塑成型装备的聚合物 *PVT* 关系在线测试技术

根据前述的聚合物 *PVT* 关系测试技术的总结分析可知，采用常规的聚合物 *PVT* 关系测试方法的仪器都是针对聚合物样品进行的，而且还都存在一个问题：聚合物样品的测试条件与其实际加工工艺过程不一致。因此，通过这些技术测试得到的聚合物 *PVT* 关系曲线来指导注射模塑成型工艺参数的制定是不够准确的，将聚合物 *PVT* 关系曲线用于模具设计和注射模塑成型模拟分析也就存在差异。尤其是在当今 CAD/CAE/CAM 技术飞速发展的时代，只有采用能够真实反映聚合物加工过程中实际情况的聚合物 *PVT* 数据经计算机模拟的结果才会准确。当利用注射模塑成型 CAE 软件进行模拟分析时，如果采用国内外提供的聚合物性能的数据进行模拟计算，只能得到相当粗略的结果，因此针对我国常用的聚合物进行 *PVT*

关系测试，在此基础上建立聚合物 *PVT* 数据库就非常有意义。而且，常规的聚合物 *PVT* 关系测试方法的实施都需要设计专门的实验仪器设备，测试前还要准备好专门的测试样品。这些都给聚合物 *PVT* 关系的测试带来不便。

基于注塑机的聚合物 *PVT* 关系测试技术是一种具有发展潜力的测试技术，可以直接利用注塑机，因此测试数据能够在聚合物成型加工条件下得到。目前，在注塑机上进行测试的技术已经有很多，包括在模具中安装压力传感器和温度传感器来在线测量模具型腔中压力和温度的一些相关参数的变化。但是测量都是针对注射模塑成型加工过程工艺参数的控制，在聚合物 *PVT* 关系测量方面，基于注塑机的相关测试技术不多。而且这些测试技术都受到设备本身的限制，目前出现了三种利用注射模塑成型挤出机进行聚合物 *PVT* 关系测试的技术，都是利用塑化机筒及模具型腔作为样品室，利用螺杆提供压力；这些相关部件由于都比较庞大，且基本结构和几何形状都比较复杂，因此，在测试精度和计算精度方面很容易造成误差。而且体现的测试压力范围都很有限，最高测试压力分别局限在 9.646 MPa[34]、96.44 MPa[28]和 28 MPa[37]；由于测试温度间隔较大，测试结果误差也相对较大。

### 6.5.1 聚合物 *PVT* 关系在线测试模具设计

笔者创新地提出了一种可以用于注塑机上在线测试聚合物 *PVT* 关系的方法和装置，该技术方案采用了由模具、压力传感器、温度传感器、位移传感器、加热棒和模具型腔开关构成的测试装置，将测试装置安装在注塑机的合模系统中，能够在注射模塑成型工艺条件下，在线直接测得模具型腔中聚合物的 *PVT* 参数值。

图 6-20 显示了聚合物 *PVT* 关系在线测试模具的结构图。聚合物 *PVT* 关系在线测试装置由模具、压力传感器 1、温度传感器 2、位移传感器 3、加热棒 4 和模具型腔开关构成。该模具与普通的模具一样，主要由静模板 5、动模板 6、型芯 7、浇注系统、导向系统、定位固定部件和脱模抽芯系统组成。该模具与普通模具不同的是对静模板 5、动模板 6 和型芯 7 进行了以下的改装，使压力传感器 1、温度传感器 2、位移传感器 3、加热棒 4 和模具型腔开关与模具能组装成一体，使测试装置具备必需的测试功能。在模具的静模板 5、型芯 7 上开有安装传感器的孔，将压力传感器 1、温度传感器 2 安装在模具上相应的安装孔中，压力传感器 1 和温度传感器 2 的测试头可直接与被测聚合物 8 接触，可测得模具型腔中被测聚合物 8 的压力、温度的变化；位移传感器 3 设置在模具的静模板 5 与动模板 6 之间，测量静模板 5 与动模板 6 之间的相对位移。模具型腔开关由模具型腔开关阀 9、连接块 10 和驱动液压缸 11 构成。模具型腔开关安装固定在模具的静模板 5 与模具的定位固定部件中的定模板 12 之间。模具的模具型腔开关阀 9 设置在模具的静

模板 5 上开设的阶梯槽 13 中。模具型腔开关阀 9 为阶梯形，其前段有通孔 14，静模板 5 上开设有排料孔 15，排料孔 15 与阶梯槽 13 相通。模具型腔开关的模具型腔开关阀 9 由驱动液压缸 11 驱动，在模具的静模板 5 上的阶梯槽 13 中做直线往返运动，由驱动液压缸 11 实现对模具主流道 16 与浇口 17 的开关控制。当模具型腔开关阀 9 开启时，其前段的通孔 14 与模具的主流道 16 及浇口 17 相通；在测试时，模具型腔开关阀 9 将模具的主流道 16 和浇口 17 关闭，以保证被测聚合物 8 的质量恒定。模具型腔关闭后模具型腔开关阀 9 上的通孔 14 中的余料被挤到阶梯槽 13 的一侧，此时通孔 14 与排料孔 15 相通。开模后，通过合模系统的顶出机构沿排料孔 15 将余料顶出。在模具的静模板 5 和动模板 6 上布置有冷却水道 18，冷却水道 18 外接控温冷却水，用加热棒 4 和冷却水道 18 中的冷却水来控制模具的温度。

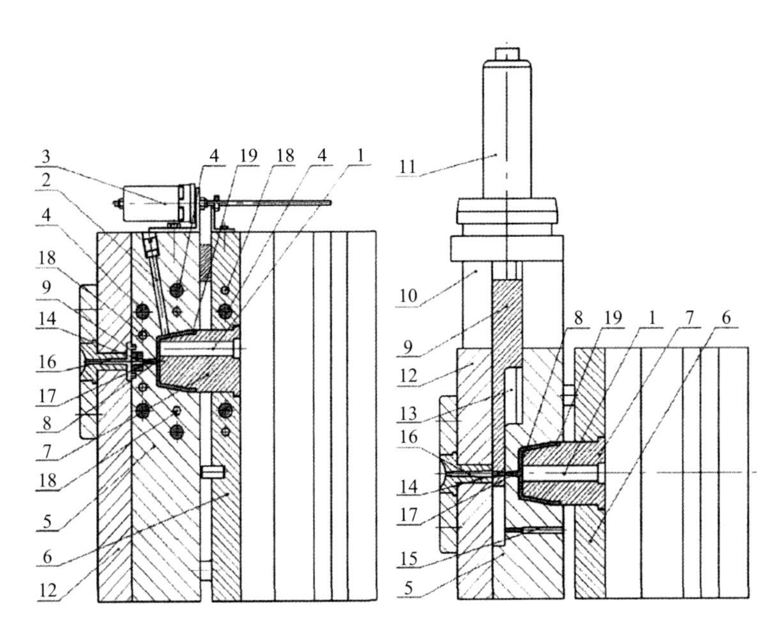


图 6-20　聚合物 *PVT* 关系在线测试模具结构图

1. 压力传感器；2. 温度传感器；3. 位移传感器；4. 加热棒；5. 静模板；6. 动模板；7. 型芯；8. 被测聚合物；9. 模具型腔开关阀；10. 连接块；11. 驱动液压缸；12. 定模板；13. 阶梯槽；14. 通孔；15. 排料孔；16. 主流道；17. 浇口；18. 冷却水道；19. 直段

位移传感器 3 可以选用磁致伸缩位移传感器，它的静止部分固定在模具的静模板 5 上，固定部分支撑在动模板 6 上的支架上。该装置采用了一个碗状制品作为测试样品。从被测聚合物 8 充满的模具型腔可以看出，型芯 7 同静模板 5 形成一个碗状模具型腔，其碗口处有一段是横截面积不变的直段 19，呈圆筒状，由于直段19的横截面在合模时是固定不变的，通过位移传感器3测定静模板5与动模板6之间的相对位移，由位移的变化得到体积的变化，即可换算为比容的变化。此方法除适用于碗状制品的测试以外，也适合测定其他形状的制品，但由于对体积测试的要求，都需要模具型腔有一段横截面不变的直段，以方便进行加压和计算体积变化。

聚合物*PVT*关系在线测试的基本原理是在聚合物注满模具型腔后，测试模具型腔中聚合物的压力、温度和位移参数，能够适时地收集到压力、温度、位移的数据，得到压力、温度、比容的变化情况。将所测得的数据记录完毕，对数据进行处理，绘制聚合物的*PVT*关系曲线；或将传感器通过AD/DA转换器同计算机连接，利用计算机处理数据，再通过软件编程，生成聚合物的*PVT*关系曲线。根据得出的聚合物*PVT*关系曲线，可以直观地了解聚合物的密度、比容、压缩性、体积膨胀系数及状态方程等方面的信息。可以利用其验证所研究的高分子热力学模型及状态方程等的准确性，同时可以用测得的数据计算其他相关性能参数，建立数据库，以指导像Moldflow、Moldex 3D等注塑成型软件的计算机模拟分析，最终实现指导制定注射模塑成型工艺，减少制品的成型缺陷，提高制品质量。

### 6.5.2 聚合物*PVT*关系在线测试模具的应用

聚合物*PVT*关系在线测试模具可采用前面所提到的八种测试模式。

以等压降温-升压测试过程为例对聚合物*PVT*关系在线测试技术的测试过程进行说明。将测试装置安装在注塑机的合模系统上后，设定注射工艺参数，先按照常规的注射模塑成型工艺流程成型几个制品后，开始对被测聚合物的*PVT*参数进行测定，测试步骤如下：

（1）通过注塑机合模系统合模。

（2）通过注塑机注塑系统将熔融状态的被测聚合物注射进模具的型腔中。

（3）利用模具型腔开关在主流道与浇口处将模具型腔关闭。

（4）根据测试过程设置参数，通过注塑机合模系统进行加压，利用测试装置的加热棒对模具进行加热，通过压力传感器、温度传感器和位移传感器适时采集被测聚合物的压力、温度和位移数据。以等压降温-升压测试过程为例，初始压力设为0 MPa，通过温度传感器和位移传感器适时测得恒定压力在0 MPa下温度和位移的数值，每次温度降低值设为定值，记录一次位移值，将位移值进行换算，得到相应的比容。根据需要，通常初始温度可设置为250℃，每次温度降低值可设为5℃，最后得到一条恒定压力在0 MPa下温度与比容的关系曲线。然后可以再升高恒定压力到下一个设定值，即测得一组不同恒定压力下温度和位移的数值。

一般最高压力可设置为 200 MPa，每次压力升高值可设为 50 MPa。

（5）将采集到的数据经过计算机处理，得到被测聚合物的压力-比容-温度曲线。

（6）继续完成注射工艺过程的冷却、开模、顶出及模具型腔开关开启的操作过程。

可以根据需要对上述测试过程仅改变步骤（4）的操作，就可以进行等压升温-升压、等压升温-降压、等温升压-降温、等温升压-升温、等温降压-降温、等温降压-升温等测试过程。

**优缺点分析**　目前，聚合物 *PVT* 数据大多数是通过专门的膨胀计测得的。与这些测试方法相比，直接利用注塑机对聚合物的 *PVT* 性质进行测试是一种非常具有潜在价值的方法。现在只有几篇基于注塑设备进行测试的相关报道，但其方法都受到设备的很大影响，测试条件受到不同程度的限制；尤其是测试压力范围，最大的也只能达到 96.44 MPa。因此这些方法得到的数据明显不足以建立聚合物 *PVT* 数据库。而笔者所提出的基于注塑设备的聚合物 *PVT* 关系在线测试技术使利用注塑设备进行测试的方法的优势得到了体现，且利用专门的测试模具将测试压力范围扩展到了 120 MPa。对这种方法的优点进行分析如下：

（1）直接利用注塑机进行测试样品的成型制造，省去了普通测试技术中样品的单独加工过程。

（2）充分利用注塑机的塑化系统对聚合物进行塑化熔融，保证了测试材料的塑化熔融过程，给聚合物创造了最实际的熔融工艺条件。

（3）充分利用注塑机的合模系统来控制模具型腔中压力的变化，测试压力控制简单、直接。

（4）在实际注射模塑成型工艺条件下得到的数据，更能反映聚合物在注射模塑成型工艺条件下的 *PVT* 关系；有利于对聚合物的成型加工进行指导，更好地选择注射模塑成型工艺参数，从而减少注射模塑成型中制品的缺陷，提高制品质量；在实际注射模塑成型工艺条件下得到的数据越切合实际，也就越有利于提高计算机模拟的准确性，更有利于注射模塑成型 CAE 软件进行数据处理分析，指导模具设计。

（5）现有测试技术都是针对聚合物样品进行测定，而该技术是直接对用于制品成型过程中的聚合物进行测定，具有准确性和针对性。

（6）可以实现在线对模具型腔中聚合物的压力、比容、温度参数进行基于等压、等温两种测试模式的多种不同的测试过程（如等压升温-升压），得到相应的聚合物 *PVT* 关系曲线。

笔者提出的聚合物关系在线测试方法，按照原理也属于一种直接加压法，因此存在直接加压法的测试型腔内压力分布不均、模具型腔壁面摩擦、密封不足等缺点。

**例：聚合物 *PVT* 关系在线测试实验**

实验采用了等压升温-升压的测试模式，测试温度范围为25～130℃，测试压力范围为20～120 MPa。根据等压升温-升压的测试过程，恒定压力分别从20 MPa增至120 MPa，恒定压力之间间隔20 MPa。测试聚合物在放入注塑机前，需要设定相应的温度，先用电热鼓风干燥箱对塑料颗粒预热1 h，以除去其中可能含有的水分。

该实验对以下五种聚合物进行了测试：ABS 树脂（丙烯腈-丁二烯-苯乙烯共聚物）、PS（聚苯乙烯）作为非结晶聚合物的代表，LDPE（低密度聚乙烯）、PP（聚丙烯）、PA6（聚酰胺6）作为半结晶聚合物的代表。相关材料的具体信息可参见表6-1。其中前四种为国产材料，后一种为日本宇部兴产株式会社生产的进口材料。

**表6-1 实验材料的信息表（一）**

| 序号 | 名称 | 牌号 | 厂家 | 密度/(g/cm$^3$) |
|---|---|---|---|---|
| 1 | ABS | PA-757 K | 镇江奇美塑料有限公司 | 1.05 |
| 2 | PS | HIPS 825 | 盘锦乙烯有限责任公司 | 1.04 |
| 3 | LDPE | LD100-AC | 中国石油化工股份有限公司北京燕山分公司 | 0.9225 |
| 4 | PP | K8303 | 中国石油化工股份有限公司北京燕山分公司 | 0.9 |
| 5 | PA6 | 1030B | 日本宇部兴产株式会社 | 1.14 |

样品的形状呈碗状（图6-21），碗沿端有一段圆筒直段，以方便水平方向对测试样品实施加压和对体积变化进行计算。

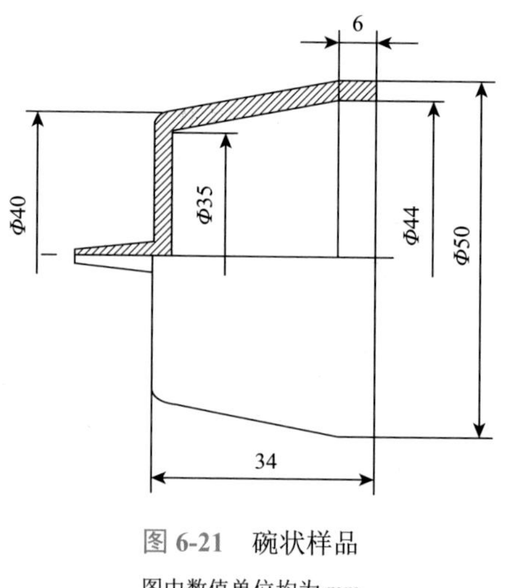


图6-21 碗状样品

图中数值单位均为mm

利用基于注塑机的聚合物 *PVT* 关系在线测试模具分别测得了 ABS、PS、LDPE、PP 和 PA6 五种聚合物的 *PVT* 数据，其中压力 $P = 20$ MPa、40 MPa、60 MPa、80 MPa、100 MPa、120 MPa，从图中还可以得到相应聚合物的热变形温度，分别为：88℃（ABS）、92℃（PS）、90℃（LDPE）、85℃（PP）和 70℃（PA6）。

为检验测试数据的准确性，实验中测得的五种材料的 *PVT* 关系与另外五种材料的 *PVT* 关系进行了比较。这另外五种材料分别与实验用的五种材料相对应，名称相同但牌号和生产商不同。其 *PVT* 关系数据是由美国 Moldflow 塑料实验室利用 confining-fluid 技术测试得到的，测试仪器是 Gnomix 公司的 *PVT* 高压膨胀计。表 6-2 列出了这些对比材料的相关信息。图 6-22 至图 6-26 显示了根据测试结果作出的 *PVT* 关系曲线，其中压力 $P' = 0$ MPa、50 MPa、100 MPa 和 150 MPa，温度 $T = 25 \sim 150$℃。

**表 6-2　实验材料的信息表（二）**

| 序号 | 名称 | 牌号 | 厂家 | 密度/(g/cm$^3$) |
|---|---|---|---|---|
| 1 | ABS | Techno ABS 110 | Techno Polymer | 1.0541 |
| 2 | PS | PS-115 | Nova Chemicals | 1.04850 |
| 3 | LDPE | LDPE-Generic Estimates | CMOLD Generic Estimates | 0.92079 |
| 4 | PP | 6331 | Taiwan PP | 0.92888 |
| 5 | PA6 | Akulon NY-7 BK5033 | DSM EP | 1.08050 |

图 6-22～图 6-26 说明，在压力恒定的条件下，聚合物的比容随温度的不断升高而增加；虽然测试材料的牌号不同，但利用基于注塑机的聚合物 *PVT* 关系在线测试模具得到结果的变化上升趋势与常规测试方法（confining-fluid 技术）测得的结果是一致的，从而证明了这种新的聚合物 *PVT* 关系在线测试技术的可行性。

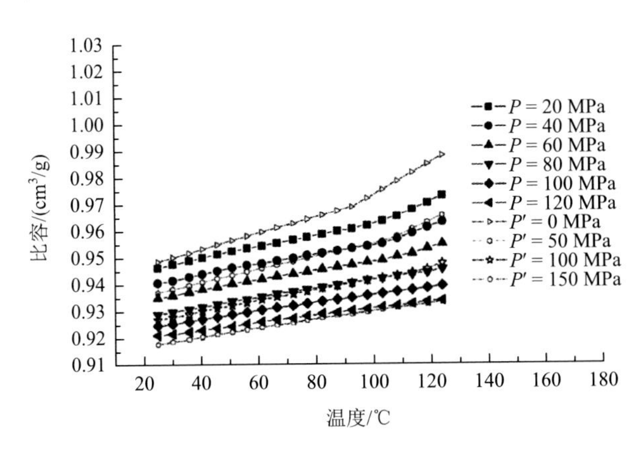


图 6-22　ABS（PA-757 K 和 Techno ABS 110）的 *PVT* 关系曲线[1]

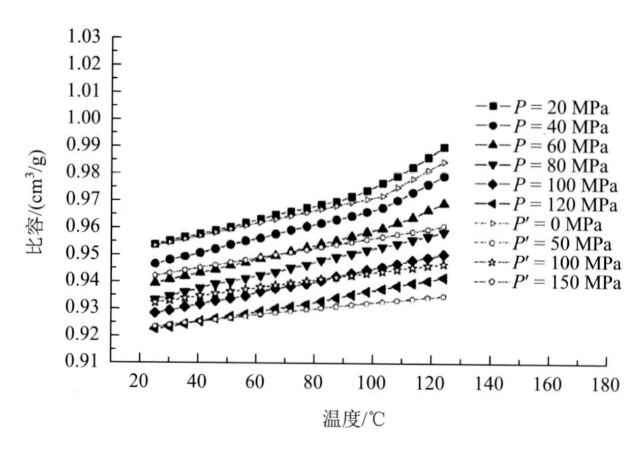


图 6-23 PS（HIPS 825 和 PS-115）的 *PVT* 关系曲线[1]

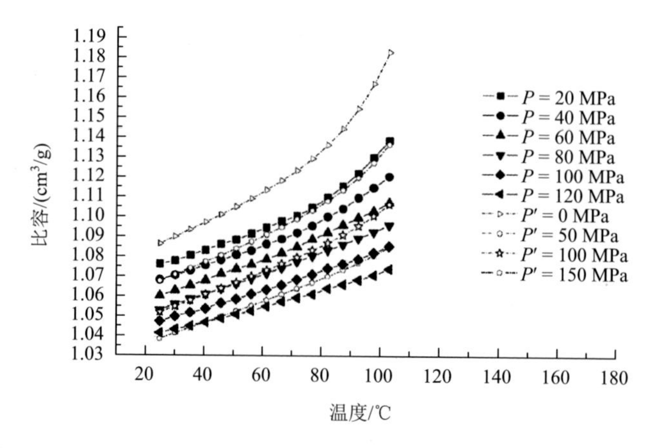


图 6-24 LDPE（LD100-AC 和 Generic Estimates）的 *PVT* 关系曲线[1]

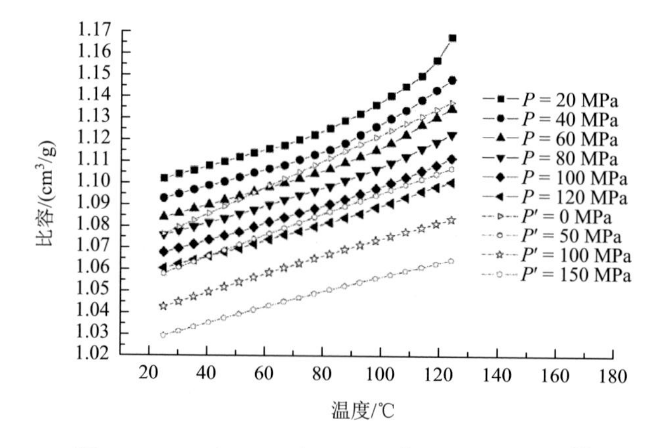


图 6-25 PP（K8303 和 6331）的 *PVT* 关系曲线[1]

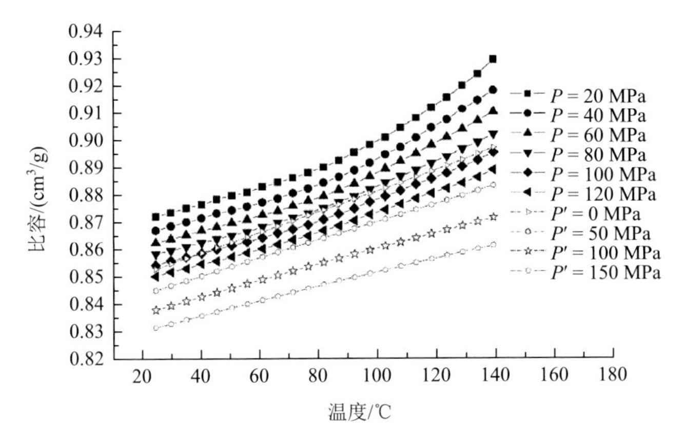


图 6-26　PA6（1030B 和 Akulon NY-7 BK5033）的 *PVT* 关系曲线[1]

**同种类不同牌号的聚合物 *PVT* 关系比较**　从聚合物 *PVT* 关系测试数据图中比较也可以看出，相同材料名称而不同生产商或牌号，其 *PVT* 关系也会有很大的不同。因此，对特定材料应该应用与其相符的材料特性参数，才能提高计算机模拟分析的准确性，从而更好地指导工艺参数设置和模具设计等。

**测试稳定性与重复性**　为确定此在线测试方法及设备的稳定性和重复性，对半结晶聚合物 LDPE 的 *PVT* 关系进行了两次相同测试条件和测试过程的实验。图 6-27 显示了这两次的测试结果，可以看出两次的实验结果相差不大，取其最大差距进行计算得到误差在 0.3%以内，从而证明了基于注塑机的聚合物 *PVT* 关系在线测试技术的稳定性和重复性。

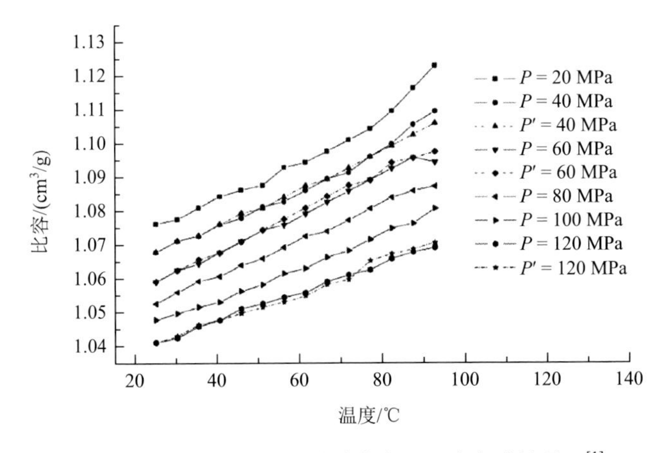


图 6-27　LDPE 的 *PVT* 关系曲线（两次实验结果）[1]

**测试样品形状的影响**　为提高测试设备的控制精度，最好选用体积较大的样

品，因为体积的变化更容易测得。实际上，为减小位移测试误差，长径比越大的样品更能提高测试的精度。因为对于同一种材料，比容的变化是一定的，如果比容变化相同，即体积变化相同，长径比大的样品在长度方向上的变化则更大，更大的长度位移更容易被位移传感器测得。本节实验中采用的样品壁厚仅为3 mm，长度则为34 mm，因此长径比较大适宜测试。

## 6.6 聚合物 *PVT* 关系模型及其应用

了解聚合物体系的性质对于开发新材料、指导实验与生产活动、提高产品品质量等非常有用。除了基本的实验外，寻求建立各种模型，以用较少的实验数据来内插或外推所需的数据，用以指导生产和科学实验。随着实验技术的不断提高和理论方面的发展，人们对聚合物的认识不断深入，提出了许多更接近于真实聚合物 *PVT* 关系的模型，可称之为状态方程。状态方程在化工设计和液体及液体混合物相平衡研究方面有很重要的作用。聚合物 *PVT* 模型是聚合物注射模塑成型迈向精密化、数字化和智能化的关键。聚合物 *PVT* 状态方程可以用于研究计算广阔温度和压力范围内聚合物的比容性质、掺混和相分离规律、相平衡计算等。另外，聚合物 *PVT* 状态方程还用于描述聚合物的 *PVT* 关系，在其注射模塑成型模拟与控制方面提供计算公式与理论依据。因此，聚合物状态方程的研究对其加工和应用都有着重要的指导意义。

### 6.6.1 聚合物 *PVT* 关系模型的建立

起先，状态方程的开发大体上是依靠经验。随着更深入理论知识的发展，状态方程逐渐利用数学计算公式进行描述。现在利用分子模拟数据来检验状态方程的理论基础已经很普遍了。许多建立在理论基础上的状态方程可提供很可靠的计算[41]。目前用于描述聚合物及其溶液 *PVT* 性质的状态方程主要是通过经验和半经验/理论方法建立的。可用于描述聚合物 *PVT* 关系的理论包括自由体积/胞腔理论、格子流体理论、空穴理论、微扰理论等。研究者以不同的理论模型描述了聚合物的结构，从而得到了不同的状态方程、配分函数和热力学函数的表达式。

聚合物 *PVT* 状态方程总体上可分为三种。第一种是通过经验方法建立的，即通过对实验数据进行分析，提出经验的关联式。由这种方法建立的状态方程，缺乏理论基础，所引入的参数也少有物理意义。因此，它们只在关联该状态方程的实验条件内适用，难以外推，不具有预测性和普适性。第二种是通过理论方法建立的。需要了解溶液的结构，即溶液中各组分分子在空间的取向排列方式，以及同种和异种分子间的相互作用力。据此建立起来的状态方程适用范围广，一般具有一定的预测能力。该类状态方程的建立是以纯物质为出发点，先给出描述纯流体性质的关系式，通过一定的混合规则，将其扩展用于混合物性质的描述。第三种是半经验/半理论方法，即经验方法与理论方法的有机结合，既根据相应的理论建立模型，又需要通过实验数据得到模型中需要的经验参数值。利用半经验方法建立状态方程通常是先赋予流体一种明确的假设的物理图像，然后提出相应的配分函数，利用统计热力学和经典热力学关系式导出状态方程及其他所有的性质。其物理图像清晰，许多著名模型都是用这种方法建立的[42]。另外，随着人工智能、机器学习算法的不断发展，基于机器学习的神经网络算法建立的模型也被成功应用于聚合物 *PVT* 关系的描述中。

### 6.6.2　理论方法建立的聚合物 *PVT* 状态方程

聚合物溶液结构复杂，要建立模型需要先假定其具有某种明确结构。人们通常假设聚合物溶液具有似晶格结构，但晶格结构适用于固体，不适于液体；人们引入胞腔、空穴等概念来进行修正，提出了多种形式的配分函数表达式，建立了许多状态方程。以这种方法建立聚合物溶液状态方程的理论大致有四种：自由体积理论/胞腔理论、空穴理论、晶格流体理论和链状分子流体理论。

1）自由体积理论/胞腔理论

自由体积理论又称为胞腔理论，假设液体分子处于一个由周围分子构成的胞腔中，并可在胞腔内运动，这是对假设液体具有晶格结构的改进。自由体积理论的基本点是：由于液体分子的密度很高，分子实际上大部分时间是在平衡位置附近振动，因此每个分子可认为被束缚在一个胞腔里。假设分子间的相互作用只限于最邻近分子，则每个分子处于构成胞腔壁分子的位能场中运动。

Flory 等[43]在以前关于链状分子溶液的研究工作基础上，于 1964 年系统地发表了 Flory 溶液理论，通过借用 Priogine 提出的广义外自由度概念，假设一个半经验的位形配分函数，从而导出著名的 Flory 状态方程。其表达式为

$$\frac{\tilde{P}\tilde{V}}{\tilde{T}}=\frac{\tilde{V}^{1/3}}{\tilde{V}^{1/3}-1}-\frac{1}{\tilde{V}\tilde{T}}$$

式中，$\tilde{P}$ 为对比压力；$\tilde{V}$ 为对比比容；$\tilde{T}$ 为对比温度。

2）空穴理论

为了使胞腔理论更适于液体结构，人们在胞腔中引入空穴，即假设存在空的胞腔或胞腔壁上存在空穴，这种图像更接近于液体的真实结构。1969 年，Simha 和 Somcynsky[44]利用这种处理方法，建立了一个空穴理论状态方程（SS 状态方程）。他们认为高分子体积变化由胞腔大小和空穴数量共同变化引起，提出的 SS

状态方程的物理概念更接近于真实高分子液体，因此被广泛用于描述高分子热力学行为。其表达式如下：

$$\frac{\tilde{P}\tilde{V}}{\tilde{T}}=\frac{(y\tilde{V})^{1/3}}{(y\tilde{V})^{1/3}-2^{-1/6}y}-\frac{2}{\tilde{T}(y\tilde{V})^2}\left[1.2045-\frac{1.011}{(y\tilde{V})^2}\right]$$

式中，$y$ 为被占坐席分数。

SS 状态方程是目前可用于聚合物溶液和混合物模型中理论基础和精度较好的一个。空穴理论模型给予液态晶胞模型更大的灵活性，与晶格流体模型一样，空穴被看作是引起热体积膨胀的主要因素，但胞腔体积是变化的，且对热力学性质有不可忽略的影响。

3）晶格流体理论

晶格流体理论是对液体自由体积理论的改进，它将空穴引入到晶格中解释了流体的可压缩性，体系体积的变化主要是由于晶格中空穴的存在。此外，该理论还认为晶格大小固定不变，体系的熵变是体积和温度的函数。1976 年 Sanchez 和 Lacombe[45]用此方法提出了一个配分函数式，进一步建立了一个晶格流体状态方程（SL 状态方程）。其表达式为

$$\frac{\tilde{P}\tilde{V}}{\tilde{T}}=\tilde{V}\ln\frac{\tilde{V}}{\tilde{V}-1}-\frac{1}{\tilde{T}\tilde{V}}-1+\frac{1}{r}$$

式中，$\tilde{P}=\frac{P}{P^*}$；$\tilde{T}=\frac{T}{T^*}$；$\tilde{V}=\frac{V}{V^*}$；$r=\frac{MP^*V^*}{RT^*}$，上角标星号表示为回归特性参数，需由实验确定，$M$ 为摩尔质量。

SL 状态方程建立在较好的统计力学基础上。由于在晶格中引入了空穴的概念，因此可以反映混合过程中自由体积的变化。而且其形式简单，易于推广到对混合物的计算中，是一个较好的理论模型。但 SL 状态方程用于计算高密度聚合物溶液时不够准确，应用范围受到限制。

4）链状分子流体理论

虽然自由体积理论、晶格流体理论和空穴理论建立的模型带有经验性的参数，但都有一定的理论基础，用于描述聚合物液体的热力学性质已取得较好的计算结果。相比之下，对聚合物溶液气相的描述却不能令人满意，尤其是对于高压或超临界的情况。状态方程也不能回归到理想气体的极限情况。根据微扰理论所建立的链状分子热力学模型能够弥补自由体积理论和晶格流体理论的不足。近年来，用统计力学和微扰理论建立聚合物溶液理论，所得到的连续性热力学模型有很好的理论基础，能适用于从稀薄气体到稠密液体的广泛密度范围。通常是以柔性硬球链流体为参考流体，加上适当的微扰项以计算链节间相互吸引力的贡献，从而建立实际的链状流体状态方程。不同的研究者对参考项和微扰项出发点不同，可得到形式不同的状态方程。

### 6.6.3 半理论/半经验方法建立的聚合物 PVT 状态方程

描述聚合物 *PVT* 关系的理论模型（如晶胞模型、晶格模型、空穴模型等）只能适用于聚合物液态 *PVT* 行为的描述，且较为复杂，难以应用于实际的工程控制中。1985 年，Hartmann 和 Haque[46]在实验的基础上，根据自由体积理论提出了一个适用于聚合物固态和熔融态的简约 *PVT* 状态方程，即 HH 状态方程。其表达式为

$$\tilde{P}\tilde{V}^5 = \tilde{T}^{3/2} - \ln\tilde{V}$$

式中，$\tilde{P} = \dfrac{P}{P^*}$；$P^* = \dfrac{2\pi N}{9\mu V} r \dfrac{\mathrm{d}(u)r}{\mathrm{d}r} g(r)$；$\tilde{V} = \dfrac{V}{V^*}$；$\tilde{T} = \dfrac{T}{T^*}$；$T^* = \dfrac{3(z-2)\varepsilon_1^*}{k}$，$k$ 为玻尔兹曼常数；$\varepsilon_1^*$ 为节间势能；$z$ 为配位数。$\varepsilon_1^*$ 取决于平均节间距 $r$。$N/V$ 为单位体积的原子数量；$\mu$ 为几何因数，取决于 $z$（$z=6$，$u=1$）；$u(r)$为交互作用势；$g(r)$为二元径向分布函数，与平均节间距 $r$ 有关。与经验 Tait 方程相比，HH 状态方程也可以应用于等温体积模量、热膨胀系数和格鲁尼森参数的计算。研究表明，HH 状态方程在基于短期测试数据对聚合物长期力学性能进行预测方面能够提供很好的结果。Hess[47]研究发现 HH 状态方程对半刚性聚合物在玻璃化转变温度以上的 *PVT* 行为能够准确描述。Brostow 等[48]利用 HH 状态方程对玻璃质的 $Ge_xSe_{1-x}$ 硫族（元素）化物合金的 *PVT* 性质进行了相关参数的计算。Broza 等[49]利用 HH 状态方程对共聚物 PET 的 *PVT* 性质进行了相关计算。

半经验半理论 *PVT* 模型虽然可以实现聚合物固态 *PVT* 行为的描述，但仍然脱离不了经验模型的缺陷，甚至需要多种实验确定相关模型的物性参数，这增加了模型的误差。

### 6.6.4 基于经验方法建立的聚合物 PVT 状态方程

基于实验数据的经验型 *PVT* 模型则具有简单易用的优点。现有的用于注射模塑成型的双域 *PVT* 状态方程都属于经验型模型。

1）van der Waals 状态方程

1873 年提出的 van der Waals 状态方程是第一个预测气液共存的方程。之后，Redlich 和 Kwong[50]（1949 年）通过加入取决于温度的吸引项，改进了 van der Waals 状态方程的准确性，得到了 Redlich-Kwong（RK）状态方程。Soave[51]（1972 年）、Peng 和 Robinson[52]（1976 年）对 RK 状态方程进行了修正，分别得到了 SRK 状态方程和 PR 状态方程，以更精确地预测气压、液体密度和平衡比。SRK 状态方程是一个使用广泛的代表性方程，不过考察其对纯聚合物参数的估算准确性是很有必要的，因此当不知道一种聚合物纯参数时，该方法不能单独使用。Carnahan

和 Starling[53]（1969 年）、Guggenheim[54]（1965 年）和 Boublik[55]（1981 年）修正了 van der Waals 状态方程的斥力项，得到了对硬球流体的准确表达。Christoforakos 和 Franck[56]（1986 年）对吸引项和斥力项进行了修正，可以对小分子和长分子进行建模。

2）Spencer 状态方程[57]

早在 1949 年，Spencer 和 Gilmore 使用修正的 van der Waals 状态方程来描述聚合物的 *PVT* 关系：

$$(P+P^{*})(V-b^{*})=\frac{RT}{W}$$

式中，$P$、$V$、$T$ 分别为模具型腔中聚合物所受的外压力、比容、温度；$b^{*}$为大分子比容；$P^{*}$为内聚压力；$W$ 为单体分子量；$R$ 相当于气体常数。目前，许多国内的注射模塑成型设备还采用这种状态方程进行聚合物 *PVT* 关系的计算及控制[4]。Spencer 状态方程是最早针对聚合物 *PVT* 关系进行描述的方程。

冷却速度对聚合物加工的影响很大，因为聚合物从熔融态到固态转变过程中要经历很快的冷却速度。传统的 Tait 方程广泛应用于表征聚合物的比容行为，该行为是温度和压力的函数，而并非是冷却速度。1996 年，Ito 等[58]采用 Spencer 方程来描述不同冷却速度状态下等规聚丙烯的比容，虽然结果最接近半结晶聚合物的比容，但实际上没有完全涉及结晶动力学方面的内容。

3）Tait 模型[59]

对于聚合物体系，利用 1888 年的经验 Tait 方程可以成功地与 *PVT* 实验数据相符合，从而证明了 Tait 方程的合理性。用于表达聚合物 *PVT* 性质的经验 Tait 状态方程的一般形式为

$$V(T,P)=V_{0}(T)\left\{1-C\ln\left[1+\frac{P}{B(T)}\right]\right\}$$

式中，$P$、$V$、$T$ 分别为压力、比容、温度；$V_0$ 为常温常压下的比容；$B$ 为温度 $T$ 的函数；$C$ 为常数。此方程较好地描述了聚合物注射模塑成型过程中流动及保压过程，因而对加工过程的工艺控制具有重要指导意义。在纯聚合物熔融态的 *PVT* 关系研究中，经验 Tait 状态方程得到广泛应用。Tait 状态方程对所有聚合物体系而言，是一个普适方程，但是在玻璃态下却与实验结果有着较大的差距。为此，Pechhold 等[60]提出了自己的设想，利用固体物理理论，描述了 PC 玻璃态下的 $V=V(P,T)$关系，利用推导出的热力学方程得出具体化的计算结果，这些结果与实验结果的符合程度要好于状态方程。但是该理论只适用于玻璃态，却不适用于熔融态。Prigogine 等[61]的晶格理论指出，Tait 状态方程中的参数 $C$ 是一个随体积或温度缓慢变化的函数。为此，Olabisi 和 Simha[62]引入约化变量对 Tait 状态方程进行了修正，推导出简约 Tait 状态方程。这些结果及计算方法为

研究聚合物的物态结构提供了理论依据。

Zoller 的研究说明，一方面，Tait 状态方程不能很好地表示像聚丙烯这样的半结晶聚合物在固态时的可压缩行为；但另一方面，却能很好地表示半结晶聚合物在熔融态时的 *PVT* 关系[63]。为此，人们开发了双域 Tait 状态方程，将聚合物分为液态和固态两个相域，通过 Tait 状态方程分别进行描述。为适应半结晶型聚合物在结晶过程的相变描述，进一步得到了修正的双域 Tait 状态方程。目前，一些注塑成型 CAE 软件如 Moldflow、Moldex 3D 等都采用了修正的双域 Tait 状态方程[64]来拟合聚合物 *PVT* 数据。对于共混物的 *PVT* 关系，经验 Tait 状态方程也能给出精确的描述，但不同组分下的 Tait 状态方程中的参数是不一样的，这给实际应用带来不便[65]。

4）Schmidt 模型

德国 IKV 的 Schmidt 等开发了 Schmidt 状态方程[66]：

$$V(P,T)=\frac{b_1}{b_2+P}+\frac{b_3\cdot T}{b_4+P}$$

式中，$b_1$、$b_2$、$b_3$ 和 $b_4$ 为调整参数。该模型简单实用，在德语系国家得到了广泛应用。但需要建立两组方程分别描述聚合物液固相态的 *PVT* 变化。针对半结晶聚合物，引入了与修正的双域 Tait 状态方程相同的方程式，进而使得方程相关参数增加到 13 个，参数回归较困难，容易产生错误。

5）Wang 模型

用于注射成型的 *PVT* 状态方程都是基于 *PVT* 测试实验数据的经验模型，如 Tait 和 Schmidt 模型，以“双域”形式分别描述聚合物在液态和固态的 *PVT* 行为，两套相态方程及参数之间没有关联，导致在相转变时存在两个比容值，尤其对半结晶聚合物有明显数据跳跃问题［图 6-28（d）］。Wang 等[67]基于 Tait 模型，构建了聚合物相转变位置处的温度和比容参数的相等式，建立了液态和固态双域方程参数的联系，构建了连续性双域 *PVT* 状态方程［图 6-28（a）］，解决了传统双域 Tait 模型不连续问题。进一步地，鉴于 Tait 模型的复杂性，Wang 等[68]基于多项式和指数函数处理非线性数据的优势，建立了形式简单且有更高拟合精度的连续性双域 *PVT* 状态方程［图 6-28（b）］。由于冷却速度对聚合物加工的影响，Chang 等[18]根据冷却速度的影响修正了 Tait 状态方程，变成与时间有依赖关系的 *PVT* 模型。但是相关修正的模型仅适用于非结晶聚合物的 *PVT* 关系数据拟合及预测，因缺少结晶过程的描述方法，无法适用于半结晶聚合物。为此，Wang 等[67]借鉴相关方法，针对修正的双域 Tait 方程进行了进一步推导，开发了适用于描述半结晶聚合物的模型。进一步地，通过对 Wang 模型的改进，参考冷却速度与相转变温度呈对数函数关系，将冷却速度因子引入相转变比容的描述中，实现了考虑冷却速度影响的聚合物 *PVT* 关系预测。相关经验性模型为预测聚合物比容随温度、压力和冷却速度变化提供了更有效的工具。对 ABS 和 PP 的 *PVT* 实验数据拟合精度高于99.43%，平均绝对偏差低于0.16%。该模型也考虑了冷却速度的影响，通过闪速差式扫描量热分析（flash DSC）实验及Hammami结晶模型验证了其对快速冷却（高达6000℃/min）条件下PP结晶温度的预测具有更高的精度。另外，基于加热和冷却过程的多重*PVT*测试数据，Wang等进一步发展了可同时描述加热和冷却过程的*PVT*状态方程[69]，同时考虑了加热、冷却速度和起始温度的影响。此模型的难度主要在相转变和起始温度关键点的构建上［图6-28（c）］，拟合精度达到99.82%，平均绝对偏差为0.21%。

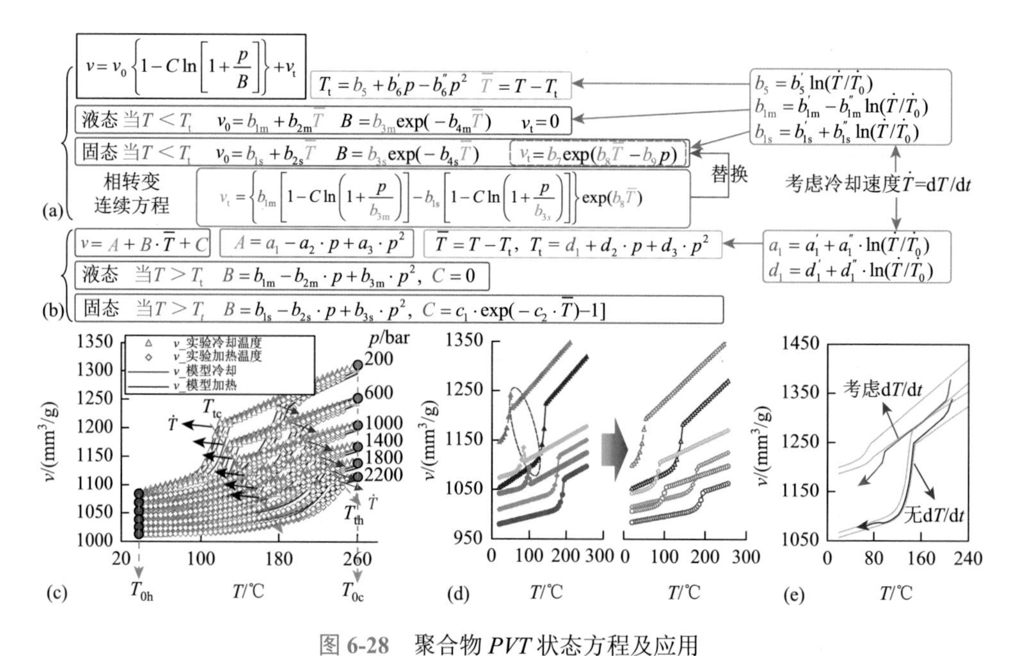


图6-28 聚合物*PVT*状态方程及应用

（a）基于Tait模型的连续性双域状态方程Ⅰ；（b）连续性双域状态方程Ⅱ；（c）同时描述加热和冷却过程的状态方程Ⅲ对实验数据的拟合；（d）对聚合物*PVT*关系相变跳跃的纠正；（e）考虑冷却速度影响的状态方程Ⅰ对注射成型模内比容变化曲线的预测

6）基于机器学习算法的聚合物*PVT*关系模型

*PVT*状态方程的数据拟合和参数回归存在烦琐和不确定性，可能由于局部极小现象而无法获得最佳参数集。机器学习算法促进了通过数据驱动的聚合物科学，并有可能探索尚未发现的序列模式——过程依赖性。基于机器学习的人工神经网络（ANN）算法适应对复杂非线性系统建模，在智能识别不可见因素方面具有优势，在如黏度、玻璃化转变温度、导热系数等材料性能预测方面非常成功，但鲜有通过ANN预测聚合物*PVT*关系的报道。因为ANN可很容易实现数据范围内插值的良好预测，但对于超出训练数据极值的外推并不有效。由于商用*PVT*测试仪在高速冷却方面的局限性和低精度，通过ANN外推实验范围外的聚合物

比容是一个重大挑战。为此，构建了适用于聚合物 *PVT* 关系的 ANN 建模方法[70]［图 6-29（a）和（b）］，利用 40～240℃温度、200～2200bar 压力和 2～20℃/min 冷却速度的 24 组 *PVT* 实验数据，结合 DSC 实验和 *PVT* 状态方程的间接验证方法，成功实现了 6000℃/min 冷却速度条件下聚合物比容的预测［图 6-29（e）］。通过扩展输入参数（压力、温度、时间、相转变温度、冷却速度）明确了相转变温度的引入可显著提高 ANN 的外推能力［图 6-29（d）］，而由于对时间和温度的依赖，冷却速度的引入导致了过度拟合。通过多种优化器和激活函数的超参数寻优，与连续性双域 *PVT* 状态方程Ⅱ预测结果对比，确定了适用于聚合物 *PVT* 关系的 tanh 激励函数和 RMSprop 优化器。同时发现，建立的 ANN 模型可感知起始温度的影响（*PVT* 测量开始时稳定状态的比容不受冷却速度影响应保持恒定），常规 *PVT* 状态方程则无法“感知”。

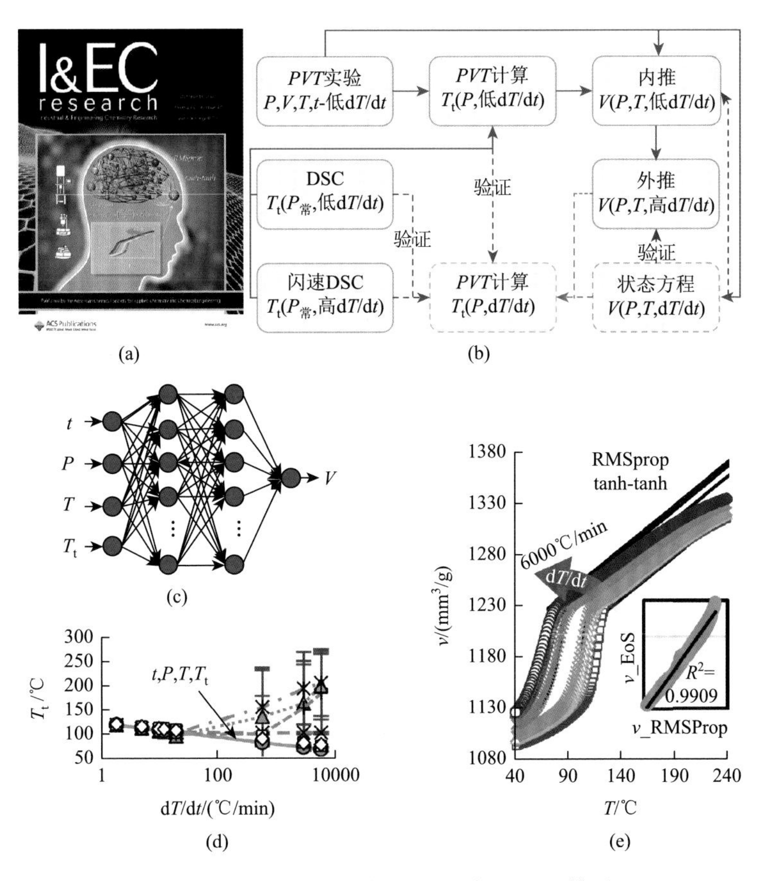


图 6-29　适用于聚合物 *PVT* 关系的 ANN 模型

（a）封面；（b）建模方法技术路线；（c）ANN 结构；（d）$T_t$ 外推结果比较；（e）ANN 预测结果及与 *PVT* 状态方程预测结果的比较

# 参考文献


[1] 王建. 基于注塑装备的聚合物 *PVT* 关系测控技术的研究[D]. 北京：北京化工大学，2010.

[2] Walsh D，Zoller P. Standard Pressure Volume Temperature Data for Polymers[M]. Boca Raton：CRC Press，1995.

[3] 汪琦. 注塑塑料制品的收缩特性[J]. 现代塑料加工应用，1994，6（5）：48-52.

[4] 陈锋. 塑料注射成型的 *PVT* 状态曲线及其应用[J]. 轻工机械，2000，18（4）：5-10.

[5] Hess M. The use of pressure-volume-temperature measurements in polymer science[C]//Macromolecular Symposia. Weinheim：Wiley-VCH Verlag，2004，214（1）：361-379.

[6] MacDermott C P，Shenoy A V. Selecting Thermoplastics for Engineering Applications[M]. Boca Raton：CRC Press，2020.

[7] Johannaber F. Injection Molding Machines a User's Guide[M]. Munich：Carl Hanser，1983.

[8] Chakravorty S. *PVT* testing of polymers under industrial processing conditions[J]. Polymer Testing，2002，21（3）：313-317.

[9] 谢鹏程，多田和美，杨卫民. 高分子材料注射成型 CAE 理论及应用[M]. 北京：化学工业出版社，2009.

[10] 郭齐健，何雪涛，杨卫民. 注射成型 CAE 与聚合物参数 *P-V-T* 的测试[J]. 塑料科技，2004，162（4）：21-23.

[11] Suárez S A，Naranjo A，López I D，et al. Analytical review of some relevant methods and devices for the determination of the specific volume on thermoplastic polymers under processing conditions[J]. Polymer Testing，2015（48）：215-231.

[12] Sato Y，Yamasaki Y，Takishima S，et al. Precise measurement of the *P-V-T* of polypropylene and polycarbonate up to 330℃ and 200MPa[J]. Journal of Applied Polymer Science，1997，66：141-150.

[13] Wang J，Hopmann C，Schmitz M，et al. Influence of measurement processes on pressure-specific volume-temperature relationships of semi-crystalline polymer：polypropylene[J]. Polymer Testing，2019，78：105992.

[14] Wang J，Hopmann C，Kahve C，et al. Measurement of specific volume of polymers under simulated injection molding processes[J]. Materials & Design，2020，196：109136.

[15] 钱汉英，刘均科. 聚合物 *PVT* 关系测定技术[J]. 中国塑料，1996，10（2）：61-67.

[16] He J，Zoller P. Crystallization of polypropylene，nylon-66 and poly（ethylene terephthalate）at pressures to 200MPa：kinetics and characterization of products[J]. Journal of Polymer Science，Part B：Polymer Physics，1994，32（6）：1049-1067.

[17] Zoller P，Fakhreddine Y A. Pressure-volume-temperature studies of semi-crystalline polymers[J]. Thermochimica Acta，1994，238（238）：397-415.

[18] Chang R Y，Chen C H，Su K S. Modifying the Tait equation with cooling-rate effects to predict the pressure-volume-temperature behaviors of amorphous polymers：modeling and experiments[J]. Polymer Engineering & Science，2004，36（13）：1789-1795.

[19] 杨卫民，王建，谢鹏程，等. 聚合物 *PVT* 关系测试技术研究进展[J]. 中国塑料，2008，22（2）：81-89.

[20] Zuidema H，Peters G W M，Meijer H E H. Influence of cooling rate on *PVT*-data of semicrystalline polymers[J]. Journal of Applied Polymer Science，2001，82（5）：1170-1186.

[21] Zoller P，Bolli P，Pahud V，et al. Apparatus for measuring pressure-volume-temperature relationships of polymers to 350°C and 2200kg/$cm^2$[J]. Review of Scientific Instruments，1976，47（8）：948-952.

[22] Quach A，Simha R. Pressure-volume-temperature properties and transitions of amorphous polymers. Polystyrene

and poly (orthomethylstyrene) [J]. Journal of Applied Physics，1971，42（12）：4592-4606.

[23] Barlow J W. Measurement of the *P-V-T* behavior of *cis*-1，4-polybutadiene[J]. Polymer Engineering & Science，1978，18：238-245.

[24] 艾方. *PVT* 数据对在注塑成形模拟中的恰当用途[J]. 模具技术，1997，15（4）：94-96.

[25] Menges G，Thienel P. Pressure-specific volume-temperature behavior of thermoplastics under normal processing conditions[J]. Polymer Engineering & Science，1977，17（10）：758-763.

[26] Piccarolo S. Morphological changes in isotactic polypropylene as a function of cooling rate[J]. Journal of Macromolecular Science，Part B，1992，31（4）：501-511.

[27] Bhatt S M，McCarthy S P. Pressure，volume and temperature（*PVT*）apparatus for computer simulations in injection molding[C]. Technical Papers of the Annual Technical Conference-Society of Plastics Engineers Incorporated. Society of Plastics Engineers Inc，1994：1831.

[28] Imamura S，Mori Y，Kaneta T，et al. Influence of accuracy of *PVT* measurement on the simulation of the injection molding process[J]. Kobunshi Kagaku，1996，53（11）：693-699.

[29] Lobo H. New approaches for *P-V-T* measurements[R]. Toronto Meeting of the CAMPUS/ISO，Toronto，Canada，1997.

[30] Brown C，Hobbs C. Pressure-volume-temperature behavior of polymers during rapid cooling[J]. NPL Measurements Notes：CMMT（MN），1998，33（11）：1-7.

[31] Luyé J F，Régnier G，Bot P L，et al. *PVT* measurement methodology for semicrystalline polymers to simulate injection-molding process[J]. Journal of Applied Polymer Science，2015，79（2）：302-311.

[32] van der Beek M H E，Peters G W M，Meijer H E H. A dilatometer to measure the influence of cooling rate and melt shearing on specific volume[J]. International Polymer Processing，2005，2：111-120.

[33] Kowalska B. Processing aspects of *P-V-T* relationship[J]. Polimery（Warsaw），2006，51（11-12）：862-865.

[34] Nunn R E. Adaptive process control for injection molding：04850217A[P]. 1989-07-25.

[35] Chiu C P，Liu K A，Wei J H. Method for measuring *PVT* relationships of thermoplastics using an injection molding machine[J]. Polymer Engineering & Science，1995，35（19）：1505-1510.

[36] Park C B，Park S S，Ladin D，et al. On-line measurement of the *PVT* properties of polymer melts using a gear pump[J]. Advances in Polymer Technology，2004，23（4）：316-327.

[37] Park S S，Park C B，Ladin D，et al. *P-V-T* properties of a polymer/$CO_2$ sulution using a foaming extruder and a gear pump[J]. Solar Energy Engineering，2002，124（1）：86-91.

[38] Thomas C L，Adebo A O，Bur A J. Ultrasonic measurement of polymer material properties during injection molding[J]. Annual Technical Conference-ANTEC，1994，2：2236-2237.

[39] Kim J G，Kim H，Han S K，et al. Investigation of pressure-volume-temperature relationship by ultrasonic technique and its application for the quality prediction of injection molded parts[J]. Korea-Australia Rheology Journal，2004，16（16）：163-168.

[40] Michaeli W，Hentschel M P，Lingk O. A novel approach for measuring the specific volume of（semi-crystalline）polymers at elevated cooling rates using X-rays[C]//Society of Plastics Engineers（SPE）Annual Technical Conference，Cincinnati，2007.

[41] Wei Y S，Sadus R J. Equations of state for the calculation of fluid-phase equilibria[J]. Wiley，2000，46（1）：169-196.

[42] 仲崇立. 聚合物溶液及液体的状态方程研究[D]. 北京：北京化工学院，1993.

[43] Flory P J，Orwoll R A，Vrij A R. Statistical thermodynamics of chain molecule liquids. I. An equation of state for

normal paraffin hydrocarbons[J]. Journal of the American Chemical Society，1964，86（17）：3507-3514.

[44] Simha R，Somcynsky T. On the statistical thermodynamics of spherical and chain molecule fluids[J]. Macromolecules，1969，2（4）：342-350.

[45] Lacombe R H，Sanchez I C. Statistical thermodynamics of fluid mixtures[J]. Journal of Physical Chemistry，1976，80（23）：2568-2580.

[46] Hartmann B，Haque M A. Equation of state for polymer liquids[J]. Journal of Applied Polymer Science，1985，30（4）：1553-1563.

[47] Hess M. *PVT*-properties of branched main-chain polymer liquid crystals[J]. Materials Research Innovations，2002，6（1）：30-33.

[48] Brostow W，Castaño V M，Martinez-Barrer G，et al. Pressure-volume-temperature（*P-V-T*）properties of $Ge_xSe_{1-x}$ inorganic polymeric glasses[J]. Physica B：Condensed Matter，2003，334（3-4）：436-442.

[49] Broza G，Castaño V M，Martinez-Barrera G，et al. *P-V-T* properties of apolymer liquid crystal subjected to pre-drawing at several temperatures[J]. Physica B：Condensed Matter，2005，357（3-4）：500-506.

[50] Redlich O，Kwong J. On the thermodynamics of solutions; an equation of state; fugacities of gaseous solutions[J]. Chemical Reviews，1949，44（1）：233.

[51] Soave G. Equilibrium constants from a modified Redlich-Kwong equation of state[J]. Chemical Engineering Science，1972，27（6）：1197-1203.

[52] Peng D Y，Robinson D B. A new two-constant equation of state[J]. Industrial and Engineering Chemistry Fundamentals，1976，15：59-64.

[53] Carnahan N F，Starling K E. Equation of state for nonattracting rigid spheres[J]. Journal of Chemical Physics，1969，51：635-636.

[54] Guggenheim E A. Variations on van der Waals' equation of state for high densities[J]. Molecular Physics，1965，9（2）：199-200.

[55] Boublik T. Statistical thermodynamics of nonspherical molecule fluids[J]. Berichte der Bunsengesellschaft/Physical Chemistry Chemical Physics，1981，85（11）：1038-1041.

[56] Christoforakos M，Franck E U. An equation of state for binary fluid mixtures to high temperatures and high pressures[J]. Berichte der Bunsengesellschaft für Physikalische Chemie，1986，90（9）：780-789.

[57] Spencer R S，Gilmore G D. Equation of state for polystyrene[J]. Journal of Applied Physics，1949，20（6）：502-506.

[58] Ito H，Minagawa K，Takimoto J，et al. Effect of pressure and shear stress on crystallization behaviors in injection molding[J]. International Polymer Processing，1996，4：363-368.

[59] Beret S，Prausnitz J M. Densities of liquid polymers at high pressure. Pressure-volume-temperature measurements for polythylene，polyisobutylene，poly (vinylacetate)，and poly (dimethylsiloxane) to 1 kbar[J]. Macromolecules，1975，8（4）：536-538.

[60] Theobald S，Pechhold W，Stoll B. The pressure and temperature dependence of the relaxation processes in poly (methylmethacrylate) [J]. Polymer，2001，42（1）：289-295.

[61] Prigogine I，Bellmans A，Mathot V. The Molecular Theory of Solutions[M]. Amsterdam：North Holland Publishing Co.，1957.

[62] Olabisi O，Simha R. A semiempirical equation of state for polymer melts[J]. Journal of Applied Polymer Science，1977，21（1）：149-163.

[63] Zoller P. Pressure-volume-temperature relationships of solid and molten polypropylene and poly（butene-1）[J].

Journal of Applied Polymer Science，2010，23（4）：1057-1061.

[64] Zoller P，Kehl T A，Starkweather H W Jr，et al. The equation of state and heat of fusion of poly（ether ether ketone）[J]. Journal of Polymer Science，Part B：Polymer Physics，1989，27（5）：993-1007.

[65] Zoller P，Hoehn H H. Pressure-volume-temperature properties of blends of poly（2，6-dimethyl-1，4-phenylene ether）with polystyrene[J]. Journal of Polymer Science，Part B：Polymer Physics，1982，20（8）：1385-1397.

[66] Schmidt T W. Zur abschätzung der schwindung[D]. Aachen：Rwth Aachen University，1986.

[67] Wang J，Hopmann C，Schmitz M，et al. Modeling of *PVT* behavior of semi-crystalline polymer based on the two-domain Tait equation of state for injection molding[J]. Materials & Design，2019，183：108149.

[68] Wang J，Hopmann C，Röbig M，et al. Continuous two-domain equations of state for the description of the pressure-specific volume-temperature behavior of polymers[J]. Polymers，2020，12（2）：409.

[69] Wang J，Hopmann C，Röbig M，et al. Modeling of pressure-specific volume-temperature behavior of polymers considering the dependence of cooling and heating processes[J]. Materials & Design，2020，196：109110.

[70] Wang J，Hopmann C，Liu B，et al. Prediction of specific volume of polypropylene at high cooling rates by artificial neural networks[J]. Industrial & Engineering Chemistry Research，2021，60（40）：14434-14446.

# 第7章 高分子材料模塑成型3D复印过程控制

## 7.1 高分子材料3D复印过程控制

高分子材料3D复印技术主要涉及加工材料性能、成型设备和工艺等几个方面。其特点是不仅要求制品的外形尺寸有相当高的精度，而且对制品的表面质量和内在质量（包括机械性能、光学性能等参数）也有极高的要求。衡量高分子材料3D复印技术的指标通常是制品的尺寸重复误差和质量重复误差。而要保证制品尺寸和质量的重复性，就必须为注塑机设计一个高精度的控制系统。只有在注射模塑成型过程的各个关键参数得到稳定控制的情况下，才能够保证最终制品的尺寸和质量及其重复性。

注射模塑成型过程控制可分为三个不同的等级[1]：等级一——机器变量控制、等级二——过程变量控制和等级三——质量变量控制，表7-1总结了注射模塑成型中的三个等级变量。这三个等级所涉及的控制变量对最终得到的制品质量和成本具有直接的影响。对于等级一，机器变量的控制可以通过相应的控制器和传感器进行单独控制，可称为“机器控制”。现在，机器制造商通常采用可编程控制器（PLC）和比例积分微分控制器（PID）来实现。对于等级二，过程变量不仅取决于等级一机器变量的工艺条件，而且与所采用的材料性质、机器和模具构造有关，反映了材料被加工过程中的变化、机器的性能和设置的其他工艺参数。因此，这些过程变量的控制通常被称为“过程控制”，也是在注射模塑成型领域研究最广泛的部分。等级三称为质量变量控制，质量变量反映了最终制品质量的各方面标准。等级三是控制系统最终关注的部分，也是注射模塑成型控制最重要的部分。制品质量可以根据应用领域和功能要求的不同进行选择。所有的质量变量都是等级一和等级二的相关变量的反映。但是，机器变量和过程变量与质量变量之间的关系还没有被人们所认知，这也是“质量控制”落后于“机器控制”和“过程控制”的原因[2]。

**表 7-1　注射模塑成型中三等级变量[1]**

| 等级 | 名称 | 控制性质 | 相关参数及变量 |
|---|---|---|---|
| 等级一 | 机器变量 | 单独控制 | 机筒温度、喷嘴温度、冷却温度、保压压力、背压、注射压力、合模/填充/保压/预塑/顶出等转换点、注射速度、螺杆旋转速度、注射量、料垫 |
| 等级二 | 过程变量 | 关系控制 | 熔体温度（喷嘴、流道、模具型腔处）、熔体压力（喷嘴、模具型腔、熔体前端）、最大剪切应力、散热或冷却速度 |
| 等级三 | 质量变量 | 质量控制 | 制品质量，制品厚度，收缩、翘曲、缩痕、熔接痕、烧痕、飞边等表面质量 |

注射模塑成型过程是一个复杂的工业过程，其产品质量取决于材料参数变量、机器变量、过程变量、干扰变量和这些变量之间的交互作用。这些变量之间的关系如图 7-1 所示。注射模塑成型过程控制的目的就是通过对一些关键的过程参数变量的精确控制和合理设定来保证成型过程的稳定性和可重复性，从而最终保证产品的质量。研究人员在过程控制上投入了大量的精力：一方面试图精确控制各个主要过程变量；另一方面希望了解这些过程变量与最终产品质量之间的关系从而进行直接的质量控制。过程变量的控制因为与工业生产的密切联系而更受关注。

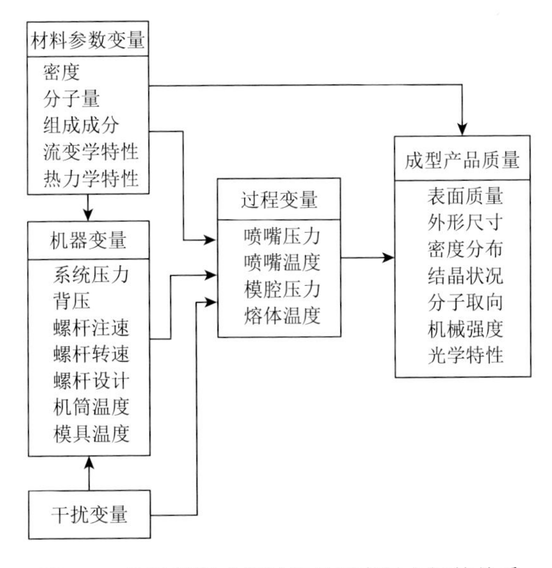


图 7-1　注射模塑成型过程各组变量之间的关系

根据材料参数变量对机器变量进行控制，进而控制过程变量，最终实现质量变量控制的目的。其核心是过程变量的控制。热塑性材料注射模塑成型过程中所需控制的最重要的特性之一是材料冷却阶段的保压压力曲线。按照所成型材料的一系列特性选定的最佳保压压力曲线，甚至能够在材料特性发生重大变化的情况下，仍可对所成型的制品质量进行非常精确的控制。

目前，大多数国外机型都可以提供利用模具型腔压力转压的“过程变量控制”选项，也有个别针对精密注塑成型的机型设置保压过程控制选项。然而，国内的机型仍然采用传统的注射时间、螺杆位置转压控制方式和时间控制保压过程的控制方式，这些控制方式还停留在等级一“机器变量控制”的水平，在“过程变量控制”甚至“质量变量控制”更高水平控制的研究上尚未取得较大的突破性进展。

为此，我们根据现有注射模塑成型过程控制技术特点，以聚合物*PVT*关系为基础，总结提出了聚合物*PVT*关系控制理论，针对注射模塑成型转压点控制、保压结束点（浇口冻结点）控制和保压过程控制三个方面开展了大量的实验研究工作，以实现“过程变量控制”和“质量变量控制”更高等级控制方式技术方面的突破，打破国外在注射模塑成型过程控制技术方面的垄断，弥补我国在此方面的不足，提高国内注塑机的控制精度。

### 7.1.1 注射模塑成型 *V*/*P* 转压控制技术

在注射模塑成型过程中，高的注射压力用于推动聚合物熔体流动，通过喷嘴、浇口套、流道、浇口，最终抵达模具型腔中，并填充约95%的体积，此为注射阶段。之后，机器驱动螺杆转为低压完成后面模具型腔的填充并继续填充由于熔体收缩产生的部分间隙，直到浇口冻结，此为保压阶段。现今的注塑机通常采用速度参数控制注射阶段，采用系统压力参数控制保压阶段。因此，螺杆由速度转换为保压压力的时刻称为*V*/*P*（速度/压力）转压点。

*V*/*P* 转压点的控制精度对最终成型制品的质量及重复精度起着关键作用。如果转压过早，螺杆减速早，熔体有了充分时间冷却，导致熔体压缩不够，最终使得制品容易顶出，重量轻，甚至产生缩痕等缺陷。如果*V*/*P*转压过晚，模具型腔压力达到峰值后会持续不下直到转压，导致制品难以脱模，甚至产生飞边等缺陷。因此，注射模塑成型*V*/*P*转压控制技术是注射模塑成型过程控制技术中的重要部分。

目前，存在许多不同的*V*/*P*转压控制技术，传统的*V*/*P*转压控制技术主要包括注射时间转压、螺杆位置转压和系统压力转压。另外，人们还开发了许多新的*V*/*P*转压控制技术，主要包括模具型腔压力转压、喷嘴压力转压、合模导柱载荷形变转压、胀模量转压、超声波转压、电容传感器转压等。以下是对不同转压控制方式的详细介绍及分析。

1）注射时间转压

注射时间转压是注塑机最早采用的转压方式。操作员预先设定注射时间，在机器运行时，当注射时间达到设定值时，机器由注射阶段转为保压阶段。由于注射时间转压没有考虑到其他因素（压力、速度、螺杆位置等），不能限制其他因素的变化，因此往往导致制品质量变化很大，控制精度很低。

2）螺杆位置转压

螺杆位置转压是目前注塑机最常用的转压方式。其利用位移传感器电位计、光学编码器等检测注塑机的螺杆位置，以螺杆位置信号代替原来的注射时间信号，根据所需注射量的多少预先设定好转压时刻的螺杆位置，机器运行过程中，当螺杆位置达到设定值时，机器由注射阶段进入保压阶段。该转压方式运行稳定，因此迅速替代了原来的注射时间转压方式。螺杆位置转压的优点是不受温度和黏度的影响，而且可以采用闭环控制方式提高精度。但是，第一次注射模塑成型周期塑化阶段的变化会对第二次注射阶段的注射量产生影响，而且喷嘴处的流延等现象也会对第二次的注射量产生影响，因此也会引起最终制品质量的变化。

3）系统压力转压

系统压力转压适用于注射单元由液压系统控制的注塑机，这种控制方式并不常用。其控制过程如下：适时检测注射油压信号，螺杆注射，当液压系统注射液压缸中的油压达到设定值时，机器实施转压。系统压力转压可以保证每次注射转压时的油压一致，可以补偿熔体在计量或止逆环作用过程中的变化，补充熔体膨胀时黏度的变化。但当换用一种不同黏度的新材料时，经常导致偏差很大的结果，参数设置没有螺杆位置转压容易。而且，油压与熔体之间传递媒介过多，当设置油压值达到的时刻往往在时间上发生延迟，因此控制精度也并不高。

4）模具型腔压力转压

为取得更高的精度和更佳的重复性能，工程师们考虑采用在模具型腔中设置压力传感器，并利用此提供压力信号进行转压的实施。目前，许多文献证明，模具型腔压力转压的控制方式可以达到最高的重复精度。因为其检测到的模具型腔中压力的变化能够及时反映材料和机器的行为动作。但是，这种转压方式并不常用，因为需要在制品模具的型腔中设置安装压力传感器，对于传感器的位置设置也有要求，这就大大提高了模具设计和加工制造的难度，也同时提高了整个设备的成本。而且，对于多模具型腔的模具，需要更多的压力传感器。目前，模具型腔中的压力传感器有直接和间接两种类型。间接型压力传感器可安装在模具的顶出系统中，通过顶针传递压力，但测试没有直接型压力传感器效果好；直接型压力传感器需要对模具型腔开孔，设计加工难度大，成本更高。

5）喷嘴压力转压[3]

喷嘴压力转压是以喷嘴压力代替模具型腔压力实施转压的控制方式。相对于系统压力转压，其能够更直接地检测熔体的变化；相对于模具型腔压力转压，其成本造价低，且能继承模具型腔压力转压的一些优点。但是，由于注射过程时间短，喷嘴压力变化太快，压力信号往往难以及时响应，而且喷嘴压力难以准确反映模具型腔中熔体的压力变化情况，因此控制精度自然不如模具型腔压力转压。这种转压控制方式并不常用，也不适用于多流道模具型腔。

6）合模导柱载荷形变转压[4]

合模导柱载荷形变转压方式需要在注塑机的合模板导柱上设置传感器或应变测试装置，利用导柱应变的变化检测模具型腔压力的变化，可以根据应变信号实施转压。这种方式可以反映模具中近浇口处的压力，简单易行且成本低。但是由于应变信号变化相对很小，信号放大的难度加大了。

7）胀模量转压

Chen 等[5]研究了胀模量在注射模塑成型中的应用。在注射填充至保压的过程中，模具静模与动模之间会有微小的分离量，称为胀模量。通过在模具静模与动模之间设置位移传感器对胀模量进行检测，发现胀模量与制品质量有着密切的关系，保压压力和锁模力对胀模量的影响尤为显著。因此，胀模量也被作为转压信号来控制转压的实施。Wang 等[1]对这种转压方式的可行性进行了研究。Chen 和 Lih-Sheng[6]还利用此原理结合自适应控制方法来提高注射模塑成型的控制精度。其实现比较简单，只需在合模系统或模具的适宜位置安装位移传感器即可。但是由于胀模量变化微小，而且受到合模系统相关因素的干扰，以胀模量为信号精确实施转压控制还是比较困难。

8）超声波转压

近年来，超声波技术的应用日渐成熟，因此在注射模塑成型中有了利用超声波转压的控制技术。将超声波传感器安装在合适的位置，可以检测到熔融聚合物的到达，并发出转压信号。实验表明，该技术可以比模具型腔压力转压和螺杆位置转压得到更高的重复精度。其优点是超声波传感器可以设置在模具的外表面，不会影响模具的整体设计和加工。但是这种技术的成本较高。

9）电容传感器转压

Gao 等[7]发明了一种电容传感器，可以在线检测模具中材料的流动情况（包括熔体前端位置和流动速度），因此，这种电容传感器提供的信号也可以用于实施转压，还可以用于检测浇口冻结时间及过保压等。

虽然转压控制技术被研究了许多年，但是至今仍然在普遍使用的还是传统的注射时间或螺杆位置转压控制方式。由于这两种控制方式还只限于“机器控制”等级，都没有体现熔体在填充模具型腔过程中的流动行为，因此达不到更高的制品质量重复精度[8]。目前除了传统的转压控制方式外，还有许多新的转压控制方式的研究，其都能够达到“过程控制”等级，相对于传统的注射时间或螺杆位置转压控制方式，得到的重复精度都有所提高；但是究竟哪种方式更好，一直是个值得讨论的问题。

### 7.1.2　注射模塑成型保压过程控制技术

传统的注射模塑成型保压过程都是根据时间信号进行的，即保压压力通过时间信号进行相应的控制。这样的控制方式简单易行，目前现有的注塑机也大多数采用这种控制方式，这也限制了注塑机精度的提高。利用聚合物 *PVT* 关系进行注射模塑成型保压过程控制可以提高注塑机的控制精度，得到质量和重复性更高的制品。要实施注射模塑成型 *PVT* 保压过程控制涉及多方面的因素条件，包括机器相关的工艺参数（机筒温度、模具温度、系统压力）、所使用材料的物性参数（熔体压力、熔体温度）和制品的形状尺寸参数等。因此，*PVT* 保压过程的控制对注塑机的控制系统及所采用的控制算法有更高的要求。

根据聚合物 *PVT* 关系控制原理可知，*PVT* 保压过程控制需要满足以下两个方面的要求：①保压阶段的等体积过程控制；②每次循环期间，都能准确达到保压压力线后的比容值。一些文献中对其优化策略进行了开发，发现通过测试熔体和模具温度进行冷却过程计算以实施操作控制的方法是可行的。基于微处理器的机器控制不仅需要优化各个控制参数，而且需要优化每个加工阶段。那么，*PVT* 曲线精确的优化点可以通过调节改变熔体或模具温度单独达到，也就能通过这种方法得到质量一致的制品。以下是对意大利 SANDRETTO 注塑机采用的 *PVT* 保压过程控制系统[9]的详细介绍。

为了得到高精度的最佳 *PVT* 变化路径，可以通过调节注塑机的一系列保压压力值来实现。其需要使用一个有效的时间闭环控制系统来执行上述任务。该系统能根据在模具和喷嘴中测量得到的大量特性数据，不断地调整注射油缸的液压压力，还能根据所使用材料的特点和所成型制品的几何特性作出相应的反应。图 7-2 是意大利 SANDRETTO 注塑机采用的 *PVT* 保压过程控制系统示意图[9]；用压力传感器、温度传感器分别对模具型腔压力（$P_m$）、模具型腔温度（$T_1$、$T_2$）和喷嘴处的熔体温度（$T_m$）进行检测，作为反馈信号输入给控制装置进行 *PVT* 逻辑运算，发出指令对液压系统控制元件（比例压力电磁阀）进行比例调节，使注射与保压时的系统油压按 *PVT* 特性曲线的指令变化，以此在模具型腔获得相应的压力值或压力曲线。

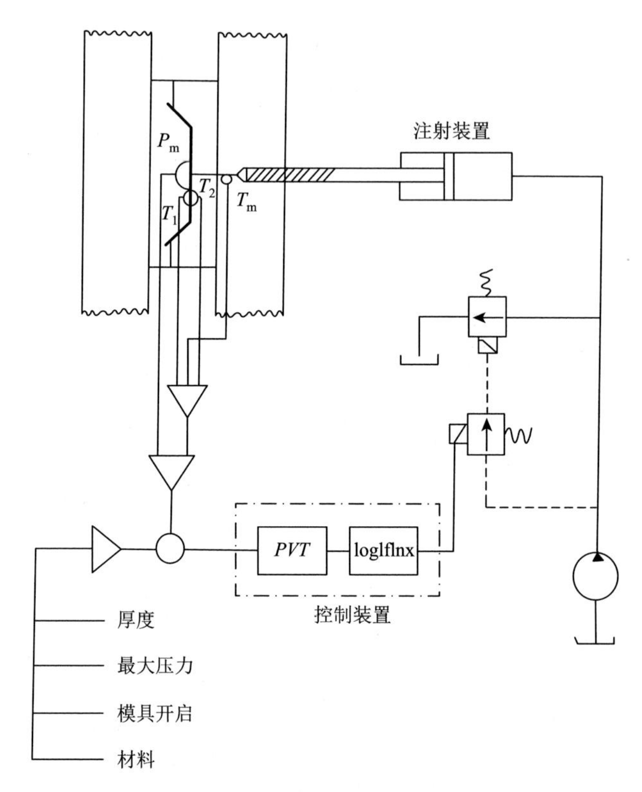


图 7-2 SANDRETTO 注塑机采用的 *PVT* 保压过程控制系统[9]

此外，制品的平均壁厚值、模具型腔内所允许的最高压力、模具打开时制品的平均温度、所使用材料的类型等信息则是由操作者输入控制机内的。上述措施是为了尽可能地按照所使用材料的 *PVT* 特性曲线，通过控制注射油缸来获得最佳的压力控制。模具型腔中的熔体温度是与时间相关的函数，它是通过传感器进行不断检测来获得的。油缸中的液压能够按照 *PVT* 特性曲线适时作出调整，以获得相应的模具型腔压力值。注射模塑成型 *PVT* 保压过程控制的最优化实施需要高端的控制装置，以得到该保压曲线所需要的有效闭环控制装置，并用来快速处理大量的数据。SANDRETTO 注塑机的控制装置实现并配备了 PVT 保压过程控制功能。其优越性可以在生产高精密注射制品中实现，如用于光学装置的有机玻璃制品等。

上述注射模塑成型 *PVT* 保压过程控制技术最先是由德国亚琛工业大学塑料加工研究所（IKV）开发的。在注射模塑成型 *PVT* 保压过程控制技术的基础上，IKV 后来又开发了 *PmT*（压力-重量-温度）控制技术[10]，即在假定模具型腔不变的情况下计算了一种理想的保压过程曲线，由于模具型腔体积假定不变，因此聚合物的比容由所注射聚合物熔体的质量决定；其利用一个可控喷嘴来控制注射熔体的质量，利用采集到的其他压力、温度参数和自适应学习控制算法实施对注射和保压压力的控制，最终达到控制制品质量的目的。图 7-3 是 *PVT* 控制和 *PmT* 控制曲线对照。这个用于机器控制的策略是否被认可还不确定[9]。下面介绍一些其他涉及聚合物关系控制技术的研究进展。

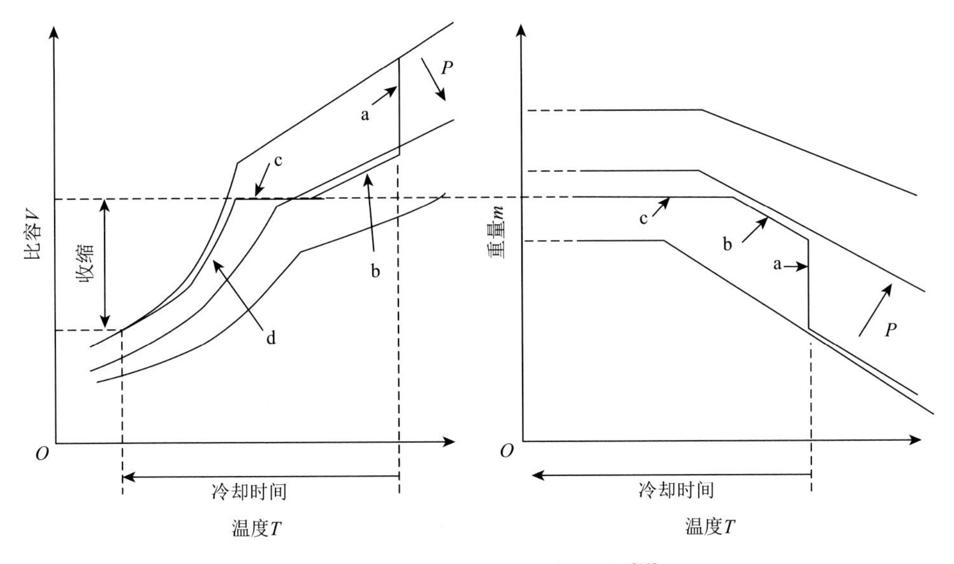


图 7-3　*PVT* 和 *PmT* 控制对照图[10]

a 表示制品注射后状态；b 表示第一段保压阶段；c 表示第二段保压阶段；d 表示压力达到时制品开始收缩

模具型腔压力变化及其可重复性对最终制品的成型质量有重要影响，尤其是制品重量、尺寸稳定度、机械力学行为和表面质量。许多研究表明，模具型腔压力变化曲线可以指导高质量制品生产，并帮助机器控制注射模塑成型工艺过程[11]。同样，其他的研究也表明，能够保持高效率的工艺性能的一种方法就是保证每次注射模塑成型周期中模具型腔压力曲线变化的重复性。后来，一些研究者考虑利用温度的变化来提高制品质量。Sheth 和 Nunn[12]研究了自适应控制系统来补偿熔体温度改变对不同循环周期下制品质量的影响。在成型过程中，根据熔体温度（机筒温度）的改变来调节压力以补偿制品质量，以获得更高的制品重复精度。Kamal 等[11]提出了两种通过控制模具型腔熔体压力峰值并预测浇口冻结时刻的模具型腔中熔体温度来控制制品质量的方法，称为 *PT*（压力-温度）控制和 *PWT*（压力-重量-温度）控制。可见，研究者开始特别关注熔体温度的变化在注射模塑成型过程控制中的影响。而之前的研究大多数关注熔体压力的控制，而忽略了熔体温度的影响。实际上，根据熔体温度控制熔体压力的方式实现了聚合物压力-温度的关系控制。因此，虽然以上所描述的各种控制方法的称谓有所不同，但实际上都是一种聚合物 *PVT* 关系控制方法。

利用模具型腔压力转压的控制方式在大多数国外机型中都有所提供，但是以上提到的聚合物 *PVT* 关系过程控制方法，现在大多数注塑机制造商也并没有提供这个选择。由于需要测试模具温度、模具型腔的熔体温度和压力等参数，这对普通制品成型还不够实用，因此这些过程控制技术尚未取得较大的突破性进展。

### 7.1.3 基于聚合物 *PVT* 关系的注射模塑成型过程控制技术

能够使每次成型的制品总是保持相同的质量（即相同的取向、残余应力和收缩率）是注射模塑成型加工控制的目标[9]。达到这个目标的基础就是聚合物 *PVT* 关系曲线，其描述了聚合物的比容与温度和压力的关系。为了保证成型制品质量就需要保证模具中聚合物的比容变化。材料成型过程中的最佳压力变化途径能通过 *PVT* 曲线得到。聚合物 *PVT* 关系曲线也能通过一系列不同的数学表达式（聚合物 *PVT* 状态方程）来表述。以下针对注射模塑成型过程，结合聚合物的压力变化情况，对聚合物关系在整个注射模塑成型加工过程中的变化进行详细描述。

图 7-4 描述了聚合物 *PVT* 关系和模具型腔压力曲线。点 *A* 是注射模塑成型过程开始的起始点，此时聚合物以熔融状态停留在注塑机机筒中螺杆前端部分。*A*—*C* 是注射阶段。点 *B* 是模具型腔压力信号开始点（此时，模具型腔中的压力传感器首次接触到熔体），之后压力开始增加。点 *C* 时刻，注射阶段完成，熔融的聚合物自由地填充模具型腔，后进入压缩阶段（*C*—*D*），模具型腔压力迅速上升至最高值点。此时，注射压力转为保压压力，进入保压阶段（点 *D*）。有更多的聚合物熔体压入模具型腔中以继续填充先进入的熔体由于比容减小冷却收缩而产生的间隙。此过程一直到浇口冻结时（点 *E*）结束，在点 *E* 时熔体不再能

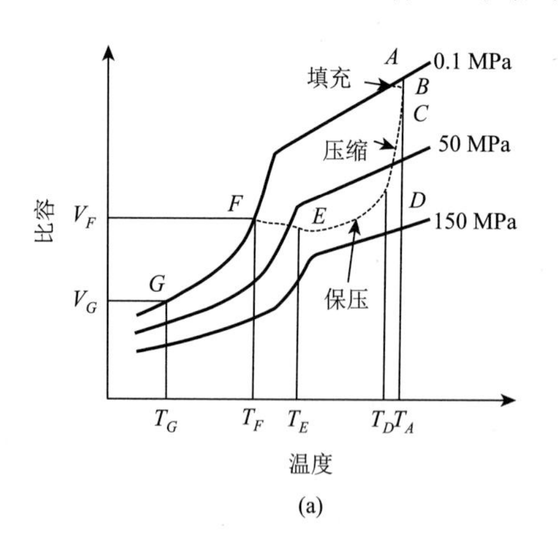


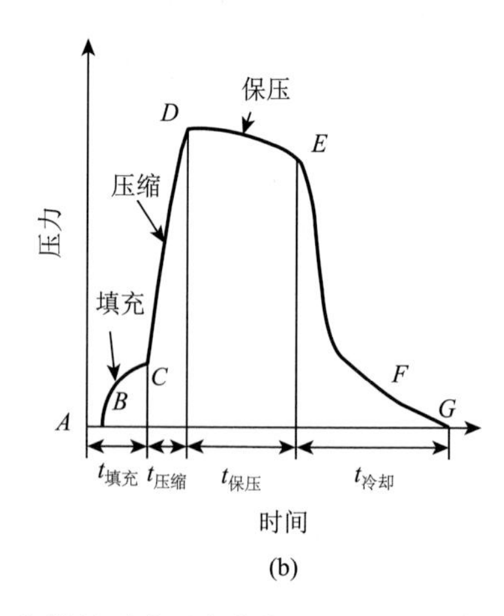


图 7-4 典型聚合物 *PVT* 关系曲线（a）和模具型腔压力曲线（b）

够进入模具型腔。点 $E$ 是保压结束点，也就是浇口冻结点。剩下的是冷却阶段（$E$—$F$）。模具型腔中的熔体保持恒定体积继续冷却，压力也快速降低到常压。这个等体积冷却阶段尤其重要，因为需要通过体积的恒定来获得最小的取向、残余应力和扭曲变形；这个阶段对于成型的尺寸精度具有决定性作用。在点 $F$ 时，模具型腔中制品成型，成型不再受到任何限制，可以顶出脱模，并进一步自由冷却至室温（$F$—$G$）。成型制品在 $F$—$G$ 阶段经历自由收缩的过程。

可见，决定最终制品尺寸和质量的就是注射模塑成型过程中保压过程的控制，这也是注射模塑成型过程控制的核心内容。保压过程的控制主要是 $E$—$F$ 阶段的控制，对于最终制品的质量有很大影响。由于点 $F$ 在注射模塑成型过程中是不可直接控制的变量，对于点 $E$ 的控制成为注射模塑成型中聚合物 $PVT$ 关系控制的核心点。点 $E$ 的控制受到点 $D$ 及 $D$—$E$ 阶段控制（即转压点和保压过程的控制）的影响。为此，将注射模塑成型过程控制的重点放在保压过程控制上。

目前，现有的注塑机的控制方式都是针对材料压力（注射压力、喷嘴压力、保压压力、背压、模具型腔压力、系统压力、合模力等）和温度（机筒温度、喷嘴温度、模具温度、模具型腔温度、液压油温等）的单独控制，而在提高控制精度方面也主要集中在压力和温度的单独控制精度的提高上，并没有考虑对材料压力和温度之间关系的控制。通过前面对现有注射模塑成型过程控制技术分析发现，考虑了聚合物熔体温度的控制技术受到研究者的普遍关注。

为此，笔者提出一种基于注射模塑装备的聚合物 $PVT$ 关系控制技术原理。其主要是通过控制聚合物的压力（$P$）和温度（$T$）的关系来控制材料比容（$V$）的变化，从而得到一定体积和重量的制品。因此，在保证压力和温度两个变量的单独控制精度的条件下，再保证压力和温度之间关系的控制精度，即可在整体上进一步提高注射模塑成型质量的控制精度。由此即可将“过程变量控制”提高到“质量变量控制”的等级。

注射模塑成型过程保压阶段的控制可分为三个部分，包括注射阶段到保压阶段的 $V/P$ 转压点的控制、保压结束点的控制及整个保压过程的控制。正确设定转压点和采用分段保压过程控制，对制品的成型质量非常重要。因此，根据本节提出的聚合物 $PVT$ 关系控制理论，分别开发了一系列的注射模塑成型过程控制技术，包括：熔体压力 $V/P$ 转压、熔体温度 $V/P$ 转压、保压结束点熔体压力控制、保压结束点熔体温度控制、聚合物 $PVT$ 关系在线控制技术——保压过程熔体温度控制和多参数组合式控制。同时，开发了专门的注射模塑成型保压过程控制系统，以进行相关控制技术的实验研究。

图 7-5 是基于注射模塑装备的聚合物 $PVT$ 关系控制技术原理图，其中，$P_n$ 是喷嘴熔体压力，$T_m$ 是喷嘴熔体温度，$P_{c1}$ 是远浇口点处的模具型腔熔体压力，$T_{c1}$ 是远浇口点处的模具型腔熔体温度，$P_{c2}$ 是近浇口点处的模具型腔熔体压力，$T_{c2}$ 是

近浇口点处的模具型腔熔体温度，$T_c$是冷却液温度，$P_h$是系统油压，$S_o$是伺服阀开口大小，$Y_r$是螺杆位置，$V_r$是螺杆速度，$T_{bn}$、$T_{b1}$、$T_{b2}$和$T_{b3}$是螺杆各位置处温度。

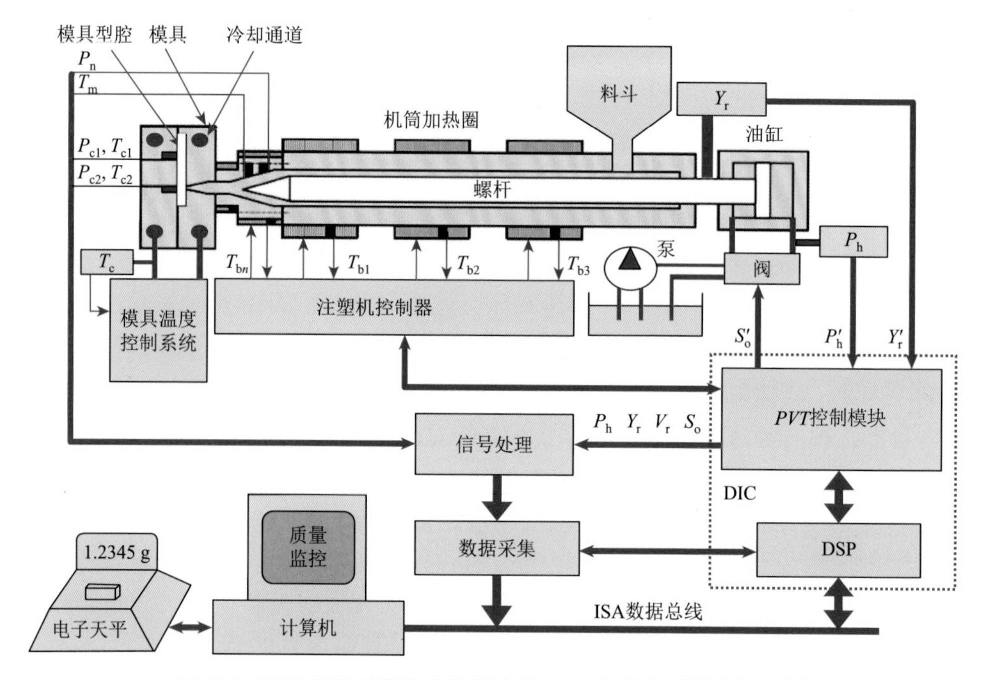


图7-5　基于注射模塑装备的聚合物PVT关系控制技术原理图

图7-6是基于注射模塑装备的聚合物PVT关系控制系统流程图。主要集中在注射模塑成型保压过程控制上，包括V/P转压、保压过程、保压结束点、时间信号、螺杆位置信号、压力/温度信号的选择程序等。

采用该装备对聚合物PVT关系进行测定，发现：

（1）在转压控制方式研究中发现，相对于常规的转压控制方式，模具型腔熔体压力转压控制方式可以得到更高的制品质量重复精度；

（2）传感器位置对模具型腔熔体压力和温度转压方式的控制精度有一定影响，在远浇口处设置传感器能够减小控制精度误差；

（3）模具型腔熔体温度转压控制方式具有调节制品质量的特殊作用，能够得到更高的制品表面质量、质量重复精度和尺寸控制精度，但都需要选择设置最优的转压参数值；

（4）模具温度对注射模塑成型工艺的控制精度（尤其是对以模具型腔熔体温度为信号的控制方式）有很大影响，控制模具温度可以提高制品质量的稳定性；

（5）保压结束点熔体压力控制方式对提高制品质量重复精度有一定作用，保压结束点熔体温度控制方式则具有调节制品质量的特殊作用，能够得到更高的重复精度；

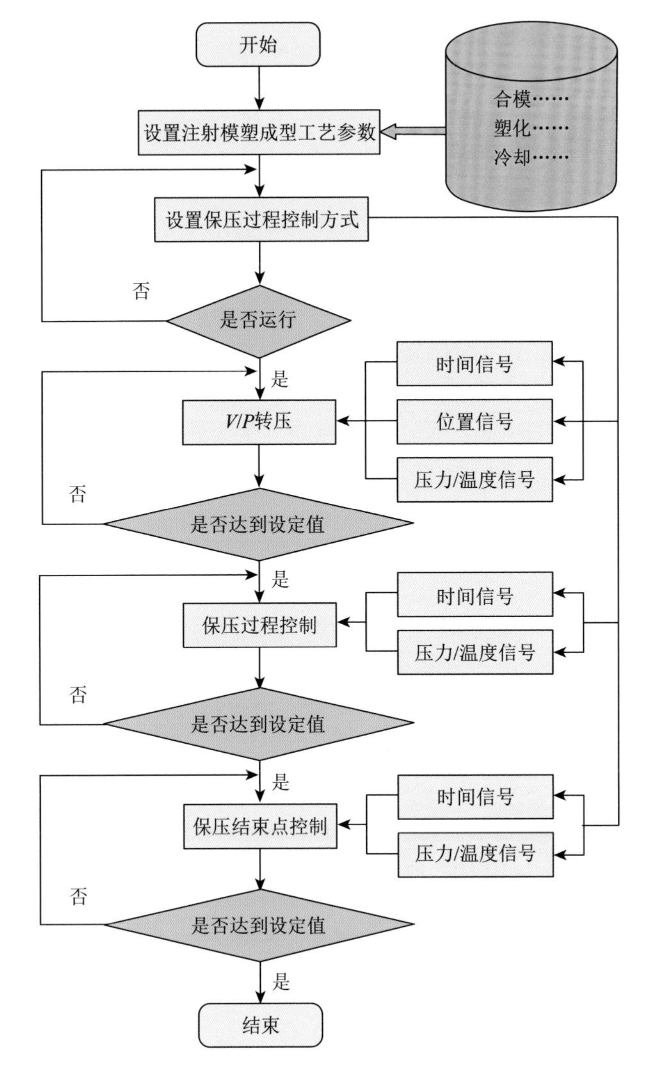


图 7-6 基于注射模塑装备的聚合物 *PVT* 关系控制系统流程图

（6）传感器位置对保压结束点熔体温度控制方式有一定影响，在近浇口处设置传感器能够缩小控制精度误差；

（7）结合模具型腔熔体温度转压控制方式和保压结束点熔体温度控制方式的优点，保压过程熔体温度控制方式实现了聚合物 *PVT* 关系在线控制技术，能够在不控制模具温度的条件下，将常规控制技术得到的制品质量重复精度 0.19683%提高到 0.05494%；

（8）采用多参数组合控制技术是可行的，而且可以提高制品质量重复精度。

## 7.2 高分子材料 3D 复印过程熔体黏度波动在线补偿控制技术

注射模塑成型是一种大批量的高分子材料制品成型方式，在巨大的市场需求下，各行各业对注射模塑制品的质量重复精度提出了更高的要求。有标准显示，对于一般塑料制品，质量重复精度需要≤0.5%；对于精密塑料制品，质量重复精度需要≤0.2%[13, 14]。为了满足市场需求，现有的注塑机通过采取高精度的闭环控制策略，可以很好地确保注射模塑成型过程中工艺参数的稳定性。传统的注塑机控制技术主要基于固定和刚性的控制逻辑，重点解决的是精确、快速和稳定的控制需求。然而，当注射模塑成型过程出现非工艺参数的外部扰动时，闭环控制策略无法做出响应以维持制品质量的高重复精度。

常见的非工艺参数外部扰动有原料质量波动、设备性能波动、外部环境变化或特殊成型工艺的使用等，如图 7-7 所示。

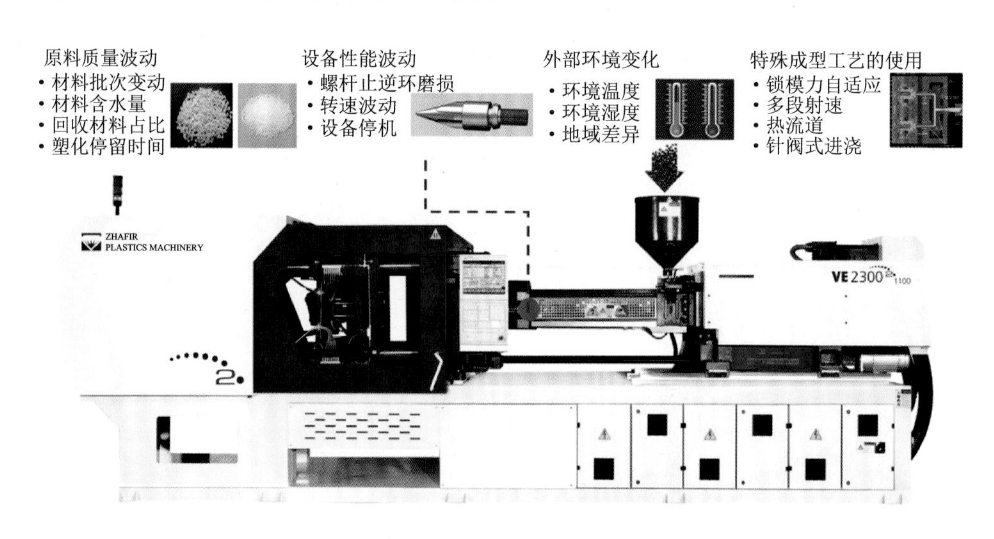


图 7-7 常见注射模塑成型外部扰动因素

1）原料质量波动

注射模塑成型过程中，尤其在大批量制品的成型时，原料质量的变化不可避免，如原料含水量变化、批次变动甚至回收材料占比的改变等。很多聚合物有较强的吸水性，如聚酰胺（PA）或聚碳酸酯（PC）等，这类材料的分子中存在大量的亲水基团，使其易于吸收空气中的水分子。吸收的水分子会改变聚合物熔体的流变性质：一方面，水可以充当高分子链之间的润滑剂；另一方面，水的存在可能导致分子链发生水解，从而更加易于实现相对运动。两种现象的出现均会导致聚合物黏度的下降，而且含水量越高，黏度下降速率越快[15]。尽管在注射模塑成型前要进行充分的水分烘干处理，但在生产过程中，材料干燥不充分不均匀的情况仍不可避免，含水量的差异会最终体现在熔体黏度的变化中。此外，同一生产厂商生产的不同批次的同种材料，也会由于分子链分布不一致而导致原料黏度存在差异。注射模塑成型大多数使用的是热塑性材料，对塑料制品的回收与再利用成为降低生产成本的重要方式。回收材料由于温度和机械应力的作用，分子链分布相较于原始材料存在较大差异。而且，在回收材料的混合过程中，存在明显的随机性，每个成型周期中回收材料占比不一致，所造成的熔体黏度变化同样会体现在注射模塑成型过程的质量波动中[16]。

2）设备性能波动

现有注塑机件随着更多新型材料的应用，如玻璃纤维、碳纤维等增强改性物质的添加，或是更苛刻成型条件下的生产，如超高温注射模塑成型、超高速注射模塑成型等，其造成的设备关键塑化元件耗损所导致的设备性能波动同样不可避免。例如，螺杆端部的止逆环是关键的塑化元件，如图 7-8 所示，其与推力环组成的止逆阀可以保证熔体在塑化阶段顺利流至螺杆前端注塑机机筒，在熔体填充阶段可以防止注塑机机筒内的熔体发生回流泄漏。

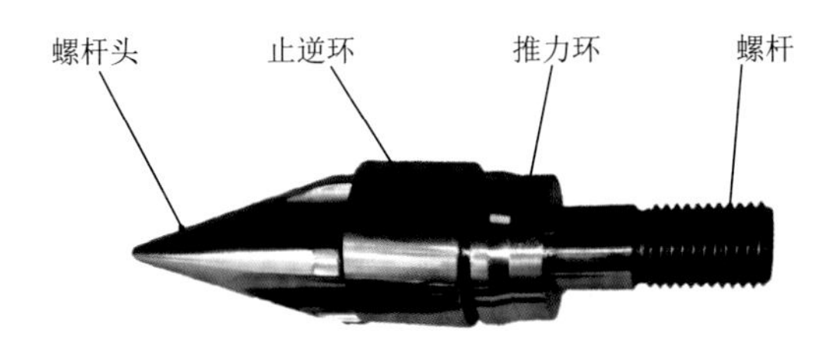


图 7-8　注射模塑螺杆端部塑化元件

在成型过程中，止逆环在机筒内做周期性往复运动。由于其与螺杆头、机筒内壁紧密贴合，因此止逆环在往复运动过程中会出现不可避免的磨损。磨损导致止逆环与推力环的接触锁闭时刻稳定性下降，影响熔体流动距离，甚至会造成螺杆前端熔体泄漏回流。机械故障所造成的注塑机意外停机也是影响成型过程的不可控因素，意外停机会破坏熔体的热量平衡，改变熔体的流动性。除此之外，设备本身还会由于零部件老化而产生工作不稳定的问题，进而导致相应的机器参数改变，如螺杆背压变化、塑化转速波动等。螺杆背压与转速是影响熔体塑化效果的关键参数，而背压与转速变化主要造成熔体的剪切效果不均，熔体对流动过程敏感程度发生变化，这也是影响质量重复精度的主要原因之一[17]。

3）外部环境变化

高分子材料的成型会受到外部加工环境的干扰，如外部温度、湿度的变化，以及生产地域、生产季节的差异等，都会对加工原料的黏度造成影响（图7-9）。湿度的变化会造成原料含水量的变化，温度的变化会影响加工过程中熔体的热量平衡。例如，温度升高会导致材料的分子间相互作用力减弱，流动性增加。以上因素同样会影响质量重复精度。

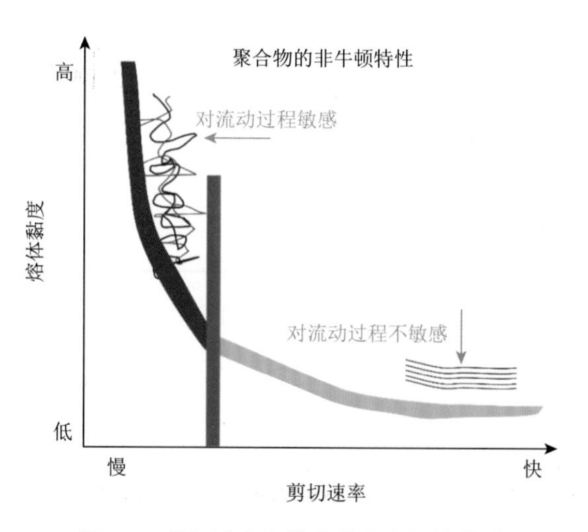


图7-9 剪切速率和熔体黏度之间的关系

4）特殊成型工艺的使用

为了满足不同类型塑料制品的成型，对一些有特殊要求的制品，注射模塑成型过程会采用非常规的工艺。例如，锁模力是重要的注塑工艺参数，可以抵抗由于熔体充模所带来的胀模力。过高的锁模力设置会影响模具排气，阻碍熔体填充，导致制品困气烧焦；过低的锁模力会导致熔体从模具分型面溢出，造成毛边，给模具带来不可修复的损伤，如图7-10所示。锁模力的设定大多数依赖于人工经验，不合理的参数会导致制品质量下降，甚至造成成型过程不稳定。

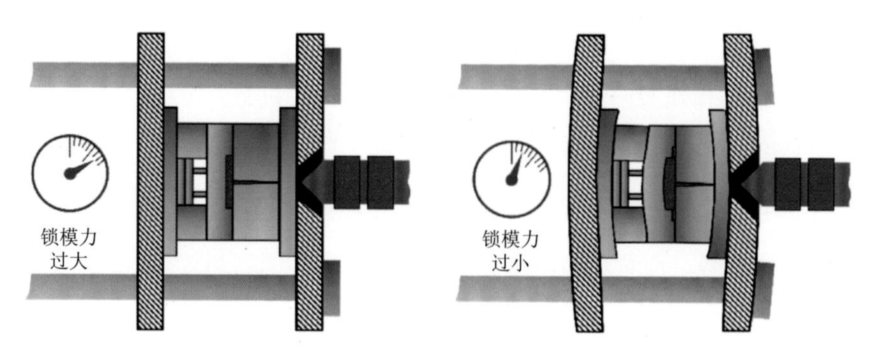


图7-10 锁模力变化对熔体填充量的影响

为了在注塑机上设定合适的锁模力值，工艺人员会进行锁模力的调节优化。优化过程中，不同成型周期的锁模力设定值是不同的，会造成制品质量稳定性的下降[18]。此外，在成型复杂结构的塑料制品时，工艺人员会根据模具型腔的结构，采用分段射速工艺，如果采用热流道注塑模具，还会用到针阀式进胶的方式。这些特殊成型工艺的采用都会造成注射模塑成型过程参数的复杂变化，进一步导致了质量稳定性的下降。

综上所述，非工艺参数外部扰动对聚合物注射模塑成型过程及熔体填充量的影响主要归纳为以下几个方面：首先，对加工原料黏度的影响。外部加工环境的变化、原料自身物性参数，如原料批次、含水量、回收材料占比的变化或是工艺参数出现偏差，均影响了熔体的受热平衡或是改变了熔体内部分子链分布，这些因素影响到熔体的流动性，即熔体黏度，最终造成制品质量稳定性下降[19]（图 7-11）。其次，对熔体填充量影响来源于机械零部件的耗损与不稳定工作状态，塑化元件磨损、意外停机会导致成型过程不稳定[20]。最后，熔体填充量的影响会源于特殊成型工艺的使用，如针阀式进胶、多段射速等均会增加注射模塑成型工艺过程的复杂性。

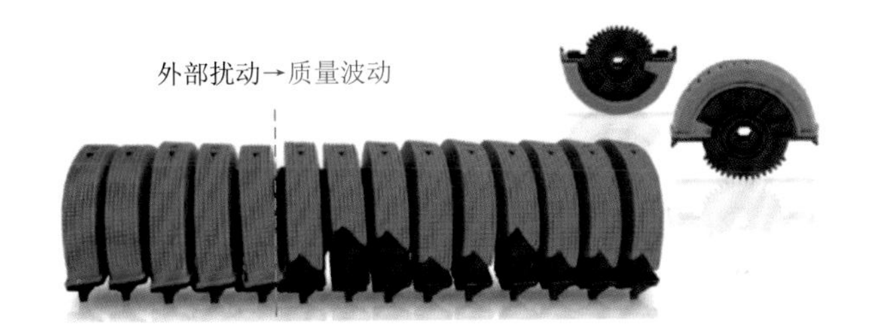


图 7-11　非工艺参数外部扰动引起的注射模塑制品质量波动

以上所列举的非工艺参数外部扰动出现时，高精度闭环控制策略无法做出响应来继续维持注射模塑成型制品的高质量重复精度。在此情况下，工艺人员主要采取停机检查、试错，根据经验人工调节参数，通过重复修改工艺参数来改善由扰动因素所造成的制品质量不稳定[21]。但是这种方式不仅增加了人力成本，还会影响生产效率，降低制品的良品率。由此可见，研究注塑机在非工艺参数外部扰动因素出现的情况下，维持制品高重复精度成型的方式，是注射模塑成型领域亟待解决的问题，这对于提升注塑机对外部扰动的响应能力，实现注塑机的智能化具有重要意义。

### 7.2.1　注射模塑成型熔体黏度波动定量表征模型

注射模塑成型工艺过程中存在一些非工艺参数外部扰动因素，包括原料质量波动、工艺参数的波动、加工环境的变化及设备自身的工况波动等，这些扰动将直接体现为注塑熔体的黏度波动。黏度的波动带来熔体流动行为的变化，在注塑机设定工艺不变前提下将导致不同成型周期之间的熔体填充量发生明显差异。为了确保注塑机成型稳定性，建立熔体黏度波动的定量表征模型，在当前成型周期实现对黏度波动的在线补偿，是赋予注塑机对外部扰动响应能力的关键。

**1. 黏度波动对注射模塑成型工艺的影响**

黏度是聚合物熔体的关键物性参数之一，由于熔体内部存在内摩擦力，因此其反映为熔体流动过程中所受到的阻力。在塑料加工的流变学分析过程中，常常限制非牛顿流体在一定尺度的剪切速率范围内，所以在分析时，可将其视作牛顿流体以探究流动规律[22]。聚合物熔体的黏度一般用 $\mu$ 来表示，根据黏度的定义，熔体黏度表示为

$$\mu = \frac{\tau}{\dot{\gamma}}$$

式中，$\tau$ 为熔体流动过程中所受到的剪切应力；$\dot{\gamma}$ 为熔体流动过程的剪切速率。图 7-12 为聚合物熔体在螺杆前端注塑机机筒内部的流动行为，熔体在其中的流动驱动力主要来自注塑螺杆，由螺杆推动聚合物熔体沿注塑机机筒轴向运动，以螺杆运动方向为 $z$ 轴建立柱坐标系。

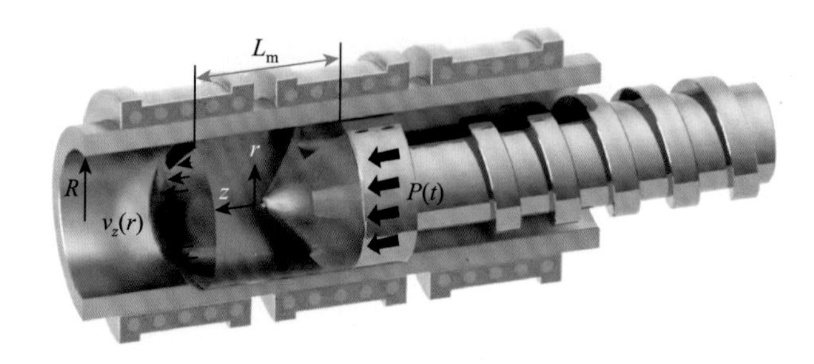


图 7-12　聚合物熔体在螺杆前端注塑机机筒内的流动行为

在注射阶段熔体流动过程中，厚度为 $L_m$ 的聚合物熔体微元所受到的剪切应力 $\tau_m$ 和剪切速率 $\dot{\gamma}_m$ 分别表达为如下公式，其中 $R$ 代表注塑机机筒内半径，$P(t)$代表螺杆压力，具有典型的时变特征。

$$\tau_m(t) = \frac{RP(t)}{2L_m}$$

$$\dot{\gamma}_m = \frac{dv_z(r)}{dr}$$

可以得出熔体在注塑机机筒内的流速分布 $v_z(r)$的如下表达式。熔体前锋满足二次函数关系分布，符合泊肃叶流动规律。

$$v_z(r)=\frac{\Delta P}{4\pi L_m}(R^2-r^2)$$

式中，$\Delta P$ 为熔体微元在厚度为 $L_m$ 的两侧所受压力差；$r$ 为熔体在机筒内的位置。由上式可以看出，在固定几何尺寸的注塑机机筒内部，熔体的流速分布与压力和熔体黏度密切相关。结合前述内容可知，注射模塑成型中注射阶段的特点是通过对螺杆的恒速驱动控制保证聚合物熔体以恒定速率填充模具型腔，此时熔体压力与螺杆压力相同。在熔体以稳定速率填充流动时，黏度与压力存在相关关系。当 $L_m$ 为注塑机机筒长度时，注塑机机筒外的压力为大气压，此时 $\Delta P$ 近似等于螺杆压力。聚合物黏度越高的熔体，在恒速流动行为下反映出的熔体压力越高。根据熔体压力变化，可以结合聚合物 $PVT$ 特性关系分析其填充量变化。

图 7-13 是典型的聚合物（结晶型材料）$PVT$ 特性关系图。$PVT$ 特性是聚合物材料的本质属性。其含义在于，聚合物在玻璃态和熔融态时，压力、时间和比容存在相应的函数关系，即 $V=V(P, T)$，已知聚合物的压力和温度可以求解出对应状态下的聚合物比容。例如，在熔体压力为 $P_0$，温度为 $T_0$ 时，聚合物比容为 $V_0$，当熔体压力和温度分别变化为 $P_1$ 和 $T_1$ 时，聚合物比容变为 $V_1$。

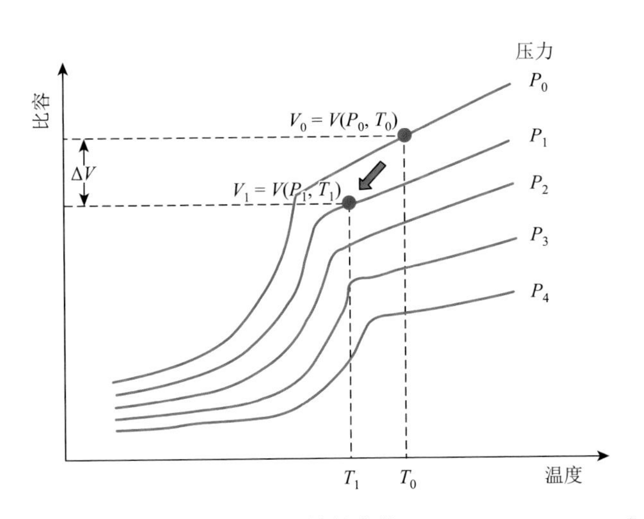


图 7-13　典型结晶聚合物 $PVT$ 特性曲线（$P_4>P_3>P_2>P_1>P_0$）

亚琛工业大学 Hopmann 等[23]提出，理想的注射模塑成型工艺加工路径应遵循图 7-14（a）所示的工艺路径，图 7-14（b）为对应过程的模具型腔内的熔体压力曲线。

在最优 $PVT$ 路径和型腔压力图中，$A$—$B$—$C$—$D$ 代表了熔体在模具内的填充过程。$A$ 点位置是注塑成型起点，从 $A$ 位置到 $B$ 位置是熔体注射阶段，在此阶段熔体压力上升而温度基本保持稳定不变；$B$ 点位置为 $V/P$ 切换点，由此设备

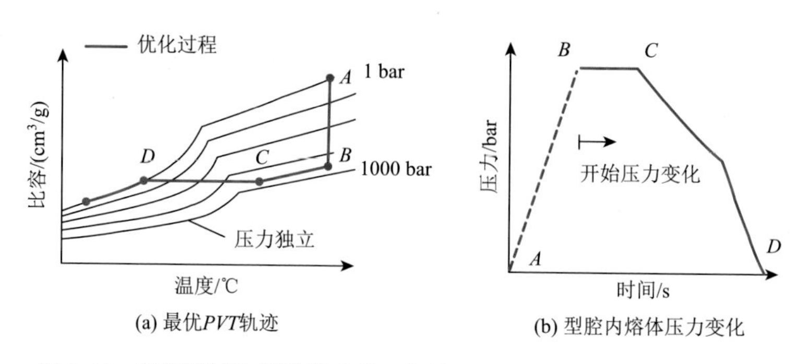

(a) 最优$PVT$轨迹　　(b) 型腔内熔体压力变化

图 7-14　理想塑料注射模塑成型工艺轨迹和型腔内的熔体压力曲线[23]

进入保压阶段，熔体压力维持恒定，模具内熔体逐渐冷却，熔体温度下降，直到 $C$ 点位置保压结束，模具浇口冻结，最终转入冷却，从 $C$ 点冷却至 $D$ 点回归大气压完成熔体填充。从图 7-14（b）中对比看出型腔压力在注塑成型过程中的对应关系。

如图 7-15 所示，高黏熔体和低黏熔体被充入模具型腔后，熔体压力随着黏度的改变而发生变化，最终引起熔体比容改变。当熔体流速恒定，黏度较高时，注塑机机筒内熔体压力较高，高黏熔体在充模过程中，流道内表面的冷凝层加厚速率上升，熔体实际流动的路径截面积下降，在此过程中压力损耗较大，故进入到型腔内的熔体压力下降；反之，当熔体黏度较低时，注塑机机筒内熔体压力较低，而型腔中熔体压力更高[24]。两种黏度的熔体填充时间相同且短暂，高分子材料具有较差的导热性[热导率≤0.5 W/(m·K)]，故假设填充结束时刻熔体温度 $T_{so}$ 相同。结合图 7-15 看出，黏度较低的熔体进入型腔后比容较低（$V_{LV}$），在模具型腔容积不变的情况下，低黏熔体的填充量要明显大于高黏熔体。

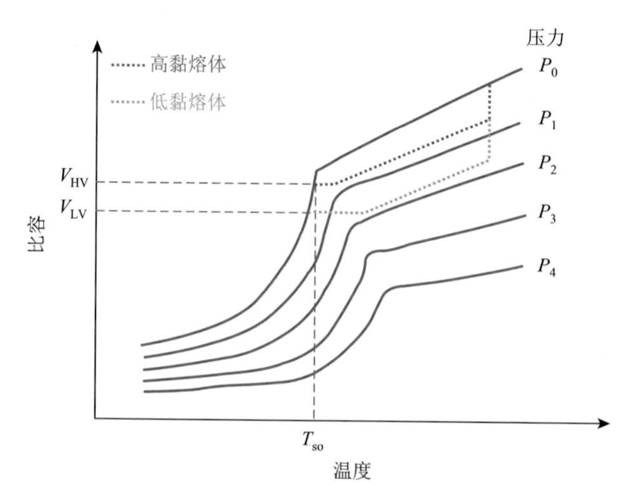


图 7-15　黏度变化对模具型腔内过程参数的影响（$P_4>P_3>P_2>P_1>P_0$）

基于上述推导分析，在注塑机的工艺参数设置不变的状态下（螺杆以恒定注射速度驱动熔体进入型腔），熔体黏度的改变将造成熔体压力改变，且熔体压力可以通过螺杆压力来表征反馈。熔体黏度越高，相同型腔内熔体比容越小，造成的熔体填充量越小；反之，熔体黏度的升高会造成熔体填充量的上升。

**2. 熔体黏度波动定量表征模型**

$$\mu_{\text{melt}} = K_1 \int P(t)\mathrm{d}t = K_1 \mathrm{Int}_{\mathrm{v}}$$

$$K_1 = \frac{R^2}{8L_{\mu}^2}$$

$$\mathrm{Int}_{\mathrm{v}} = \int P(t)\mathrm{d}t$$

式中，$K_1$ 为几何常数，取决于注塑机机筒的几何形状和熔体在其中的流动距离。根据分析得出，聚合物熔体黏度的变化与熔体压力-时间积分值相关，该积分值记为 $\mathrm{Int_v}$，以该值作为黏度当量。由于熔体在填充过程完成前即可流过路径 $L_{\mu}$，因此通过该积分值 $\mathrm{Int_v}$ 实现熔体黏度的在线定量表征存在理论可行性，并且不存在表征滞后的问题。从上述公式可以看出，当熔体黏度升高或降低时，黏度当量 $\mathrm{Int_v}$ 实现等比例变化。

如图 7-16 所示，在聚合物熔体填充过程中，需要依次克服注塑机机筒、流道、浇口和模具型腔内的填充阻力。在熔体流经流道接触流道壁面时形成凝固层，缩小了流道实际横截面积，此过程会使熔体压力突增以抵消流动阻力。当熔体流入模具后，进入充分发展流动状态，此时熔体流速趋于稳定。随着型腔内熔体凝固层厚度增加，螺杆及熔体压力稳定上升，当即将充满型腔时，熔体触及型腔终点造成压力小幅上升。图 7-17 描述的是熔体填充过程中螺杆压力和螺杆位置的变化趋势图，其中，$A$—$B$—$C$—$D$ 为熔体填充过程中螺杆压力曲线，$E$—$F$—$G$ 为螺杆位置曲线，主要分为注射阶段和保压阶段两个组成部分。

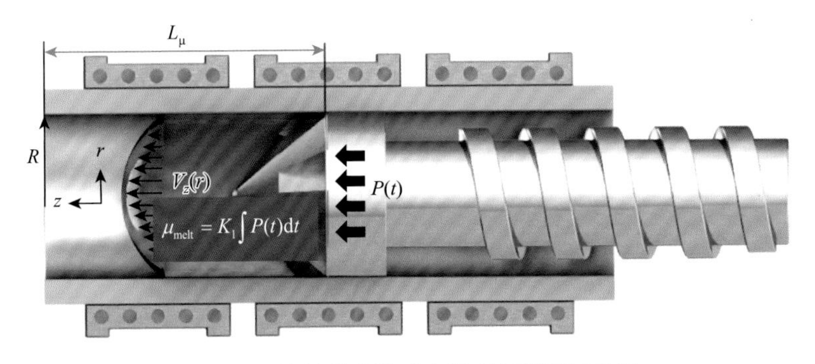


图 7-16　熔体黏度波动定量表征模型示意图

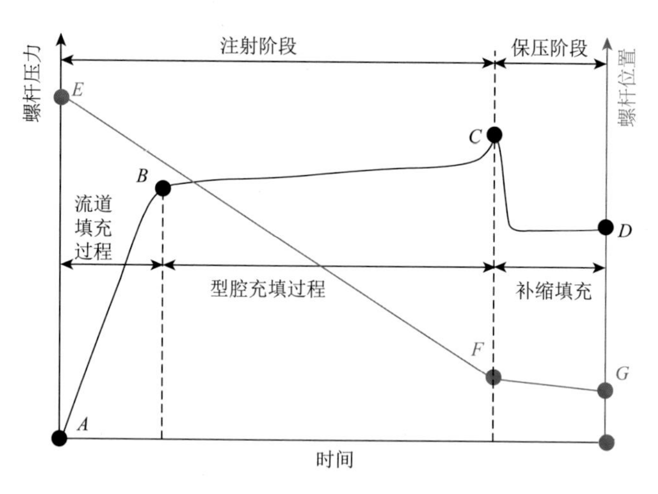


图 7-17 熔体填充过程中螺杆压力和螺杆位置的变化趋势图

注射阶段的螺杆压力曲线又由两个子阶段组成：流道填充过程和型腔填充过程。*A* 点位置推力环与止逆环接触闭合后依靠螺杆作用创建压力，*A*—*B* 为流道填充过程，熔体从注塑机机筒流出，流经喷嘴至浇口位置结束。随后，熔体流入模具型腔，进入型腔填充阶段 *B*—*C*。在此阶段，螺杆压力逐渐升高，当即将充满型腔的过程中，熔体开始压实，压力获得短暂升高到达 *C* 点。在注塑机中，一般以螺杆位移终点为 0 mm 位置点，所以在注射过程中，螺杆位置值逐渐减小，直至 *C*/*F* 点（*V*/*P* 切换点）转入保压阶段。转入保压阶段后，螺杆压力保持恒定，大约为 *V*/*P* 切换点压力（螺杆峰值压力）的 70%～80%。螺杆继续进行微小距离的位移，完成熔体的补缩填充，最终至 *G* 点结束。保压结束后，注塑机机筒内一般还存留部分熔体（料垫）以传递螺杆压力，该部分熔体的轴向厚度即为 *G* 点位置值，因此 *G* 点的位置数值也被称为料垫厚度。

图 7-18 是熔体在模具型腔内流动过程中熔体压力变化趋势。*A*—*B*—*C* 阶段对应熔体注射阶段，在这个过程中，熔体逐渐流入型腔，压力逐渐上升。随后在 *C* 点转入保压阶段，型腔内熔体压力趋于稳定，直至浇口封冻，不再有熔体进入型腔。随着熔体固化冷却，型腔压力下降至大气压 *E*。

压力时间积分数值 $\text{Int}_\text{v}$（黏度当量）可以表征熔体黏度波动，相关结果如图 7-19 所示。为了精确定量表征熔体黏度，需要对积分区间进行合理选择，且该积分区间对应熔体流动路径。需要确保熔体流速基本趋于稳定，流动中的动态效应（如压力振荡）不会对黏度的定量表征带来负面影响。

以上分析从理论上证明了通过螺杆压力和螺杆位置信息来定量表征当前周期内熔体黏度变化的可行性，且螺杆压力和螺杆位置信号可以通过成型过程中在线采集而直接获得，从而实现注射模塑成型熔体黏度波动的在线定量表征。

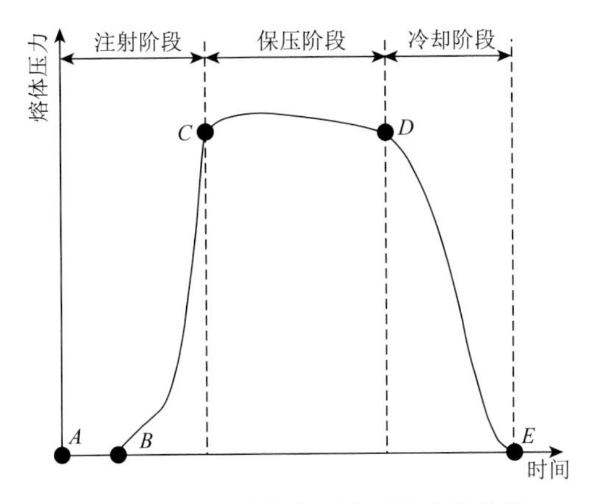


图 7-18 聚合物熔体型腔压力变化曲线

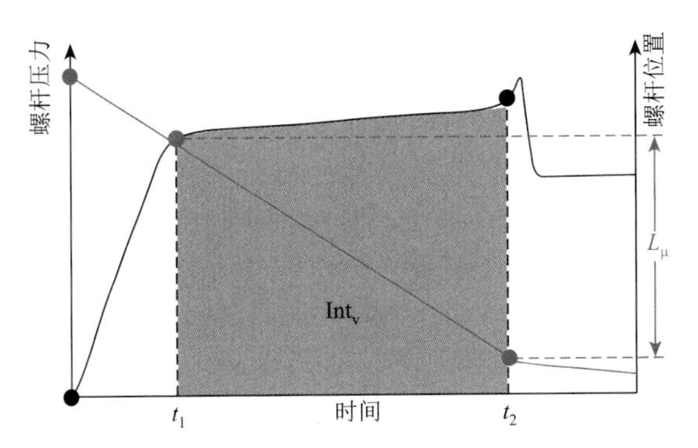


图 7-19 熔体黏度定量表征积分：黏度当量 $Int_v$

### 3. 聚合物熔体黏度波动定量表征模型验证实验

聚合物熔体黏度波动定量表征模型验证实验以宁波海天长飞亚塑料机械制造有限公司全电动注塑机 VE1500Ⅱ（中国，宁波）为平台进行，如图 7-20 所示。全电动注塑机可以保证更精密的机器零部件运行，对于熔体黏度波动所带来的扰动能够更精准地识别，排除其他扰动因素所带来的影响，避免实验误差。该实验设备的具体机器参数如表 7-2 所示。

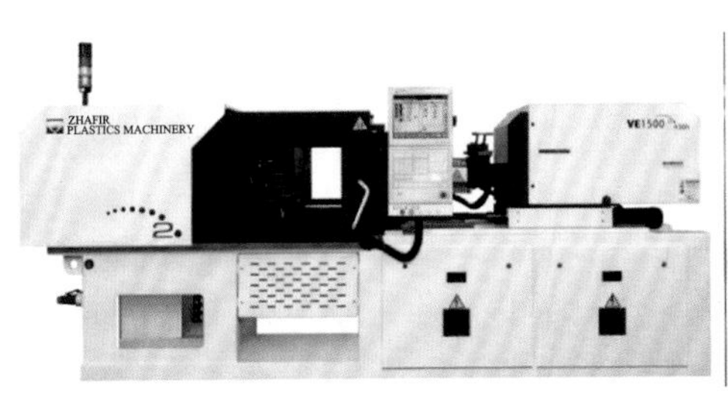

图 7-20 宁波海天长飞亚塑料机械制造有限公司全电动注塑机 VE1500Ⅱ

表 7-2 VE1500Ⅱ具体机器参数

| 机器参数 | 数值 |
| --- | --- |
| 最大锁模力/kN | 1500 |
| 最大熔体注射体积/$cm^3$ | 116 |
| 螺杆直径/mm | 32 |

实验中采用了一组翘曲模具，尺寸为400 mm×240 mm×210 mm（长×宽×厚），模具型腔的具体几何尺寸如图7-21所示。

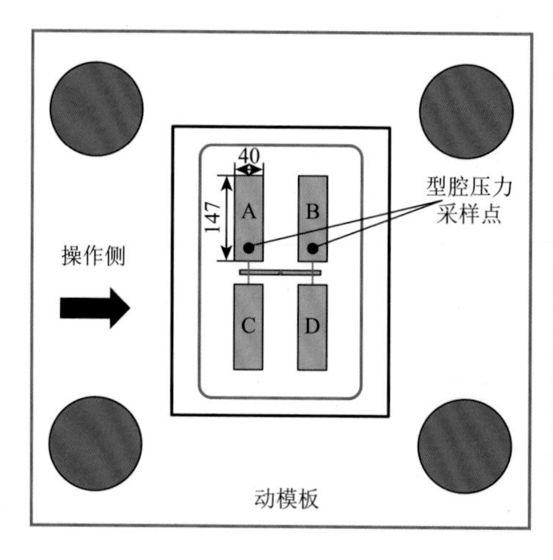

图 7-21 实验用翘曲模具及尺寸（单位：mm）

1）扰动因素对过程参数及熔体填充量的影响

如图7-22所示，不同批次的聚丙烯材料（牌号：3080、1120、3204）在相同的注射模塑成型工艺参数下进行实验。三种聚丙烯材料在相同的温度下具有不同的黏度。实验结果发现，三种批次的聚丙烯原料在相同的成型条件下呈现出不同的过程参数特征。

由图7-22可以看出，聚合物熔体黏度的波动造成了螺杆压力的明显变化。注塑机工艺参数设置值相同，即使加工熔体黏度改变，不同成型周期的工艺参数并不会发生变化：不同实验组的螺杆起始点位置相同（72 mm），注射阶段终点，即 $V/P$ 切换点也相同（12 mm）；进入保压阶段之后，保压压力也维持恒定不变（38 MPa）。

根据螺杆位置曲线分析，当聚合物熔体黏度发生变化时，螺杆位置曲线依旧保持较高重合度，螺杆的运动过程并不会受到影响，螺杆运动在黏度变化的状态下仍然保持速度闭环控制；进入保压阶段，螺杆发生微小位移以补偿成型制品收

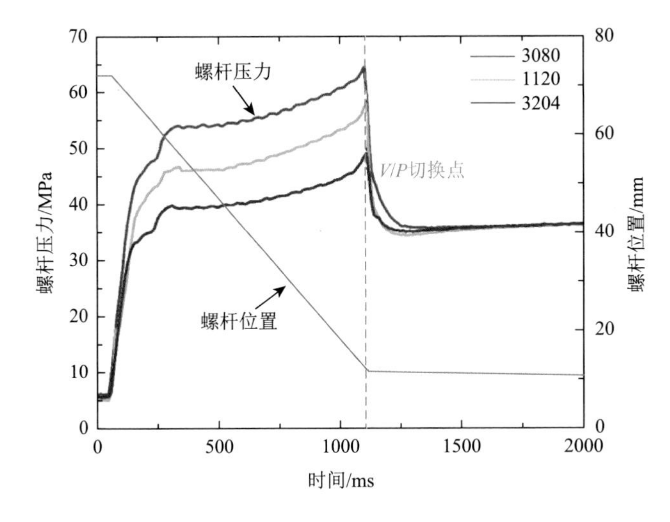


图 7-22　注射模塑成型工艺过程中的螺杆压力波动（不同批次聚丙烯）

缩。在整个注射模塑成型工艺流程中，熔体黏度变化主要影响型腔填充阶段的螺杆压力数值。在成型聚丙烯 3080（5 g/10 min）时，熔体黏度较高，流动阻力较大，此时型腔填充阶段压力较高，螺杆压力最高值（*V*/*P* 切换点螺杆压力值）为 65 MPa。随着熔体黏度的下降，型腔填充阶段的螺杆压力随之下降。当熔体熔融指数变为 8.5 g/10 min 和 14 g/10 min 时，*V*/*P* 切换点螺杆压力值（螺杆峰值压力）分别降低至 57 MPa 和 48 MPa。

实验结果表明，在流动速度相同的条件下，成型黏度较高的熔体时，填充过程中所受到的流动阻力更大，熔体压力会升高以抵抗较高的流动阻力，而熔体压力的上升会导致螺杆压力的上升。

图 7-23 所示是成型三种不同批次的聚丙烯材料时，型腔熔体压力曲线的变化过程。型腔压力反映的是熔体在型腔内的流动状态，型腔内部的流动状态直接影响熔体填充量及最终的成型制品质量。从型腔压力曲线变化中可以看出，熔体黏度越高，则在流道填充过程中的压力损失越大，进入模具型腔后，熔体压力下降。随着熔体黏度降低，流阻减小，熔体流动性更好，所以熔体在型腔内部的压力更高。随着熔体黏度的下降，型腔内熔体压力峰值的上升幅度分别为 6%和 15.1%。

图 7-24 所示是不同回收材料占比的混合聚丙烯材料在注射模塑成型过程中所呈现的螺杆压力和位置变化。可以看出，回收材料的添加影响了熔体中长短分子链的分布状态，造成熔体黏度变化，螺杆压力轨迹发生变化，而螺杆位置轨迹高度重合，螺杆均由 78 mm 运动至 10 mm 的 *V*/*P* 切换位置。成型 100%的原料颗粒时，熔体中分子长链占比较大，熔体流动性较差，黏度较高，此时型腔填充阶段螺杆压力较高，*V*/*P* 切换点螺杆压力值（螺杆压力峰值）达到 57 MPa。随着回收

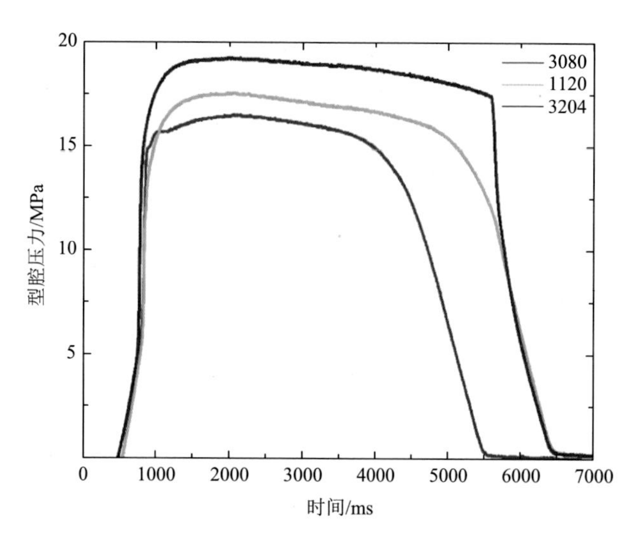


图 7-23 注射模塑成型工艺过程中的型腔压力波动（不同批次聚丙烯）

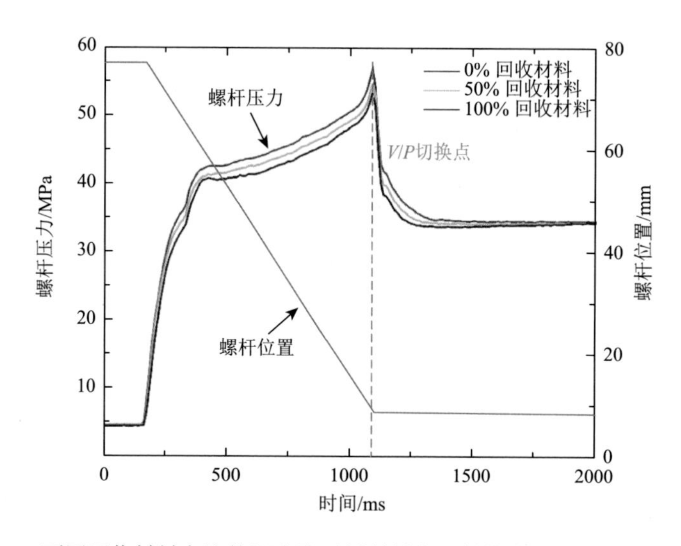


图 7-24 不同回收材料占比的混合聚丙烯材料在注射模塑成型过程中所呈现的螺杆压力和位置变化

材料占比的增加，熔体中由于加热和剪切作用，分子长链断裂，流变性能改变，熔体黏度下降。当回收材料占比达到 50%和 100%时，型腔填充阶段的螺杆压力值显著下降。*V*/*P* 切换点螺杆压力值（螺杆压力峰值）分别降低至 55 MPa 和 53 MPa。三种不同回收材料占比的混合聚丙烯材料的黏度变化与三种批次的聚丙烯熔体黏度相比，波动程度较小，因此螺杆压力波动幅度较小。两种回收材料占比条件下，压力变化梯度分别约为 12.5%和 4%。实验结果证明，回收材料由于分子链分布状态与原料差异性较大，成型过程中表现出的流动性更好，填充过程中流动阻力更小。

图 7-25 所示是成型三种不同回收材料占比的混合聚丙烯材料时，采集的型腔压力曲线，同样反映熔体在模具内的流动状态。随着回收材料占比的增加，熔体黏度下降，回收材料占比更大的熔体在流道和模具型腔内部流动性更好，流道内压力损失小，因此熔体在型腔内的压力更高。掺入 50%和 100%回收材料后，熔体型腔压力峰值分别上升 1.17%和 2.34%。该组实验中熔体型腔压力的变化进一步证明了熔体黏度波动对熔体压力的影响规律，同样为熔体黏度波动的定量表征和数字化模型的建立奠定了基础。

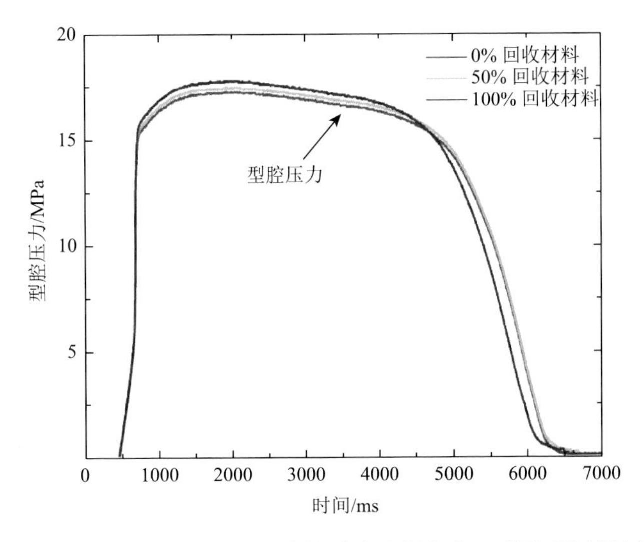


图 7-25　注射模塑成型工艺过程中的型腔压力波动（不同回收材料占比）

图 7-26（a）和（b）展示的是不同批次与不同回收材料占比的注射模塑成型过程对熔体填充量的影响。由图可知，不同批次的聚合物和不同回收材料占比的聚合物在注射模塑成型过程中，熔体填充量均会受到黏度波动所带来的影响。根据图 7-26 所述，低黏度熔体在流道内的压力损失小，型腔内的熔体压力较高。结合聚合物 *PVT* 特性，在恒定的型腔容积下，较高的熔体压力导致聚合物比容下降，从而造成熔体填充量越大；反之，高黏度熔体在型腔内的熔体填充量则越小。从图中可以反映出，无论是熔体批次发生改变，或是回收材料占比发生波动，都会导致相同的变化趋势。

图 7-27（a）和（b）显示的是不同干燥程度下高分子材料在注射模塑成型过程中所体现出的不同。从图 7-27（a）明显看出，随着干燥时间更加充分，原料含水量下降，分子链之间润滑作用下降，熔体流动性减弱，表现出黏度更高。同时，

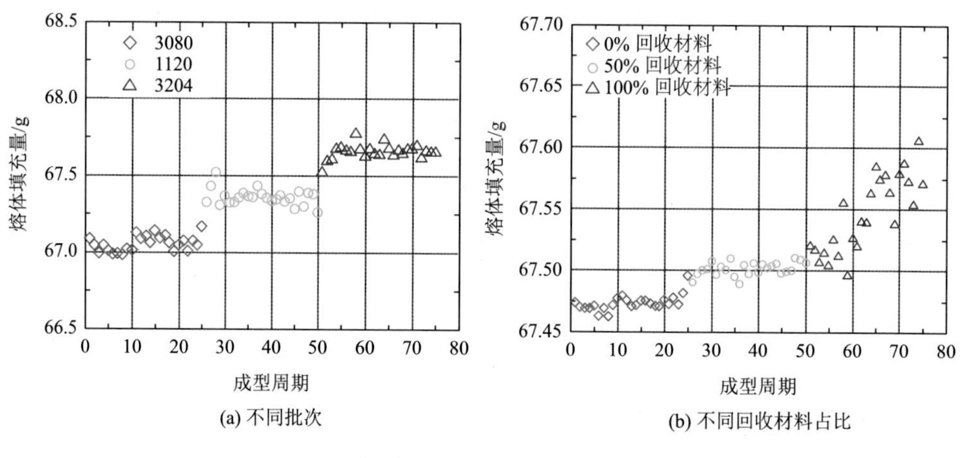


图 7-26 注射模塑成型工艺中的熔体填充量波动

型腔填充过程中螺杆压力更高，熔体充模更加困难，螺杆压力峰值越高。如果干燥时间不充分，则原料含水量较高，分子链之间润滑作用更加明显，材料表现出的黏度较低，螺杆压力也会下降。图 7-27（b）描述的是不同干燥时间情况下，聚碳酸酯的熔体填充量变化趋势，随着干燥时间增加，熔体含水量下降，从而导致熔体填充量下降。实验用原料为不同干燥程度的聚碳酸酯材料，导致过程参数及质量参数发生变化。

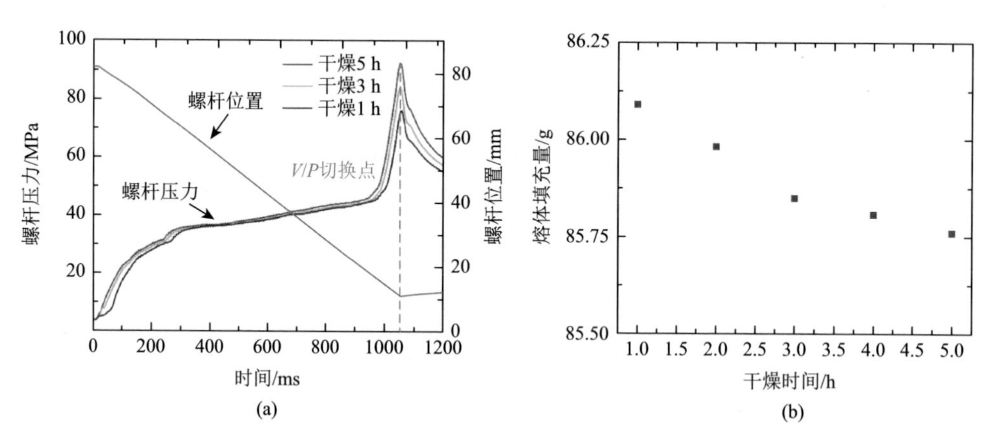


图 7-27 注射模塑成型工艺中的螺杆压力（a）和熔体填充量（b）波动（不同含水量）

更改塑化阶段的螺杆转速，由 80 r/min 升至 150 r/min，每隔 5 r/min 进行一组实验。随着螺杆转速的增加，在相同塑化距离内，熔体的塑化时间减少，流动性下降。图 7-28（a）和（b）是螺杆转速与螺杆压力之间的对应关系，实验结果发现，螺杆转速的提升造成注射阶段螺杆压力的上升，从而导致熔体填充量的下降。

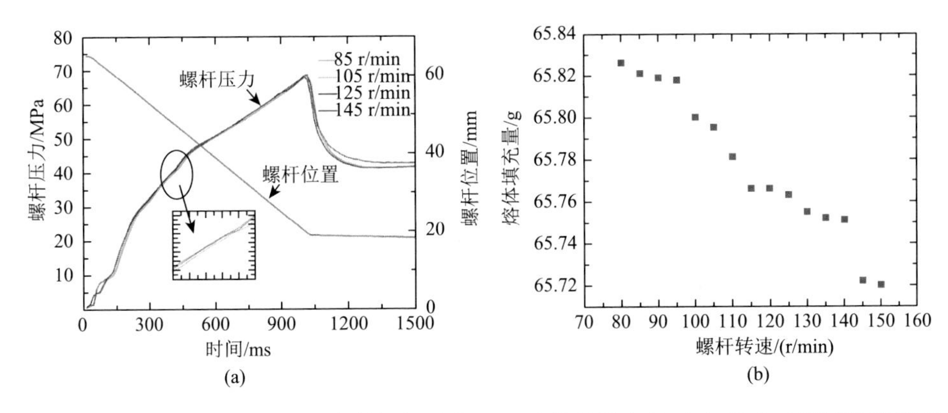


图 7-28　注射模塑成型工艺过程中的螺杆压力（a）和熔体填充量（b）波动（不同螺杆转速）

以上五组实验结果从原料批次波动、回收材料占比波动、原料含水量波动到塑化工艺参数的波动，充分印证了前期结论：熔体黏度的上升会造成熔体流动性下降，填充过程中注塑机机筒内熔体压力上升，但是型腔内熔体压力会由于更大的填充过程压力损耗而下降，进而影响该成型周期内的熔体比容，最终造成熔体填充量下降；反之，熔体黏度下降，填充过程中熔体流动性更好，较低熔体压力即可完成填充，最终造成熔体填充量的增加。原料自身物性参数波动与工艺参数波动所带来的熔体黏度变化程度不同，所以螺杆压力曲线轮廓变化程度不同，熔体填充量的变化幅度也存在差异。

2）聚合物熔体填充状态和螺杆压力的对应关系

图 7-29（a）和（b）反映的是注射阶段，螺杆运动至不同位置所对应的螺杆压力和熔体填充状态。从图中可以清晰看出，螺杆从起始点位置运动至 60 mm 时，熔体主要流经主流道、分流道及浇口，此过程熔体在流动过程中需要改变流向、流速，因而存在压力振荡，故螺杆压力陡升。当螺杆运动至 60 mm 位置时，螺杆压力开始进入稳定上升阶段，此时熔体逐渐流入型腔。随着螺杆沿着轴向继续前进，型腔内的熔体填充量逐渐增加，螺杆压力保持稳定上升状态，熔体在模具型腔内逐渐充满直至注射阶段的终点，即 *V*/*P* 切换点。该实验证明，选择压力稳定上升的区间，即熔体型腔填充阶段，熔体流速基本趋于稳定，流动中的动态效应会对黏度的测量带来最小的负面影响，螺杆压力振荡作用小，此熔体流动路径可以更好地定量表征熔体黏度波动。

### 7.2.2　注射模塑成型熔体填充量定量表征模型

在注射模塑成型过程中，熔体黏度的波动最终会导致熔体填充量的变化。注射模塑成型工艺是周期性的高分子材料成型工艺，有着多子时段（塑化、注射、保压等）的典型特征。其中，在注射阶段和保压阶段分别有熔体从注塑机机筒充

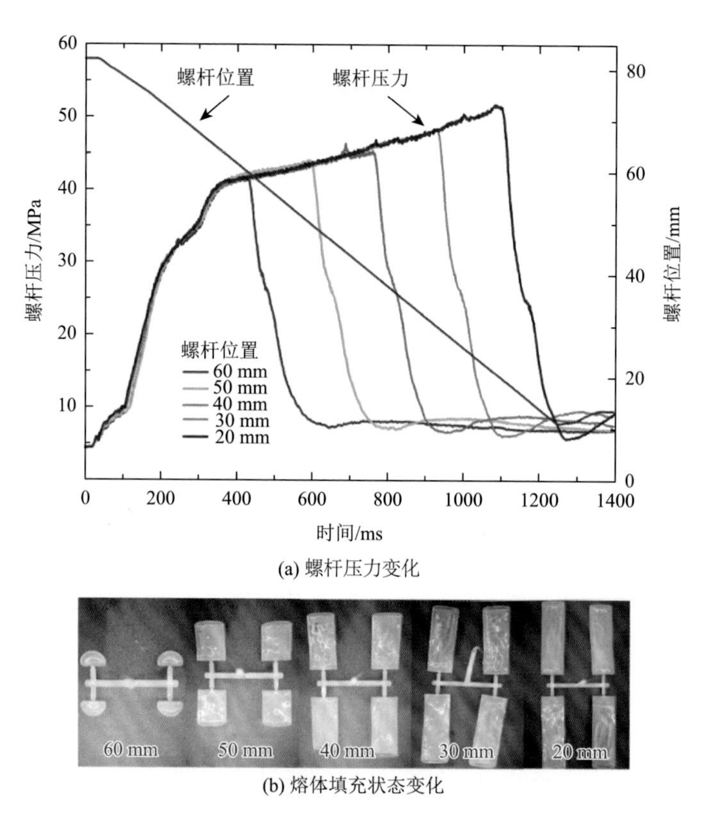


(a) 螺杆压力变化

(b) 熔体填充状态变化

图 7-29 聚合物熔体填充状态和螺杆压力对应关系

填进入模具型腔，如图 7-30 所示，注射阶段和保压阶段的熔体填充量共同组成了熔体填充量。注射阶段之前，聚合物熔融塑化在注塑机机筒完成计量；保压阶段之后，浇口封冻，熔体停止进入型腔。

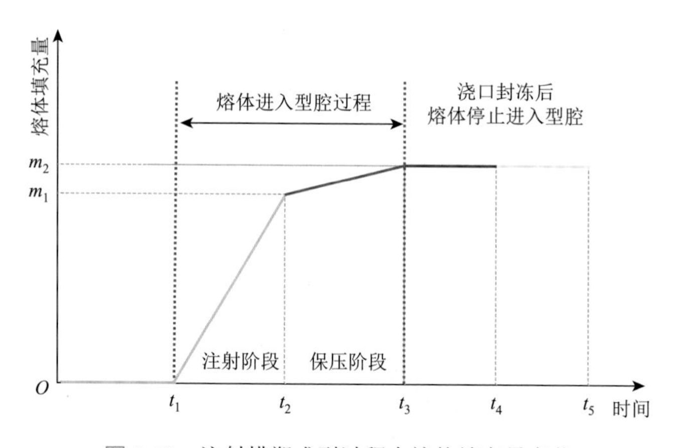


图 7-30 注射模塑成型过程中熔体填充量变化

图 7-31 描述的是注射阶段各工艺参数的特点，熔体流速一致，机筒温度恒定，熔体在模具型腔内均匀填充直至 $V/P$ 切换点。

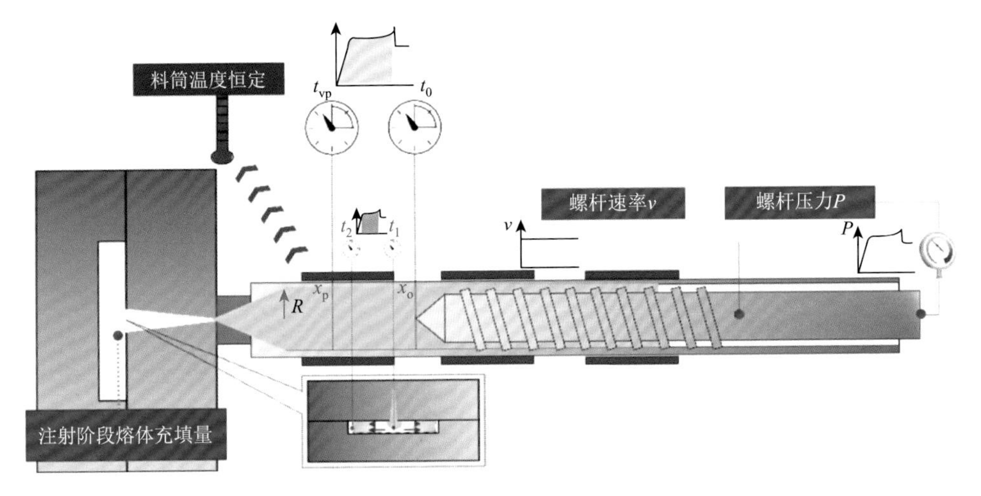


图 7-31　注射阶段工艺参数特点

聚合物注射模塑成型阶段的熔体填充体积通过如下公式进行简明表达：

$$V_{\text{fill1}} = K_2 \frac{\text{Int}_\text{f}}{\text{Int}_\text{v}}$$

$$K_2 = \frac{\pi R^4}{8L_\mu}$$

根据上述公式可以看出，注射阶段熔体填充体积 $V_{\text{fill1}}$ 由螺杆压力-填充时间的两个积分的比值来表示。其中，$\text{Int}_\text{f}$ 为与注射阶段总填充行程相关的压力-时间积分值，定义为注射当量，影响注射阶段螺杆总行程。$\text{Int}_\text{v}$ 定量表征当前周期内熔体黏度波动的黏度当量。$K_2$ 是与注塑机机筒尺寸相关的几何常数。由于熔体的黏度波动并不会对熔体密度造成影响，且模具型腔恒定，因此通过表征熔体填充体积来定量表征熔体填充量是可行的，$V_{\text{fill1}}$ 可作为注射阶段熔体填充量表征当量。

图 7-32 中描绘的是注射阶段熔体填充量表征当量模型示意图，注射当量 $\text{Int}_\text{f}$ 是积分区间为注射时间的螺杆压力积分，积分区间为 $t_0 \sim t_{vp}$，$t_0$ 是注射阶段起点，$t_{vp}$ 是注射阶段终点，即 $V/P$ 切换点。黏度当量 $\text{Int}_\text{v}$ 的区间为 $t_1 \sim t_2$，通过此区间的螺杆压力积分定量表征当前周期的熔体黏度。$\text{Int}_\text{f}$ 与 $\text{Int}_\text{v}$ 的比值表征了熔体填充量。

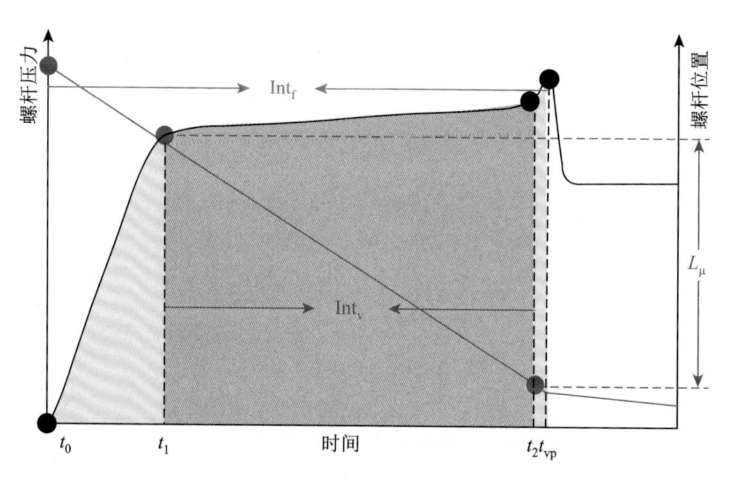


图 7-32　熔体填充量的定量表征模型示意图

根据上述理论分析可知，螺杆压力-时间积分比值，即熔体填充量表征当量 $Int_f/Int_v$ 可以有效实现熔体填充量的定量表征，熔体填充量与熔体填充量表征当量呈线性比例关系。

保压阶段工艺参数特点如图 7-33 所示，螺杆压力恒定，推动注塑机机筒的熔体流入到型腔内部。在此过程中螺杆位移量为 $\Delta X$，机筒温度恒定，流入到型腔内部的熔体质量称为保压阶段熔体填充量，类似于熔融指数测量原理，其数值反映了熔体的流动性。螺杆施加的压力越大，则相同时间内，熔体填充量越大，该螺杆施加的压力为保压压力，在 $V/P$ 切换点后，螺杆压力值恒定不变；在螺杆压力不变的情况下，螺杆施加压力的时间越长，熔体填充量则越大，螺杆施加压力的

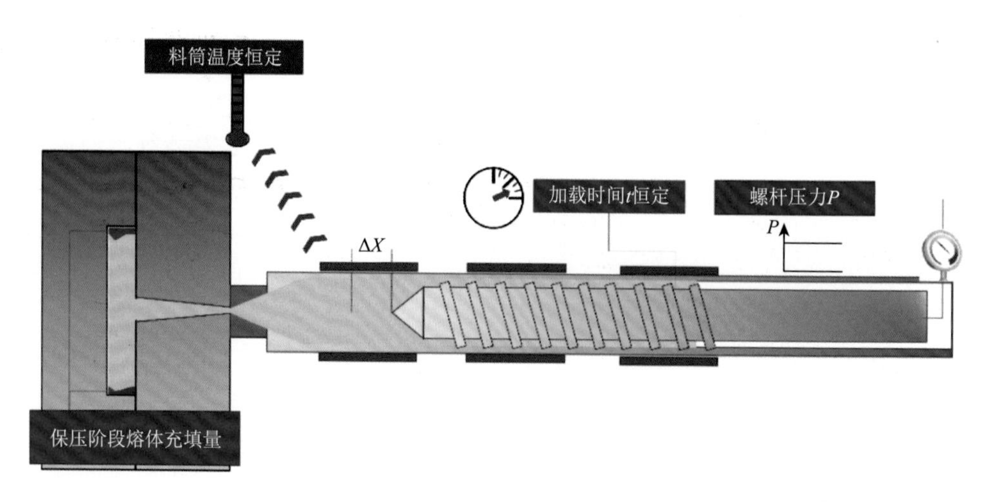


图 7-33　保压阶段工艺参数特点

时间段称为保压时间。在实际成型过程中，注塑机机筒温度的设置保持恒定，故可认为保压阶段的聚合物熔体类似于在熔融指数测试过程中的流动，即等温恒压流动过程。另一方面，在注射模塑成型过程中，保压时间的长短与型腔浇口封冻凝结的时间紧密相关，不同种类的高分子材料由于不同的玻璃化转变温度，材料由熔融态固化成为玻璃态的时间是不同的。当熔融态转化成为玻璃态后，螺杆压力无法继续通过喷嘴流道传递进入模具型腔内，即不会有更多熔体从注塑机机筒进入到模具型腔。因此在实际成型过程中，保压时间一般根据熔体自身属性而设置，不做调节变换。

基于聚合物 *PVT* 特性的聚合物熔体填充量定量表征模型：在注射模塑成型工艺中，每个成型周期的塑化熔体总量恒定不变，因此可以假设每个成型周期的注射阶段开始之前，螺杆前端注塑机机筒内的熔体总质量 $m_{\text{sum}}$ 不变。如图 7-34 所示，注塑机机筒内的熔体总质量由两部分组成，分别是流入模具型腔内的熔体填充量 $m_{\text{cavity}}$ 和存留在注塑机机筒内部的熔体质量 $m_{\text{barrel}}$，其中 $m_{\text{barrel}}$ 简称为熔体存量。

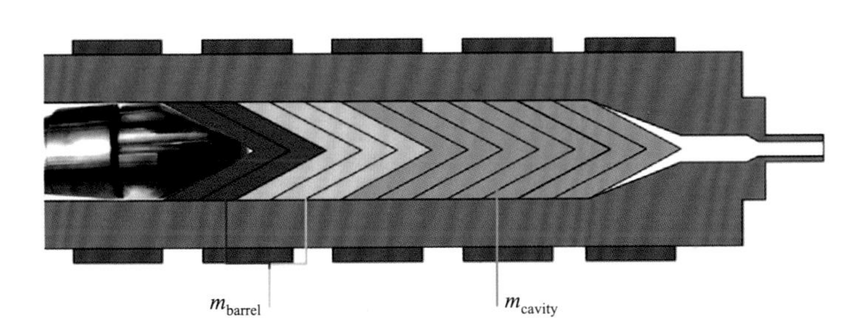


图 7-34　螺杆前端注塑机机筒内熔体质量组成

基于熔体存量和熔体注射量的对应关系，本节研究创新地提出了注射阶段熔体填充量的另一种表征方式。由于熔体总质量 $m_{\text{sum}}$ 恒定，且进入到模具型腔中的熔体填充量处于“黑箱”中，具体特征参数难以获取，可以通过保证注塑机机筒内熔体存量 $m_{\text{barrel}}$ 恒定，间接保证进入到模具型腔内部的熔体填充量 $m_{\text{cavity}}$ 恒定。为了保证机筒内部熔体存量的稳定性，可以结合聚合物的 *PVT*（压力-比容-温度）特性，对注塑机机筒内部的熔体存量进行定量计算。

根据聚合物熔体的 *PVT* 特性，注塑机机筒内聚合物熔体存量可采用如下公式计算：

$$m_{\text{barrel}} = m(x,T,P) = \int \frac{1}{\left[b_1 + b_2(T - B_s)\right]\left(1 - C\ln\left\{1 + \frac{P}{b_3\exp\left[-b_4(T - b_s)\right]}\right\}\right)}$$

$$m_{\text{barrel}}=\frac{x\times\pi R^2}{\left[b_1+b_2(T-b_s)\right]\left\{1+\dfrac{P}{b_3\exp\left[-b_4(T-b_s)\right]}\right\}}$$

式中，$x$ 为当前螺杆位置；$T$ 为熔体温度；$P$ 为熔体压力。在注射模塑成型过程中，螺杆位置可以通过螺杆位移传感器监测，熔体温度通过注塑料筒外的温度传感器获取，熔体压力通过螺杆压力传感器进行实时采集。

### 7.2.3 聚合物熔体填充量一致性补偿控制系统

熔体填充量一致性补偿控制算法以宁波海天塑机集团有限公司三板液压式 MA1600Ⅱ注塑机、两板液压式 JU5500Ⅱ注塑机及宁波长飞亚塑料机械制造有限公司全电动 VE1500Ⅱ注塑机为测试平台进行实验。液压式注塑机使用宁波弘讯科技股份有限公司的主控制器，宁波长飞亚塑料机械制造有限公司全电动注塑机使用奥地利 SigmaTEK 的主控制器，两控制器均附配海天塑机集团有限公司开发的 J6 控制器，相关一致性补偿控制算法嵌入 J6 控制器中。实时螺杆压力和螺杆位置通过机器预装传感器和弘讯/SigmaTEK 控制器进行采集，J6 控制器和主控制器之间采用 CANOpen 协议进行通信，经过 J6 控制器实时处理计算后，反馈到注塑机驱动单元，对控制注塑机核心零部件进行在线优化控制。具体的熔体填充量一致性补偿控制算法如图 7-35 所示。

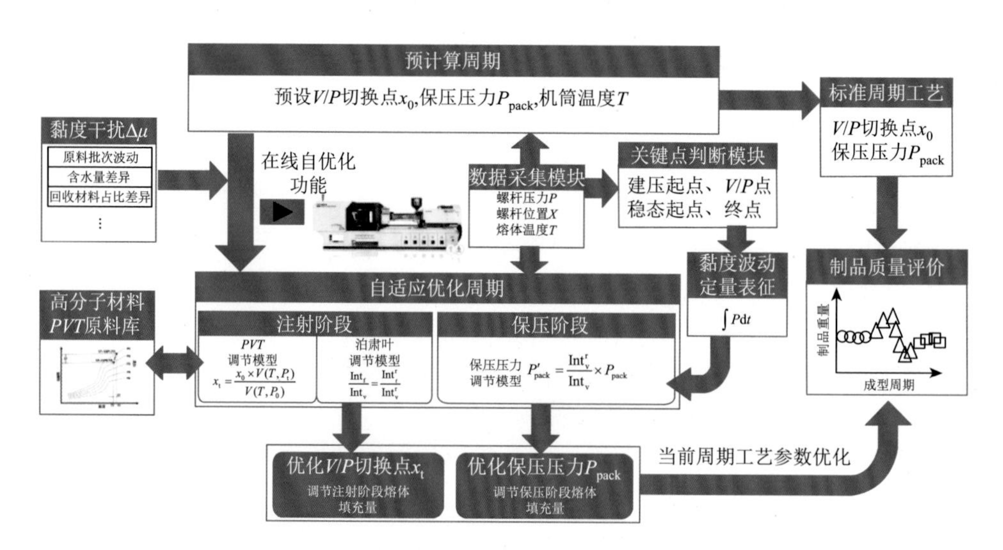


图 7-35 注射模塑成型熔体填充量一致性补偿控制算法

图 7-36 是熔体填充量一致性补偿控制系统图，该系统嵌入各实验平台装备的

控制器中，以实现熔体填充量的补偿控制效果。注塑机熔体填充量补偿控制系统操作界面中包含预计算周期与自适应优化周期的使能控制。

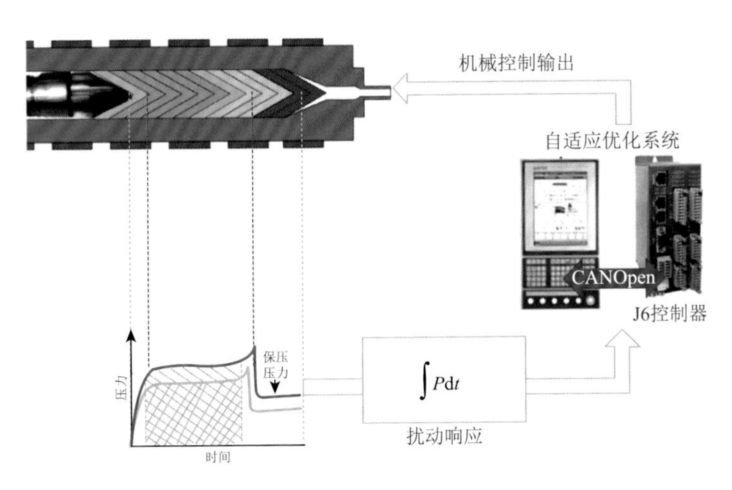


图 7-36　熔体填充量一致性补偿控制系统

### 1. 全电动注塑机应用评价

图 7-37 所示的是自适应优化算法对于批次变化造成的熔体填充量波动的调节，该实验中，三种不同批次的聚丙烯在注塑机中随机添加。前 125 个周期使用传统的控制方式进行成型，成型过程中注射阶段的 $V/P$ 切换点和保压阶段的保压压力均维持预设值不变，$V/P$ 切换点为 14 mm，保压压力为 38 MPa，批次变化已经导致聚合物熔体的黏度发生剧烈波动，熔体填充量随着熔体黏度的变化而发生剧烈波动，然而注塑机无法感知黏度变化，工艺参数不会发生相应的调节。从第 126 个周期开始进行工艺参数自适应优化调节并继续成型 125 个周期，该控制策略以传统控制模式下的最后一个周期的信息作为标准周期（第 125 个周期）。在接下来的 125 个成型周期中，$V/P$ 切换位置和保压压力均进行自适应优化调节，根据熔体黏度的变化，工艺参数实现了当前周期内的即时响应与修正，波动较为剧烈的熔体填充量得到了大幅度收敛。对比两种控制方式下的结果可以看出，工艺参数的自适应优化控制并不会带来熔体填充量均值的大幅度变化，均值分别为 67.1452 g 和 67.0852 g，熔体填充量的稳定性因为自适应优化控制方式的介入实现了大幅度优化。根据标准差计算公式和重复精度计算公式可以看出，熔体填充量的标准差从 0.6107 下降到了 0.1784，下降幅度约 70%，熔体填充量重复精度从 0.909%提升至 0.266%，提升幅度达到 70%。以上实验结果证明 $V/P$ 切换点和保压压力的自适应优化控制对熔体填充量的稳定性有积极的效果，有效优化了由于加工材料批次变化所带来的熔体填充量波动问题。

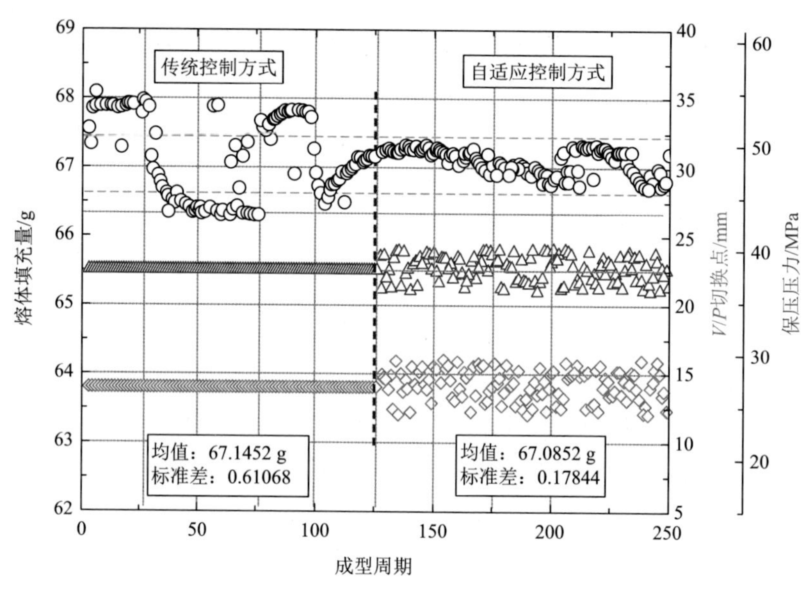


图7-37 自适应优化算法对熔体填充量波动的补偿控制（批次更改）

图7-38所示的是成型具有不同回收材料占比的混合聚丙烯时所呈现的实验结果。实验原料为掺入0%、50%和100%回收材料占比的混合塑料颗粒，并采用随机添加的方式进行实验。前90个成型周期中各工艺参数采用传统控制方式进行控

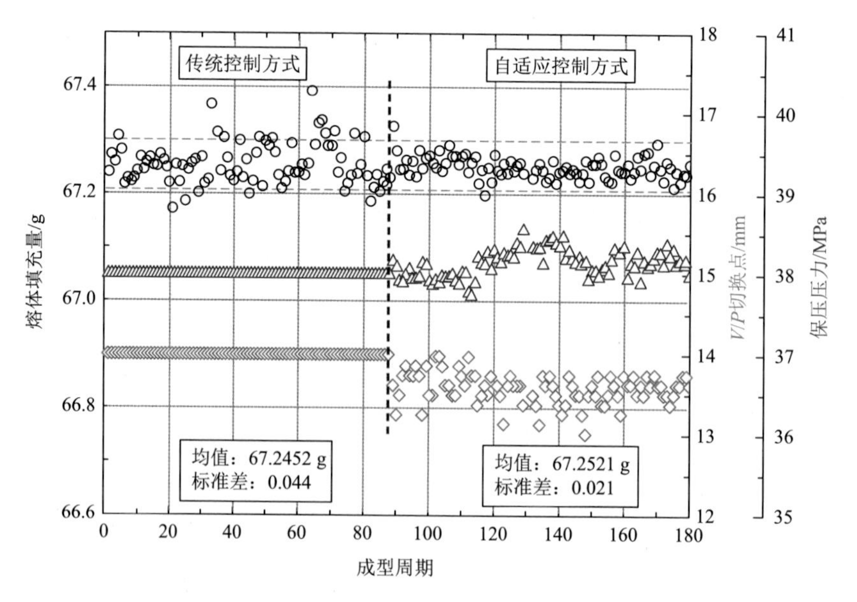


图7-38 自适应优化算法对熔体填充量波动的补偿控制（回收材料占比更改）

制，$V/P$ 切换点、保压压力等机器参数并未发生变化，保持 $V/P$ 切换点 14 mm 和保压压力 38 MPa，此工况下熔体填充量波动明显，均值为 67.2452 g。在接下来的 90 个成型周期中，采用自适应优化控制方式，由于预设的 $V/P$ 切换点与保压压力值，$V/P$ 切换点和保压压力均根据熔体黏度的变化进行自适应优化调节。经过优化后的熔体填充量一致性得到了改善且均值保持基本稳定，其均值为 67.2521 g。对 180 个成型周期，两个实验阶段的熔体填充量波动状态进行分析计算，在传统控制方式下，熔体填充量的标准差为 0.044，重复精度为 0.065%，在自适应优化控制方式下，熔体填充量的标准差下降至 0.021，重复精度提升至 0.031%，标准差下降幅度约为 50%，熔体填充量重复精度提升约 50%。以上实验结果证明，全电动注塑机在高质量重复精度的成型中有突出的优势，但是成型过程不可避免地受到黏度扰动的影响，自适应优化过程有效地削减了回收材料添加对成型过程稳定性带来的影响。

**2. 三板液压式注塑机应用评价**

图 7-39 中展示的是在三板液压式注塑机 MA1600Ⅱ上的实验结果，使用的实验原料是三种不同批次的聚丙烯，并进行随机混合添加。实验中共成型 80 个周期，在前 40 个周期中，注塑机的工艺参数采用传统控制方式进行控制，成型后的熔体填充量经过称量汇总，得到其均值为 67.1177 g，标准差为 0.168，熔体填充量重复精度为 0.25%。在随后的 40 个成型周期中，采用自适应控制方式对工艺参数进行优化调节，实验结果发现，熔体填充量的均值为 67.1428 g，标准差为 0.081，

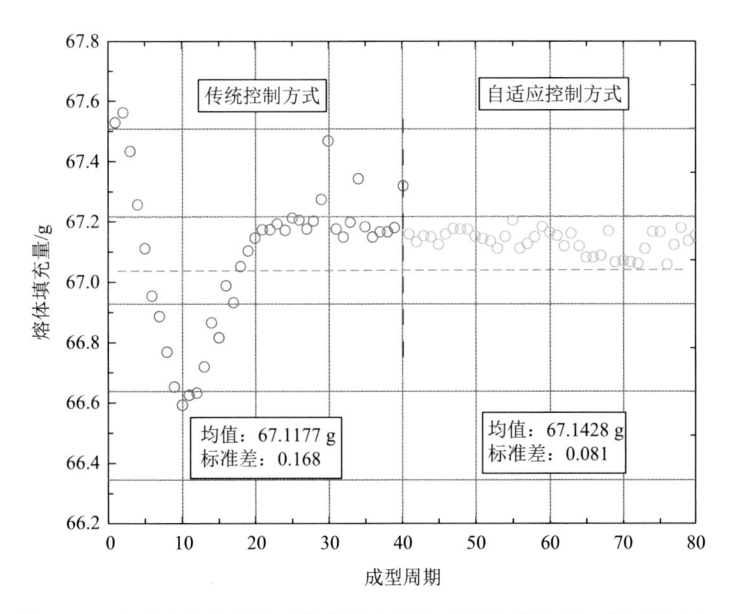


图 7-39　自适应优化算法对熔体填充量波动的补偿控制（批次更改）

计算出的熔体填充量重复精度为 0.12%。可以看出在三板液压式注塑机上，自适应控制方式对不同批次不同牌号的聚丙烯材料所造成的熔体填充量波动有显著的补偿控制效果，重复精度提升约 50%。

图 7-40 描述的是在三板液压式注塑机 MA1600Ⅱ上的另一组实验结果，使用的实验原料是含有三种不同比例回收塑料颗粒的混合物料。实验总成型 70 个周期，在前 40 个周期中，注塑机工艺参数采用传统控制方式进行控制，成型后的熔体填充量经过称量计算，得到其均值为 67.2536 g，标准差为 0.036，计算出的熔体填充量重复精度为 0.054%。在接下来的 30 个成型周期中，采用自适应控制方式对工艺参数进行优化调节，实验结果发现，熔体填充量的均值为 67.2410 g，标准差为 0.019，计算出的熔体填充量重复精度为 0.028%。可以看出在三板液压式注塑机上，自适应控制方式对回收材料占比不同所造成的熔体填充量波动也有明显的优化效果，熔体填充量重复精度可以提升近 50%。

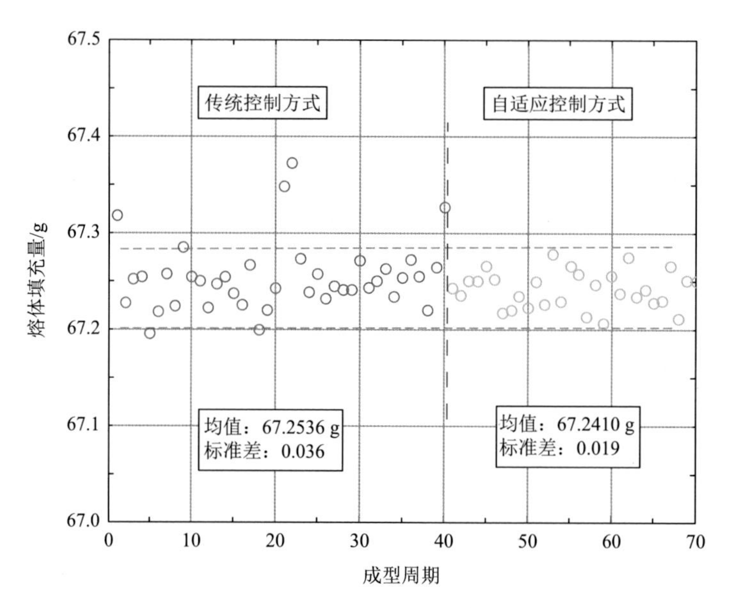


图 7-40 自适应优化算法对熔体填充量波动的补偿控制（回收材料占比更改）

## 参考文献

[1] Wang K K，Zhou J，Sakurai Y. An integrated adaptive control for injection molding[C]. Annual Technical Conference -ANTEC，1999.

[2] Chen Z. Online adaptive injection molding process and quality control[D]. Wisconsin：University of Wisconsin-Madison，2006.

[3] Orzechowski S，Paris A，Dobbin C J B. A process monitoring and control system for injection molding using

nozzle-based pressure and temperature sensors[J]. The Journal of Injection Molding Technology，1998，2（3）：141-148.

[4] Müller N，Schott N R. Injection molding tie bar extension measurements using strain gauge collars for optimized processing[J]. Journal of Injection Molding Technology，2000，4（3）：120-125.

[5] Chen S，Liaw W，Su P，et al. Investigation of mold plate separation in thin-wall injection molding[J]. Advances in Polymer Technology，2010，22（4）：306-319.

[6] Chen Z B，Lih-Sheng T. Injection molding quality control by integrating weight feedback into a cascade closed-loop control system[J]. Polymer Engineering & Science，2010，47（6）：852-862.

[7] Xi C，Chen G，Gao F. Capacitive transducer for in-mold monitoring of injection molding[J]. Polymer Engineering & Science，2004，44（8）：1571-1578.

[8] Huang M S. Cavity pressure based grey prediction of the filling-to-packing switchover point for injection molding[J]. Journal of Materials Processing Technology，2007，183（2）：419-424.

[9] Johannaber F. Injection Molding Machines：a User's Guide[M]. Munich：Carl Hanser，1983.

[10] 韩祝滨. 新一代数字自输式保压控制系统[J]. 国外塑料，1991，9（4）：2.

[11] Kamal M R，Varela A E，Patterson W I. Control of part weight in injection molding of amorphous thermoplastics[J]. Polymer Engineering & Science，1999，39（5）：940-952.

[12] Sheth H R，Nunn R E. An adaptive control methodology for the injection molding process. Part 1：Material data generation[J]. The Journal of Injection Molding Technology，1998，2（2）：86-94.

[13] 许宇轩. 注塑成型熔体粘度波动定量表征及在线补偿控制方法[D]. 北京：北京化工大学，2022.

[14] 杨卫民. 塑料精密注射成型原理及设备[M]. 北京：科学出版社，2015.

[15] Hassan A，Rahman N A，Yahya R. Moisture absorption effect on thermal，dynamic mechanical and mechanical properties of injection-molded short glass-fiber/polyamide 6，6 composites[J]. Fibers & Polymers，2012，13（7）：899-906.

[16] Ferg E E，Bolo L L. A correlation between the variable melt flow index and the molecular mass distribution of virgin and recycled polypropylene used in the manufacturing of battery cases[J]. Polymer Testing，2013，32（8）：1452-1459.

[17] Frisenbichler W，Duretek I，Rajganesh J，et al. Measuring the pressure dependent viscosity at high shear rates using a new rheological injection mould[J]. Polimery Warsaw，2009，56（1）：58-62.

[18] Xu Y，Liu G，Dang K，et al. A novel strategy to determine the optimal clamping force based on the clamping force change during injection molding[J]. Polymer Engineering & Science，2021，61（12）：3170-3178.

[19] 吴煜. 微注塑成型中熔体粘度对充模流动影响的实验研究[D]. 大连：大连理工大学，2010.

[20] Zhao C L，Schiffers R. Condition monitoring of non-return valves in injection molding machines using available process and machine data[C]. Proceedings of the 35th International Conference of the Polymer Processing Society，2020.

[21] Zhao P，Zhang J，Dong Z，et al. Intelligent injection molding on sensing，optimization，and control[J]. Advances in Polymer Technology，2020，2020（12）：1-22.

[22] 徐佩弦. 高聚物流变学及其应用[M]. 北京：化学工业出版社，2003.

[23] Hopmann C H，Abel D，Heinisch J，et al. Self-optimizing injection molding based on iterative learning cavity pressure control[J]. Production Engineering：Research and Development，2017，11（2）：97-106.

[24] Hopmann C H，Weber M，Ressmann A. Effect analysis for compensating viscosity fluctuations by means of a self-optimising injection moulding process[C]. The 30th International Conference of the Polymer Processing Society，USA，2014.

# 第8章 3D 复印技术的未来

## 8.1 3D 打印与 3D 复印融合发展趋势

### 8.1.1 成型模具 3D 打印智能制造

金属 3D 打印零件在模具上主要应用于随形水路[1]。随形水路可缩短产品注射周期，减少因冷却不均而引起的变形，提高产品成型质量，受到很多模具企业的青睐。金属 3D 打印工艺的主要耗材为金属粉末，近年随国产粉末的上市，价格虽有所下降，但相比传统的模具钢仍然很贵。如何有效合理地应用 3D 打印技术，更好地服务于模具行业，是金属 3D 打印的关键技术方向。基于此，在满足模具零件强度等各方面性能的前提下，减轻零件质量以达到降低成本的目的。

**模具零件 3D 打印** 通常一副模具由 CAD 工程师设计水路，CAE 工程师进行冷却分析验证，确定模具冷却水路方案。制造环节由 3D 打印工程师基于 CAD 工程师提供的 3D 数模进入 3D 打印工作流程。具体的模具零件 3D 打印流程如图 8-1 所示。

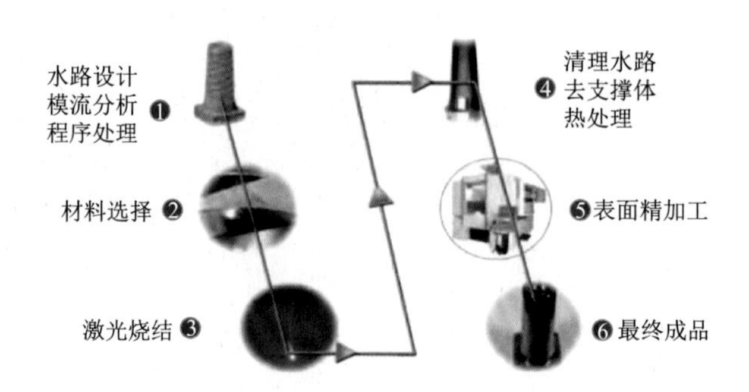


图 8-1 模具零件 3D 打印流程[1]

根据加工方式不同，3D 打印分为整体式打印和嫁接式打印。整体式打印是在底板水平面上直接打印整个零件，如图 8-2 所示。嫁接式打印是将零件分为两部分，一部分使用传统工艺加工，称为基座，另一部分采用 3D 打印，使两者紧密结合成一个零件，如图 8-3 所示。

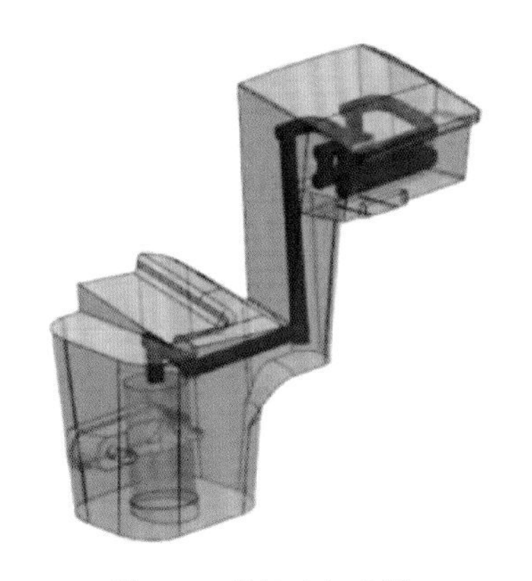

图 8-2　整体式打印[1]

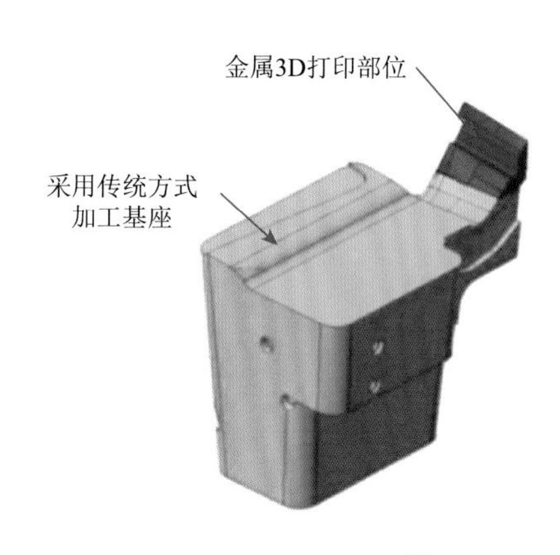


图 8-3　嫁接式打印[1]

整体式打印与嫁接式打印相比，3D 打印零件一次性成型，缩短了制程，减少了基座的采购和加工环节，缺点是打印时间长、材料成本高，导致最终的综合成本高，不利于 3D 打印技术的全面推广应用。此外，工程师个人经验和能力有限，对模具零件进行可行性分析时可能不全面，导致零件打印质量异常，反复打印，成本高且影响模具的交付周期。

**模具零件 3D 打印的可行性分析**　注射模具结构复杂，主要由成型系统、侧向分型系统、浇注系统、推出系统、温控系统、定位系统、排气系统及其他辅助系统组成。其中，温控系统包括加热和冷却两部分，通常使用 3D 打印技术制造。3D 打印零件的质量主要取决于人员、金属粉末、数据设计、设备、打印过程和后处理等因素，尤其是数据设计，其工艺规划直接决定产品的质量和成本。

要生产综合性价比高的零件，在进行打印工作前，3D 打印工程师需要协同 CAD 工程师、CAM 工程师对零件进行全面的基于成本和工艺的可行性分析，并编制可行性分析报告（简称 DFM 报告）。以下重点阐述 3D 打印 DFM 报告的内容。

1）产品信息

详细了解注射产品的信息，如产品尺寸、材质、表面处理工艺等。

2）零件信息

详细了解模具零件的信息，如零件尺寸、重量、模具钢材、使用场合等。

3）水路设计

随形水路是基于 3D 打印技术的新型模具冷却水路（图 8-4）。因其加工特性，随形水路可以较好地贴合产品形状，且水路截面可以设计成任意形状。由于3D打印工艺的特殊性，设计师应基于以下原则对随形水路进行设计：①水孔进出口位置应按照模具的设计要求；②零件固定方式及位置应按照模具的设计要求；③水路设计越简单越好，转弯越少，水路内的水压损失越少，流速越快；④水路进出口之间的温差最好在2～5℃；⑤水路直径：3 mm≤$D$<8 mm；⑥水路距3D打印零件边的最小壁厚不能小于2.5 mm；⑦在水路进出口处设计0.8 mm的薄片，防止线切割加工时的水进入水路导致水路清粉困难。

图8-4 随形水路应用案例[1]

4）模流分析

设计良好的冷却水路可以缩短熔料固化时间，提高生产效率，降低制造成本，并使成品均匀冷却，防止产品因热应力造成收缩扭曲变形等。此外，在特定情况下，冷却水路还可起矫正翘曲变形的作用。

模具设计前期，通常运用模流分析软件对注射成型过程进行模拟仿真，通过对熔体温度、模具温度和注射时间等主要加工参数提出一个目标趋势；估定保压时间、压力及保压效果；预测产品翘曲变形方向、范围大小及原因，通过这些结果对模具设计方案的可行性进行前期评估，随后完善模具设计方案及优化产品设计方案。模流分析与实际成型零件如图8-5所示。

5）零件特征分析

对零件特征进行分析，主要分析零件的纵横比和高径比，杜绝比例不均导致的打印失败。通常零件纵横比（高宽比）$H/B<8$，高径比$H/\Phi<10$。当不满足8的纵横比时，零件上部可能会有变形风险，因此在中间部分加一段辅助支撑，如图8-6所示，可以增加此零件的强度，防止变形。

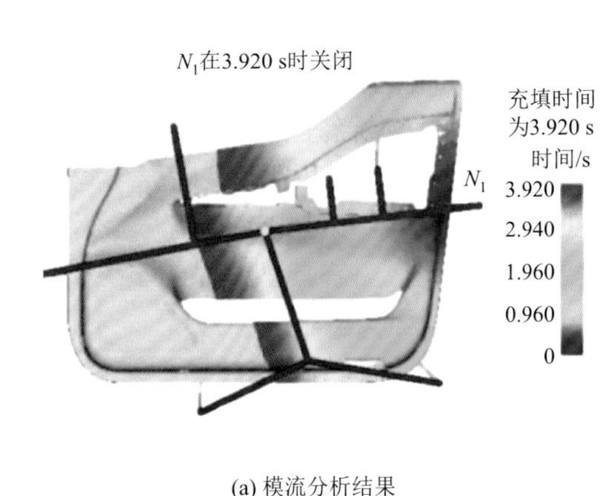

(a) 模流分析结果

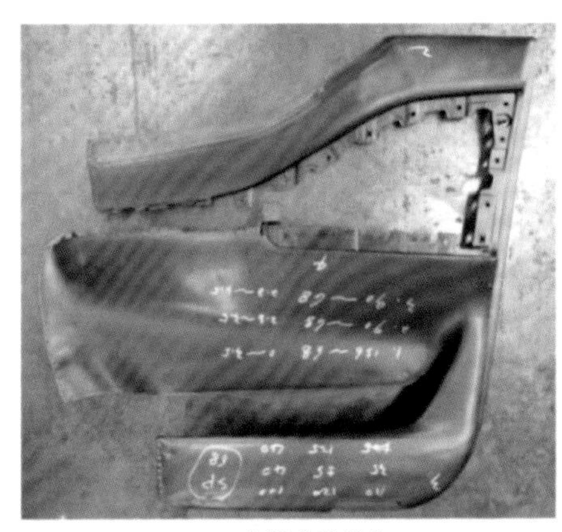
(b) 实际成型零件

图 8-5　模流分析与实际成型零件[1]

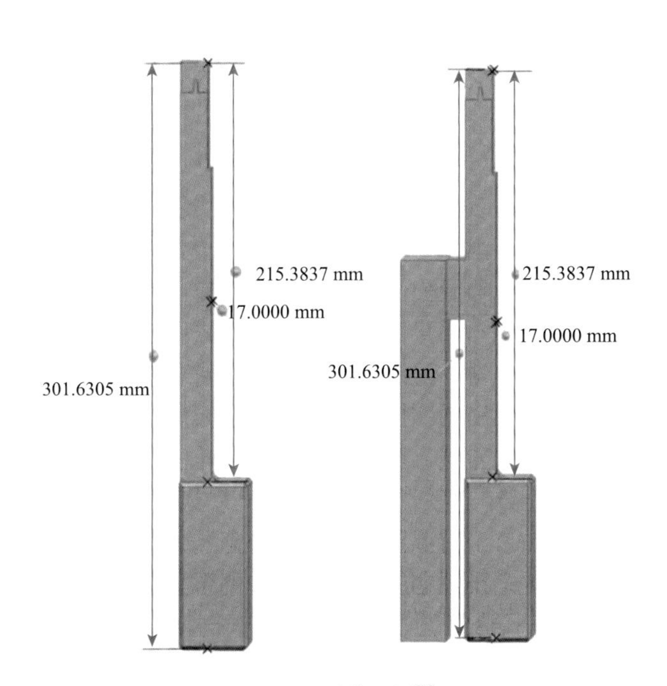

图 8-6　零件比例[1]

6）打印方式

综合考量成本和工艺，按以下思路选择打印方式：①尽可能优先选用嫁接式打印；②尽可能一次成型多个零件，零件间保持适当间距；③嫁接打印时，基座与底板要用螺钉固定；④嫁接打印时，根据零件底部轮廓线设计一个薄壁特征，用来检查打印部分底部轮廓与基座顶部的轮廓是否重叠。

7）支撑设计

在保证质量的前提下，尽可能不用支撑或以少的支撑来完成打印工作。支撑设计思路如下：①通过软件的插件仿真功能对零件的支撑进行模拟分析，主要用于预测金属 3D 打印过程中可能出现的打印缺陷，如零件变形、刮刀风险、应力收缩等；②支撑设计时要考虑如何低成本地快速去除支撑；③零件外观面和配合面尽可能不设计支撑。支撑设计示例如图 8-7 所示。

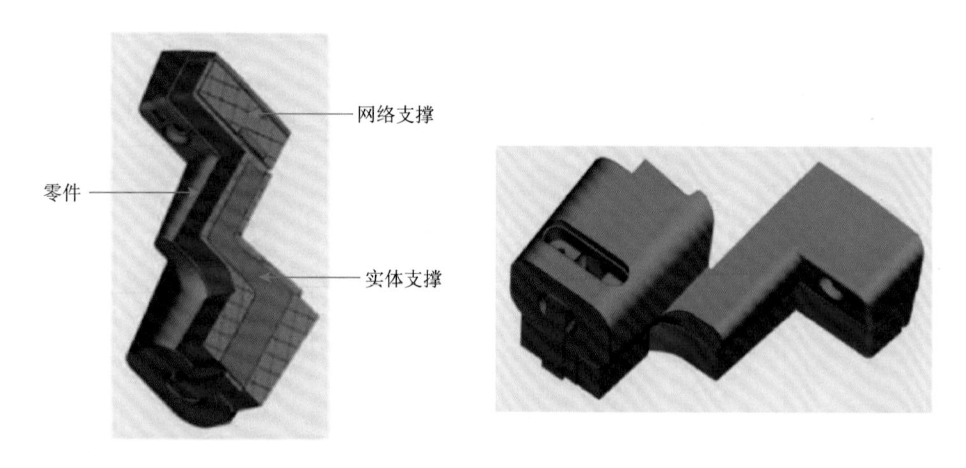


图 8-7　支撑设计示例[1]

8）零件定位

零件定位的总体原则：①零件从左到右，从下到上，$X$、$Y$ 方向错位摆放，防止当一个零件出现问题时影响其他零件；②零件与刮刀采用点接触，减小接触面；③以刮刀为起始位，预留零件有效行程；④一般零件摆放角度为与工作台成 45°，根据零件造型也可采用其他角度，其摆放位置根据不同零件总结经验，并形成经验库。

9）热处理方式

零件打印完成后内部存在较大的应力，应尽快进行热处理去除应力。在取出零件放入热处理炉之前，尽量将零件上附着的粉末清理干净，既节省材料成本，同时又降低内部狭窄流道结构堵塞的风险。具体热处理工艺参数按照零件的尺寸和强度要求进行设计。

10）余量设置

金属 3D 打印后的零件需要进行后处理，因此 3D 数模需要设置余量。通常后处理工艺有数控机床加工、线切割、抛光和喷砂，使零件达到使用的精度和粗糙度要求。余量的设置尽可能在合理范围内，并且需要预留精加工时所需的装夹位置及取数基准位置。根据经验，当后处理为抛光时，3D 数模需预留 0.3～0.5 mm 余量；后处理为数控机床加工时，3D 数模需预留 0.8～1.2 mm 余量。

### 8.1.2　增材制造技术在 3D 复印中的应用探索

对于技术复杂的新型超多腔模具，开发时往往需要先制造一副单腔模具，在单腔模具调试没有问题的情况下再制造多腔模具。应用传统模具制造方法，需将除标准件以外的零件一一加工好后进行装配、试模。结构复杂的模具零件加工的时间较长，延长了模具的开发周期。此时，可以结合 3D 打印技术，将结构复杂、传统加工方法不易加工的零件用 3D 打印技术加工，缩短模具开发周期，提高设计的整体灵活性。3D 打印流程如图 8-8 所示。

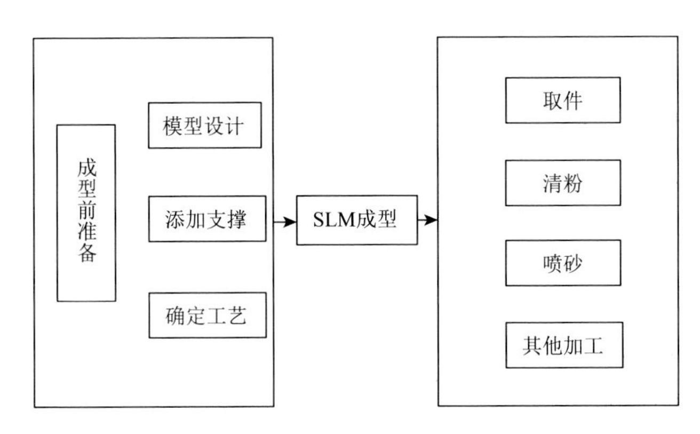


图 8-8　增材制造（3D 打印）流程示意图

SLM 表示选择性激光烧结

**新型冷却系统的设计开发**　一个完整的注射成型周期包括塑化、合模、注射、保压、冷却和开模取件 6 个环节，其中冷却环节时间占整个成型周期的 2/3 以上。所以，要提高生产效率、缩短成型周期的最好办法是缩短冷却时间，提高冷却效率。模具的冷却系统越贴近产品的表面，其与塑件的形状越一致，冷却效率越高。但是，为避免冷却水道与推杆孔干涉，传统加工技术工艺很难做到冷却水道和产品形状一致，致使冷却效率低。因为冷却水道距离产品表面距离不一致，产品存在冷却盲区，导致产品冷却不均匀，引发翘曲变形、内应力大等质量问题。无论是从提高产品的生产效率还是从提高产品质量上来讲，设计制造新型的随形水路势在必行。研究表明，在某型号净水器滤瓶盖注射模具研究中，对传统冷却系统和随形冷却系统的冷却效果进行分析对比，结果表明，随形水路冷却方案的冷却效率提高了 28.2%，周期内模具温度分布均匀性提高了 40.6%，冷却结束时模具温度分布均匀性提高了87.7%，产品表面温度均匀性提高了87.1%[2]。可见，随形水路能有效改善冷却效果，显著提升冷却效率和生产效率，具有很大的冷却优势。在关于某大型盒状产品后盖模具研究中，对传统水路和随形水路的冷却结果进行对比，发现随形水路的冷却效率比传统水路提高了35.64%，产品表面温度分布均匀性提高了24.95%。同时，对传统水路和随形水路的尺寸稳定性和翘曲变形结果进行对比，随形水路比传统水路的 *X* 和 *Y* 方向的最大位移分别改善了39.77%和51.71%，翘曲变形减小了35.09%。这些研究说明，随形水路能够显著提高冷却效率和冷却均匀性，提高塑件的生产效率和质量。

增材制造技术应用于3D复印领域存在的问题：

（1）费用高，难以普及。目前，金属材料3D打印都是以克为单位计价的，市场上一般每克5元起价。价格偏高导致3D打印技术难以应用于一般的注射模具，只可应用于高端、附加值高的注射模具或者质量要求特别高的塑件。

（2）3D打印注射模具随形水路渗水。因3D打印费用高昂，目前业界只用3D打印技术制造模具零件的关键部分，底座部分仍用传统方法加工，然后将二者连接起来形成一个模芯，二者连接处存在渗水问题。目前，3D打印技术仍处于研究发展阶段，可选择的模具钢材料有限，材料本身的性能、3D打印参数的设定都会影响模具零件的质量，导致渗水情况的出现。

（3）难以保证模具零件的机械强度。因为3D打印可选择的模具材料有限及其本身的加工方法，业界一直认为3D打印的模具零件机械强度不及传统方法加工的模具零件，所以不宜用于长寿命的模具。但是，部分企业认为3D打印的模具零件和传统方法加工的模具零件机械强度不相上下，洛氏硬度能达到48～52。

（4）模具的尺寸有限制。

## 8.2 高分子材料3D复印云制造

### 8.2.1 3D复印云制造概述

云制造是一种新的制造模式，以一种集成技术思想而兴起。云制造是把目前的传统制造面向服务型制造进行升级，是高度协同作业的制造业和不停加强创新的制造业[3]。云制造是将云计算、业务流程管理（BPM）和物联网（IoT）等领域的著名原理结合到制造领域，实现现实世界制造流程的一个最新概念[4]。

自从云制造被提出之后，相关研究也已经进行了十年左右，在很多方面都取得了不错的效果和进展，但是，研究也表明，现有的研究人员对于云制造中的许多关键问题还缺乏共识。

云制造是在云计算的基础之上发展起来的，而云计算之所以能成为推动制造业发展的因素之一便在于云计算改变了现有的传统制造业的制造模式，利用 IT 技术将产品发展和商业战略结合起来，并且推动建立智能网络工厂。在最初时，曾有人建议在云制造中采用两种云计算技术，一种是直接使用云计算技术；另一种就是云制造，即云计算的升级版本[5]。云计算是一种通过网络服务交付托管服务的通用术语，同时，也是一种可以用于制造的方法[6]。云计算的发展为传统制造业通过基于云的技术在整个制造过程中进行创新制造和协同制造提供了新的方向。云制造起源于云计算，作为一种新的方法，它可以共享虚拟化的资源，是一种通过云网络的制造方式[7]。云制造的好处有很多，包括成本效益改进、资源合作共享、开放互助性和生产的可扩展性等[8]。

云制造是在现有的网络化制造、云计算等基础之上发展起来的，是融合网络化制造技术、云安全、云计算和物联网技术，做到各种资源集中、统一管理。云制造为建设协同制造、面向服务、知识密集和高效生态的制造业做出了重大的贡献[9]。

注塑企业在接到客户的订单之后，一般都会进行开模、试模、试产等步骤之后再批量化生产，在此之后，还涉及质量检查、产品入库、产品出库、产品发货等一系列过程。一个订单的周期需要公司中的很多个部门介入，如市场部、技术部、生产部、仓储部等。而且在生产过程中涉及很多资源，主要包括成型设备、模具、工艺卡片、塑料原材料等。

注塑企业一般情况下皆是采用大批量制造模式，生产过程中所用到的资源集中归置在一个生产车间。所以，一个注塑车间涉及很多的设备和数据记录，包括注塑机、周边设备、模具等，还有订单信息、工艺标准、设备维修保养记录、模具维修保养记录、制品的优良率记录等。在传统注塑车间中，对这些设备的管理和各种生产过程的记录，都是采用手动记录、纸质存储的方式，这对于车间的生产管理造成了极大的不便性，主要存在以下几点问题。

1）信息沟通、管理效率低

传统注塑车间对于生产信息的传达都是靠文件或者口头语言表述的方式，这种传达方式的缺点在于信息在企业间的流通比较慢，造成生产滞后、报表滞后，生产进度和生产细节都无法及时反馈到管理层，无法得到强有力的决策支撑和管理控制。尤其当以口头语言的方式传达生产相关的信息时，多层传递情况下容易造成信息错误，经过多次传递之后，消息发出者和消息接收者之间易出现大的误差积累，影响实际的生产，也不利于企业生产价值的提升。

2）车间生产问题无法掌控

注塑工艺一般是不会轻易改变的，当车间生产员工按照一定的工艺进行生产时，如果品质发生问题而没有得到及时的反馈和处理，就会出现大批量的不合客户要求的产品，进而造成大批量的返工，甚至物料报废。而且对于机器和模具的保养等问题，也无法进行有力的管控。

3）制品的品质问题难以追查

当制品出现质量问题时，问题出现的原因和数据不够清晰，不易追查问题来源，容易出现各部门之间推卸责任的情况。

4）企业内部的信息管理紊乱

工艺数据、设备保养维修记录、模具保养维修记录、生产记录、检验记录等各种数据和记录的存储，可能是保存在某个员工的个人计算机上，保存在纸质文件上，甚至仅仅是在某个员工的记忆里。这一系列的信息存储无法形成一个完整的体系，查找和使用时比较困难。

5）故障消除缓慢

一般车间生产人员只能够进行机器的基本操作，当注塑机出现故障时，现场的员工无法及时解决，还需要找专业的维修人员。当机器故障比较严重时，甚至需要设备厂商的工程师到现场进行故障解除，这种方式会因维修路程造成时间的浪费。车间的管理问题是影响企业利益、企业发展的重大因素。为寻求解决方法，大部分企业在车间部署了自动化生产设备，或者引入了企业资源规划（ERP）系统。然而，ERP系统注重的是企业宏观层次上的资源管控和企业运营，而自动化的生产设备也仅仅是作用于单个的生产设备或者单独的生产工序、生产单元之上。所以注塑机智能云平台的提出和建立可以为企业提供可视化、数字化的生产环境，可追溯的产品生产过程，明确企业订单根本要求，提升车间内的产品生产效率等。注塑机智能云平台提出的目标是实现注塑行业可视化、车间生产智能化、产品制造过程透明化。

### 8.2.2 3D复印云制造运行体系

北京化工大学英蓝实验室根据注塑行业需求，制定出云平台所应该具备的功能模块，然后考虑注塑车间的根本需要，以及各功能模块的重要程度和开发难度，分时段地实现注塑机智能云平台所计划的各个功能模块。

（1）设备管理、订单管理、模具管理：云平台需要具备对注塑机、周边辅机等设备的信息管理功能，能够增加设备信息、修改设备信息及删除设备信息；具有对订单进行添加和修改的功能；具有对模具进行添加和删除的功能。

（2）状态监视：监视注塑机的开机、运转、暂停、故障形态，监视订单的下发、暂停、生产、完成状态，监视模具的正常、维修、保养状态。

（3）统计功能：以注塑机的状态为分类标准，统计并显示不同状态的机器数量；以订单的状态为分类标准，统计并显示不同状态的订单数量；工单产量自动统计。

（4）生产看板：简洁地查看、显示每一条订单的实时进度情况，跟踪显示每一台设备是否分配到订单和设备状态。

（5）用户权限管理：为了满足不同部门及不同级别的用户对云平台的操作控制，需要为每一个可以访问注塑机智能云平台的用户设置相应的操作权限。

（6）预警管理：自定义机器报警阈值，预警信息及时发送。

根据企业的相关部门共同讨论之后决定，云平台的功能结构如图 8-9 所示，主要是针对数据的采集和获取、注塑机状态、模具状态、生产过程管理、预警管理和权限管理等模块进行设计，并且实现其对应功能。

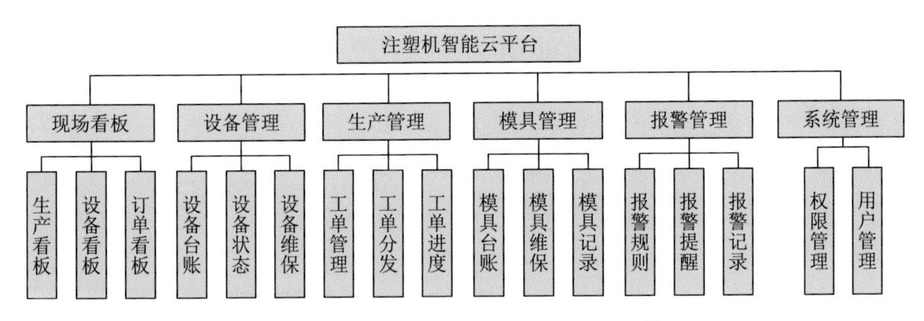


图 8-9　注塑机智能云平台功能模块[4]

现场看板主要是分类实时显示注塑车间的状态，包括生产看板、设备看板、订单看板。设备看板的作用是实时显示每一台注塑机的作业状态和分配到的订单信息，订单看板可以实时显示每一个订单的状态，生产看板主要是统计注塑机的状态数量和订单的状态数量。设备管理、生产管理和模具管理是车间信息管理的基本功能，主要是在云平台系统中添加和删除注塑机设备信息，添加和修改客户的订单信息，添加和删除车间的模具信息，以及记录注塑机设备和模具的保养信息。报警管理可以按照实际的需要自定义报警规则，及时发出预警，保证生产安全和生产效率。系统管理主要是添加、删除用户，设置不同用户的权限。用户权限管理几乎是每个系统都需要考虑的关键功能，作用在于为不同用户提供对应级别的权限控制，使每一个用户的操作都是安全可控的。

**数据采集系统**　大数据驱动智能制造，企业实施智能制造的关键就在于数据与互联。有了数据就可以使人们清楚地认识到产品生产过程中的具体细节，通过分析这些数据就可以找到影响产品质量的因素、参数，在生产新的产品时，改进产品质量。而想要获取数据就需要互联，互联是获取数据的基础。互联指的是通过一定方法，将一种或者多种通讯设备通过硬件相互连接，形成可以通信的系统。在注塑车间中，可以通过在设备上安装传感器的方式获取制造过程中的物理量。

注塑成型过程是一个比较复杂的流程，包括合模、预塑、注射、保压、冷却、开模、顶出制品等部分。注塑成型产品质量与注塑机的运行参数有密切的关系。成型工艺过程和注塑机设备结构都比较复杂，采集注塑机性能参数对智能注塑的发展具有很大的意义。所以在构建注塑机智能云平台时，必须得到注塑机的运行数据和注塑机本身的设计数据。

注塑行业归属于离散流程制造业，在整个注塑成型过程中会涉及大量的数据信息，要对这些数据进行分析，提取对改进生产有用的信息，就必须对整个流程产生的数据进行采集、储存、分类等，这就需要有数据采集系统，对注塑机的数据进行自动化、大批量采集。

**采集系统设计与实现** 注塑机上配有大量的传感器，注塑机控制器本身通过这些传感器获取注塑成型过程中的各部分参数，所以要获取注塑机运行数据，只需要获取注塑机控制器内的数据即可，对于注塑机控制器内没有获得但是对我们又有用的参数，可以再通过额外的硬件进行获取。

**注塑机智能云平台的数据库分析** 注塑机智能云平台是为用户提供注塑车间信息管理服务的平台，而提供服务则需要数据资源作为支撑、基础。数据库是支持云平台运行的核心，任何信息类系统在工作时的本质都是对于数据进行操作，主要包括数据的获取、数据的处理、数据的展示、数据的存储，任何系统能够发挥其价值的基础都是系统所需要的数据。注塑机智能云平台涉及的数据包括用户数据、设备数据、工单数据、设备运行参数数据等。注塑机智能云平台中将数据按照面向对象的思想进行分组、分类处理。

1）用户数据库

用户数据是指注塑机智能云平台的用户注册信息，包含用户名、用户ID、用户密码、用户联系方式、用户角色等信息。

2）设备数据库

设备数据库用来保存各个设备所具备的信息。对于注塑机设备数据库，包含注塑机的型号、参数、编号、品牌、状态等数据信息；对于模具设备库，包含模具的编号、名称、模具型腔数、模具寿命等信息；本节研究的云平台也支持对周边辅机设备的管理。

3）工单数据库

对于注塑制品生产商，工单信息将占据云平台数据的一大部分。工单数据主要包含工单编号、需求客户、产品名称、需求数量、生产日期等。

在注塑机智能云平台系统中所涉及的安全性问题研究、数据分析、预警控制研究、异步架构的部署都与数据、数据库有着不可或缺的关系，合理选择数据库、合理设计数据结构是注塑机智能云平台正常运行的关键。注塑机智能云平台的关键技术结构关系如图 8-10 所示。

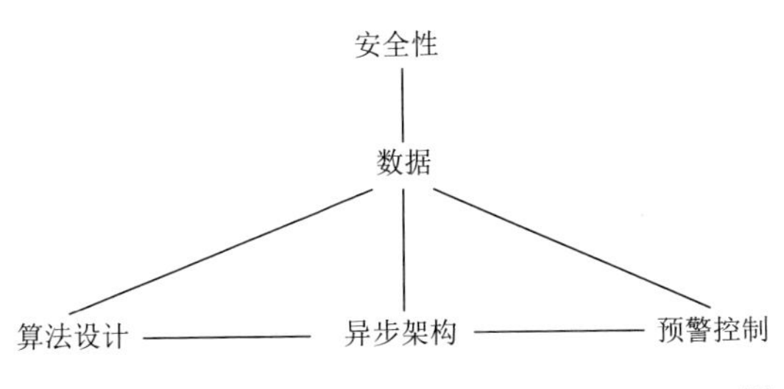


图 8-10　注塑机智能云平台的关键技术结构关系[4]

## 8.3　其他材料 3D 复印

### 8.3.1　金属材料 3D 复印

金属注射模塑成型（3D 复印）是一种金属先进制造技术，融合了塑料注射模塑成型和粉末冶金两种传统工艺的优势。众多性能要求高的产品均使用 3D 复印，涉及电子、民生、汽配、医疗器械、军工、航天等行业，如移动电话、电子散热器、密封包装、接线盒、工业用工具、光纤连接器、流体喷洒系统、运动设备、硬盘、汽车供油与点火系统、牙科器械与牙齿加固工具、制药设备、泵、手术器械、航天与国防系统等，常见金属 3D 复印成型汽车零件介绍如表 8-1 所示。

金属 3D 复印是将金属粉末与黏结剂的增塑混合料注射于模型中的成型方法。它是先将所选粉末与黏结剂进行混合，然后将混合料进行制粒再注射成型所需要的形状。该流程结合了注射模塑成型设计的灵活性及精密金属的高强度和整体性，来实现极度复杂几何部件的低成本解决方案。金属 3D 复印流程分为四个独特加工步骤（混合、成型、脱脂和烧结）来实现零部件的生产，针对产品特性决定是否需要进行表面处理。金属 3D 复印制造流程一般包括：混炼造粒、注射模塑成型、脱脂、烧结及二次处理等，如图 8-11 所示，其产品示例如图 8-12 所示。

金属 3D 复印技术的特点：

（1）适合各种粉末材料的成型，产品应用十分广泛。

（2）原材料利用率高，生产自动化程度高，适合连续大批量生产。

（3）能直接成型几何形状复杂的小型零件（0.03～200 g）。

（4）零件尺寸精度高（±0.1%～±0.5%），表面光洁度好（粗糙度 1～5 μm）。

（5）产品相对密度高（95%～100%），组织均匀，性能优异。

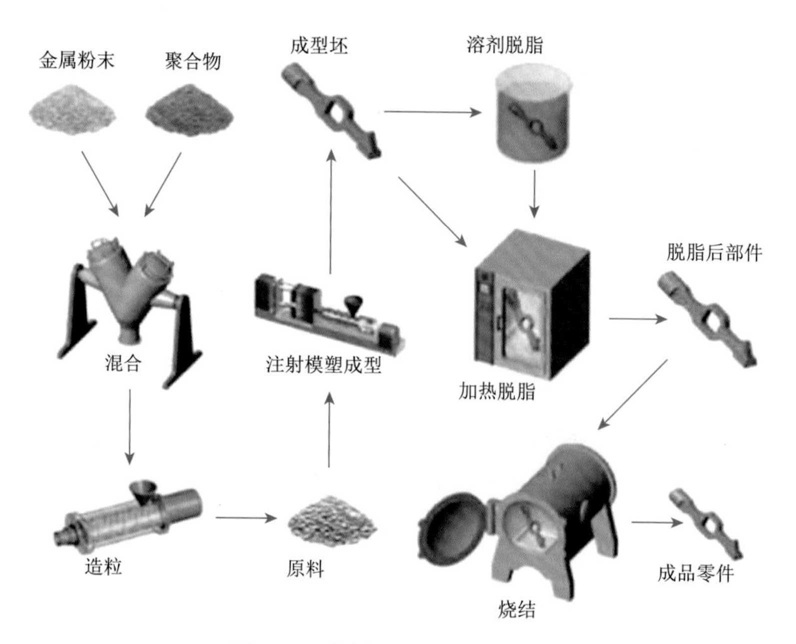


图8-11 金属3D复印工艺流程

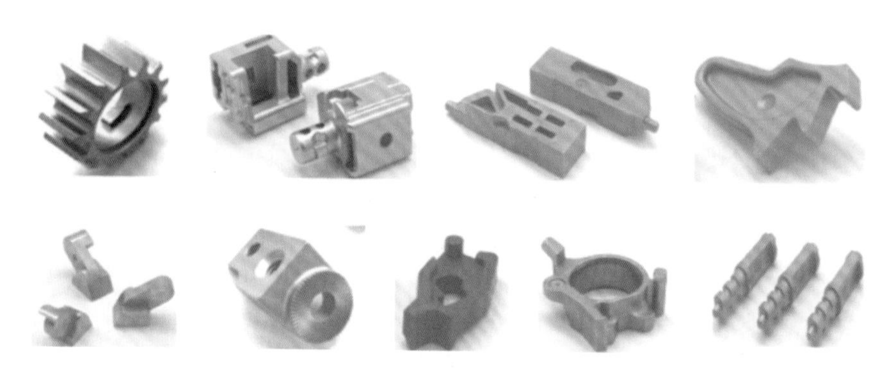

图8-12 几种金属3D复印成型的汽车零部件

**表8-1 常见金属3D复印成型汽车零件介绍**

| 零件 | 介绍 |
|---|---|
| 发动机的摇臂 | 通常由低合金钢制造，用来控制发动机可变气门正时行程的摇臂，特点是质量轻 |
| 换挡杆 | 换挡杆是用量较大的金属粉末注射成型零件，生产过程：注射模塑成型、烧结、硬化处理及组装轴，烧结后要进行渗碳淬火处理 |
| 减震器零件 | 减震器零件有活塞、压缩阀座和连杆导向座等，形状比较复杂，小孔加工比较多，尺寸精度也较高，采用MIM注射成型可以一次整体成型，降低生产成本，提高生产效率 |
| 同步器环 | 变速箱中的一个重要零件，如果同步器出现了故障，汽车就不能换挡位了。传统制作大多数采用黄铜精锻而成，需要加热、制坯、预成型、终锻、切边、精整等工序，由于原料价格和工艺成本都非常高，目前很多厂家采用粉末注射模塑成型 |

## 8.3.2 陶瓷材料 3D 复印

### 1. 陶瓷注射模塑成型技术简介

陶瓷注射模塑成型（CIM）技术由粉末注射模塑成型（PIM）技术演化而来。陶瓷注射模塑成型的工艺流程一般包括五个步骤：预制、混料、注射、脱脂、烧结，如图 8-13 所示。当利用陶瓷注射模塑成型技术来制备产品时，将原料粉末和黏结体系按照预定的比例混合，在密炼机中将混合体系混合均匀成具备合适流动性的喂料，破碎后通过注塑机注入定制模具，进一步对预制品进行脱脂处理，脱脂后的预制品在烧结炉中高温烧结，最终得到成品。

工艺相较于其他工艺而言，主要有以下几个特点：

（1）通过不同模具的设计可以制成外形繁杂的产品。

（2）相较于浇注工艺，注射模塑成型可通过计算机控制短时量产，节约成本。

（3）注射模塑成型的边角料可回收再利用。

（4）黏结剂等与原料均匀混合，烧结过程中保持收缩性一致，保证精度。

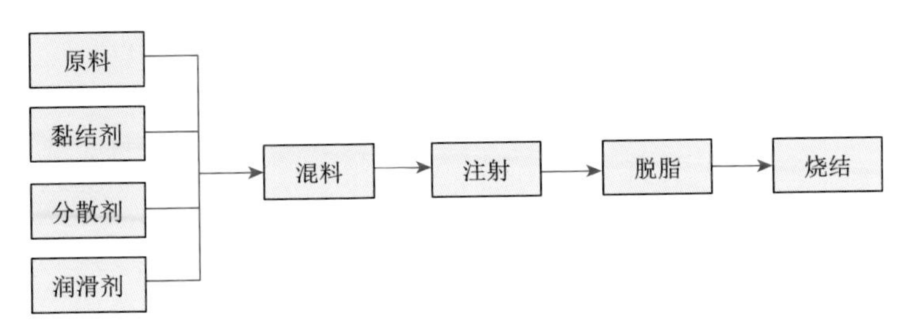


图 8-13 陶瓷注射模塑成型工艺流程

### 2. 陶瓷注射模塑成型技术的应用概况[10]

目前，陶瓷注射模塑成型技术开始向精密化发展，研究与开发的重点由过去的高温非氧化物陶瓷（如氮化硅、碳化硅）扩展为氧化物陶瓷（如氧化锆、氧化铝）、功能陶瓷、生物陶瓷产品，种类越来越多，主要应用领域如下。

1）医疗器械用陶瓷部件

目前，在医疗领域陶瓷注射模塑成型技术也得到了越来越多的应用。采用陶瓷注射模塑成型工艺制作陶瓷手术刀等多种医疗器械，具有抗菌、耐腐蚀、不易被玷污等传统金属器械所不具备的优点。

典型产品主要包括：人工骨、人工关节、人工牙床、牙托、医用刀具等。

2）电子用精密陶瓷部件

在 IT 和电子行业中，元器件散热需要用到风扇，风扇中马达若采用陶瓷轴承既可减少噪声，又可延长寿命，比金属轴承具有更大优越性。$ZrO_2$ 和 $Si_3N_4$ 陶瓷不仅耐磨性好、断裂韧性高，而且具有一定的自润滑性，因此是制造陶瓷轴承的理想候选材料。

典型产品主要包括：光导纤维导管、集成电路基板、电阻器、发热元件等。

3）光通信用精密陶瓷部件

光通信用精密陶瓷部件主要有光纤连接器用氧化锆多晶陶瓷插芯和陶瓷套管，由于尺寸小，精度高，内孔直径只有 125 μm，因此只能采用注射模塑成型。目前光纤连接器所需陶瓷插芯和陶瓷套管主要由中国制造，而日本京瓷株式会社、东陶（中国）有限公司、Adamand 集团等国外公司生产的产品在不断减少。

4）机电工业用精密陶瓷部件

机电工业用精密陶瓷部件包括各种氧化铝（$Al_2O_3$）体系绝缘陶瓷零部件，如集成电路封装管壳、电真空开关陶瓷管、微波炉中磁控管用绝缘陶瓷及绝缘陶瓷灯座等。

5）精密机械与微型陶瓷部件

随着精密机械和微电子工业的发展，对小型和微型精密陶瓷零部件的需求不断增加，包括陶瓷注射模塑成型制备的轴和小齿轮行星齿轮变速器、陶瓷螺杆和行星齿轮，以及微型氧化锆陶瓷滑动轴承，其外径只有 1.5 mm。

6）生物陶瓷制品

生物陶瓷制品主要包括人造陶瓷牙齿、种植牙陶瓷固定螺杆、人工关节、固定牙冠套、牙齿正畸用陶瓷托槽等。据世界卫生组织统计，牙齿畸形并发率约为 49%，在美国 50%～60%的家庭都会进行牙齿正畸，必须佩戴牙齿矫形托槽。采用陶瓷注射模塑成型生产的该类产品尺寸精度高且性能良好，在国内的市场前景广阔。

陶瓷注射模塑成型技术作为一种新兴的精密制造技术，有着不可比拟的独特优势。特别是近年来全球范围内产业化的不断扩大，更加充分证明陶瓷注射模塑成型技术诱人的发展前景。陶瓷材料优异的物理化学性能和精密注射模塑成型的有机结合，必将使陶瓷注射模塑成型技术在航空航天、国防军事及医疗器械等高科技领域发挥越来越重要的作用，成为国内外精密陶瓷零部件中最有优势的先进制备技术。

## 参考文献

[1] 李芳，张森，廖海涛. 金属 3D 打印的可行性分析及应用[J]. 模具工业，2022，48（3）：7.

[1] 马一恒，徐佳驹，王小新，等. 基于 3D 打印技术的注塑模随形冷却水路设计[J]. 塑料工业，2019，47（7）：54-57.

[2] Lei R，Lin Z，Wang L，et al. Cloud manufacturing：key characteristics and applications[J]. International Journal of Computer Integrated Manufacturing，2017，30（6）：501-515.

[3] 安能飞. 注塑机智能云平台关键技术研究应用[D]. 北京：北京化工大学.

[4] Xun X. From cloud computing to cloud manufacturing[J]. Robotics & Computer Integrated Manufacturing，2012，28（1）：75-86.

[5] Yang J，Guo G. Design a new manufacturing model：cloud manufacturing[C]. 2012年控制与信息国际会议，重庆，2012.

[6] 魏巍，王宇飞，陶永. 基于云制造的产品协同设计平台架构研究[J]. 中国工程科学，2020，22（4）：34-41.

[7] Xi V W，Xu X W. An interoperable solution for cloud manufacturing[J]. Robotics and Computer-Integrated Manufacturing，2013，29（4）：232-247.

[8] Lei R，Lin Z，Zhao C，et al. Cloud manufacturing platform：operating paradigm，functional requirements，and architecture design[C]. Asme International Manufacturing Science & Engineering Conference Collocated with the North American Manufacturing Research Conference，USA，2013.

[9] 雅菁，刘志锋，周彩楼，等. 陶瓷注射成型的关键技术及其研究现状[J]. 材料导报，2007（1）：63-67.

# 关键词索引